# 金属露天矿开采方案多要素生态化优化

顾晓薇　王 青　胥孝川　顾清华　刘剑平　著

北 京

冶 金 工 业 出 版 社

2023

## 内容提要

本书系统地阐述了金属矿床露天开采优化原理、模型和算法，并结合案例应用，对优化结果进行了分析，对优化模型和算法的合理性、实用（适用）性和局限性进行了客观的评价。主要内容包括：最终境界优化、生产计划三要素整体优化、开采方案四要素整体优化、开采设备配置与开采方案协同优化、开采方案生态化优化、生产配矿和卡车调度优化等。

本书可供从事矿山开采的工程技术人员、科研人员和管理人员阅读，也可供相关领域的工程技术人员与高等院校有关师生参考。

**图书在版编目(CIP)数据**

金属露天矿开采方案多要素生态化优化/顾晓薇等著. —北京：冶金工业出版社，2023. 1

ISBN 978-7-5024-9381-3

Ⅰ. ①金…　Ⅱ. ①顾…　Ⅲ. ①金属矿开采—露天开采　Ⅳ. ①TD854

中国国家版本馆 CIP 数据核字（2023）第 022081 号

**金属露天矿开采方案多要素生态化优化**

**出版发行**　冶金工业出版社　　**电　　话**　(010)64027926

**地　　址**　北京市东城区嵩祝院北巷 39 号　　**邮　　编**　100009

**网　　址**　www. mip1953. com　　**电子信箱**　service@ mip1953. com

责任编辑　杨　敏　美术编辑　吕欣童　版式设计　郑小利

责任校对　梅雨晴　责任印制　禹　蕊

北京建宏印刷有限公司印刷

2023 年 1 月第 1 版，2023 年 1 月第 1 次印刷

710mm×1000mm　1/16；18. 75 印张；363 千字；286 页

**定价 98. 00 元**

**投稿电话**　**(010)64027932**　**投稿信箱**　**tougao@cnmip. com. cn**

**营销中心电话**　**(010)64044283**

**冶金工业出版社天猫旗舰店**　**yjgycbs. tmall. com**

（本书如有印装质量问题，本社营销中心负责退换）

# 前　　言

改革开放四十多年来，我国的采矿业为经济社会发展做出了巨大贡献，同时随着经济的快速增长，我国采矿业自身也取得了长足发展，就矿产资源的开采能力和开采量而言，我国已经成为名副其实的矿业大国。近十年来，采矿业与其他行业一样，正在经历一次新的历史性转折，从追求量的增长的粗放式扩张转向以质的提升为核心的科学发展。要实现这一转折，进而向矿业强国迈进，两大支柱不可或缺：一是在行业层面上的科学宏观调控；二是在企业层面上的科学开采。前者是采矿业科学发展的制高点和方向盘，后者是采矿业科学发展的具体实现。

就采矿业应用的科学技术而言，也许可以将之分为两大类："硬技术"与"软科学"。前者主要包括开采装备、采矿方法和工艺，解决的是如何把矿石采出来的问题；后者主要包括开采方案和相关参数的优化与决策，解决的是如何更好地把矿石采出来的问题，"更好"不仅要求取得尽可能高的经济效益，而且要求尽可能降低矿山生产对生态环境的损害。如果说在改革开放初期我国采矿业发展的主要制约因素以及与国际先进水平相比的主要差距是硬技术（尤其是装备水平），那么如今我国在这方面可以说已经基本赶上了世界先进水平，不再是问题；如今的差距主要体现在软科学在采矿实践中的经常性应用，而这也正是实现采矿业科学发展必须解决的核心问题之一。

露天开采的作业空间相对自由，开采方案和相关参数的取值有较大的允许范围，为相关软科学尤其是优化的应用提供了广阔的空间。露天矿生产规模一般较大，投资高，投资风险也高，优化在提高投资收益和尽可能降低投资风险上可以发挥重要作用，发达国家的实践也充分证明了这一点。为此，我们提出了一整套优化金属露天矿开采方案的理论、模型和算法。

党的十八大以来，国家把生态文明建设提到了前所未有的战略高度，并向全世界郑重宣布了争取在2030年前实现碳达峰、2060年前实现碳中和的目标。这对采矿业提出了新的、更高的要求：不仅要以尽可能高的经济收益为国民经济的发展提供必需的矿产，而且要在矿产开采中尽可能降低对生态环境的损害。为此，我们在国内外率先提出了露天矿开采方案的“生态化优化”理念和具体的优化方法。

本书是作者多年致力于金属露天矿开采方案优化研究和应用开发的成果集成。第1章为绪论，对计算机及优化在国内外采矿业的应用历史和现状，以及相关优化方法进行了概述。第2章和第3章是对露天开采和矿床模型的概述，其目的是为后续的优化内容提供基础知识，同时也使全书更具完整性和系统性，对这部分内容熟悉的读者可以跳过这两章。第4章~第7章论述了露天矿开采方案要素的纯经济优化，即以经济效益最大为目标的优化。第8章和第9章论述了开采方案要素的生态化优化，即生态成本内生化优化。最后两章是在执行开采方案的生产过程中的配矿和卡车调度优化。本书各部分内容有机相连，形成了一套较完整的优化理论、模型和算法体系。

科学研究是无止境的，一个问题往往没有最终答案。露天开采优化问题也是如此，它会随着科学技术的发展和研究的不断深入，得到越来越好的解决。作者衷心希望有更多的人加入到这一领域的研究之中，也希望学术界与工业界的读者以批评、挑剔的眼光阅读本书，提出不同的学术观点，甚至是严厉的批评。

希望本书的出版能为我国露天矿实现科学开采做出一点贡献。谨以此书献给致力于实现科学采矿的人们。

作　者

2022年8月　于东北大学

# 目　　录

# 1 绪　　论

采矿领域的优化研究和应用是随着计算机技术的发展而发展的。在半个多世纪的发展历程中，逐渐成为了采矿领域的一个相对独立的研究方向——矿山系统工程，也逐渐形成了一支活跃在全世界的研究和开发队伍。APCOM（Application of Computers and Operations Research in the Mineral Industry）Symposium，作为矿山系统工程研究、开发和应用的国际学术交流平台，到2021年为止，已经在世界各国举办了40次。国际上先后出现了多家实力雄厚的矿用专业软件公司，专门开发以矿床建模和矿山优化设计为核心功能的软件系统，促进了相关研究成果的转化。可以说，优化研究和应用的日益广泛和深入是采矿业技术进步的重要标志之一。

本章首先对计算机及优化在国内外采矿业的应用历史和现状作一概述。然后对与本书内容相关的研究文献作一较为全面的梳理，对相关优化方法进行归类和简要综述，为致力于矿山系统工程研究的读者提供文献查阅引导。

## 1.1 计算机及优化在采矿业的应用概述

计算机从20世纪60年代开始在西方国家应用于采矿业。计算机处理能力的不断提高，极大地促进了矿山（特别是露天矿）设计与生产中各种优化方法和算法的研究及应用，也使矿山生产的自动化和智能化水平不断提高。综合国内外的发展历史与趋势，计算机及优化在采矿业的应用大致可以分为如下几个阶段：

（1）简单计算阶段。这个阶段大约对应于20世纪60~70年代。计算机主要用于手工设计与计划编制等工作中的基本数据运算，其作用主要是节省计算时间，加快设计与计划编制速度。

（2）计算机辅助设计（CAD）阶段。到20世纪80年代，计算机的处理能力达到了一定的水平，以AutoCAD为代表的一些图形处理软件开始出现，矿山的设计与计划工作开始在这样的软件平台上进行，设计、计划图纸的绘制、输出以及设计和计划中矿岩量和品位等的计算均在计算机上完成，大大提高了工作效率，也使多个开采设计方案的分析比较和优选成为可能。同时，计算机管理信息系统也开始得到应用。到后来，计算机辅助设计主要用于优化结果的后处理（即把优化结果加工为符合现实约束条件的可行方案），以及其他一些辅助性的图形处理工作。

(3) 优化应用阶段。计算机使优化理论走出书本，在矿山设计和生产中发挥作用。虽然有关矿山优化方法的研究始于20世纪60年代，但相关研究的大量开展和研发成果在实践中“较成气候”的应用及推广始于20世纪80年代，到20世纪90年代，研究和应用的深度和广度都达到了相当高的水平。优化方法及其应用涉及矿山的许多方面，例如地质统计学品位估值，最终境界优化，生产计划优化，边界品位优化，运输调度优化，设备配置、更新及维修和养护计划优化，备品备件存量优化等。优化实质上是在矿山企业的这一微观层次上为管理和工程技术人员提供科学的决策支持，对降低生产成本和提高矿山项目的投资收益发挥了重要作用。

(4) 自动化与智能化阶段。新一轮科技革命和产业革命的加速演进，5G、人工智能、工业互联网、大数据、区块链、边缘计算、虚拟现实等新技术的深化应用，正在把我们带入一个新的时代——智能时代。功能日益强大的计算机网络与定位和传感技术一起，使矿山开采中主要设备和设备系统的全自动化及智能化运行成为可能，如铲运机、凿岩台车、锚杆机、电铲等的远程操控；无人驾驶的全自动化运输系统等。这些系统的研发与试验大约始于20世纪90年代，如今已在越来越多的矿山得到应用。矿山开采正朝着采场无人的自动化、智能化方向发展。

(5) 生态化优化阶段。近年来，国家把生态文明建设提到了前所未有的战略高度，并向全世界郑重宣布了争取在2030年前实现碳达峰、2060年前实现碳中和的目标，绿色、低碳的发展理念已深入人心。在这一大背景下，采矿业必须与时俱进，秉承“为环境设计”的理念，在矿产开发方案的规划设计中内在地考虑生态环境问题，实现矿产开采对生态环境损害的源头减量。矿山开采方案的生态化优化设计是矿山设计方法的一个重要发展方向。

在我国，计算机在矿山的应用始于改革开放初期的20世纪80年代。开放使这一领域的信息涌入国内，掀起了一阵计算机及优化热。一些大学的采矿工程系成立了系统工程研究室，当时的冶金工业部组织多家高等院校和设计研究院所在试点矿山开展科技攻关，研发矿山设计、计划、调度等方面的软件系统和控制系统。然而，研发成果未得到推广，在试点矿山的应用也很快流产。

到20世纪90年代，国内采矿业界似乎对计算机及优化在生产中的作用感到失望，失去了兴趣。这一时期随着计算机网络的发展，计算机在矿山的应用重点转向了管理领域，管理信息系统、网络化办公系统、财务管理系统等在越来越多的矿山得到应用；在与矿山生产直接相关的设计和计划工作上的应用，主要方式是在AutoCAD平台上的计算机辅助设计，但应用并不普遍，许多矿山仍停留在手工设计阶段；在露天矿运输调度方面，从国外引入了一套计算机自动调度系统，但并未得到推广。

进入本世纪，计算机及其网络技术在一些其他行业的应用迅速推广，可谓形势逼人。采矿界再次意识到信息化是矿山技术发展的一条必由之路，“数字矿山”一时间成了我国采矿业界的热词。于是，不少矿山与科研单位合作，开展所谓的数字矿山建设。这一轮新热潮推动了计算机网络系统在矿山非生产性领域（主要是管理方面）越来越广泛的应用；在与生产直接相关的领域，开始出现少数专门为矿山开发建模、设计和计划软件的专业化公司，其产品也得到一定程度的推广应用，但所发挥的作用仍属于计算机辅助设计范畴；在露天矿运输调度方面，开始有了国内开发的计算机调度系统，并在一些矿山得到应用。

值得重视而又不无遗憾的是，优化在我国的矿山生产中一直没有得到较为广泛的、经常性的应用；少数应用基本上是“一次性”的，几乎都是矿山与科研单位以科研项目的形式，对某个方案或某些参数进行优化，项目结束后优化不再持续。更为不幸的是，致力于矿山优化研究的学者也似乎在减少。优化的应用应该是科学发展观落实在采矿业的重要体现和标志之一。试想，即使是实现了全自动化的无人采矿，如果开采方案本身不好，未必能算得上是科学开采。而且，发达国家的实践表明，优化在矿山生产中的应用能够带来巨大的经济效益（包括降低投资风险）。如果说我国当今的采矿技术水平与国际先进水平还有差距的话，最突出的差距之一恐怕就是优化的应用了。

## 1.2 最终境界优化方法

在传统的手工设计中，金属露天矿最终境界的设计以“境界剥采比等于经济合理剥采比”为基本准则，一般是在垂直剖面图上以试错的方式找出各个剖面上的境界位置，而后投影到分层平面图上进行调整，形成设计方案。这一方法也有优化的成分，因为经济合理剥采比是使盈利增量为 0 的境界剥采比，依据上述准则设计的境界是总盈利最大的境界。在计算机辅助设计中，基本原理和方法步骤与手工法相同，计算机代替了手工设计中的图板、求积仪量和计算器；绘图在计算机屏幕上（或借助数字化仪）进行，相关计算和图纸输出都由计算机完成。

块状矿床模型（Block Model）的出现，为各种境界优化方法的研究和应用开辟了广阔的天地，许多优化方法相继问世。所有优化方法几乎都是基于块状矿床模型，以最大允许帮坡角为约束条件，求解使总盈利最大的模块的集合（即最佳境界）。这些方法大体上可以分为两大类：近似（也称为“准优化”）方法和数学方法。

近似法中最具代表性的是浮锥法，它是国际上直到 20 世纪 80 年代应用最广的境界优化方法。浮锥法包括正锥开采法和负锥排除法，在本书的第 4 章有详细的介绍。由于浮锥法不能保证所得结果就是总盈利最大的那个境界，所以一些研究者对浮锥法进行了算法上的改进[1,2]。还有一些优化最终境界的其他近似方法[3~5]，但未得到较广泛的应用。

数学方法中最具代表性的是图论法。该方法首先由 Lerchs 和 Grossmann 于 1965 年提出[6]，所以也称为“LG 图论法”。这是一个严格意义上的境界优化方法，即对于给定的矿床块状价值模型，一定能得出总盈利最大的境界。该方法依据最终帮坡角的约束，将矿床块状价值模型转化为一个有向图来求解总盈利最大的境界，在本书的第 4 章有详细的介绍。由于该方法的运算量和对内存的需求都较大，受到当时计算机运算速度和内存容量的制约，其应用在一段时间里受到限制，一些研究者也因此在具体算法上进行了改进[7~10]。21 世纪 80 年代，Whittle 公司开发了 LG 图论法的软件包，向矿山推广并免费提供给学校的使用者，大大促进了该方法的推广应用[11,12]。到世纪之交，计算机的速度和容量不再是图论法的制约，这一方法已经成为国际上几乎所有商业化矿用专业软件系统的“标配”模块，如 Whittle、Maptek 和 Datamine 等公司的产品均含有 LG 图论法[13~15]。该方法如今已经成为境界优化的经典方法。

另一种优化境界的数学方法是动态规划法。二维动态规划法也是首先由 Lerchs 和 Grossmann 于 1965 年与图论算法在同一篇论文中提出的[6]。该方法在二维空间中很有效，但不适用于三维空间。一些学者试图将这一方法扩展到三维空间[16~18]，但都不是很成功。

网络流法是优化最终境界的又一种数学方法。该方法最早由 Johnson 在其求解多时段开采计划问题中提出[19]，之后，不少学者进行了研究[20~25]，但在实践中并未得到推广应用。也有个别研究者把境界优化问题转化为运输问题进行求解的[26]。

就求解最大盈利的境界而言，境界优化问题可以说是一个已经解决的问题。因此，进入本世纪以来，鲜有人把这一问题作为一个单独问题研究了。近 20 年来对境界优化问题的研究主要是针对各种相关参数和条件的处理，提出不同方法，如考虑地质构造、水文和岩土条件等因素用神经网络（Neural Network）和人工智能（Artificial Intelligence）求得一个好境界[27]，或考虑境界形态的不确定性（概率），应用马尔科夫链求解[28]。

## 1.3 生产计划优化方法

露天矿生产计划在本书中特指贯穿整个开采寿命的长期计划，包括生产能力、开采顺序和开采寿命。编制生产计划就是确定每年开采多少矿石、剥离多少废石（即生产能力），每年开采和剥离哪些区域或各个台阶如何推进（即开采顺序），以及开采时间跨度（即开采寿命）。一般情况下，生产计划是在已圈定的最终境界中进行（若采用分期开采，先要圈定各分期境界）。传统的编制生产计划的一般步骤是：首先依据可采储量确定合理的年矿石生产能力；然后依据最终境界（或各分期境界）中各台阶的矿石和废石量，应用PV曲线法进行生产剥采比均衡，大致确定每年的废石剥离量；最后在分层平面图上，逐年进行采剥过程模拟，确定每年末各台阶的推进位置，使开采的矿石量满足预定的年矿石生产能力、剥离的废石量基本与生产剥采比均衡结果相一致。这是一个烦琐的试错过程。进入计算机辅助设计阶段后，这一试错过程在计算机上进行，大大加快了计划编制速度，也使多计划方案的比较和优选成为可能。

长期生产计划为一个矿山（新矿或已投产矿山）提供了未来生产策略，而且对于一个给定矿床，生产计划的优劣对基建投资和投产后的现金流在时间轴上的分布，进而对整个矿山项目的投资收益率，有重大影响。这就是为什么国际上的矿业公司对生产计划的优化有浓厚的兴趣，生产计划优化方法一直是矿山系统工程的一个热门研究课题。

从优化的角度而言，露天矿生产计划就是确定块状矿床模型中每个模块的开采时间，或者说确定每年应开采哪些模块，以使总净现值达到最大，同时满足露天开采的时空关系和技术及经济上的一些约束条件。

最早出现并得到应用的生产计划计算机优化方法是“开采增量（Pushback）排序法”。该方法首先产生一系列符合帮坡角要求的开采增量，然后用某种方法（一般为试错法）对这些增量进行排序，找到满足预定目标和约束条件的生产计划。有时，开采增量的产生和排序是同时进行的。这一方法最早由Kennecott公司的工程师们提出并在该公司得到应用[29]。他们通过构造锥体来产生开采增量，以人机交互的试错方式进行锥体构造、评价和排序。这一试错法被称为“浮锥开采器”法，有较强的实用性，也被应用到一些其他案例[30,31]。

用于生产计划的开采增量可以通过产生一系列嵌套境界来求得，“嵌套”是指小的境界被所有比它大的境界完全包含，系列中境界之间的增量就是计划中的开采增量。“参数分析（Parametric Analysis）”是产生嵌套境界系列的常用方法。参数化的思想首先由Lerchs和Grossmann于1965年提出[6]，后来又发展为“储量参数化（Reserve Parameterization）”法，不少学者对储量参数化的求解及其在生产计划中的应用进行了研究[32~37]。参数化的一个内在缺陷是“缺口”问题，即在所产生的境界系列中，某些相邻境界之间的增量很大，以至于境界系列无法用于生产计划优化。为此，一些研究者用近似（Heuristic）算法产生嵌套境界序列以克服缺口问题[38~40]。对于开采增量（或境界系列）的排序，较常用的优化方法是动态规划[41~43]。

如前所述，生产计划优化问题的本质是在满足必要的约束条件的前提下，找出每一模块的最佳开采时间，以获得最大的总净现值。这是一个典型的线性规划问题。因此，线性规划（具体形式包括混合规划、纯整数规划和0-1规划）是求解生产计划优化问题的最常用的数学优化方法之一，早在20世纪60年代末就有相关研究[19,44]，不少研究者针对生产计划问题的不同侧面建立了不同具体形式的线性规划模型[45~50]。

然而，当以块状矿床模型中的单个模块作为决策单元时，优化生产计划的线性规划模型的变量数目和约束方程数目太过巨大，即使是今天的计算机，也难以直接求解，如果是整数规划就更难求解了。因此，一些研究者试图在数学模型形式（主要是约束条件）的构造上或求解算法上（通常是借助近似算法）寻求出路，以提高求解速度[51~55]。更常见的途径是通过增大决策单元来减少变量和约束数目，例如，把矿床模型中的模块组合为“单元树”作为优化中的决策单元，或以台阶或盘区（Panel）为决策单元[56~63]。然而，大决策单元由于计划精度（即分辨率）低而导致结果与最优计划有较大差距，也降低了结果的实用性。为此，不少研究者利用数学模型的特殊结构，用拉格朗日松弛法来减小模型规模，并借助一些其他措施和算法（如迭代、分解、梯度法、Dantzig网络流法等）求解[64~74]。这一方法的最大障碍是“缺口”问题，一些研究者们针对这一问题想了各种办法，但始终未得到较好的解决。

露天矿生产计划是一个典型的多时段决策问题，而且时段之间相互联系，所以也很适合用动态规划求解。因此，动态规划也是求解这一问题的最常用的数学优化方法之一，不少研究者用动态规划研究了生产计划不同侧面的优化问题[75~86]。

由于应用数学优化模型求得生产计划的精确解有难以克服的困难，一些研究者转而求助于近似算法，如遗传算法（Genetic Algorithm）、随机局部搜索（Random, Local Search）、粒子群算法（Particle Swarm Algorithm）、模拟（Simulation）等，来求得一个或多个“好”的计划[87~96]。

可见，生产计划优化问题的高度复杂性和由此带来的求精确解的困难，使得其至今还是一个较为热门的研究课题。

## 1.4 最终境界和生产计划同时优化方法

上述的绝大多数研究中，最终境界和生产计划是分别单独优化的：先优化最终境界，而后在其中优化生产计划。然而，优化最终境界时，由于还没有生产计划而不能计算现金流在时间轴上的分布，所以无法以总净现值最大为目标函数，一般都是以总盈利最大为优化目标；而在生产计划的优化中，绝大多数优化方法都是以总净现值最大为目标函数的（这也是矿山企业追求的目标）。这样就存在一个问题：总盈利最大的最终境界不一定能带来最大的总净现值，即可能存在另外一个最终境界，它能带来的总净现值大于预先单独优化好的那个最终境界。也就是说，分别优化最终境界和生产计划一般得不到整体最优开采方案。鉴于此，一些研究者把最终境界和生产计划作为一个整体进行优化[41~43, 91, 97~103]。此类研究中应用最多的是动态规划；遗传算法、人工智能等近似算法及其与动态规划的组合也有应用。

## 1.5 设备配置与开采方案要素同时优化方法

露天矿的开采方案最终要由开采设备来实现，不同的方案要求不同的设备配置（设备型号、数量以及投入、更新和退役时间等）与之配套。迄今为止，露天矿的开采方案设计与设备配置是分步进行的：先设计出开采方案（主要包括最终境界、开采规模、开采计划、开采寿命等），而后针对既定方案配置开采设备。在优化开采方案时，需要用到矿山的相关开采成本数据，而开采成本当然与设备配置方案密切相关；在设备配置之前估算的相关成本也许与设备配置之后所产生的成本有较大的差异；这样，对于所配置的设备而言，开采方案就不再是最佳的。因此，分步进行开采方案优化与设备配置就存在一个环形矛盾：没有开采方案无法进行开采设备配置；而没有设备配置方案就无法得到与之相关的成本数据进行开采方案优化。另一方面，在第一步优化开采方案中，生产成本只能是简化了的“单位成本”，而实际生产中产生的成本由不同时点的新设备的投资、运营成本、处理旧设备的残值及其他成本构成，任意一年的总成本都不是该年作业量的线性函数，把它们简化为单位成本会扭曲现金流，优化结果也就不是实际的最佳方案。本书打破上述矛盾环并充分考虑成本的非线性和离散特征，针对露天开采方案要素与设备配置的整体优化，提出了一套较完整的优化方法、模型和算法体系，并用 Borland C++开发了优化软件，实现了开采方案与设备配置的整体优化。应用该软件，不仅可以在新矿山的可行性研究和设计阶段对开采方案和设备配置进行优化研究，为确定最终方案提供科学的决策依据，而且可以在矿山生产过程中，随着生产探矿和矿体揭露提供越来越准确的矿体地质信息，随着设备运营和其他相关技术经济参数数据的不断积累，以及市场条件的变化，定期或不定期地对未来开采方案和设备配置进行滚动式优化研究，及时修正已有方案，最大限度地降低风险、提高矿山的经济效益。

## 1.6 露天矿开采方案生态化优化

矿产资源对于我国的工业化和城镇化发展可谓居功至伟。然而，矿产开采（尤其是露天开采）损毁大面积的土地及其承载的生态系统，使之丧失为我们提供各种生态服务的功能，同时排放大量温室气体，为全球变暖“做贡献”并造成环境污染。迄今为止，国内外矿山项目评价和开采方案设计都是以经济效益作为决策的主要标准，而经济效益的计算只考虑投资和正常的生产经营成本，开采造成的生态功能丧失和废气排放被看作“外部效应”不加考虑；应对生态环境问题的主要途径也一直是“末端治理”，如土地复垦和生态恢复。虽然为了降低环境风险，许多国家都对采矿项目设置了环境评价的前置条件，但环境评价并不反作用于具体的开采方案。显然，不同的开采方案对生态环境的冲击程度是不同的，在开采方案的设计阶段就考虑最大限度地降低生态冲击，是更应该提倡的“源头减量”途径。

本书在国内外第一次提出了生态成本内生化的矿山设计思想，即在矿山开采方案的设计和评价中纳入生态成本，寻求经济与生态总效益最大的开采方案。针对金属矿露天开采，我们开展了矿山生态冲击与生态成本量化研究以及生态成本内生化的露天矿开采方案优化方法研究，形成了一套具有实用价值的理论、模型与算法体系。

## 1.7 地质不确定性及其在开采方案优化中的应用

优化露天矿开采方案的最基本输入是矿体形态及其品位，或者说品位的空间分布。上述绝大多数优化方法都是以块状矿床模型描述矿床品位的空间分布的，模型中每一模块的品位是基于探矿取样品位通过某种方法进行估值的结果，最常用的估值方法是地质统计学法（即克里金法）。由于探矿取样的密度很低，矿床中除取样部位之外的区域的品位都是未知的，建立矿床模型所得到的各模块的品位估值只代表了矿床中品位分布的一种可能（称为一个“实现”），还存在许多其他可能。基于一个实现（一个矿床模型）优化开采方案并依此进行生产存在较大的风险：如果矿床模型的品位估值与实际品位有较大的偏差（存在偏差是肯定的，只是程度不同），那么优化所得的开采方案可能是一个较差的方案，实现的投资收益与矿床的最高潜在收益能力有较大的差距，甚至带来经济损失。因此，最终开采方案的确定不应该“吊死在一个矿床模型这一棵树上”，应该在优化中考虑品位空间分布的其他可能性，即考虑品位的不确定性，这种不确定性称为“地质不确定性（Geological Uncertainty）”[104]。

基于地质统计学的“矿床条件模拟（Conditional Simulation of Ore Deposits）”是处理地质不确定性的有效和常用方法，这一方法产生于20世纪90年代，可以说是矿山系统工程的最重要的新发展。应用条件模拟可以产生许多发生概率相同且相互独立的不同实现（矿床模型），所有实现均基于已知取样品位，并满足以下条件[105~109]：

（1）在取样点处，模拟品位都等于取样品位；

（2）模拟品位的空间关联性（Spatial Relationship and Interrelationship）都与已知取样品位的空间关联性相同；

（3）模拟品位的概率分布都与已知取样品位的概率分布相同。

可见，每个模拟模型都是忠实反映了已知取样数据的概率分布和空间分布特征的一个实现，大数量的模拟模型就可捕捉矿床品位的不确定性。

把地质不确定性纳入开采方案优化的常用途径之一，是把某一优化方法应用于每一个条件模拟得到的矿床模型，然后用某种方法对不同优化结果进行综合或从中选出最佳者。另一常用途径是先求出所有模拟矿床模型的“平均模型”，基于平均模型优化出一个“期望最佳（Expected Optimum）”方案，而后把这一方案应用于每个模拟矿床模型来计算其总净现值，求出所有这些总净现值的平均值及其概率分布，用于分析评价地质不确定性对开采方案及收益的影响或其他目的。条件模拟被提出后的近三十年间，在一些国家的露天矿开采方案优化方面的应用日益广泛，尤其是生产计划的优化[110~120]。

## 1.8 生产配矿优化方法

在金属露天矿的开采过程中，常常需要配矿。配矿的目的是为选厂提供质量参数相对稳定且符合选厂工艺要求的矿石。用于配矿建模和求解的方法中，应用最广的主要有数学规划方法和智能寻优算法。

数学规划方法主要用于露天矿配矿计划的建模，包括线性规划、整数规划及拉格朗日参数化、混合整数规划、动态规划、目标规划等方法。线性规划是露天矿配矿计划优化建模应用较早的方法，但由于其目标函数具有唯一性，无法对矿山多种因素进行综合优化，且有太多的约束条件，所以其实用性不高。整数规划是生产计划优化建模应用较为广泛的方法，但由于待采矿块集合往往很大，变量数目过多，导致优化模型难以求解，很多学者主要围绕模型中决策变量太多的问题进行了深入研究。应用混合整数规划时，往往通过增加额外的决策变量来构建优化模型，对于每个开采块体通常有多个决策变量，其优点是规划的开采顺序更切合采矿生产实际，缺点是仍包含太多的决策变量，且无法考虑品位的动态变化。动态规划多用于中长期生产计划优化，其优点是可考虑资金时间价值和块体在境界内的开采顺序，缺点是可行决策数将随着开采阶段数的增加呈指数关系迅速增加，从而造成“维数障碍”问题。为了克服上述缺点，学者们提出了 N-best 正向删减法、次优方案删减法及分组修剪法等，但由于这些方法有可能将最终优化决策序列过早删除，从而得不到真正的最优解。目标规划主要用于解决矿山多目标优化问题，其优点主要表现在：一方面由于引进了偏离变量和目标值，优化时可采用求最大值、最小值、尽量接近目标等多种方式进行求解；另一方面通过对多个目标的优先级进行划分，便于将目标按主次进行分析并做出综合优化决策。然而，由于模型涉及的多个目标之间有些是相互矛盾、难于兼顾的，往往造成建模和求解具有一定的难度。另外还有将随机规划、模糊数学等应用于露天矿采剥计划优化建模中的[121~123]。

智能寻优算法主要用于露天矿配矿模型的求解，多数配矿计划数学模型通常属于上述数学规划方法的某一种，可直接借助于 Lingo、CPLEX 等软件来求解，但随着露天矿配矿计划不断向精细化发展，配矿计划优化模型越来越复杂，很多情况下优化模型属于 NP 难问题，直接求解难以实现，只能通过某种近似算法求解，而智能寻优算法在多目标非线性模型求解方面具有优势。此类算法主要有：模拟退火算法[124]、遗传算法[125~127]、蚁群算法[128]、粒子群算法[129~131]、人工神经网络、禁忌搜索算法及混合算法等。

## 1.9 卡车调度优化方法

矿岩运输卡车的调度优化模型是露天矿生产调度的核心，通常有单阶段调度优化和多阶段调度优化两种模型。单阶段调度不考虑具体的约束和产量目标，通过一些设定的调度准则来进行简单卡车调度；多阶段调度模型是将露天矿卡车生产调度问题划分为多个子问题，并针对不同的子问题进行不同阶段的建模，然后将上一阶段的求解结果作为下一阶段的依据，从而实现满足最优生产目标的调度，是目前最常用的调度模型。多阶段调度一般划分为：设备配置、路径规划、车流规划及实时调度等。

(1) 设备配置。在矿山设计阶段，露天开采工艺确定后常使用类比法、分析计算法、概率计算法及计算机模拟法等从宏观上进行设备配置优化，确定设备型号和设备数量。设备配置完成后，由于受技术条件、传统采矿管理观念等因素的影响，在矿山开采的日常生产组织中不再从微观生产组织层面进行生产设备配置优化。目前国内外大多数有关设备配置的研究属于宏观配置，在微观生产组织的微观层面上进行设备配置优化的研究相对匮乏。

(2) 路径规划。路径规划是基于露天矿运输道路网络，依据配矿计划和现有设备配置情况，在所有的装载点和卸载点之间选择最佳路径。算法主要分为传统的路径规划算法和智能启发式算法。前者主要有：Dijkstra 算法[132~134]、Floyd 算法[135]、A* 算法[136,137]等。其中 Dijkstra 算法在露天矿路径规划中应用最为广泛，而 Floyd 算法、A* 算法等在露天矿的应用较少。Dijkstra 算法是图论中求取最短路径的经典算法，主要采用一种贪心策略，计算一个顶点到其余各顶点的最短路径，解决的是有向图中的最短路径问题。智能启发式算法在求解大规模路径规划模型中具有可在有限时间内得到满意解的优势，主要有遗传算法[138]、蚁群算法[139]、粒子群算法[140,141]、禁忌搜索算法、模拟退火算法[142]等，这些算法在智能交通及物流领域研究较多，针对露天矿运输的路径规划研究较少。

(3) 车流规划。车流规划是在满足运输量、剥采比、车流连续性、矿石质量搭配等约束条件下，对发往各装卸点的车流进行优化分配，其结果是对运输系统中的卡车进行实时调度的基础。目前主要是在露天开采的相关约束条件下构建不同的车流规划数学模型，常用的方法有排队论[143]、线性规划[144,145]、目标规划[146,147]、随机规划及智能寻优算法等。

(4) 实时调度。实时调度是基于某种调度准则，依据车流规划结果和实时运行情况对卡车进行实时调度，确定每辆卡车应去的方向。常用调度准则主要分为两类：一类主要以提高电铲、卡车效率从而提高全矿产量为目标，调度准则有最早装车法、最大卡车法、最大电铲法、最小饱和度法等；另一类是以尽可能实现车流规划结果为主要调度目标，达到设备利用率最高或装运成本最低或产量最大。实时调度需实时获取待调卡车所处的位置和状态，据此选用不同的决策方法。

# 2 露天开采概述

在露天矿生产中，作业地点不断改变，呈现出时空动态性。因此，露天开采方案的优化设计必须符合其时空发展规律并满足某些约束条件。本章对露天开采的一些基本概念和开采程序作一概述，为后续各章介绍的露天开采优化理论和方法奠定基础。

## 2.1 露天开采的一般时空发展程序

从原始地表开始到开采完毕，露天开采的过程是一个使开采区域的地貌连续发生变化的过程。在垂直方向上，露天矿被划分为台阶，台阶高度取决于矿山生产规模（即年生产能力）、与生产规模相适应的采掘设备规格及其作业参数，以及与所采矿种有关的对选别性的要求。金属矿的台阶高度一般为10~15m。露天开采是以台阶为单位进行的。

掘沟是一个台阶开采的开始，为该台阶的开采提供了运输通道和初始作业空间。沟一般由出入沟（也称为斜坡道或运输坑线）和段沟组成，前者为台阶之间建立运输联系，后者为开采提供初始作业空间。如图2-1所示，从152m水平向140m水平掘进的出入沟为这两个水平之间提供了出入通道，段沟为开采140—152m台阶提供了初始作业空间。出入沟的沟底宽度取决于采掘设备（一般为电铲）的规格及其相关作业参数以及运输设备的调车方式和转弯半径等，大中型露天矿一般为20~35m；其坡度一般为8%左右。

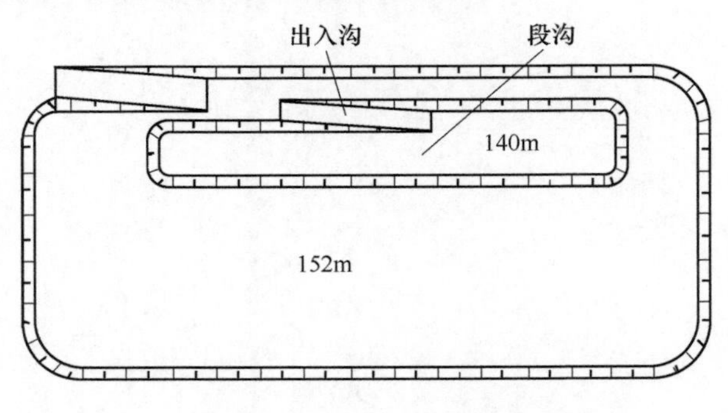


图2-1 出入沟和段沟示意图

如果采用汽车运输，由于其灵活性高，在掘完出入沟后可不掘段沟，立即在出入沟底端以扇形工作面形式向外推进。图 2-2（a）所示为汽车运输、沟外调头掘沟；完成掘沟后，在其底端以扇形工作面形式向外推进；当开采出足够的空间时，汽车可直接开到工作面进行调车（图 2-2（b））；随着工作面的不断推进，作业空间不断扩大，如果需要加大开采强度，可在一定时候布置两台采掘设备同时作业(图 2-2（c）)。

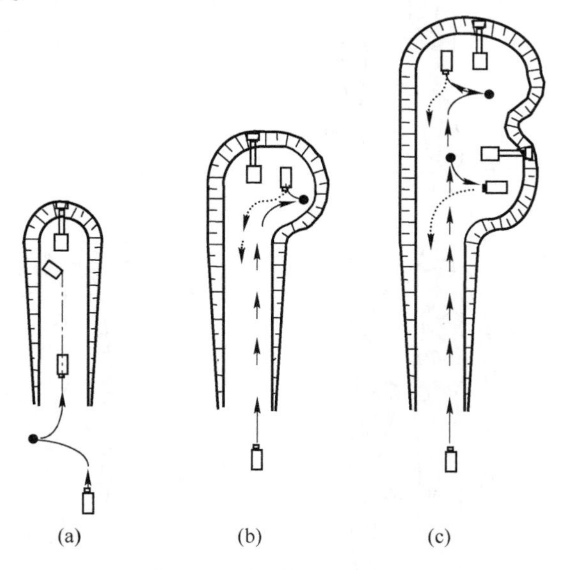


图 2-2 台阶推进示意图

一个台阶的水平推进使其所在水平的采场不断扩大，并为其下面台阶的开采创造条件。新台阶工作面的拉开使采场得以延深。台阶的水平推进和新水平的拉开构成了露天采场的扩展与延深。

最终境界是由拟开采的各个台阶推进到最终位置后构成的三维几何体，也是开采结束后的最终采场形态。最终境界在开采开始前就已设计好。露天矿从地表掘沟开始直到开采到最终境界结束的一般过程如图 2-3 所示。

假设矿区地表地形较为平坦，地表标高为 200m，台阶高度为 12m。首先在地表境界线的一端，沿矿体走向掘沟到 188m 水平（图 2-3（a））。出入沟掘完后，在沟底以扇形工作面推进（图 2-3（b））。当 188m 水平被揭露出足够面积时，向 176m 水平掘沟，掘沟位置仍在右侧最终边帮(图 2-3（c）)。之后,形成了 188—200m 台阶和 176—188m 台阶同时推进的局面（图 2-3（d））。随着开采的进行，新的工作台阶不断投入生产，上部一些台阶推进到最终境界位置（即已靠帮）。若干年后，采场变为如图 2-3（e）所示。当整个矿山开采完毕时，便形成了如图 2-3（f）所示的最终境界。

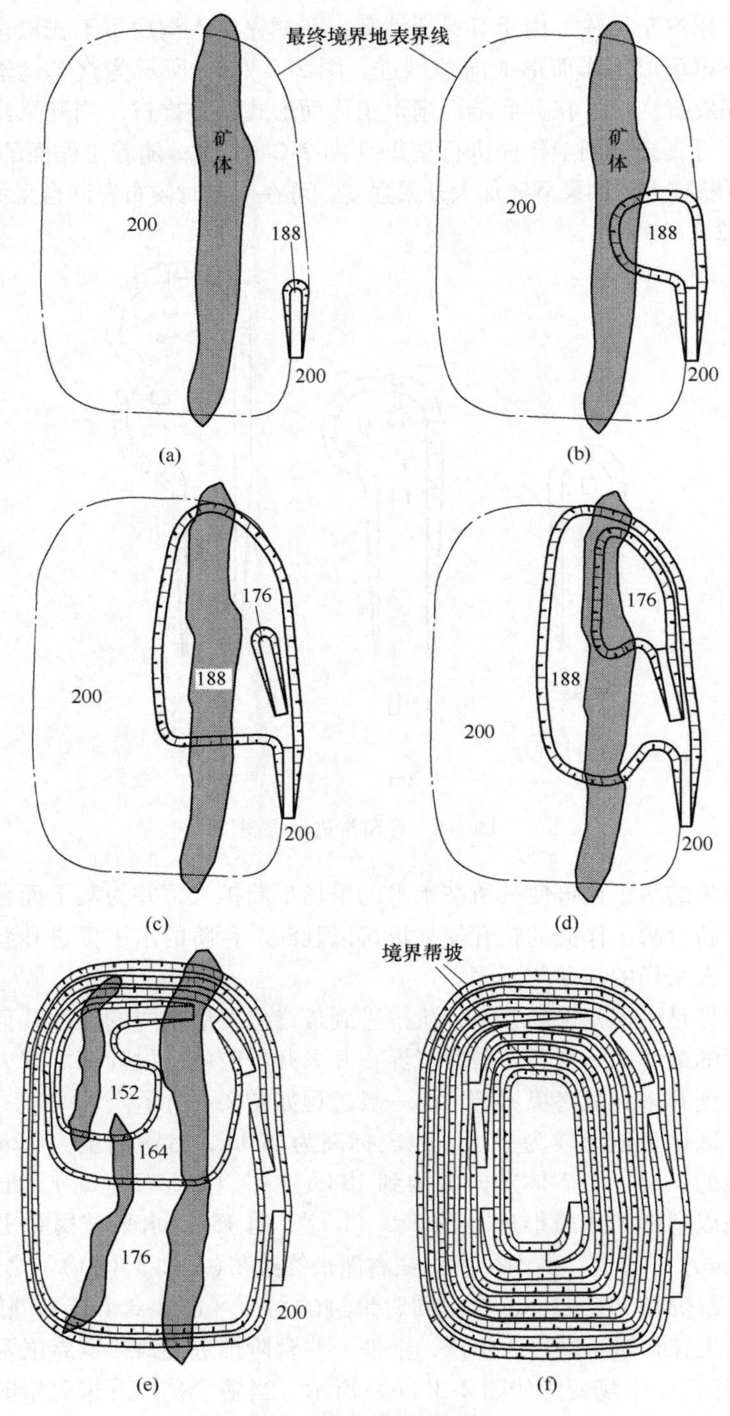


图 2-3 采场扩展与延深过程示意图

## 2.2 最终帮坡角

最终境界的边坡称为最终帮坡（或最终帮、非工作帮），由台阶组成，呈阶梯状，其平面投影如图 2-3（f）所示。图 2-4 是某露天矿的一段最终帮的三维透视图，图中标出了最终帮的构成要素。

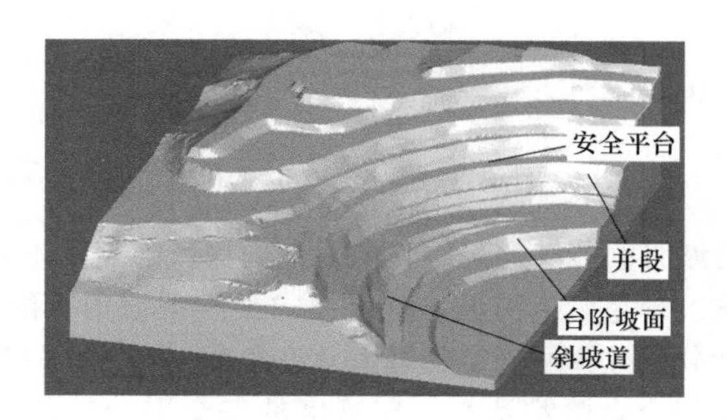


图 2-4 某露天矿最终帮坡（局部）三维透视图

最终境界的一个垂直横剖面及其构成要素如图 2-5 所示。在剖面上把阶梯状的最终帮坡简化为一条直线，如图 2-5 中的细线所示，那么该直线与水平面的夹角称为最终帮坡角，上盘的最终帮坡角为 $\beta_1$，下盘为 $\beta_2$。

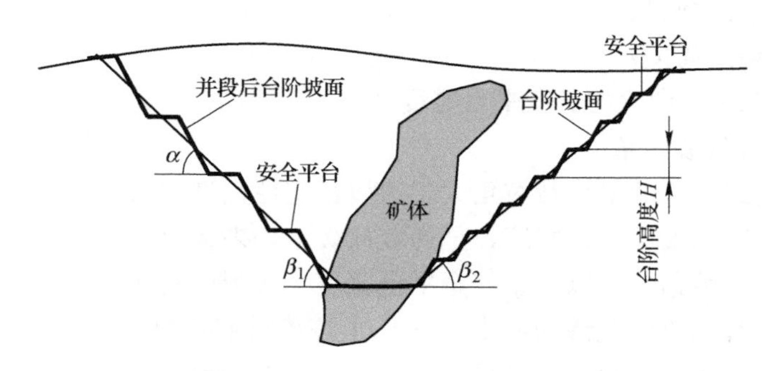


图 2-5 最终境界横剖面及其帮坡构成要素示意图

最终帮坡角是露天矿设计中最重要的技术参数之一，其取值直接影响到境界的平均剥采比，即境界内废石总量与矿石总量的比值，进而影响到整个矿山的经济效益。如图 2-6 所示，最终帮坡角越大，采出同样的矿石量需要剥离的废石量就越小，即平均剥采比越小，经济效益就越好。对于一个大型露天矿，最终帮坡角提高 1°，可能会减少数千万吨的剥离量，降低数亿元的剥离成本。因此，从经济上讲，最终帮坡角越大越好。

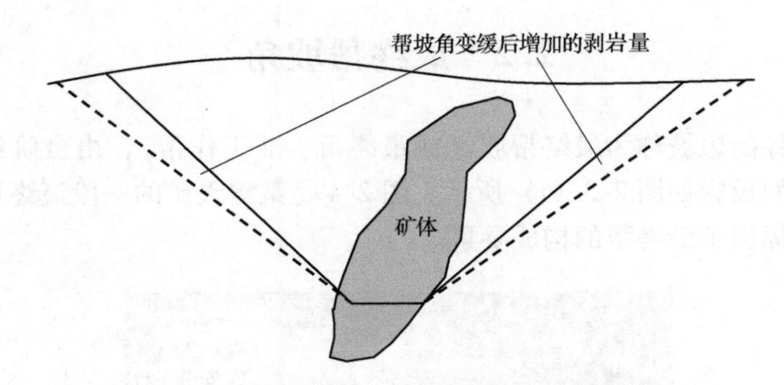


图 2-6 最终帮坡角对剥岩量的影响示意图

然而，最终帮坡必须能够在足够长的时期内保持稳定，不发生滑坡；而帮坡越陡，就越不稳定，越易发生滑坡。这就要求最终帮坡角不能超过一个最大值，即通过边坡稳定性分析计算所确定的最大允许角度（金属矿一般为35°~55°）。

在不并段（即每个台阶都留有一定宽度的安全平台）的情况下，最终帮坡角与帮坡构成要素之间的关系为：

$$\beta = \arctan \frac{nH}{\sum_{i=1}^{n} W_i + \frac{nH}{\tan\alpha}} \tag{2-1}$$

式中 $n$——台阶数目；

$H$——台阶高度；

$W_i$——第 $i$ 个台阶的安全平台宽度；

$\alpha$——台阶坡面角。

如果按上式计算的最终帮坡角大于边坡稳定性允许的最大帮坡角，可以增加某些或全部台阶的安全平台宽度，把帮坡放缓；如果按上式计算的最终帮坡角小于允许的最大帮坡角，可以减小安全平台宽度，使帮坡角变陡。当把所有台阶的安全平台宽度都减小到允许的最小值（小于该值就起不到安全作用了），帮坡角仍然小于允许的最大值时，可以采取并段的方式把帮坡角提高到最大值。把两个或更多的相邻台阶并段，就是把下部台阶的坡顶线一直推进到上部台阶的坡底线位置，不留任何平台。图 2-5 中，上盘帮坡就是每两个台阶并段后形成的最终帮坡。可以看出，采取并段的上盘帮坡角 $\beta_1$ 明显大于未并段的下盘帮坡角 $\beta_2$。在实际设计中，根据需要确定多少个台阶并为一段，往往是在境界边帮的不同区域采用不同数目的台阶并段。总的原则是，并段后既能使帮坡角达到允许的最大值，又方便运输坑线的布置。在设计中还应注意，并段后台阶的连续坡面高度成倍增加，若有石块滚落，其动能大大增加，所以，为了保证作业的安全，采取并段的帮坡上的安全平台宽度要比不并段时适度加大。

运输坑线对其所在帮坡段的总体帮坡角有重要影响。假设在图 2-5 所示的境界中，上盘布置有运输坑线并在帮坡半腰处穿越图示剖面一次；运输道路的宽度为上盘安全平台宽度的三倍，其他参数均不变。那么，图 2-5 就变为图 2-7。可见，由于运输道路的宽度比安全平台宽度大许多(实际情况也是如此)，它的加入使其所在帮坡段的总体帮坡角明显变缓(从 $\beta_1$ 变为 $\beta_1'$)，在该帮坡段的剥岩量也明显增加。对于大多数深度较大的大型露天矿，运输坑线可能在最终帮上折返多次(或呈螺旋状回转多次)，在某一垂直剖面上就会每隔数个台阶出现一次运输坑线，致使总体帮坡角比没有运输坑线时有更大幅度的变缓。

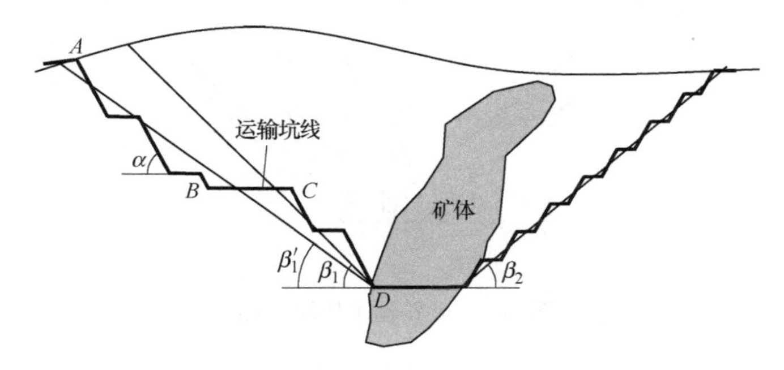


图 2-7 运输坑线对总体最终帮坡角的影响示意图

运输坑线使总体帮坡角变缓，也使帮坡的稳定性有所改善。但由于没有坑线的各个帮坡段（图 2-7 中的 $A-B$ 段和 $C-D$ 段）的垂直高度仍然较大，这种改善很有限。所以，在设计中是把没有坑线的帮坡段的局部帮坡角设计为最大允许帮坡角，而不是把加入运输坑线后的总体帮坡角设计为最大允许帮坡角（因为这样做会大大增陡 $A-B$ 段和 $C-D$ 段的帮坡角，造成安全隐患）。因此，在优化最终境界之前，不仅需要知道不同区域或方位的最大允许帮坡角，而且需要初步确定运输坑线的布置方式（折返式或螺旋式，或两者的结合）、位置和宽度，进而确定布置有运输坑线的区域或方位的总体帮坡角，以便以合适的总体帮坡角进行境界优化，使优化结果为加入运输坑线留出适当的空间。

## 2.3 境界剥采比与经济合理剥采比

从充分利用资源的角度来看，最终境界应包括尽可能多的地质储量。然而由于最大帮坡角的约束，多开采矿石就必须剥离该部分矿石上面一定范围内的废石；而且，对于大多数矿床（尤其是矿体为倾斜和急倾斜的矿床），需要多剥离的废石量往往比多开采的矿石量大得多。

如图 2-8 所示，如果把最终境界扩大（延深）一个增量，即由实线所示的境界变为虚线所示的境界，其深度从 $D$ 增加到 $D+\mathrm{d}D$，多开采的原地矿石量为 $\mathrm{d}O$，多剥离的原地废石量为 $\mathrm{d}W$。由于开采中存在矿石的损失与贫化，采出矿石量（亦即送往选厂的矿石量）并不等于 $\mathrm{d}O$，排弃到排岩场的废石量也不等于 $\mathrm{d}W$。$\mathrm{d}W$ 与 $\mathrm{d}O$ 之比称为境界在实线位置（深度 $D$）处的境界剥采比，用 $R_\mathrm{j}$ 表示，即

$$R_\mathrm{j}=\frac{\mathrm{d}W}{\mathrm{d}O} \tag{2-2}$$

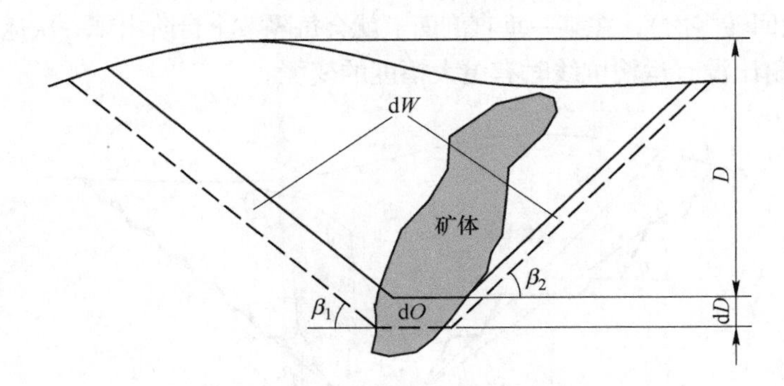


图 2-8 境界剥采比示意图

不难想象，境界的位置（深度）不同，其境界剥采比也不同；在大多数情况下，境界剥采比随着境界深度 $D$ 的增加而增加。是否应该把增量（$\mathrm{d}O$ 和 $\mathrm{d}W$）算作境界的一部分予以开采，取决于多采的矿石 $\mathrm{d}O$ 所带来的纯收益是否足以抵消多剥离 $\mathrm{d}W$ 的成本，或者说，采剥 $\mathrm{d}O$ 和 $\mathrm{d}W$ 所带来的盈利增量 $\mathrm{d}P$ 是否为正。这分两种情况：

（1）如果开采境界增量（$\mathrm{d}O$ 和 $\mathrm{d}W$）所带来的盈利增量 $\mathrm{d}P$ 为正，就应该把境界扩大到虚线所示位置（延深到 $D+\mathrm{d}D$），因为这样能够提高总盈利；同时，这也意味着，若把虚线境界再次扩大（延深）一个增量，这一增量有可能继续带来正的盈利增量。所以，需要一个增量一个增量地逐步扩大（延深）境界，直到盈利增量为负，就不再扩大（延深），这时的境界（不包括最后一次盈利增量为负的增量）即为最佳境界。

（2）如果把图 2-8 中的实线境界扩大（延深）到虚线境界，开采境界增量（$\mathrm{d}O$ 和 $\mathrm{d}W$）所带来的盈利增量 $\mathrm{d}P$ 为负，境界就不应该扩大（延深），因为这样会使总盈利下降；同时，这也意味着，要是把实线境界缩小一个增量，该增量对应的盈利增量可能仍然为负，即应该把境界缩小。所以，需要一个增量一个增量地逐步缩小境界，直到盈利增量为正，就不再缩小。这时的境界即为最佳境界。

以上所述可以概括为：如果境界增量所带来的盈利增量 $\mathrm{d}P$ 为正，就应该将境界扩大一个增量；如果境界增量所带来的盈利增量 $\mathrm{d}P$ 为负，就应该将境界缩小一个增量。这也揭示出，最佳境界是盈利增量 $\mathrm{d}P$ 为 0 的那个境界，该境界的

总盈利最大。

盈利增量 $dP$ 取决于境界剥采比 $R_j$ 和相关技术经济参数以及企业的最终产品。设矿山企业的最终产品为精矿；采场的矿石回采率为 $r_m$，废石混入率为 $\rho$，混入的废石品位为 $g_w$；选厂的金属回收率为 $r_p$，精矿品位为 $g_p$ 且不随入选品位变化，该品位精矿的单位售价为 $p_p$；单位剥岩成本为 $C_w$，单位采矿成本为 $C_m$，单位入选矿石的选矿成本为 $C_p$；$dO$ 的地质品位（即原地品位）为 $g_o$。那么，采剥增量 $dO$ 和 $dW$ 带来的盈利增值 $dP$ 为：

$$dP = \frac{r_m dO}{(1-\rho)g_p}[g_o - \rho(g_o - g_w)]r_p p_p - \frac{r_m dO}{1-\rho}(C_m + C_p) - dWC_w - \left(1 - r_m - \frac{r_m \rho}{1-\rho}\right) dOC_w \tag{2-3}$$

将 $dW=R_j dO$ 代入上式并两边都除以 $dO$，得：

$$\frac{dP}{dO} = \frac{r_m}{(1-\rho)g_p}[g_o - \rho(g_o - g_w)]r_p p_p - \frac{r_m}{1-\rho}(C_m + C_p) - R_j C_w - \left(1 - r_m - \frac{r_m \rho}{1-\rho}\right) C_w \tag{2-4}$$

从上式可以看出，对于给定的相关技术经济参数，单位原地矿石增量的盈利增量 $dP/dO$，随境界剥采比 $R_j$ 的增加而减小，因为开采 1t 矿石需要花费更多的剥岩费用。只要盈利增量大于零，就应开采 $dW$ 和 $dO$，因为这样会使总盈利 $P$ 增加。当盈利增量 $dP$ 或 $dP/dO$ 为零时，总盈利达到最大值，这时的境界即为最佳境界。盈利增量为零时的境界剥采比称为盈亏平衡剥采比（Breakeven Stripping Ratio）或经济合理剥采比，用 $R_b$ 表示。令 $dP/dO=0$，从上式可解得 $R_b$：

$$R_b = \frac{r_m r_p}{(1-\rho)g_p}[g_o - \rho(g_o - g_w)]\frac{p_p}{C_w} - \frac{r_m}{1-\rho}\frac{C_m + C_p}{C_w} - \left(1 - r_m - \frac{r_m \rho}{1-\rho}\right) \tag{2-5}$$

在传统的最终境界设计方法中，设计准则就是境界剥采比等于经济合理剥采比。这一设计准则的经济实质是境界的总盈利最大。

依据这一准则的境界设计步骤可简单概括为：在一个横剖面（垂直于矿体走向的垂直剖面）上试验不同位置（深度）的境界，计算其境界剥采比，直到找到一个境界剥采比等于或足够接近经济合理剥采比的境界，就找到了该剖面上的最佳境界；在设定的所有横剖面上都重复这一试验，找出每个横剖面上的最佳境界；然后在纵剖面上和平面投影图上对境界进行调整，并加入运输坑线，得出一个完整的可行境界。

在传统的手工设计中，为简化计算，境界剥采比不是以增量 d$W$ 和 d$O$ 计算的，而是把 d$W$ 和 d$O$ 分别以横剖面上的境界帮线和坑底线经过适当的几何换算后的线段的长度代替，即所谓的线段比法，它适用于走向较长的矿体。如果矿体的走向长度较短，设计出的境界的长度与宽度就相差不太大，就采用在平面投影图上试验境界内的废石投影面积与矿石投影面积之比来表示境界剥采比，即所谓的面积比法。

从式（2-5）可知，经济合理剥采比不仅是成本、价格、矿石回采率、选矿金属回收率、废石混入率、精矿品位等技术经济参数的函数，而且是矿体和废石的地质品位的函数。在设计过程中，试验境界处于不同位置（深度）时，矿体和废石的地质品位也不同。所以，即使是把上述技术经济参数看作常数，不同位置（深度）的境界处的经济合理剥采比也不同。因此，要想找到使总盈利最大的最佳境界，就要求以深入细致的地质工作尽可能详细地确定出矿床中不同位置的矿石品位和废石品位（最好是建立起矿床的块状品位模型）；在境界设计中把品位的变化考虑进去，对于每一个试验境界都计算其经济合理剥采比。然而在实践中，往往是取矿体和废石的平均品位计算一个不变的经济合理剥采比，把它应用于所有试验境界。在许多情况下，甚至不考虑废石混入与废石品位。

## 2.4　工作帮坡角与生产剥采比

在开采过程中，正在被开采的台阶称为工作台阶或工作平盘，其要素如图 2-9 所示。工作台阶正在被爆破、采掘的部分称为爆破带或采区，其宽度称为爆破带宽度或采区宽度（$W_C$）。在台阶推进过程中，一个工作台阶一般不能直接推进到上一个台阶的坡底线位置，而是留有一定宽度（$W_S$）的安全平台，其作用是收集从上部台阶滑落的碎石和阻止大块岩石滚落。采区宽度与安全平台宽度之和是工作平盘宽度（$W$）。

开采中，采掘设备（一般为电铲）和运输设备（一般为汽车）在正被开采的工作台阶的坡底线水平（即在下一台阶的坡顶面上）作业。为了使采掘和运输设备以较高的效率作业，工作平盘应具有足够的宽度。刚刚满足正常采运作业所需的工作平盘宽度称为最小工作平盘宽度。这一宽度也是两个相邻工作台阶在推进过程中，上部台阶必须超前于下部台阶的最小距离。

最小工作平盘宽度取决于采掘方式、调车方式以及铲装和运输设备的作业参数。图 2-10 所示是“双向行车、折返调车、平行采掘、双点装车”的情形，其最小工作平盘宽度为：

$$W_{\min} = 2R + d + 2e + s \qquad (2\text{-}6)$$

式中 $R$——汽车的最小转弯半径；

$d$——汽车车体宽度；

$e$——汽车与台阶坡底线和安全挡墙之间的安全距离；

$s$——安全挡墙宽度。

其他产装与调车方式的最小工作平盘宽度略。

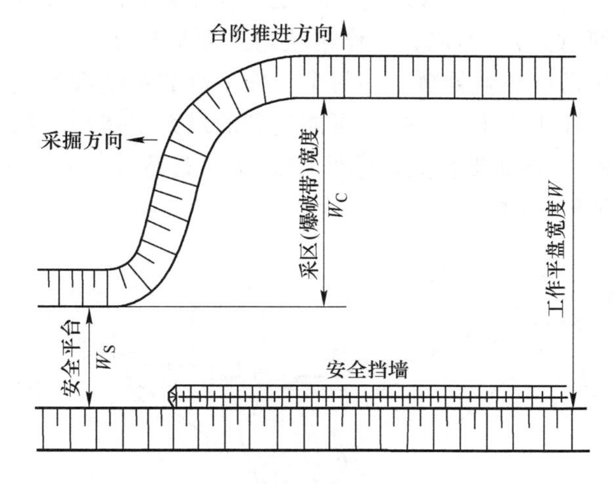


图 2-9 工作平盘要素示意图

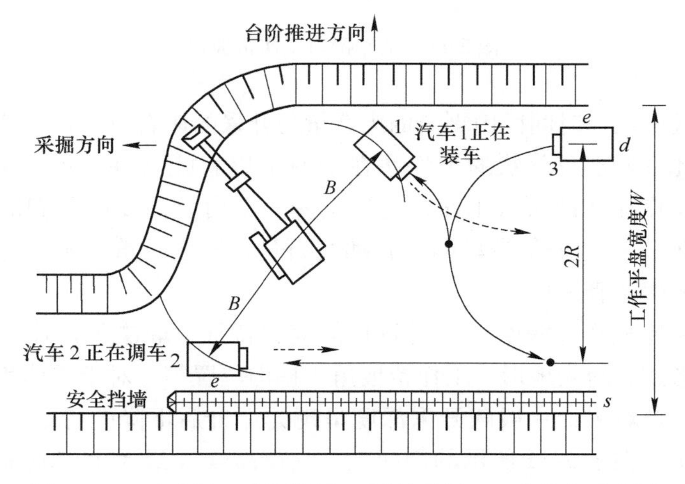


图 2-10 双向行车、折返调车、平行采掘、双点装车示意图

工作台阶组成的边帮称为工作帮。在图 2-11 所示的剖面中，上部几个台阶已经靠帮，形成了最终帮坡；上盘和下盘分别有 5 和 3 个工作台阶，组成了上、

下盘的工作帮。如果把阶梯状的工作帮简化为斜面（剖面上为一条斜线），那么，该斜面（斜线）与水平面的夹角 $\theta$ 称为工作帮坡角。工作帮坡角的计算与最终帮坡角相同，把式(2-1) 中的安全平台宽度换为工作平盘宽度即可。工作帮坡角取决于台阶高度、台阶坡面角和工作平盘宽度。对于一个给定矿山，台阶高度一经设定，一般不再改变（即使出于某种原因发生改变，变化幅度也有限），台阶坡面角取决于岩石的力学性质与节理发育程度和方向，难以人为地提高（人为地放缓没有任何意义）。所以，工作帮坡角主要取决于工作平盘宽度，工作平盘宽度越大，工作帮坡角就越缓。当每个工作平盘的宽度都为最小工作平盘宽度时，工作帮坡角是在正常生产条件下可能达到的最大工作帮坡角。工作帮坡角也是露天矿生产中的一个重要参数，它影响到生产过程中生产剥采比随时间的变化，进而影响总体经济效益。

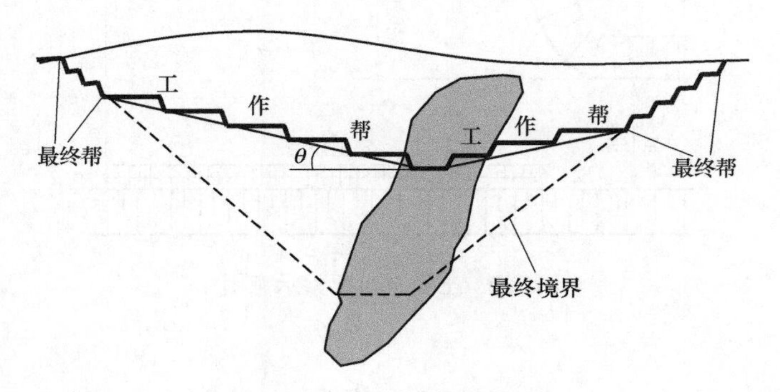


图 2-11 工作帮与工作帮坡角

开采过程中某一时间段内剥离的废石量与开采的矿石量之比，称为该时间段的生产剥采比。若把台阶状的工作帮在剖面上以斜线（在三维空间为斜曲面）代替，那么工作帮（即所有工作台阶）下降一个台阶高度所采剥的矿石和废石量，就是图 2-12 中一个条带里的矿石和废石量，该废石量与矿石量之比即为这一开采时段的生产剥采比。

生产剥采比随开采深度（或时间）的变化特征，取决于矿体形态及其赋存条件、境界形态、地表地形、工作帮坡角、掘沟位置等。对于矿体为倾斜或急倾斜的矿床，生产剥采比一般随开采深度呈现先上升后下降的特征，图 2-12 所示即为此种情况。在图 2-12 所示的剖面上，剥离高峰（最大生产剥采比）出现在开采深度 $D_1$。

对于相同的矿体、境界、地表地形和掘沟位置，工作帮坡角变陡后的情形如图 2-13 所示。可以看出，工作帮坡角变陡后，前期的生产剥采比降低了，剥离高峰被推迟了（从开采深度 $D_1$ 推迟到更大的深度 $D_2$）。这种变化导致前期的剥

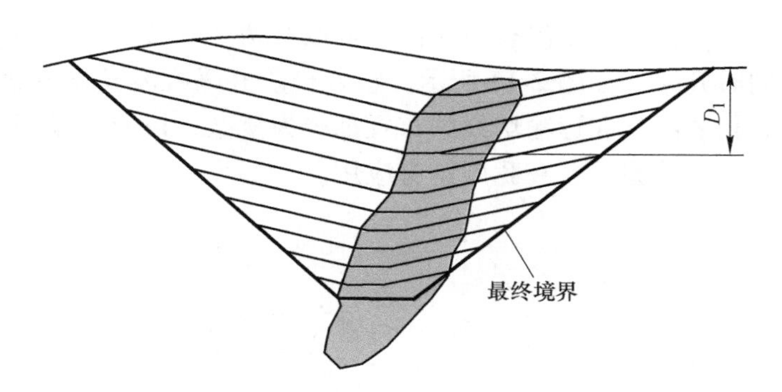


图 2-12 工作帮与生产剥采比

离费用变低而后期的剥离费用变高，相当于部分剥离费用后移，从而提高了矿山的总净现值（或投资收益率）。

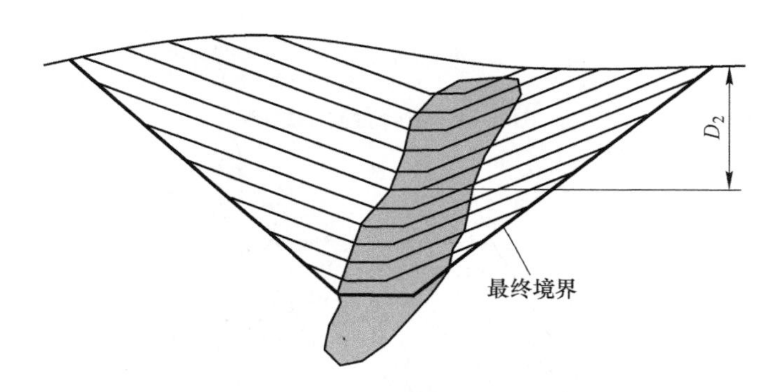


图 2-13 工作帮坡角变陡后的生产剥采比

因此，对于大多数金属露天矿，应尽量提高工作帮坡角，以获得最大的投资收益率。然而，这一点在我国并未引起重视。有些矿山的工作平盘宽度远大于正常作业所需要的宽度，工作帮坡角很小。这样做相当于提前投入大量资金剥岩，降低了生产前期的净盈利，从而降低了矿山的投资收益率。

即使是每个工作台阶都采用最小工作平盘宽度，工作帮坡角也很小。例如，当台阶高度为 15m，台阶坡面角为 60°，最小工作平盘宽度为 35m 时，工作帮坡角也就只有 19°；如果台阶高度为 12m，其他参数不变，工作帮坡角只有 16°。

提高工作帮坡角的最有效方法是采用组合台阶开采。组合台阶是将若干个台阶归为一组，组成一个组合开采单元。图 2-14 所示是把三个台阶组合为一个组合单元的情形。在一个组合单元中，任一时间一般只有一个台阶处于工作状态，保持正常的工作平盘宽度，自上而下逐台阶开采；组合中的其他台阶处于待采状态，只保持安全平台的宽度，这样就大大提高了工作帮的总体帮坡角。如果需要提高开采强度，在一个组合单元内也可以有两个（或更多）台阶以尾追工作面的方式同时开采，如图 2-15 所示。组合台阶开采在发达国家被广泛应用。由于其采剥计划的编制和运输坑线的布置都较为复杂，以及对动态经济效益的不重视和设计习惯等原因，在我国鲜有应用。

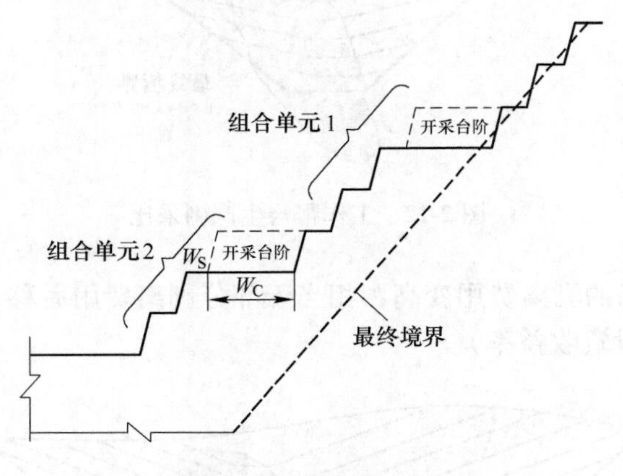


图 2-14　组合台阶示意图

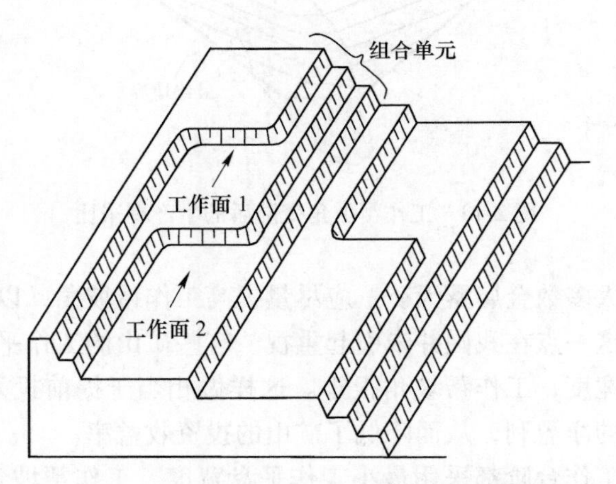


图 2-15　一个组合单元内尾追式工作面布置示意图

## 2.5　分 期 开 采

在前面描述的开采过程中，工作台阶沿水平方向一直推进到最终境界，这种开采方式称为全境界开采。由于工作帮坡角比最终帮坡角缓得多（尤其是不采用组合台阶开采时），全境界开采的初期生产剥采比高，大型深凹露天矿尤为如此。

因此，全境界开采的基建时间长、投资大，前期剥岩量大、剥岩费用高，不能获得高投资收益率。

与全境界开采方式相对应的是分期开采。所谓分期开采，就是将最终开采境界划分成若干个中间境界，称为分期境界；台阶在每一分期内的一定时期只推进到相应的分期境界；在适当的时候，开始在当前分期境界和下一分期境界之间进行采剥，称为分期扩帮或扩帮过渡，逐步过渡到下一分期境界的正常开采；如此逐期开采、逐期过渡，直至推进到最后一个分期境界，即最终境界。

图 2-16 是分期开采概念示意图。从图中可以看出，由于第一分期境界比最终境界小得多，所以前期剥采比大大降低，从而降低了初期投资和前期剥离费用，提高了前期数年的净盈利，提高了矿山的总净现值或投资收益率。

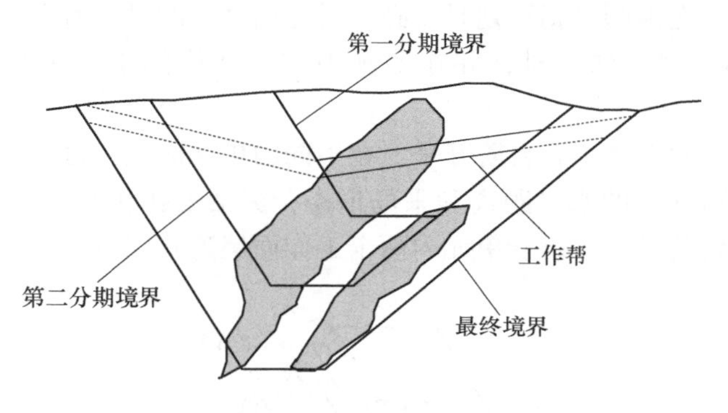


图 2-16　分期开采示意图

分期开采的另一个重要优点，是可以降低由地质储量及其品位的不可确知性和市场的不确定性所带来的投资风险。一个大型露天矿一般具有几十年的开采寿命，在可行性研究（或初步设计）时确定的最终境界，在几十年以后才能形成。在科学技术快速发展、经济环境不断变化的环境中，即使在设计时对未来的相关经济技术进行各种预测，也不可能准确把握其变化，尤其是矿产品市场的变化；矿床的真实储量及其品位也可能与当初的估算有较大的差异。这就意味着，在设计最终境界时采用的技术经济参数以及矿床品位模型在一个时期后将不再适用，最初设计的最佳境界也不再合理，甚至是一个糟糕的境界。因此，最终境界的设计应当是一个动态过程，而不应是一成不变的。一开始就将台阶推进到最终境界，是高风险和不明智的。

若采用分期开采，最初设计的各分期境界中，只有第一分期（或头两个分期）的境界是“生产性”的，之后各期的境界都是参考性的。在一个分期将要向下一分期过渡时，可充分利用在开采过程中获得的更为详细的矿床地质资料和当时的技术经济参数，对矿床未开采部分建立新的矿床模型，重新优化设计未来的分期境界。依此类推，直至开采结束。

实践证明，许多大型露天矿最终形成的境界，与可行性研究（或初步设计）阶段设计的最终境界有很大的差别。采用分期开采，随着地质条件的揭露和经济、技术环境的变化，逐期、动态地刷新矿床模型和境界设计，就能最大限度地降低投资风险。

分期开采的采剥计划编制要比全境界开采更复杂，并要求对开采程序实行严格管理，以保证采剥计划的执行。在从一个分期向下一个分期的过渡阶段，合理的采剥计划及其执行尤为重要：若过渡得太早，则会不必要地提前剥岩，与分期开采的目的相悖；若过渡得太晚，因下一分期境界上部台阶没有矿石或矿石量很少，而其下部台阶还未被揭露，从而造成一段时间内矿石减产甚至是纯剥离的被动局面。所以，在编制采剥计划时，必须对分期之间的过渡时间以及过渡期内的生产进行全面、周密的安排，并在实施中实行严格的生产组织管理，按计划执行。

分期扩帮通常采用组合台阶开采。在不同的扩帮区段，可以根据扩帮强度需要、分期境界边帮间的水平距离和采场形态，灵活安排扩帮工作面。图 2-17 所示是采用组合台阶扩帮、组合单元内两个工作面尾追式同时开采的情形。

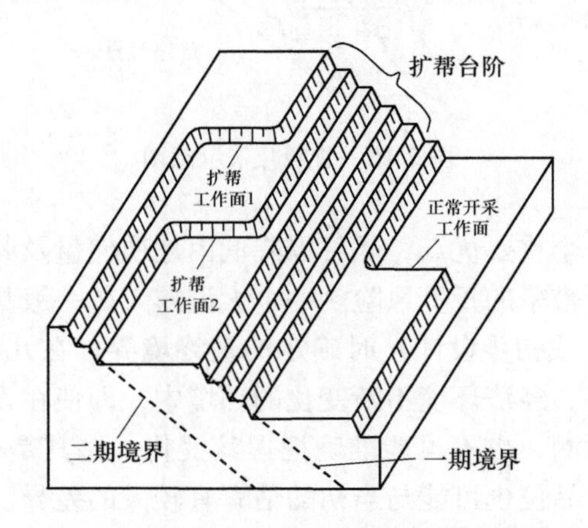


图 2-17　组合台阶-尾追式工作面分期扩帮

在某些矿山，由于矿体赋存形态和地形等条件合适，设计的分期数目很多，分期境界之间的水平距离较小，扩帮是连续进行的，即当前分期正常开采一开始，向下一分期的扩帮工作就已经开始了。这样，正常开采与扩帮始终平行进行。如图 2-18 所示，在正常开采Ⅰ的同时在 1 处扩帮，在正常开采Ⅱ的同时在 2 处扩帮，依此类推。这种开采方式称为连续扩帮开采。

分期开采较全境界开采更符合露天矿建设与生产发展规律，可以最大限度地

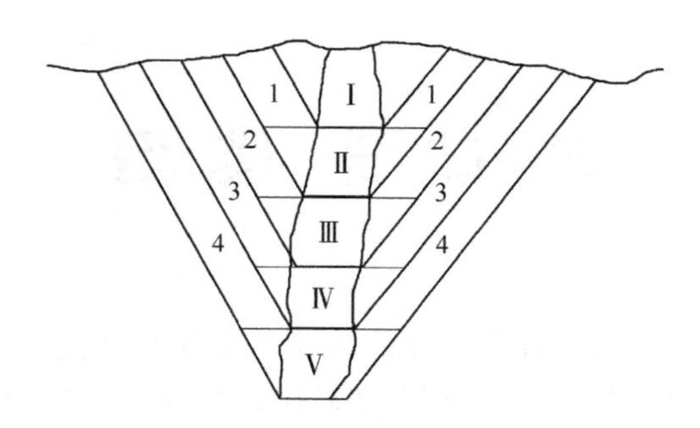


图 2-18 连续扩帮开采示意图

降低投资风险、提高投资收益率，在发达国家得到十分广泛的应用。在我国，一些矿山在开采到接近最终境界时，对境界进行重新设计，也称之为“下一期境界”。这种方式似乎也是分期开采，但并不是真正意义上的分期开采。因为在设计境界时，并没有“主动”分成若干期进行设计，只是在原设计境界将要开采结束时，发现剩余储量及当时的技术经济条件仍然适合于露天开采，重新设计了一个最终境界而已。迄今为止，我国还没有矿山是采用分期开采的概念进行设计、在生产中实行主动式分期开采的。这也是我国露天开采技术与世界先进水平之间的主要差距之一。

# 3 矿 床 模 型

矿床模型是矿山优化设计的基础，模型的质量对优化结果有重要影响。从20世纪60年代被提出以来，矿床模型在矿山设计与生产中的应用日益广泛，建立模型的方法也在不断发展。本章主要针对金属矿床，简要介绍优化设计中常用的矿床模型及其建模方法。

## 3.1 矿床模型基本概念与类型

在传统的露天矿设计中，直接使用的地质资料是剖面图和分层平面图上的矿岩界线。探矿结束后，把探矿钻孔及其取样的品位数据投影到沿每条勘探线的垂直剖面上，依据设定的边界品位和一定的矿体圈定规则，在剖面上圈定出矿体以及各种岩性的岩石，得到剖面上的矿岩界线，并对矿体进行分层（或分条）命名；然后以位于每个台阶水平的水平面去切割各剖面上的矿岩界线，连接同一矿岩层上的切割点形成平面上的矿岩界线，得到各个台阶水平的分层平面图。对于图上的每一个矿石界线多边形，通常还依据取样品位计算出其平均品位。在境界设计、采剥计划编制等工作中，所有矿石量、废石量和成本、收益等的计算，均是基于这些剖面图和分层平面图完成的。在一些情况下，为了更准确地计算端帮处的境界剥采比，以便更好地控制境界的端帮形态，还需切割出一些辅助剖面。

计算机的出现及其在矿山设计和生产中的应用，促进了相关优化方法与算法的研究与应用。矿山优化设计中最基本的决策，就是决定是否开采某一块段的矿石，剥离某一块段的废石，以及何时开采和剥离最好。上述以矿岩界线表述的地质数据，由于其不规则性，非常不适合计算机处理。于是块状矿床模型应运而生。

所谓块状矿床模型就是将矿床的空间范围划分为许多单元块所形成的离散模型。为了计算机处理方便，几乎所有为优化设计而建立的矿床模型，其单元块都是大小相等的长方体（对于三维模型）或长方形（对于二维模型），所以也称为规则块状模型或栅格模型。模型中的单元块称为模块。矿床模型中每一个模块被赋予一个或数个特征值（也称为属性）。有了矿床模型，形态规则且体积相等的模块就成为优化设计中的决策单元，优化中的矿石量、废石量和成本、收益等均可基于模块的属性方便地计算，这就大大方便了优化数学模型的建立及其算法的设计。

优化设计中用到的基本模型之一是品位模型。品位模型中的每一模块的主特征值是该模块的平均品位，品位模型有时也称为地质模型。品位模型是三维模型，它是把矿床建模范围的三维空间，用间距规则的一组水平面（$X-Y$ 平面）、两组正交垂直平面（$X-Z$ 和 $Y-Z$ 平面）切割成大小相等的三维模块而形成的，如图 3-1 所示。每一模块是一个长方体，其垂直方向的高度一般等于台阶高度，水平方向一般为正方形。

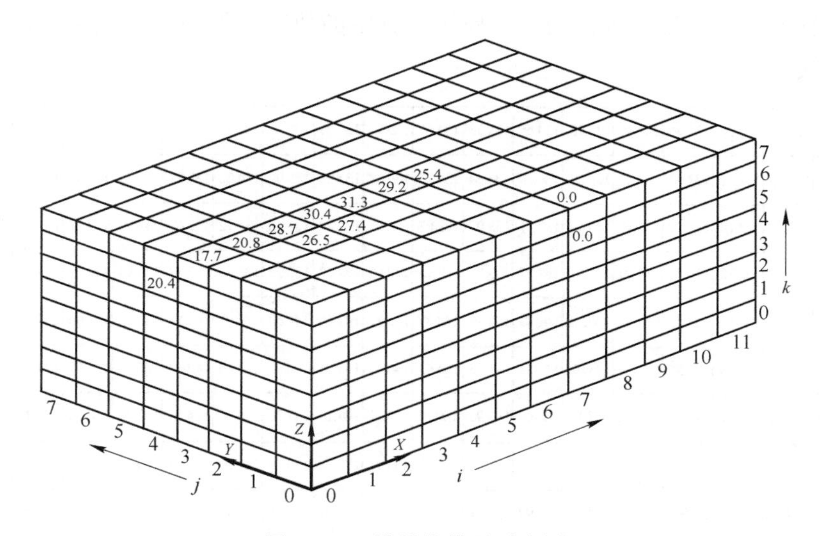


图 3-1　三维品位模型示意图

模块的位置用其中心的 $X$、$Y$、$Z$ 坐标表示。如图 3-1 所示，可以把位于模型中最低层的左下角的那个模块作为“原点模块”，其中心的 $X$、$Y$、$Z$ 坐标分别为 $x_0$、$y_0$、$z_0$；模块在 $X$、$Y$、$Z$ 方向上的序号用 $i$、$j$、$k$ 表示，且原点模块的 $i$、$j$、$k$ 序号均为 0；模块在 $X$、$Y$、$Z$ 方向上的边长分别为 $a_x$、$a_y$、$a_z$。那么，模型中任意一个模块中心的 $X$、$Y$、$Z$ 坐标（$x_i$，$y_j$，$z_k$）就可用下式求得：

$$\begin{cases} x_i = x_0 + ia_x \\ y_j = y_0 + ja_y \\ z_k = z_0 + ka_z \end{cases} \tag{3-1}$$

在品位模型的数据结构设计中，如果为了节省内存，可以不记录模块的坐标值，而是在使用模型时依据上式即时计算。对于一个有上百万个模块的大型模型，这样做节省的内存很可观。然而，即时计算模块坐标会增加应用程序的计算量，延长运行时间。当今计算机的内存配置都是以 G 为单位的，所以对于绝大多数矿床而言内存一般不是问题，而提高运行速度是编程的主要目标。因此，一般都是在建立模型时就一次性计算出每个模块的坐标值并加以记录和存储，应用时从数据结构中直接读取。

优化设计中用到的另一个基本模型是地表标高模型，简称标高模型。标高模型是二维模型，它是把矿床在水平面的范围划分为二维模块形成的离散模型，模块的特征值是模块中心处的标高。模块一般为正方形，且所有模块大小相等。标高模型主要用于描述原始地表地形、最终境界形态和生产矿山的采场现状等，如图 3-2 所示。图中每一方格为一个模块，其中的数字是模块中心处的标高，曲线为等高线。

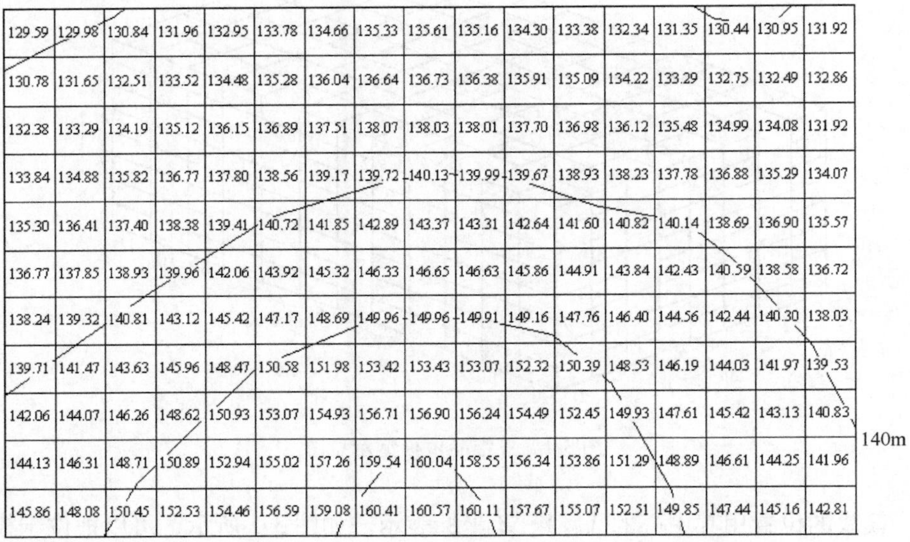

| 129.59 | 129.98 | 130.84 | 131.96 | 132.95 | 133.78 | 134.66 | 135.33 | 135.61 | 135.16 | 134.30 | 133.38 | 132.34 | 131.35 | 130.44 | 130.95 | 131.92 |
| --- | --- | --- | --- | --- | --- | --- | --- | --- | --- | --- | --- | --- | --- | --- | --- | --- |
| 130.78 | 131.65 | 132.51 | 133.52 | 134.48 | 135.28 | 136.04 | 136.64 | 136.73 | 136.38 | 135.91 | 135.09 | 134.22 | 133.29 | 132.75 | 132.49 | 132.86 |
| 132.38 | 133.29 | 134.19 | 135.12 | 136.15 | 136.89 | 137.51 | 138.07 | 138.03 | 138.01 | 137.70 | 136.98 | 136.12 | 135.48 | 134.99 | 134.08 | 131.92 |
| 133.84 | 134.88 | 135.82 | 136.77 | 137.80 | 138.56 | 139.17 | 139.72 | 140.13 | 139.99 | 139.67 | 138.93 | 138.23 | 137.78 | 136.88 | 135.29 | 134.07 |
| 135.30 | 136.41 | 137.40 | 138.38 | 139.41 | 140.72 | 141.85 | 142.89 | 143.37 | 143.31 | 142.64 | 141.60 | 140.82 | 140.14 | 138.69 | 136.90 | 135.57 |
| 136.77 | 137.85 | 138.93 | 139.96 | 142.06 | 143.92 | 145.32 | 146.33 | 146.65 | 146.63 | 145.86 | 144.91 | 143.84 | 142.43 | 140.59 | 138.58 | 136.72 |
| 138.24 | 139.32 | 140.81 | 143.12 | 145.42 | 147.17 | 148.69 | 149.96 | 149.96 | 149.91 | 149.16 | 147.76 | 146.40 | 144.56 | 142.44 | 140.30 | 138.03 |
| 139.71 | 141.47 | 143.63 | 145.96 | 148.47 | 150.58 | 151.98 | 153.42 | 153.43 | 153.07 | 152.32 | 150.39 | 148.53 | 146.19 | 144.03 | 141.97 | 139.53 |
| 142.06 | 144.07 | 146.26 | 148.62 | 150.93 | 153.07 | 154.93 | 156.71 | 156.90 | 156.24 | 154.49 | 152.45 | 149.93 | 147.61 | 145.42 | 143.13 | 140.83 |
| 144.13 | 146.31 | 148.71 | 150.89 | 152.94 | 155.02 | 157.26 | 159.54 | 160.04 | 158.55 | 156.34 | 153.86 | 151.29 | 148.89 | 146.61 | 144.25 | 141.96 |
| 145.86 | 148.08 | 150.45 | 152.53 | 154.46 | 156.59 | 159.08 | 160.41 | 160.57 | 160.11 | 157.67 | 155.07 | 152.51 | 149.85 | 147.44 | 145.16 | 142.81 |

140m

160m 150m

图 3-2 地表标高模型示意图

将矿床划分为模块后，需要应用某种方法依据已知数据（一般为钻孔取样和地表地形等高线）对每个模块的特征值进行估算。估值后，特征值在模型范围内每一位置变为已知，便于各种相关计算。例如，对品位模型中每个模块的品位进行估算后，相当于模型范围内每一位置的品位变为已知，可以方便地圈定矿体，进行矿量和品位计算。

本章着重介绍两种常用的模块品位估值方法——地质统计学法和距离反比法，并对价值模型、标高模型等的建立作简要介绍。

## 3.2 地质统计学概论——克里金估值法

地质统计学（Geostatistics）是 20 世纪 60 年代初期出现的一个新兴应用数学

分支，其基本思想是由南非的 Danie Krige 在金矿的品位估算实践中提出来的，后来由法国的 Georges Matheron 经过数学加工，形成了一套完整的理论体系。在过去的半个多世纪中，地质统计学不仅在理论上得到发展与完善，而且在实践中得到日益广泛的应用。如今，地质统计学在国际上除被用于矿床的品位估值外，还被用于其他领域中研究与位置有关的参数估计，如农业中农作物的收成、环保中污染物的分布等。本节将从矿床的品位估值的角度，简要介绍地质统计学的基本概念、原理和方法。

### 3.2.1 基本概念与函数

应用传统统计学（“传统”二字是相对于地质统计学而言的）可以对矿床的取样数据进行各种分析，并估计矿床的平均品位及其置信区间。在给定边界品位时，传统统计学也可用于初步估算矿石量和矿石平均品位。然而，传统统计学的分析计算均基于一个假设，即样品是从一个未知的样品空间随机选取的，而且是相互独立的。根据这一假设，样品在矿床中的空间位置是无关紧要的，从相隔上千米的矿床两端获取的两个样品与从相隔几米的两点获取的两个样品从理论上讲是没有区别的，它们都是一个样本空间的两个随机取样而已。

但是在实践中，相互独立性是几乎不存在的，钻孔的位置（即样品的选取）在绝大多数情况下也不是随机的。当两个样品的空间距离较小时，样品间会存在较强的相似性；而当距离很大时，相似性就会减弱或消失。也就是说，样品之间存在着某种联系，这种联系的强弱是与样品的相对位置有关的。这样就引出了区域化变量的概念。

#### 3.2.1.1 区域化变量与协变函数

如果以空间一点 $z$ 为中心获取一个样品，样品的特征值 $X(z)$ 是该点的空间位置 $z$ 的函数，那么随机变量 $X$ 即为一区域化随机变量，简称区域化变量。

显然，矿床的品位是一个区域化变量，而控制这一区域化变量之变化规律的是地质构造和矿化作用。区域化变量的概念是整个地质统计学理论体系的核心，用于描述区域化变量变化规律的基本函数是协变异函数和半变异函数。

设有两个随机变量 $X_1$ 与 $X_2$，如果 $X_1$ 与 $X_2$ 之间存在某种相关性，那么从传统统计学可知，这种相关关系由 $X_1$ 与 $X_2$ 的协方差 $\sigma(X_1, X_2)$ 表示：

$$\sigma(X_1, X_1) = E[(X_1 - E[X_1])(X_2 - E[X_2])] \tag{3-2}$$

用 $\sigma_{X_1}^2$ 和 $\sigma_{X_2}^2$ 分别表示 $X_1$ 和 $X_2$ 的方差，则：

$$\sigma_{X_1}^2 = E[(X_1 - E[X_1])^2] \tag{3-3}$$

$$\sigma_{X_2}^2 = E[(X_2 - E[X_2])^2] \tag{3-4}$$

式中，$E[X]$ 表示随机变量 $X$ 的数学期望。

$X_1$ 与 $X_2$ 之间的相关系数为：

$$\rho_{X_1,X_2} = \frac{\sigma(X_1, X_2)}{\sigma_{X_1}\sigma_{X_2}} \tag{3-5}$$

当 $X_1$ 与 $X_2$ 互相独立时，即两者之间不存在任何相关性时，两者的协方差与相关系数均为零；当 $X_1$ 与 $X_2$ 完全相关时，相关系数为 1.0（或-1.0）。

如果 $X_1$ 和 $X_2$ 不是一般的随机变量，而是区域化变量 $X$ 在矿床 $\Omega$ 中的取值，即：

$X_1$ 代表 $X(z)$：区域化变量 $X$ 在矿床 $\Omega$ 中 $z$ 点的取值，

$X_2$ 代表 $X(z+h)$：区域化变量 $X$ 在矿床 $\Omega$ 中距 $z$ 点 $h$ 处的取值。

那么，由式(3-2) 可以计算 $X(z)$ 与 $X(z+h)$ 在矿体 $\Omega$ 中的协方差：

$$\begin{aligned}\sigma(X(z), X(z+h)) &= \sigma(h) \\ &= E[(X(z) - E[X(z)])(X(z+h) - E[X(z+h)])]\end{aligned} \tag{3-6}$$

式中，$\sigma(h)$ 称为区域化变量 $X$ 在 $\Omega$ 中的协变函数（Covariogram）。

让 $\sigma_1^2$ 和 $\sigma_2^2$ 分别表示 $X(z)$ 与 $X(z+h)$ 在矿体 $\Omega$ 中的方差，则：

$$\sigma_1^2 = E[(X(z) - E[X(z)])^2] \tag{3-7}$$

$$\sigma_2^2 = E[(X(z+h) - E[X(z+h)])^2] \tag{3-8}$$

那么 $X(z)$ 与 $X(z+h)$ 之间的相关系数为：

$$\rho(h) = \frac{\sigma(h)}{\sigma_1\sigma_2} \tag{3-9}$$

式中，$\rho(h)$ 称为区域化变量 $X$ 在 $\Omega$ 中的相关函数（Correlogram）。

对于任何矿床，都可能计算出其协变函数 $\sigma(h)$。但在利用 $\sigma(h)$ 对矿床模型中模块的品位进行估值时，需满足二阶稳定性条件（Second Order Stationary Conditions）：

(1) $X(z)$ 的数学期望与空间位置 $z$ 无关，即对任意位置 $z_0$，有：

$$E[X(z_0)] = \mu \tag{3-10}$$

(2) 协变函数与空间位置无关，只与距离向量 $h$ 有关，即对于任何位置 $z_0$，有：

$$E[(X(z_0) - \mu)(X(z_0+h) - \mu)] = \sigma(h) \tag{3-11}$$

当式（3-11）成立时，$X(z)$ 与 $X(z+h)$ 的方差相等，即 $\sigma_1^2 = \sigma_2^2 = \sigma^2$，相关函数变为：

$$\rho(h) = \frac{\sigma(h)}{\sigma^2} \tag{3-12}$$

3.2.1.2 半变异函数

用于描述区域化变量变化规律的另一个更具实用性的函数是半变异函数

(Semivariogram)。半变异函数的定义为：

$$\gamma(h)=\frac{1}{2}E[(X(z)-X(z+h))^2] \tag{3-13}$$

如果满足二阶稳定性条件，半变异函数和协变异函数之间存在以下关系：

$$\gamma(h)=\sigma^2-\sigma(h) \tag{3-14}$$

图 3-3 是关系式（3-14）的示意图。

当 $h=0$ 时，点 $z$ 和 $z+h$ 变为一点，区域化变量 $X$ 的取值 $X(z)$ 与 $X(z+h)$ 应变为同一取值。从以上各式可以看出：$\sigma(0)=\sigma^2$，$\gamma(0)=0$。实际上，在同一位置获得两个完全相同的样品几乎是不可能的。如果从紧挨着的两点（$h\approx0$）取两个样品，由于取样过程中的误差和微观矿化作用的变化，两个样品的品位有可能不相等；即使是把同一个样品化验两次，由于化验过程中的误差，化验结果也可能不同。因此，对于现实数据，在许多情况下半变异函数在原点附近不等于零（见图3-3），这种现象称为块金效应（Nugget Effect）。块金效应的大小用块金值 $N$ 表示：

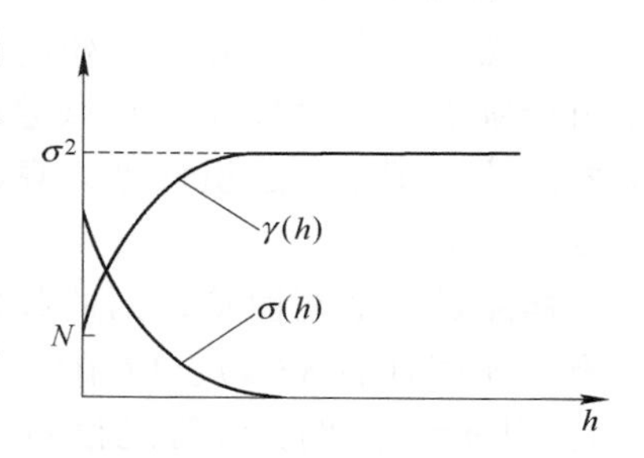


图 3-3 半变异函数与协变函数的关系示意图

$$N=\underset{h\to0}{\text{limit}}\gamma(h)=\sigma^2-\underset{h\to0}{\text{limit}}[\sigma(h)] \tag{3-15}$$

应用半变异函数进行估值时，需满足内蕴假设（Intrinsic Hypothesis）：

（1）区域化变量 $X$ 的增量的数学期望与位置无关，只与距离向量 $h$ 有关，即对于区域 $\Omega$ 内的任意位置 $z_0$，有：

$$E[X(z_0)-X(z_0+h)]=m(h) \tag{3-16}$$

（2）半变异函数与位置无关，即对于区域 $\Omega$ 内的任意位置 $z_0$，有：

$$\frac{1}{2}E[(X(z_0)-X(z_0+h))^2]=\gamma(h) \tag{3-17}$$

内蕴假设的内涵是：区域化变量的增量在给定区域 $\Omega$ 内的所有位置上具有相同的概率分布。内蕴假设要求的条件要比二阶稳定性条件宽松得多，当满足后者时，前者自然得到满足。

### 3.2.2 实验半变异函数及其计算

像普通随机变量的概率分布特征量一样，半变异函数对任一给定矿床 $\Omega$ 是未知的，需要通过取样值对之进行估计。

设从矿床 $\Omega$ 中获得一组样品，相距 $h$ 的样品对数为 $n(h)$，那么半变异函数 $\gamma(h)$ 可以用下式估计：

$$\gamma(h) = \frac{1}{2n(h)} \sum_{i=1}^{n(h)} [x(z_i) - x(z_i + h)]^2 \tag{3-18}$$

式中，$x(z_i)$ 为在位置 $z_i$ 处的样品值；$x(z_i + h)$ 为在与 $z_i$ 相距 $h$ 处的样品值；$x(z_i)$ 和 $x(z_i + h)$ 组成相距 $h$ 的一个样品对。

由式（3-18）计算的半变异函数称为实验半变异函数。下面举例说明实验半变异函数的计算。

首先是一个一维算例。如图 3-4 所示，在一条直线上取得 10 个样品，图中每个圆点为一个样品，圆点旁的数字为样品的品位。试基于这组样品计算品位的实验半变异函数。

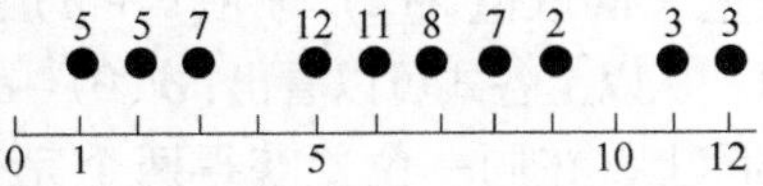

图 3-4　一维取样分布

样品是一个离散集，因此我们只能对几个离散 $h$ 值计算 $\gamma(h)$。应用公式（3-18）计算的结果列于表 3-1 中并绘于图 3-5。以 $h=3$ 为例，计算过程列于表 3-2。

**表 3-1　一维算例的实验半变异函数计算结果**

| 间距 $h$ | 1 | 2 | 3 | 4 |
|---|---|---|---|---|
| 样品对数 $n(h)$ | 7 | 6 | 6 | 6 |
| $\gamma(h)$ | 2.857 | 8.167 | 15.667 | 18.917 |

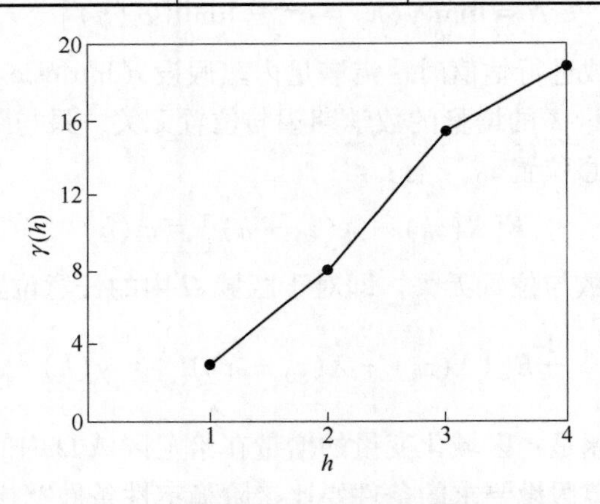


图 3-5　一维算例的实验半变异函数

**表 3-2　一维算例 $h=3$ 时 $\gamma$（$h$）的计算过程**

| 样品对的品位 | | 计　　算 | |
|---|---|---|---|
| $x(z)$ | $x(z+3)$ | $x(z)-x(z+3)$ | $(x(z)-x(z+3))^2$ |
| 5 | 12 | −7 | 49 |
| 7 | 11 | −4 | 16 |

续表 3-2

| 样品对的品位 | | 计　算 | |
|---|---|---|---|
| 12 | 7 | 5 | 25 |
| 11 | 2 | 9 | 81 |
| 7 | 3 | 4 | 16 |
| 2 | 3 | −1 | 1 |
| $\gamma(3)=188/12=15.667$ | | | 188 |

在一维空间计算实验半变异函数，不需要考虑方向的问题；在二维或三维空间，半变异函数是具有方向性的，即在不同的方向上，半变异函数可能不一样。下面是一个在二维空间计算实验半变异函数的算例。

如图 3-6 所示，在某一台阶面上取样 31 个，样品位于间距为 1 的规则网格点上（图中的圆点），各样品的品位如圆点旁的数字所示。试求图中右侧所标示的 4 个方向上的实验半变异函数。

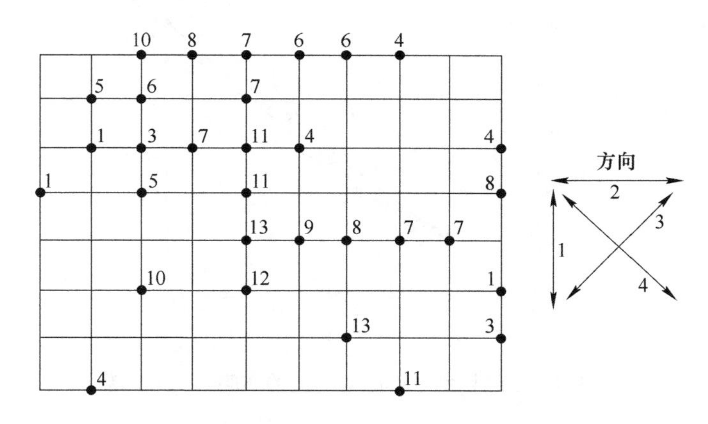


图 3-6　二维取样分布

在任一方向上，计算过程与上例相同。只是在一给定方向上选取间距为 $h$ 的样品对时，只能在该方向上选取。方向 1 和 2 上的实验半变异函数计算结果列于表 3-3，方向 3 和 4 上的计算结果列于表 3-4。

**表 3-3　方向 1 和 2 上的实验半变异函数计算结果**

| 方　向 | $h=1$ | | $h=2$ | | $h=3$ | |
|---|---|---|---|---|---|---|
| | $n(h)$ | $\gamma(h)$ | $n(h)$ | $\gamma(h)$ | $n(h)$ | $\gamma(h)$ |
| 1 | 11 | 3.91 | 12 | 9.00 | 8 | 11.06 |
| 2 | 14 | 4.07 | 14 | 7.64 | 9 | 15.22 |

表 3-4 方向 3 和 4 上的实验半变异函数计算结果

| 方向 | $h=\sqrt{2}$ | | $h=2\sqrt{2}$ | | $h=3\sqrt{2}$ | |
|---|---|---|---|---|---|---|
| | $n(h)$ | $\gamma(h)$ | $n(h)$ | $\gamma(h)$ | $n(h)$ | $\gamma(h)$ |
| 3 | 10 | 5.90 | 11 | 12.09 | 6 | 20.08 |
| 4 | 9 | 5.06 | 12 | 12.92 | 6 | 16.83 |

若将平面上所有方向上相距为 $h$ 的样品对都用于计算 $\gamma(h)$，得到的实验半变异函数称为该平面上的**平均实验半变异函数**。本例中的平均实验半变异函数计算结果列于表 3-5。所有 4 个方向上的实验半变异函数与平均半变异函数计算结果绘于图 3-7。

表 3-5 平均实验半变异函数计算结果

| $h$ | 1 | $\sqrt{2}$ | 2 | $2\sqrt{2}$ | 3 | $3\sqrt{2}$ |
|---|---|---|---|---|---|---|
| $n(h)$ | 25 | 19 | 26 | 23 | 17 | 12 |
| $\gamma(h)$ | 4.00 | 5.50 | 8.27 | 12.52 | 13.26 | 18.46 |

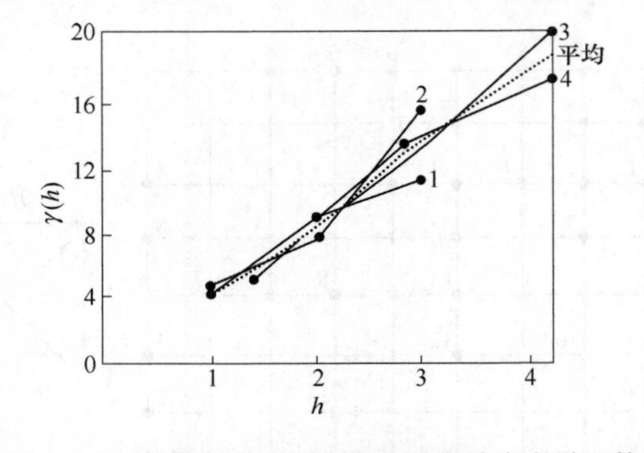


图 3-7 二维算例在不同方向上的实验半变异函数

在实践中，样品在平面上的分布可能很不规则，不可能所有样品都位于规则的网格点上，样品间的距离也不会是一个基数的整数倍，而且往往需要计算任意方向的实验半变异函数。因此，恰好落在指定方向的方向线上、间距又恰好等于给定 $h$ 的样品对很少，几乎不存在。所以，如图 3-8 所示，在计算实验半变异函数时，需要确定一个最大方向角偏差 $\Delta\alpha$ 和距离偏差 $\Delta h$。如果一对样品 $x(z_i)$ 和 $x(z_j)$ 所在的位置所连成的向量 $z_i \rightarrow z_j$ 的方向落于 $\alpha - \Delta\alpha$ 和 $\alpha + \Delta\alpha$ 之间，那么就可以认为 $x(z_i)$ 和 $x(z_j)$ 是在方向 $\alpha$ 上的一个样品对；如果样品$x(z_i)$ 和 $x(z_j)$ 之间的距离落于 $h - \Delta h$ 和 $h + \Delta h$ 之间，就可认为这两个样品是相距 $h$ 的一个样品对。$2\Delta\alpha$ 称为窗口（Window）。在实际计算中，往往以 $2\Delta h$ 作为 $h$ 的增量（也称为“步长”），以 $\Delta h$ 作为最小 $h$ 值（也称为“偏移量 Offset”）。例如，当

$2\Delta h=10$m时，$h$ 取 5m，15m，25m 等；对于 $h=15$m，间距落入区间［10m，20m］的样品对都用于计算 $\gamma(h_{15})$，$h_{15}$是落入区间［10m，20m］的所有样品对的间距的平均值。用这一平均距离而不是直接用 15m，是为了提高计算结果的准确度。

在三维空间，图 3-8 中的角度偏差扇区变为图 3-9 中的锥体，空间的某一方向由方位角 $\varphi$ 与倾角 $\psi$ 表示。另外，在三维空间，一个样品不是一个二维点，而是具有一定长度的三维体，在计算实验半变异函数之前，需要将样品进行组合处理，形成等长度的组合样品。在计算中，首先要对所有样品对进行矢量运算，找出落于正在计算的方向与间距的最大偏差范围内的样品对，然后用这些样品对计算半变异函数$\gamma(h)$ 曲线上的一个点。该点的横坐标 $h$ 是这些样品对的距离的平均值。

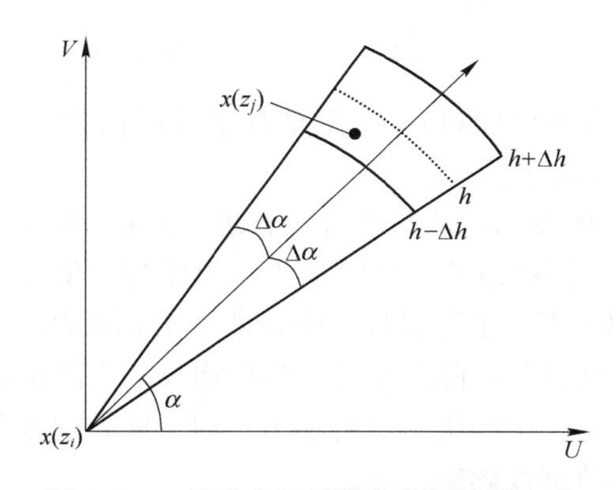


图 3-8 二维半变异函数的实用计算方法

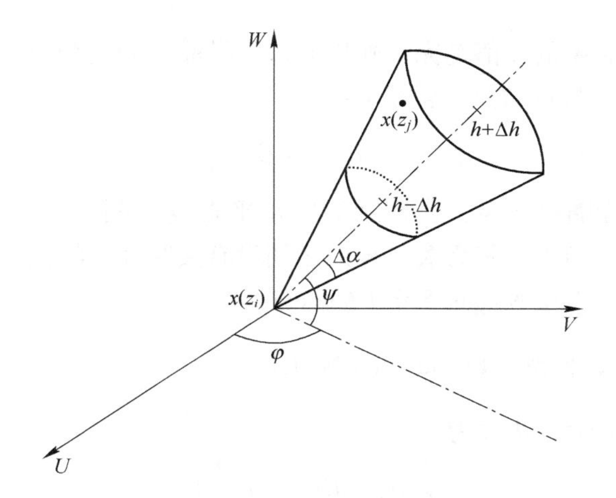


图 3-9 三维半变异函数的实用计算方法

### 3.2.3 半变异函数的数学模型

实验半变异函数由一组离散点组成，在实际应用时很不方便，因此常常将实验半变异函数拟合为一个可以用数学解析式表达的数学模型。常见的半变异函数的数学模型有以下几种。

#### 3.2.3.1 球模型（Spherical Model）

实验半变异函数在大多数情况下可以拟合成球模型。因此，球模型是应用最广的一种半变异函数模型，其数学表达式为：

$$\gamma(h)=\begin{cases}C\left(\dfrac{3h}{2a}-\dfrac{h^3}{2a^3}\right) & h\leqslant a\\ C & h>a\end{cases}\tag{3-19}$$

式中，$C$ 称为榅值或台基值(Sill)。一般情况下可以认为 $C=\sigma^2$（$\sigma^2$ 为样品的方差），$a$ 称为变程（Range）。

图 3-10 是球模型的图示。从图中可以看出，$\gamma(h)$ 随 $h$ 的增加而增加，当 $h$ 达到变程时，$\gamma(h)$ 达到榅值 $C$；之后 $\gamma(h)$ 便保持常值 $C$。这种特征的物理意义是：当样品之间的距离小于变程时，样品是相互关联的，关联程度随间距的增加而减小，或者说，变异程度随间距的增加而增大；当间距达到变程后，样品之间的关联性消失，变为完全随机，这时 $\gamma(h)$ 即为样品的方差。因此，变程实际上代表了样品的关联范围或影响范围。

#### 3.2.3.2 随机模型（Random Model）

当区域化变量 $X$ 的取值是完全随机的，即样品之间的协方差 $\sigma(h)$ 对于所有 $h$ 都等于 0 时,半变异函数是一常量 $C$：

$$\gamma(h)=C\tag{3-20}$$

这一模型即为随机模型，其图示为一水平直线（图 3-11）。随机模型表明，区域化变量 X 的取值与位置无关，样品之间没有关联性。随机模型有时也被称为纯块金效应模型（Pure Nugget Effect Model）。

#### 3.2.3.3 指数模型（Exponential Model）

指数模型的数学表达式为：

$$\gamma(h)=C(1-\mathrm{e}^{-\frac{h}{a}})\tag{3-21}$$

指数模型的特征与球模型相似（图 3-12），但变异速率较小。式（3-21）中

的 $a$ 是原点处的切线达到 $C$ 时的 $h$ 值。

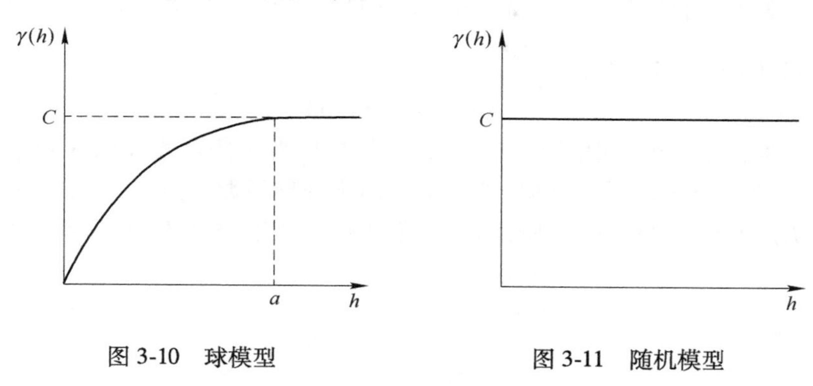


图 3-10　球模型　　　　图 3-11　随机模型

3.2.3.4　高斯模型（Gaussian Model）

高斯模型的数学表达式为：

$$\gamma(h)=C(1-\mathrm{e}^{-\frac{h^2}{a^2}}) \tag{3-22}$$

如图 3-13 所示，高斯模型在原点的切线为水平线，表明 $\gamma(h)$ 在短距离内变异很小。

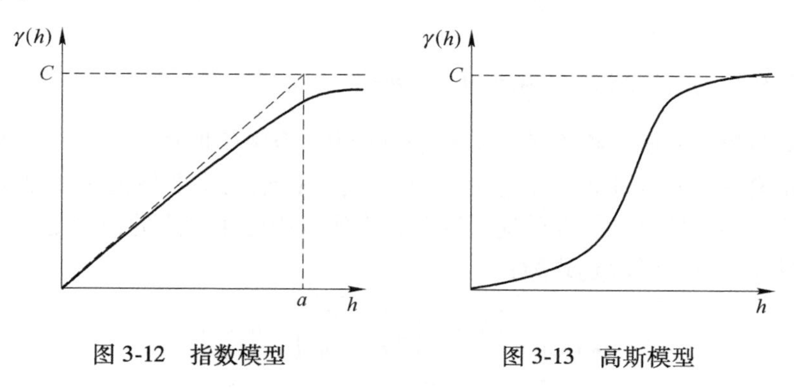


图 3-12　指数模型　　　　图 3-13　高斯模型

3.2.3.5　线性模型（Linear Model）

线性模型的数学表达式为一线性方程，即：

$$\gamma(h)=\frac{p^2}{2}h \tag{3-23}$$

式中，$p^2$ 为一常量，且

$$p^2=E[(x(z_{i+1})-x(z_i))^2] \tag{3-24}$$

如图 3-14 所示，线性模型没有槛值，$\gamma(h)$ 随 $h$ 无限增加。

#### 3.2.3.6 对数模型（Logarithmic Model）

对数模型的表达式为：

$$\gamma(h) = 3\alpha\ln(h) \tag{3-25}$$

式中，$\alpha$ 为常量。当 $h$ 取对数坐标时，对数模型为一条直线（图 3-15）。对数模型没有楹值。当 $h<1$ 时，$\gamma(h)$ 为负数，由半变异函数的定义（式（3−13））可知，$\gamma(h)$ 不可能为负数。所以对数模型不能用于描述 $h<1$ 时的区域化变量特性。

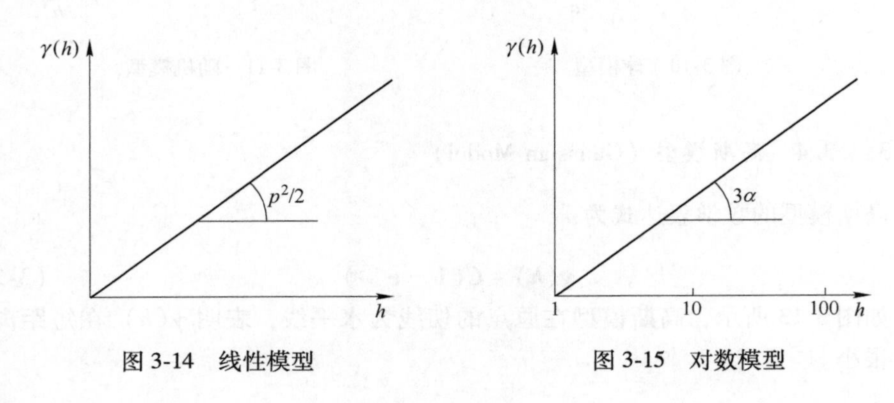


图 3-14 线性模型　　图 3-15 对数模型

#### 3.2.3.7 套嵌结构（Nested Structures）

除对数模型和随机模型外，均有 $\gamma(0)=0$。但由于取样、化验误差和矿化作用在短距离内（小于最小取样间距）的变化，在绝大多数情况下半变异函数在原点不等于零，即存在块金效应。因此，在实践中应用最广的模型是具有块金效应的球模型，其数学表达式为：

$$\gamma(h) = \begin{cases} N + C\left(\dfrac{3h}{2a} - \dfrac{h^3}{2a^3}\right) & h < a \\ N + C & h \geqslant a \end{cases} \tag{3-26}$$

式中，$N$ 为块金效应；$C$ 为球模型的楹值。

式（3-26）实质上是由两个结构组成的：一个是纯块金效应结构（或随机结构），另一个是球结构。由多个半变异函数组成的结构称为嵌套结构。

在某些情况下，区域化变量的结构特性较复杂，需要用几个结构的数学组合来描述。实践中较常见的嵌套结构由块金效应与两个球模型组成，即：

$$\gamma(h) = N + \gamma_1(h) + \gamma_2(h) \tag{3-27}$$

式中，$\gamma_1(h)$ 和 $\gamma_2(h)$ 为具有不同变程 $a$ 和楹值 $C$ 的球模型。图 3-16 是这一嵌套结构的示意图。

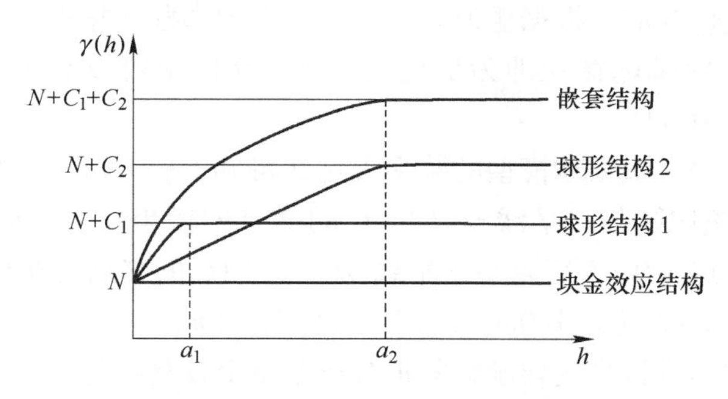


图 3-16 球模型的套嵌结构示意图

### 3.2.4 半变异函数的拟合

实践中，半变异函数是根据有限数目的地质取样建立的，而通过取样，人们只能得到由一些离散点组成的实验半变异函数。为使用方便，需要把实验半变异函数拟合为某种数学模型。由于球模型应用最广，这里只讲球模型的拟合。

图 3-17 中的圆点是从一组样品得到的实验半变异函数。虽然数据点的分布不很规则，但仍可看出 $\gamma(h)$ 随 $h$ 首先增加，然后趋于稳定的特点。因此，其数学模型应为具有块金效应的球模型。如果能确定块金效应 $N$、球模型的槛值 $C$ 和变程 $a$，拟合也就完成了。图中圆点旁括号里的数是计算该点的 $\gamma(h)$ 值时找到的样品对数，样品对数越多，$\gamma(h)$ 上该点的误差（或不确定性）就越小。在拟合中，如果某些数据点的样品对数太少（比如小于 5），可以考虑不使用这些数据点或降低其重要性，因为它们的不确定性高。

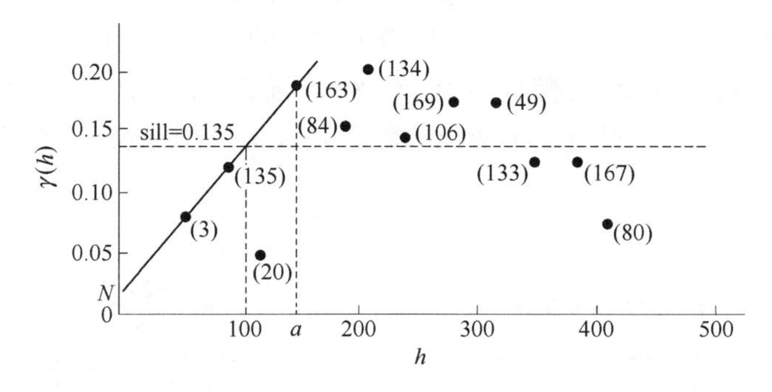


图 3-17 实验半变异函数的球模型拟合

首先确定 C+$N$。从数据点的分布很难看出 $\gamma(h)$ 稳定在何值，但从理论上讲，可以认为 $\gamma(h)$ 的最大值等于样品的方差 $\sigma^2$。因此，在实际拟合时，往往置 $C+N=\sigma^2$。本例中 $\sigma^2=0.135$，故 $C+N=0.135$。

其次确定块金效应。根据槛值以下靠近原点的那些数据点的变化趋势，作一条斜线，斜线与纵轴的截距即为块金效应 $N$。从图中可以看出 $N\approx0.02$。这样 $C=0.135-0.02=0.115$。

最后确定变程。根据球模型的数学表达式可知，$\gamma(h)$ 在 $h=0$ 处的切线斜率为 $C/(2a/3)$，该切线与水平线 $\gamma(h)=C$ 的交点的横坐标为 $2a/3$。有块金效应时，该切线通过点（0，$N$）且与水平线 $\gamma(h)=N+C$ 的交点之横坐标为 $2a/3$。从图中可以看出，$2a/3$ 约为 100m，所以变程约为 150m。

利用实际数据进行半变异函数的拟合通常是个较复杂的过程，需要对地质特征有较好的了解和拟合经验。当取样间距较大时，变程以内的数据点很少，很难确定半变异函数在该范围内的变化趋势，而这部分曲线恰恰是半变异函数最重要的组成部分。在这种情况下，常常求助于“沿钻孔实验半变异函数”（Down-hole Variogram），即沿钻孔方向建立的实验半变异函数。因为沿钻孔取样间距小，沿钻孔半变异函数可以捕捉短距离内的结构特征，帮助确定半变异函数的块金效应和短距离内的变化趋势。但必须注意，当存在各向异性时，沿钻孔半变异函数只代表区域化变量沿钻孔方向的变化特征，并不能完全代表其他方向上半变异函数在短距离的变化特征。

### 3.2.5 各向异性

当区域化变量在不同方向呈现不同特征时，半变异函数在不同方向也具有不同的特性。这种现象称为各向异性（Anisotropy）。常见的各向异性有两种：几何各向异性和区域各向异性。

几何各向异性（Geometric Anisotropy）的特点是半变异函数的槛值不变，变程随方向变化。如果求出任一平面内所有方向上的半变异函数，半变异函数在平面上的等值线是一组近似椭圆（图 3-18）。椭圆的短轴和长轴称为主方向（Principal Directions）。对应于半变异函数最大值 $\sigma^2$ 的等值线上的每一点 $r$ 到原

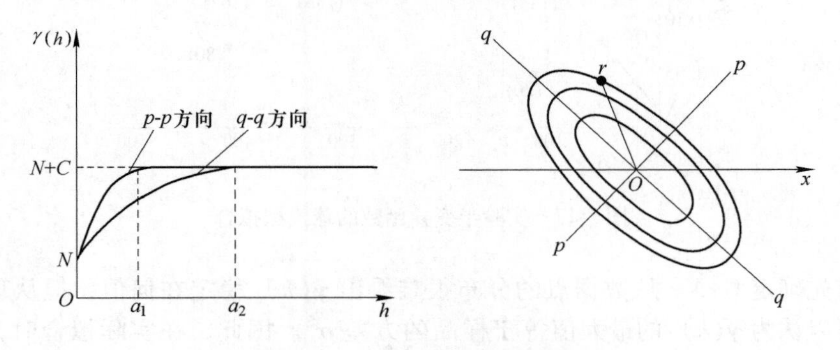


图 3-18 几何各向异性示意图

点的距离，是在 $O-r$ 方向上半变异函数的变程，这一等值线椭圆称为各向异性椭圆，它是影响范围的一种表达。若平面为水平面，各向异性椭圆的长轴方向一般与矿体的走向重合（或非常接近）。所以，即使矿体的产状是未知的，通过半变异函数的各向异性分析也可以看出矿体的走向。

区域各向异性（Zonal Anisotropy）的特点是半变异函数的槛值与变程均随方向变化，如图 3-19 所示。

在三维空间，各向异性椭圆变为椭球体，并有三个主方向。确定三个主方向的一般步骤如下：

（1）在水平面上的若干个方向上计算半变异函数，得到水平面上的各向异性椭圆，其长轴方向为走向，如图 3-20 所示。

（2）在垂直于走向的垂直剖面上，计算不同方向上的半变异函数，得到该剖面上的各向异性椭圆，其长轴方向为倾向，其短轴方向为主方向 3，它垂直于矿体的倾斜面，是变程最小的方向，如图 3-21 所示。

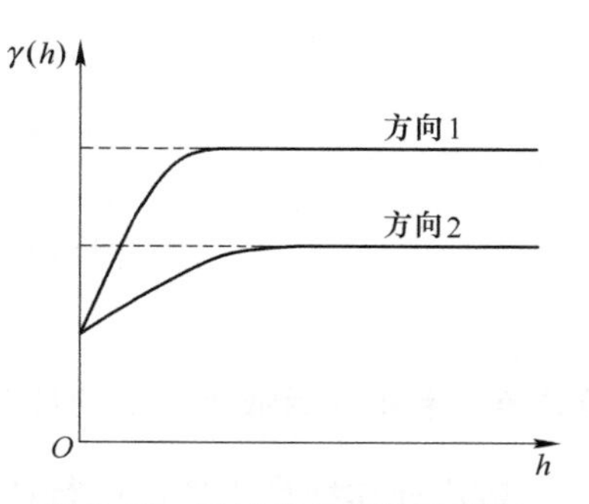

图 3-19 区域各向异性示意图

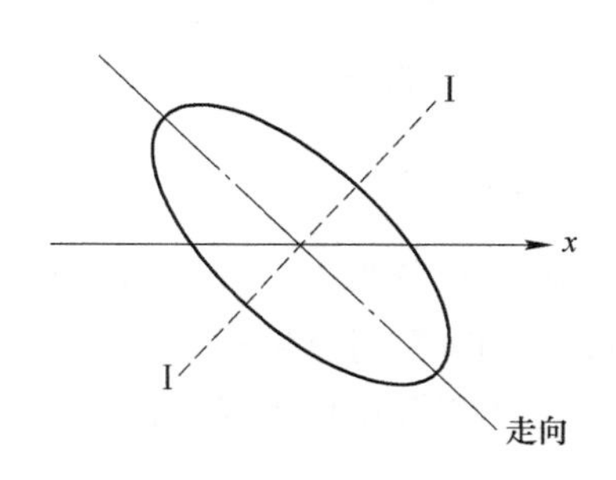

图 3-20 水平面上的各向异性椭圆

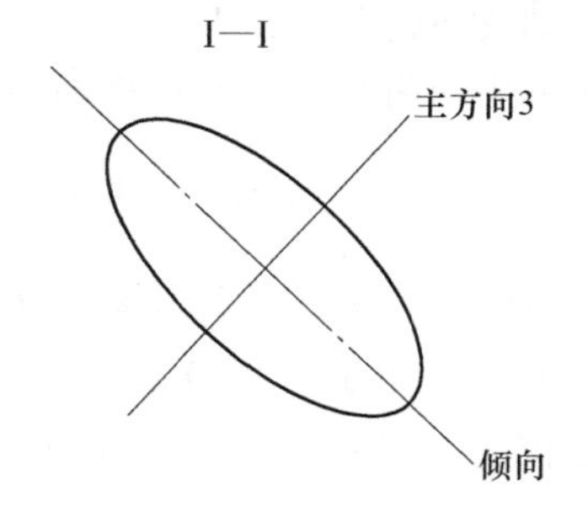

图 3-21 剖面 I — I 上的各向异性椭圆

（3）在矿体的倾斜面（即走向线与倾向线所在的空间平面）上，计算不同方向上的半变异函数，得到该面上的各向异性椭圆，其长轴方向即为主方向 1（变程最大的方向），短轴方向为主方向 2，如图 3-22 所示。

在实际应用中，各向异性椭圆不会像以上各图中那样规整，确定一个平面上的椭圆的长轴和短轴方向时，应注意两者是相互垂直的关系，最后确定的三个主方向也是相互垂直的。

确定了三个主方向及其对应的半变异函数后，空间任意两点之间的半变异函数值，就可以通过三个主方向上的半变异函数在这两点连线方向上的插值来计算。

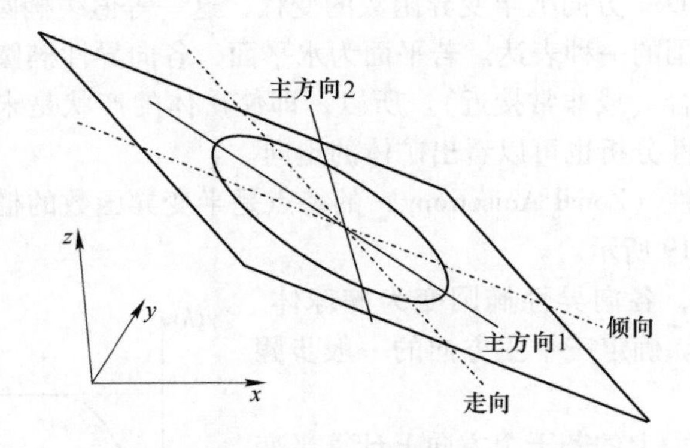

图 3-22　倾斜面上的各向异性椭圆

### 3.2.6　半变异函数平均值的计算

应用地质统计学方法进行估值时，需要计算半变异函数在两个几何体之间或在一个几何体内的平均值。设在区域 $\Omega$ 中有两个几何体 $V$ 和 $W$，如果在 $V$ 中任取一点 $z$，在 $W$ 中任取一点 $z'$，$z$ 与 $z'$ 之间的距离向量为 $\boldsymbol{h}$，那么半变异函数在这两点间的值为 $\gamma(\boldsymbol{h})$，也可记为 $\gamma(z, z')$。半变异函数在 $V$ 和 $W$ 之间的平均值就是当 $z$ 取 $V$ 中所有点、$z'$ 取 $W$ 中所有点时，$\gamma(z, z')$ 的平均值，即：

$$\overline{\gamma}(V, W)=\frac{1}{VW}\int_{z\ \mathrm{in}\ V}\int_{z'\ \mathrm{in}\ W}\gamma(z, z')\mathrm{d}z\mathrm{d}z' \tag{3-28}$$

式（3-28）积分可以用数值方法计算。将 $V$ 划分为 $n$ 个大小相等的子体，每个子体的中心位于 $z_i(i=1, 2, \cdots, n)$；同理，将 $W$ 划分为 $n'$ 个子体，每个子体的中心位于 $z_j'(j=1, 2, \cdots, n')$。这样，上面的积分可用下式近似：

$$\overline{\gamma}(V, W)=\frac{1}{nn'}\sum_{i=1}^{n}\sum_{j=1}^{n'}\gamma(z_i, z_j') \tag{3-29}$$

当 $V$ 和 $W$ 是同一几何体时，$\overline{\gamma}(V, V)$ 即为半变异函数在几何体 $V$ 内的平均值：

$$\overline{\gamma}(V, V)=\frac{1}{n^2}\sum_{i=1}^{n}\sum_{j=1}^{n}\gamma(z_i, z_j) \tag{3-30}$$

式中，$z_i$ 和 $z_j$ 都是 $V$ 中的子体中心位置。

如果两个几何体 $V$ 和 $W$ 中的 $W$ 是一个取样，用 $\omega$ 表示，取样的中心位于 $z_0$，而且取样 $\omega$ 的体积很小，不再划分为子体，即 $n'=1$。那么式（3-29）变为：

$$\overline{\gamma}(\omega, V)=\frac{1}{n}\sum_{i=1}^{n}\gamma(z_0, z_i) \tag{3-31}$$

式中，$\overline{\gamma}$（$\omega$，$V$）为半变异函数在取样 $\omega$ 与几何体 $V$ 之间的平均值。

如果两个几何体 $V$ 和 $W$ 都是取样，分别记为 $\omega$ 和 $\omega'$，其中心分别位于 $z_0$ 和 $z_0'$，两个取样的体积都很小，不再划分为子体，即 $n=n'=1$，那么式（3-29）变为：

$$\overline{\gamma}(\omega,\ \omega')=\gamma(z_0,\ z_0') \tag{3-32}$$

式中，$\overline{\gamma}(\omega,\ \omega')$ 即为半变异函数在两个样品之间的“平均值”。

当存在各向异性时，半变异函数平均值的计算必须考虑连接两点的向量的方向，用上述三个主方向上的半变异函数在该方向上的插值来计算该方向上两点之间的半变异函数值。

### 3.2.7 克里金估值

由于地质统计学法的基本思想是由 Danie Krige 提出的，所以应用地质统计学进行估值的方法被命名为克里金法或克里格法（Kriging）。克里金估值是在一定条件下具有无偏性和最佳性的线性估值。所谓无偏性，就是对参数（特征值）的估值 $\hat{\mu}_V$ 与其真值 $\mu_V$ 之间的偏差的数学期望为零，即：

$$E(\hat{\mu}_V-\mu_V)=0 \tag{3-33}$$

所谓最佳性，是指估值与真值之间偏差的平方的数学期望达到最小，即：

$$E[(\hat{\mu}_V-\mu_V)^2]=\min \tag{3-34}$$

$E[(\hat{\mu}_V-\mu_V)^2]$ 称为估计方差（Estimation Variance），用 $\sigma_{\mathrm{E}}^2$ 表示；用克里金法进行估值的估计方差称为克里金方差（Kriging Variance）或克里金误差（Kriging Error），用 $\sigma_{\mathrm{k}}^2$ 表示。

所谓线性估值，是指未知真值 $\mu_V$ 的估计量 $\hat{\mu}_V$ 是若干个已知取样值 $x_i$ 的线性组合，即：

$$\hat{\mu}_V=\sum_{i=1}^{n}b_i x_i \tag{3-35}$$

式中，$b_i$ 为常数，即各取样值的权重。

设从区域 $\Omega$ 中取样 $n$ 个，样品 $\omega_i$ 的值为 $x_i$（$i=1,\ 2,\ \cdots,\ n$）；$\Omega$ 中的一个单元体 $V$ 的未知真值为 $\mu_V$（图 3-23）。那么，用这 $n$ 个样品的值对 $\mu_V$ 的克里金估值即为式（3-35）。

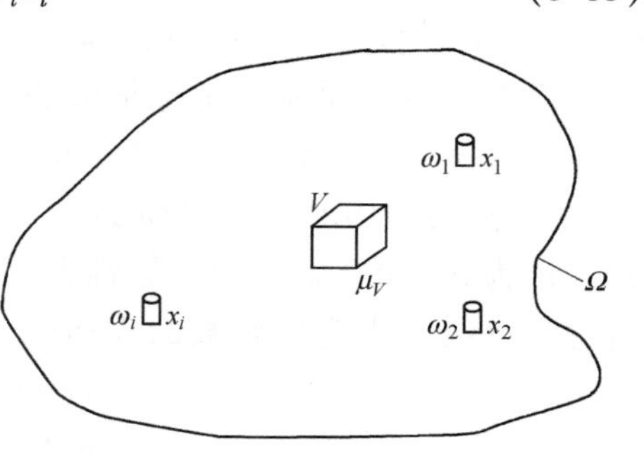

图 3-23 克里金法示意图

经简单推导，无偏性条件式（3-33）转化为：

$$\sum_{i=1}^{n} b_i = 1 \quad 或 \quad \sum_{i=1}^{n} b_i - 1 = 0 \tag{3-36}$$

即，估值具有无偏性的条件是各取样值的权重之和为1。

经推导，克里金方差为：

$$\sigma_{\mathrm{k}}^2 = -\sum_{i=1}^{n}\sum_{j=1}^{n} b_i b_j \overline{\gamma}(\omega_i, \omega_j) - \overline{\gamma}(V, V) + 2\sum_{i=1}^{n} b_i \overline{\gamma}(\omega_i, V) \tag{3-37}$$

这样，最佳估值就是在满足式（3-36）的条件下求 $\sigma_{\mathrm{k}}^2$ 达到最小值时的权值 $b_i$ $(i=1, 2, \cdots, n)$。应用拉格朗日乘子法，得拉格朗日函数：

$$L(b_1, b_2, \cdots, b_n, \lambda) = \sigma_{\mathrm{k}}^2 - 2\lambda\left(\sum_{i=1}^{n} b_i - 1\right) \tag{3-38}$$

式中，$2\lambda$ 为拉格朗日乘子。求拉格朗日函数对 $b_i(i=1, 2, \cdots, n)$ 和 $\lambda$ 的一阶偏微分，并令其等于零，得：

$$\begin{cases} \sum_{j=1}^{n} b_j \overline{\gamma}(\omega_i, \omega_j) + \lambda = \overline{\gamma}(\omega_i, V) & i = 1, 2, \cdots, n \\ \sum_{j=1}^{n} b_j = 1 \end{cases} \tag{3-39}$$

将上式展开，得：

$$\begin{array}{l} b_1\overline{\gamma}(\omega_1, \omega_1) + b_2\overline{\gamma}(\omega_1, \omega_2) + \cdots + b_n\overline{\gamma}(\omega_1, \omega_n) + \lambda = \overline{\gamma}(\omega_1, V) \\ b_1\overline{\gamma}(\omega_2, \omega_1) + b_2\overline{\gamma}(\omega_2, \omega_2) + \cdots + b_n\overline{\gamma}(\omega_2, \omega_n) + \lambda = \overline{\gamma}(\omega_2, V) \\ \quad\vdots \qquad\qquad\qquad \vdots \qquad\qquad\qquad\qquad \vdots \qquad\qquad \vdots \qquad \vdots \\ b_1\overline{\gamma}(\omega_n, \omega_1) + b_2\overline{\gamma}(\omega_n, \omega_2) + \cdots + b_n\overline{\gamma}(\omega_n, \omega_n) + \lambda = \overline{\gamma}(\omega_n, V) \\ \quad b_1 \qquad\quad + \qquad\quad b_2 \qquad + \cdots + \qquad b_n \qquad + 0 = \qquad 1 \end{array} \tag{3-40}$$

式（3-40）是由 $n+1$ 个方程组成的线性方程组，称为克里金方程组。解这个方程组即可求出 $n+1$ 个未知数，即 $b_1$，$b_2$，$\cdots$，$b_n$ 和 $\lambda$。将求得的 $b_1$，$b_2$，$\cdots$，$b_n$ 代入式（3-35），即得到 $\mu_V$ 的无偏、最佳、线性估值 $\hat{\mu}_V$。下面以一个简单的例子说明克里金估值的计算过程。

如图 3-24 所示，矿床 $\Omega$ 中有一个正方形模块 $V$，其边长为 3，一个样品 $\omega_1$ 位于模块的中心，其品位为 $x_1 = 1.2\%$；另一个样品 $\omega_2$ 位于模块的一角，其品位为 $x_2 = 0.5\%$。为计算简便，把球模型半变异函数在变程内的曲线段简化为直线，半变异函数的表达式为：

$$\begin{cases} \gamma(h) = 0.5h & h<2 \\ \gamma(h) = 1.0 & h \geqslant 2 \end{cases}$$

假设品位在矿床中满足内蕴假设且是各向同性的，试用克里金法估计模块 $V$ 的品位。

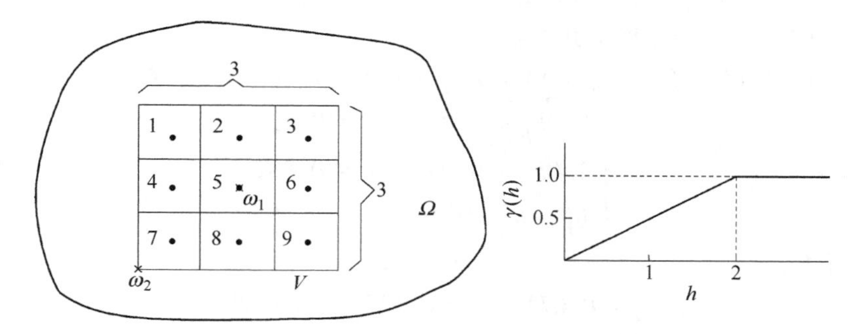


图3-24 被估模块与样品相对位置及半变异函数示意图

（1）计算 $\overline{\gamma}$（$\omega_i$，$\omega_j$）。

$\omega_1$ 与 $\omega_2$ 之间的距离为 $1.5\sqrt{2}=2.121$，$\omega_1$ 和 $\omega_2$ 到自身的距离均为 0。应用公式（3-32），有：

$$\overline{\gamma}(\omega_1,\ \omega_2)=\overline{\gamma}(\omega_2,\ \omega_1)=\gamma(2.121)=1.0$$

$$\gamma(\omega_1,\ \omega_1)=\overline{\gamma}(\omega_2,\ \omega_2)=\gamma(0)=0.0$$

（2）计算 $\overline{\gamma}(\omega_1,\ V)$ 和 $\overline{\gamma}(\omega_2,\ V)$。

将 $V$ 等分为如图 3-24 所示的 9 个小块，应用公式（3-31），有：

$$\overline{\gamma}(\omega_1,\ V)=\frac{1}{9}\sum_{i=1}^{9}\gamma(z_0,\ z_i)$$

式中，$z_0$ 为 $\omega_1$ 的位置；$z_i$ 为第 $i$ 个小块的中心位置。当 $i=2$ 时，样品 $\omega_1$ 距第二小块中心的距离为1，因此 $\gamma(z_0,\ z_2)=\gamma(1)=0.5$。类似地可以求出任意 $i$ 的 $\gamma(z_0,\ z_i)$：

$$\begin{aligned}
&\gamma(z_0,\ z_1)=0.707\\
&\gamma(z_0,\ z_2)=0.500\\
&\gamma(z_0,\ z_3)=0.707\\
&\gamma(z_0,\ z_4)=0.500\\
&\gamma(z_0,\ z_5)=0.000\\
&\gamma(z_0,\ z_6)=0.500\\
&\gamma(z_0,\ z_7)=0.707\\
&\gamma(z_0,\ z_8)=0.500\\
+\quad&\gamma(z_0,\ z_9)=0.707\\
\hline
&\sum \qquad\qquad 4.828
\end{aligned}$$

$$\overline{\gamma}(\omega_1,\ V)=4.828/9=0.536$$

同样做法，求得：$\overline{\gamma}=(\omega_2,\ V)=0.882$。

（3）建立克里金方程组并求解。

将上面求得的 $\overline{\gamma}(\omega_i, \omega_j)$ 和 $\overline{\gamma}(\omega_i, V)$ 代入式（3-40），有：

$$\begin{cases} 0.0b_1 + 1.0b_2 + \lambda = 0.536 \\ 1.0b_1 + 0.0b_2 + \lambda = 0.882 \\ b_1 + b_2 = 1.0 \end{cases}$$

解该方程组，得：

$$b_1 = 0.673,\ b_2 = 0.327,\ \lambda = 0.209$$

（4）求模块 $V$ 的品位。

模块 $V$ 的品位的估值为：

$$\hat{\mu}_V = b_1 x_1 + b_2 x_2 = 0.673 \times 1.2 + 0.327 \times 0.5 = 0.971\%$$

（5）计算模块品位的克里金方差。

计算克里金方差 $\sigma_k^2$ 需要计算 $\overline{\gamma}(V, V)$。应用式（3-30），有：

$$\overline{\gamma}(V, V) = \frac{1}{81}\sum_{i=1}^{9}\sum_{j=1}^{9}\gamma(z_i, z_j)$$

式中，$z_i$ 和 $z_j$ 为模块 $V$ 中的两个小方块的中心位置，对于每一对 $z_i$ 和 $z_j$，$\gamma(z_i, z_j)$ 的计算与上述 $\gamma(z_0, z_i)$ 相同。

计算结果为：$\overline{\gamma}(V, V) = 0.683$。

将有关数值代入式（3-37），得：$\sigma_k^2 = 0.175$。

### 3.2.8　影响范围

当对块状模型中每一模块的品位（或其他特征值）进行估值时，需要确定由哪些取样参与估值运算。一般而言，对被估模块有影响的取样都应参与估值运算。

地质统计学把品位看作是区域化变量，而且用半变异函数描述品位在矿床中的关联性。因此，地质统计学为确定合理影响范围提供了理论依据。如前所述，在大多数情况下，品位的半变异函数的数学模型为球模型。球模型的特点是：半变异函数 $\gamma(h)$ 随距离 $h$ 的增加而增加，当 $h$ 增加到变程 $a$ 时，$\gamma(h)$ 达到最大值。由于最大值为样品的方差，这表明当 $h \geqslant a$ 时，取样品位变为完全随机，失去了相互影响。在被估模块与取样之间也是如此。因此，半变异函数的变程 $a$ 可以看作是影响距离的一种度量。

影响范围是这样一个几何体，从其中心到其表面上任意一点的距离，等于在这一方向上的影响距离。在各向同性条件下，影响范围在二维空间是一个圆，在三维空间是一个球体；当存在各向异性时，影响范围在二维空间近似一个椭圆，在三维空间近似一个椭球体。要确定合理的影响范围，首先要建立各个方向的半变异函数，进行各向异性分析。

应用地质统计学对一个模块的品位进行估值时，落入以被估模块的中心为中心的影响范围内的那些取样与被估模块之间存在关联性，参与其估值运算。这些取样即为上述式（3-35）中的那 $n$ 个取样。

在实际应用中，椭球体使用起来很不方便，常常把它简化为长方体。长方体的三条边的方向分别对应于各向异性的三个主方向，三条边的边长等于或略大于三个主方向上半变异函数的变程的 2 倍。这样，以模块的中心为中心点，在三个主方向上进行取样搜索，在这三个方向上距离中心点的距离都小于或等于对应方向上的影响距离的取样落在影响范围内，参与该模块的估值运算。

影响范围在品位、矿量计算中起着非常重要的作用，在某些情况下，所选取的影响范围不同，矿量计算结果会有很大的差别。然而，确定合理影响范围不是一件容易的事，需要对矿床的成矿特征有深入的了解，同时也需要丰富的实践经验。地质统计学可以帮助确定合理的影响范围，但并不意味着各向异性椭球体就是最合理的影响范围，最后决策应是综合考虑各种因素的结果。

### 3.2.9 克里金法建立矿床模型的一般步骤

应用克里金法建立三维块状矿床模型，就是依据地质取样的已知特征值，应用克里金法估计出模型中所有模块的特征值，这是一项复杂而耗时的工作。一般步骤概述如下：

（1）合理划分区域。采矿和地质人员需要一起仔细分析矿床的地质构造和成矿特征，结合探矿取样的统计学分布特征和半变异函数特征，确定矿床的不同区域是否具有不同的特征。如果出现较明显的区域性特征变化，就需要把矿床划分为若干个区域，使每个区域内没有较明显的特征变化。这是一个烦琐的试错过程。

（2）各向异性分析。在每个区域进行前面所述的各向异性分析，确定每个区域的三个主方向及其对应的半变异函数。完成这项工作需要在水平面、垂直于走向的垂直剖面和矿体倾斜面上分别计算不同方向上的半变异函数，且在计算中需要空间坐标转换。各向异性分析和区域划分往往是同时进行的，因为区域性特征变化就包括各向异性随区域的变化。

（3）确定影响距离。以三个主方向上的半变异函数的变程为依据，确定这三个方向上的影响距离。影响距离一般取半变异函数变程的 1.0 到 1.25 倍。如果进行了区域划分，需要对每个区域分别确定影响距离。

（4）克里金估值。以模型中每个模块的中心为中点，利用三个主方向上的影响距离进行取样搜索，找到落入影响范围的取样，用这些取样的特征值对模块的特征值进行克里金估值。如果进行了区域划分，对于不同区域内的模块要使用相应区域的三个主方向上的影响距离进行取样搜索，并用相应区域的三个主方向上的半变异函数进行克里金估值的相关计算。

如果不加细致分析，囫囵吞枣地用所有取样得到一个半变异函数，把这个平均半变异函数应用于所有模块，所建模型可能是一个很糟糕的模型。

## 3.3　距离反比法

克里金估值具有显著的优点：估值方差最小且可量化。但当取样间距较大（在变程附近或更大）时，难以确立半变异函数，特别是变程以内半变异函数的变化特征。这种情况下，常用较简单的方法建立矿床模型。一个比较常用的方法是距离反比法（Inverse Distance Method）。

距离反比法中，参与估值的一个取样的权重 $b_i$ 与该取样到被估模块中心的距离 $d$ 的 $N$ 次方成反比。这意味着，离模块越远的取样其权值越小，这在定性上与克里金法类似，但权值会随距离的增加不断减小，而且不是使估值方差最小的权值。

图 3-25 是二维空间的距离反比法示意图。参照该图，距离反比法的一般步骤概述如下。

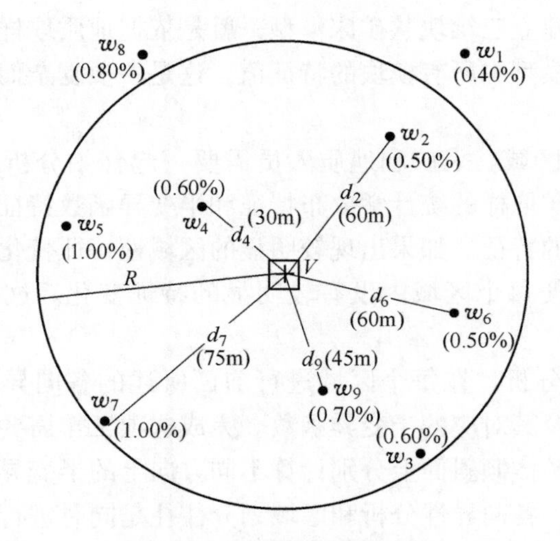


图 3-25　距离反比法示意图

（1）以被估模块的中心为中心，以影响距离确定影响范围。在二维空间，影响范围为圆（各向同性）或椭圆（各向异性）；在三维空间，影响范围为球体（各向同性）或椭球体（各向异性）。实际应用中，常常在矿体走向、倾向和垂直于矿体倾斜面的三个方向上，分别确定影响距离，以长方体作为影响范围；走向上的影响距离最大，垂直于矿体倾斜面方向上的影响距离最小，倾向上的影响距离介于前两者之间。这里假设各向同性，影响距离为 $R$，影响范围为以 $R$ 为半径的圆。

（2）计算每一取样与被估模块中心的距离，确定落入影响范围的样品。

（3）利用下式计算模块的品位 $x_V$：

$$x_V = \frac{\sum_{i=1}^{n} \frac{x_i}{d_i^N}}{\sum_{i=1}^{n} \frac{1}{d_i^N}} \tag{3-41}$$

式中，$x_i$ 为落入影响范围的第 $i$ 个取样 $w_i$ 的品位；$d_i$ 为第 $i$ 个取样到被估模块中心的距离。

在实际应用中，有时采用所谓的角度排除，即当一个取样与被估模块中心的连线，与另一个取样与被估模块中心的连线之间的夹角小于某一给定值 $\alpha$ 时，距模块较远的取样不参与模块的估值运算。图 3-25 中的 $w_3$ 和 $w_5$ 就是被“角度排除”了的取样。$\alpha$ 一般取 15°左右。如果没有取样落入影响范围之内，模块的品位为未知数。

式（3-41）中的指数 $N$，对于不同矿床的取值不同。假设有两个矿床，第一个矿床的品位变化程度较第二个矿床的品位变化程度大，即第二个矿床的品位较第一个矿床连续性好。那么，在离模块同等距离的条件下，第一个矿床中取样对模块品位的影响就比第二个矿床小。因此，在估算某一模块的品位时，第一个矿床中取样的权值，在同等距离条件下，应比第二个矿床中取样的权值小。也就是说，在品位变化小的矿床，$N$ 取值较小；在品位变化大的矿床，$N$ 取值较大。在铁、镁等品位变化较小的矿床中，$N$ 一般取 2 左右；在贵重和某些有色金属（如黄金）矿床中，$N$ 的取值一般大于 2，有时高达 4 或 5。如果有区域异性存在，不同区域中品位的变化程度不同，则需要在不同区域取不同的 $N$ 值；同时，一个区域的取样不参与另一区域的模块品位的估值运算。以图 3-25 中的数据为例，若 $N=2$，则被估模块的品位为 0.628%。

## 3.4 价值模型

在矿山的优化设计中（如露天矿的最终开采境界优化），常常用到价值模型。价值模型中，每一模块的特征值是假设将其采出并处理后能够带来的经济净价值。模块的净价值是根据其中所含可利用矿物的品位、开采与处理中各道工序的成本和相关技术参数以及产品价格计算的。其中，模块的品位取自品位模型。所以，建立价值模型首先需要建立品位模型，或者说，价值模型是由品位模型转换而来的。

矿床所含矿物的种类不同，企业的最终产品不同，成本管理和税收制度不同，计算模块价值所用到的技术参数就不同。对于一个以精冶金属为销售产品，集采、选和粗冶为一体的联合企业，用于计算模块价值的一般性参数列于表3-6。由于许多管理工作覆盖整个企业，共用部分需视情况摊到每吨矿石和岩石；有的金属（如黄金）需要精冶，精冶一般是在企业外部进行的，所以只计算精冶厂的收费和粗冶产品运至精冶地点的运输费用。

**表3-6 计算金属矿床模块净价值的一般参数**

| 参数 | 单位 |
|---|---|
| 矿物参数： | |
| 可利用矿物地质品位 | %或 g/t |
| 采场的矿石回采率 | % |
| 选矿金属回收率 | % |
| 粗冶金属回收率 | % |
| 精冶金属回收率 | % |
| 成本参数： | |
| 开采成本： | |
| 穿孔 | 元/t 矿或岩 |
| 爆破 | 元/t 矿或岩 |
| 装载 | 元/t 矿或岩 |
| 运输 | 元/t(或 t · km) |
| 排土 | 元/t 岩石 |
| 排水 | 元/t 矿石 |
| 与开采有关的管理费用 | 元/t 矿和岩 |
| 选矿成本： | |
| 矿石二次装运 | 元/t 矿石 |
| 选矿 | 元/t 矿石 |
| 精矿运输 | 元/t 精矿 |
| 与选矿有关的管理费用 | 元/t 矿石 |
| 冶炼成本： | |
| 粗冶 | 元/t 精矿或粗冶金属 |
| 粗冶金属运输 | 元/t 粗冶金属 |
| 精冶收费与运输 | 元/t 精冶金属 |
| 销售成本： | 元/t 精冶金属 |
| 精冶金属售价 | 元/t 或元/g |

表3-6中的技术经济参数种类繁多，为建立价值模型时使用方便，需要对各项成本进行分析归纳和单位换算，并标明归纳后每项成本的作用对象（矿或岩）。表3-7是根据表3-6中的参数归纳后的结果。由于每一模块的开采成本与深度有关，所以开采成本一般用深度 $H$ 的线性函数表示，其中的 $a$、$b$、$c$、$d$ 为常数。表中的“$X$”表示对应成本项的作用对象——岩石模块或矿石模块。对于岩石模块，只有成本没有收入，所以其净价值为负数。

**表3-7 用于建立价值模型的成本归类及作用对象**

| 成 本 项 | 岩石模块 | 矿石模块 |
|---|---|---|
| 开采成本（元/t） | $aH+b$ | $cH+d$ |
| 选矿成本 | | |
| 选矿（元/t） | | $X$ |
| 运输（元/t） | | $X$ |
| 管理成本 | | |
| 矿石（元/t） | | $X$ |
| 岩石（元/t） | $X$ | |
| 金属（元/t） | | $X$ |
| 精冶成本(元/t最终产品) | | $X$ |
| 销售成本(元/t最终产品) | | $X$ |

如果企业的最终产品为精矿，那么计算模块净价值只用到与开采和选矿有关的技术经济参数；如果企业的最终产品为原矿，就只用到开采的技术经济参数。可以看出，矿床价值模型是地质、成本与市场信息的综合反映。

价值模型和品位模型可以是两个独立的模型，也可以合并为一个模型，即模型中每个模块用两个属性变量分别记录模块的品位和净价值。

## 3.5 标 高 模 型

标高模型是二维块状模型，它是把矿床在水平面的范围划分为二维模块形成的离散模型，模块的特征值是模块中心处的标高。建立标高模型，就是依据已知标高数据估算每一模块中心处的标高。已知标高数据一般有两类：一是点数据，如探矿钻孔的孔口标高或对矿区进行测量得到的测点标高；另一类是等高线数据，即在矿区已经通过测绘形成的地形等高线图。对于第一类数据，可以用本章前两节讲述的方法进行估值。如果数据点间距较大，这样建立的模型的准确度较低；即使数据点间距较小，也很难控制突变性的地貌变化，如露天采场的台阶、洪水冲出的陡峭沟壑等。基于等高线数据建立标高模型，如果算法得当，可以获得较高的准确度，而且对突变性的地貌变化有较好的控制。下面简要介绍一个基于等高线数据建立标高模型的插值算法。

图 3-26 是某矿地表地形等高线。图 3-27 为模块标高插值算法示意图，其中的等高线为图 3-26 中虚线框内等高线的放大，方块 $V$ 为正在被估的模块，$\Delta\alpha$ 为给定的方向角步长。参照图 3-27，一个模块的标高插值算法如下。

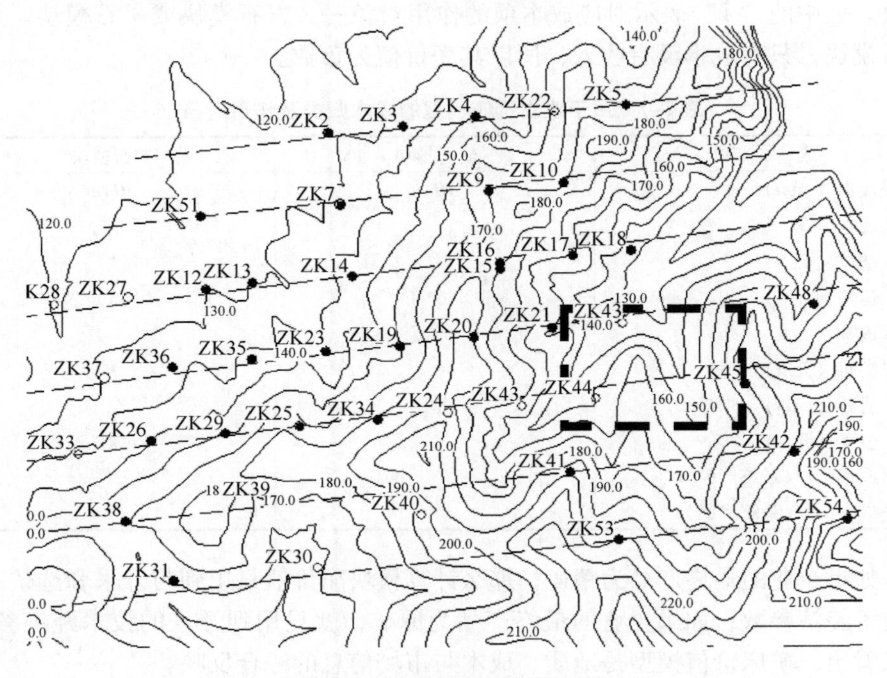


图 3-26 地表标高等高线实例

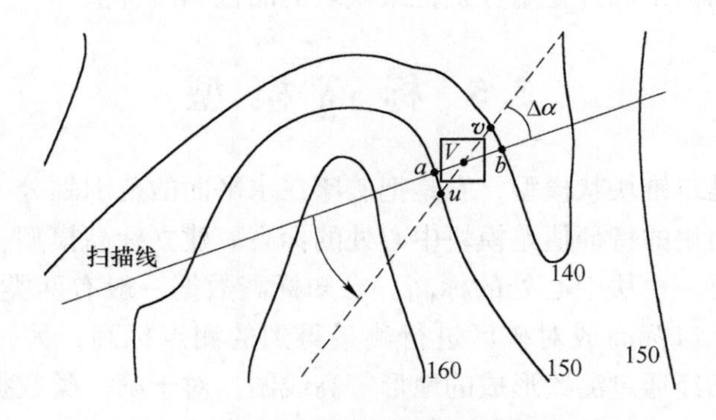


图 3-27 模块标高插值示意图

第 1 步：在选定的一个起始方向（方向角 = α），作一条通过模块中心的足够长的直线，称为扫描线；置累积旋转角度 $A=0$；置最小交点距离 $d_{\min}=1.0\times10^{30}$。

第 2 步：以模块中心为界把扫描线分为两段，分别求两段扫描线与所有等高线的交点，找出每一段扫描线与等高线的交点中距离模块中心最近的点，称之为当前交点对。扫描线位于图 3-27 中的实线位置时，当前交点对为点 $a$ 和点 $b$；扫描线位于图中的虚线位置时，当前交点对为点 $u$ 和点 $v$。计算当前交点对的两点之间的水平距离 $d$，称之为交点距离。

第 3 步：如果 $d<d_{\min}$，置 $d_{\min}=d$，把当前交点对记录为最近交点对；否则，当前交点对弃之不用，$d_{\min}$和最近交点对不变。置 $A=A+\Delta\alpha$。

第 4 步：如果 $A<180°$，置 $\alpha=\alpha+\Delta\alpha$，即把扫描线绕模块中心逆时针（或顺时针）旋转一个角度步长 $\Delta\alpha$（如图中的箭头和虚线所示），返回到第 2 步；否则，执行下一步。

第 5 步：通过 180°（加上相反方向是 360°）的扫描，保存的最近交点对是所有方向上的交点对中距离最近者。假设最近交点对为点 $a$ 和点 $b$。利用 $a$ 和 $b$ 所在等高线的标高进行线性插值，得出模块 $V$ 中心处的标高的估计值 $z_V$：

$$z_V = z_a + \frac{d_{aV}(z_b - z_a)}{d_{\min}} \tag{3-42}$$

式中，$z_a$ 和 $z_b$ 分别为点 $a$ 和点 $b$ 所在等高线的标高；$d_{aV}$为点 $a$ 到模块中心的水平距离。算法结束。

对模型中的每一模块，重复以上算法，就得到了所有模块的标高估值。

上述算法中，角度步长 $\Delta\alpha$ 越小，估值精度越高，但运算量越大；标高模型的模块边长越小，分辨率越高，越能捕捉地形的细节，但运算量也越大。

图 3-28 是基于图 3-26 中的等高线，用上述算法建立的地表标高模型的三维透视图。建模中模块取边长为 5m 的正方形，角度步长 $\Delta\alpha=5°$。对比图 3-28 和图 3-26，可以定性地看出，标高模型较好地描绘出了等高线所表达的地形。

图 3-28 地表标高模型的三维透视显示

该算法虽然简单，但适用于控制突变性的地貌变化，如露天矿的台阶坡面和道路、洪水冲出的陡峭沟壑等。图 3-29 是某露天铁矿采场端帮的台阶线，实线为台阶坡顶线，虚线为台阶坡底线，两者之间为台阶坡面。由于台阶坡面陡，台阶坡顶线与坡底线之间的水平距离很小，所以用边长为 2m 的小模块建立标高模型。角度步长 $\Delta\alpha = 7.5°$。基于台阶线标高建立的标高模型的三维透视图如图 3-30所示。可以看出，标高模型很好地描绘了台阶坡面和运输坡道。如果用测点进行估值，即使测点较密，也会使这类地貌发生较大程度的扭曲。

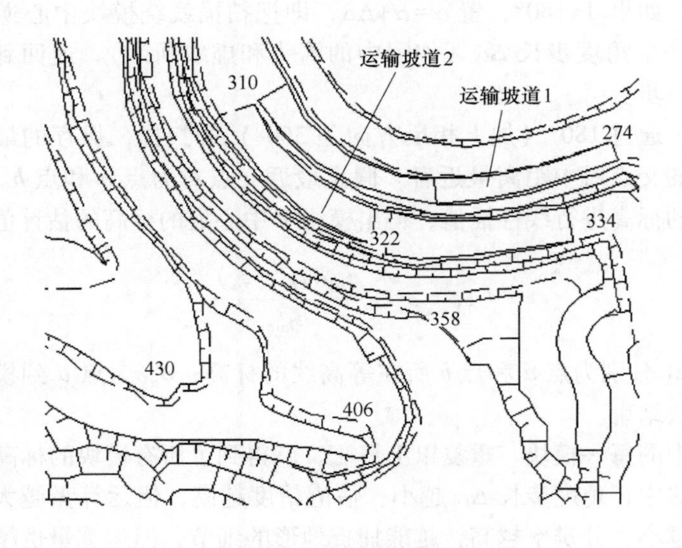


图 3-29　某露天矿采场台阶线局部

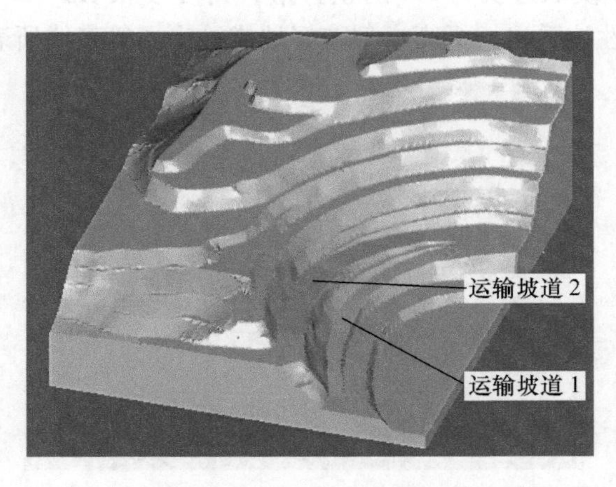


图 3-30　基于图 3-29 建立的标高模型三维透视显示

## 3.6 小　结

本章介绍了矿床模型中品位模型、价值模型和标高模型的建立方法。对用于建立品位模型的地质统计学只介绍了其最基本的部分，用于实际建模还远远不够，只是为有意学习和应用地质统计学的读者提供一个入门。

地质统计学诞生半个世纪以来，随着计算机运算速度和容量的不断提高，在国际采矿界迅速推广。20 世纪 80 年代，国际上地质统计学在建立矿床模型方面的应用发展迅速，到 20 世纪 90 年代已达到很普遍的程度，几乎成了矿山和设计部门的“标配”。矿山设计和日常生产中的矿量、品位计算几乎都是基于用地质统计学建立的矿床模型，不再使用在分层平面图或垂直剖面图上通过连接取样点来圈定矿岩界线的传统方法。而且，在矿山的日常生产中，一般有两个品位模型：一个是基于探矿钻孔的取样数据建立的覆盖整个矿床（或其中拟开采的整个区域）的模型，用于采剥计划编制（尤其是中长期采剥计划）；另一个是基于炮孔取样数据建立的局部模型，用于日常开采中的配矿、生产调度和验收矿量计算等。国际上几乎所有为矿山设计和生产开发的专业软件系统都有地质统计学建模功能。

地质统计学最大的优势，是为具有区域化变量特征的属性（如金属矿的品位、煤矿的煤层厚度和热值等）估值提供了一套完整的理论依据。这也是地质统计学一经问世就被快速接受和应用的原因。然而，应用地质统计学建立矿床模型，绝不是安装一套软件、按要求输入取样数据、运行软件那么简单。像在本章 3.2.9 节“克里金法建立矿床模型的一般步骤”中提到的，地质统计学建模需要大量细致的前期数据分析、数据处理以及深入的结果分析。这就需要应用者有较为深厚的地质统计学理论基础。而且，地质统计学在发展过程中，产生了不同的克里金法，以更好地适应不同的应用条件。最基本的是本章介绍的普通克里金（Ordinary Kriging），还有指标克里金（Indicator Kriging）、协克里金（Co-Kriging）和泛克里金（Universal Kriging）等。使用者还需要能够依据矿床的具体特点，选用最合适的克里金法。另外，生产矿山的建模也不是一劳永逸的，需要依据开采中对矿体的揭露和生产探矿数据，定期修正品位模型（Reconciliation）。国外有些矿山每个季度对品位模型进行一次修正。

如第 1 章所述，在 20 世纪 90 年代，地质统计学的应用出现了一个新的分支——条件模拟（Conditional Simulation），把地质统计学的应用从单纯的建模估值扩展到地质不确定性分析和这种不确定性所伴随的投资风险分析。

不无遗憾的是，国际上已广泛应用多年的地质统计学，迄今为止在我国矿山生产中没有得到应用，在设计部门也鲜有应用。本章介绍地质统计学的目的之一，就是使读者对这门科学有所了解，期冀能够借此对地质统计学在我国的应用发挥些许推动作用。

# 4　最终境界优化

建立了矿床块状模型后，优化最终境界就是找出这样一个模块集合，其总价值最大且它们的开采所形成的帮坡角不大于最大允许帮坡角，这一模块集合就构成了最优境界。本章介绍三种方法：浮锥法、LG 图论法和地质最优境界序列评价法。其中浮锥法又分为正锥开采法和负锥排除法。

## 4.1　基本数学模型

令 $N$ 为块状模型中的模块总数，$v_i$ 为模型中第 $i$ 个模块的净价值，$x_i$ 为 0-1 决策变量：$x_i=1$ 表示第 $i$ 个模块将被开采，即被包含在境界内；$x_i=0$ 表示第 $i$ 个模块将不被开采，即被排除在境界外。那么，求最优境界就是求解每个模块所对应的 $x_i$ 的值，以便使 $x_i=1$ 的那些模块的总价值达到最大。所以，求最优境界的目标函数为

$$\max z = \sum_{i=1}^{N} v_i x_i \tag{4-1}$$

乍看起来，这很简单：把净价值为正的所有模块都开采（都包括在境界内），而不采任何净价值为负的模块，一定会使上述目标函数达到最大值。然而，决定开采某一模块时，该模块必须是被“揭露”的，即没有被不予开采的模块所覆盖，而且必须保证该模块被开采后，帮坡角不大于最大允许帮坡角。图 4-1 所示是一个简单的二维价值模型，图中每一模块中的数值为模块的净价值。要想开采净价值为+4 的那个模块（简称为“+4 模块”），就必须以此模块为顶点，作一个锥壳倾角等于最大允许帮坡角的锥体，如虚线所示，把落在这一锥体内的所有模块也同+4 模块一起开采，这样才能满足最大帮坡角的约束。

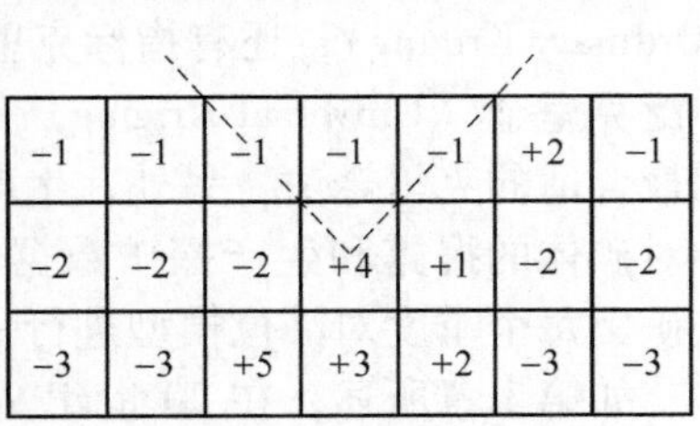

| −1 | −1 | −1 | −1 | −1 | +2 | −1 |
|---|---|---|---|---|---|---|
| −2 | −2 | −2 | +4 | +1 | −2 | −2 |
| −3 | −3 | +5 | +3 | +2 | −3 | −3 |

图 4-1　帮坡角约束示意图

令 $B_i$ 为落入以第 $i$ 个模块为顶点、以最大允许帮坡角为锥壳倾角的锥体内的模块集合（不包括第 $i$ 个模块本身），$j$ 表示 $B_i$ 中的第 $j$ 个模块。那么，依据上述讨论，最大帮坡角约束的数学表达为

$$x_i \leqslant x_j \quad \forall i, \ j \in B_i \tag{4-2}$$

式中，“$\forall i, j \in B_i$”的意思是“对于所有的 $i$ 以及属于 $B_i$ 的 $j$”。

另一个约束就是所有决策变量必须取 0 或 1，其数学表达为

$$x_i \in \{0, \ 1\} \quad \forall i \tag{4-3}$$

这是一个线性规划中的 0–1 规划模型，在理论上可用 0–1 规划的算法求解。然而，对于一个实际矿床，其价值模型中有数十万乃至超百万个模块，而且对于绝大多数模块而言，每个模块都对应多个约束条件（4-2）。所以，约束方程数目非常巨大，即使是用今天的计算机，在可接受的时间内直接求解这一模型也是不现实的。因此，只能通过数学转换求助于其他途径进行求解，如图论法；或是用近似方法求得一个不是严格意义上最优的“好境界”。

## 4.2 浮锥法Ⅰ——正锥开采法

如上所述，由于帮坡角的约束，要开采某一净价值为正的模块（简称正模块），就必须采出以该模块为顶点、以最大允许帮坡角为锥壳倾角的倒锥（锥顶朝下的锥）内的所有模块。所以，正锥开采算法的基本原理是：把锥体顶点在价值模型中自上而下依次浮动到每一正模块的中心，如果一个锥体（包括顶点模块）的总净价值（简称锥体价值）为正，就开采该锥体，即把其中的所有模块都包含在境界内；如果锥体价值为负，就不予开采；如果锥体价值为 0，由用户决定是否开采。所有被开采的模块就组成了最佳境界。

### 4.2.1 基本算法

把价值模型的水平模块层自上而下编号，标高最高的为第 1 层。把垂直方向上的一列模块称为一个模块柱，也按某一顺序编号。锥体被开采的条件是其价值大于或等于 0。为叙述方便，定义以下变量：

$K$：模型中的模块层总数；

$k$：模块层序号；

$J$：模型中的模块柱总数；

$j$：模块柱序号；

$b_{k,j}$：第 $k$ 层、第 $j$ 个模块柱的那个模块；

$v_{k,j}$：模块 $b_{k,j}$的净价值；

$Y$：0–1 变量，$Y=0$ 表示尚未开采任何锥体，$Y=1$ 表示已经有锥体被开采。

正锥开采浮锥法的基本算法如下：

第 1 步：置模块层序号 $k=1$，即从最上一层模块开始；置 $Y=0$。

第 2 步：置模块柱序号 $j=1$，即考虑第 $k$ 层的第 1 个模块。

第 3 步：如果 $v_{k,j}>0$，模块 $b_{k,j}$ 为一正模块，以 $b_{k,j}$ 为顶点构造一个锥壳倾角等于所在区域的最大允许帮坡角的锥体；找出落入该锥体的所有模块（包括 $b_{k,j}$），并计算锥体的价值 $V_{k,j}$，继续下一步；如果 $v_{k,j}\leqslant 0$，转到第 5 步。

第 4 步：如果 $V_{k,j}\geqslant 0$，将锥体中的所有模块采去，并置 $Y=1$；否则，什么也不做，直接执行下一步。

第 5 步：置 $j=j+1$，如果 $j\leqslant J$，即考虑第 $k$ 层的下一个模块，返回到第 3 步；否则，第 $k$ 层的所有模块已经考虑完毕，继续下一步。

第 6 步：置 $k=k+1$，如果 $k\leqslant K$，即考虑下一个（更深的）模块层，返回到第 2 步；否则，继续下一步。

第 7 步：模型中所有的模块已经被浮锥“扫描”了一遍，扫描中发现的价值大于或等于 0 的锥体都已被“采出”。然而，由于许多锥体之间有重叠，一个价值为负的锥体 A，当它与后面的一个价值为非负的锥体 B 的重叠部分随着 B 被采去后，锥体 A 的价值可能变为非负。因此，如果 $Y=1$，即在本轮扫描中出现了价值大于或等于 0 的锥体，返回到第 1 步进行下一轮扫描；否则，说明本轮扫描中没有发现任何价值大于或等于 0 的锥体，算法结束。

以图 4-1 所示的二维价值模型为例，应用上述算法求最佳境界。设每个模块都是正方形，且最大允许帮坡角在整个模型范围都是 45°，算法过程如图 4-2 所示。第 1 层只有一个正模块 $b_{1,6}$，由于其上没有其他模块，所以以该模块为顶点的锥体只包含 $b_{1,6}$ 一个模块，锥体价值为+2，如图 4-2（a）所示。把这一锥体（亦即模块 $b_{1,6}$）采去，模型变为图 4-2（b）。第 1 层的所有正模块已考察完毕。

自左至右考虑第 2 层的正模块。第 1 个正模块为 $b_{2,4}$，以 $b_{2,4}$ 为顶点的锥体包含 $b_{1,3}$、$b_{1,4}$、$b_{1,5}$ 和 $b_{2,4}$ 共 4 个模块，锥体价值为+1，将锥内的模块采去后，价值模型变为图 4-2（c）。第二层的下一个正模块为 $b_{2,5}$，以 $b_{2,5}$ 为顶点的锥体只包含 $b_{2,5}$，将其采去后，模型如图 4-2(d) 所示。第 2 层的所有正模块已考察完毕。

自左至右考虑第 3 层的正模块。第 1 个正模块为 $b_{3,3}$，从图 4-2（d）可以看出，以 $b_{3,3}$ 为顶点的锥体价值为-1，故不予采出。第 3 层的下一个正模块为 $b_{3,4}$，以 $b_{3,4}$ 为顶点的锥体价值为 0，采去该锥体后得图 4-2（e）。取第 3 层的下一个正模块 $b_{3,5}$，以 $b_{3,5}$ 为顶点的锥体价值为-1，故不予采出。第 3 层的所有正模块已考察完毕。自此，对模型完成了一轮浮锥扫描。

基于当前模型（图 4-2（e）），再从第 1 层开始，进行下一轮扫描。从图 4-2（e）可知，第 1、2 层没有正模块，第 3 层的第 1 个正模块为 $b_{3,3}$，以 $b_{3,3}$ 为顶点的锥体价值为+2，如图 4-2（f）所示，采去该锥体后，得图 4-2（g）。第 3 层的下一个正模块 $b_{3,5}$，以 $b_{3,5}$ 为顶点的锥体价值为-1，故不予采出。自此，完成了第二轮浮锥扫描。

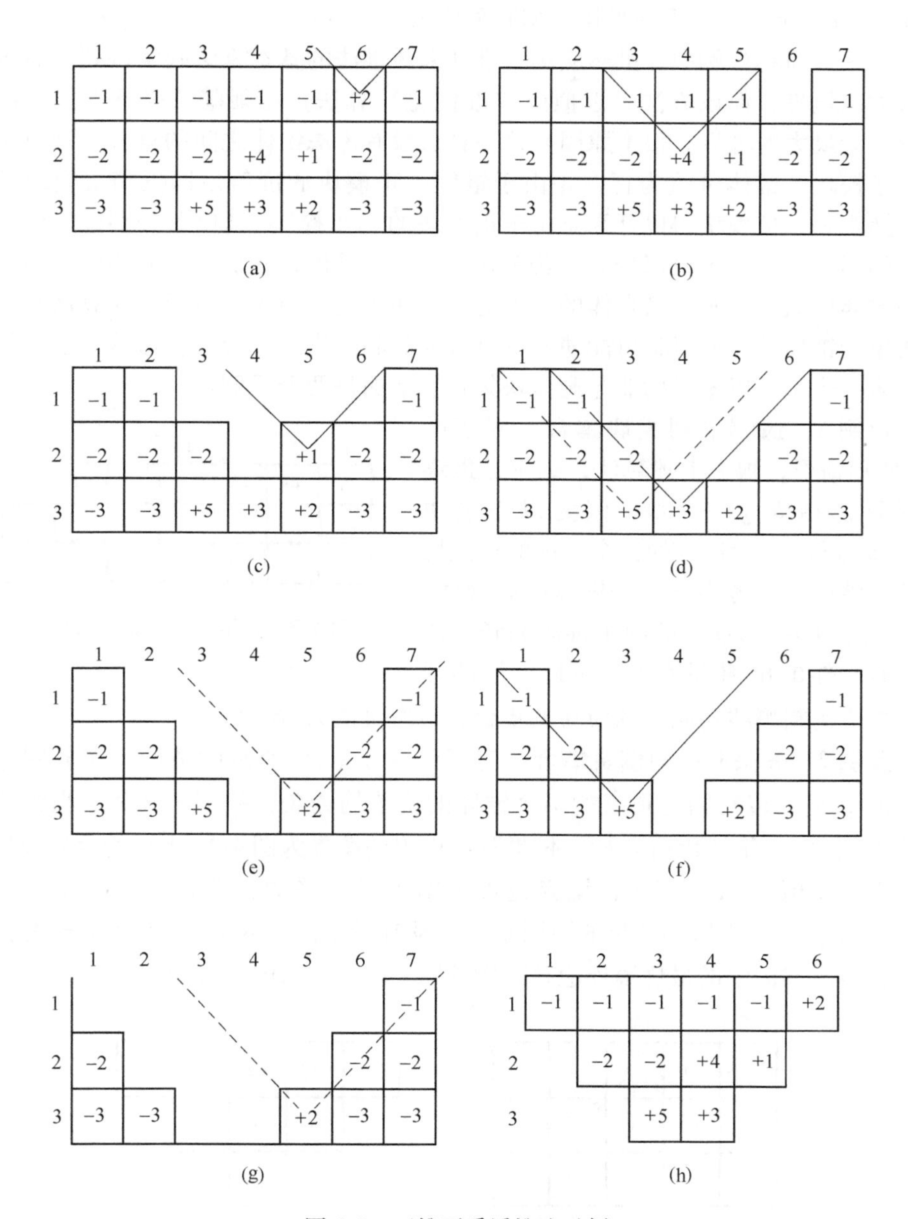


图 4-2 正锥开采浮锥法示例

基于当前模型（图 4-2（g）），进行下一轮扫描。模型中不再存在任何价值为非负的锥体。算法结束。

在上述过程中采出的所有模块的集合组成了最佳境界，如图 4-2（h）所示，最佳境界的总净价值为+6。若按照此境界进行开采，开采终了的采场现状即如

图 4-2（g）所示。境界的平均体积剥采比为 7∶5=1.4。

在这一简单算例中，虽然应用正锥开采浮锥法的基本算法确实得到了总价值为最大的境界，但该方法是近似或“准优化”算法，在某些情况下不能求出总净价值为最大的境界。根本原因是这一算法没有考虑锥体之间的重叠。顶点位于某一正模块的锥体价值为正，是由于锥体中正模块的价值足以抵消负模块的价值。换言之，负模块得以开采是由于正模块的“支撑”。当顶点分别位于两个正模块的两个锥体有重叠部分时，若单独考察任一锥体，其价值可能为负；但当考察两锥体的联合体时，联合体的总价值却可能为正。结果，由于上述算法是依次考察单个锥体的，所以就可能遗漏本可带来盈利的模块集合。类似地，也可能导致开采一个本可以不采的非盈利模块集合。下面是两个反例。

**反例 1：遗漏盈利模块集合**　对于图 4-3 所示情形，根据上述算法，结论是最终境界只包括 $b_{1,2}$ 一个块，因为以正模块 $b_{3,3}$、$b_{3,4}$ 和 $b_{3,5}$ 为顶点的三个锥体的价值均为负。然而，当考察这三个锥体的联合体，或以 $b_{3,4}$ 和 $b_{3,5}$ 为顶点的两个锥体的联合体时，联合体的价值都为正。所以，最佳开采境界应为粗黑线所圈定的模块的集合，总净价值为+6。

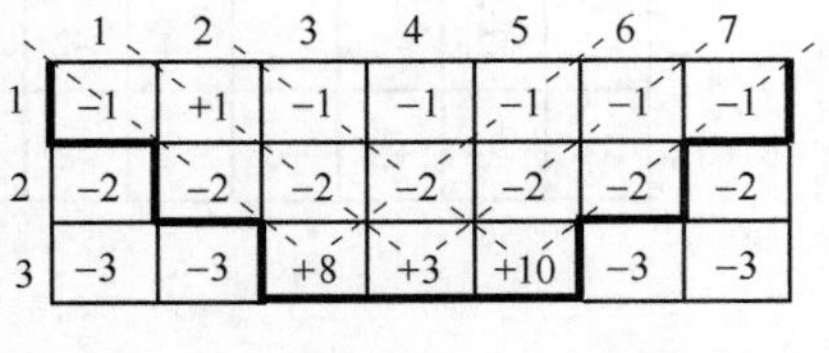

1 2 3 4 5 6 7
1 −1 +1 −1 −1 −1 −1 −1
2 −2 −2 −2 −2 −2 −2 −2
3 −3 −3 +8 +3 +10 −3 −3

图 4-3　正锥开采浮锥法反例 1

**反例 2：开采非盈利模块集合**　对于图 4-4（a）所示的情形，在分别考察 $b_{2,2}$ 和 $b_{2,4}$ 时，以它们为顶点的两个锥体的价值均为负，故不予开采。当锥的顶点移到 $b_{3,3}$ 时，锥体价值为+2，依据算法得出的境界为图 4-4（b）所示的模块集合，境界总值为+2。结果，境界包含了本可以不采的、具有负值的模块集合 $\{b_{2,3},\ b_{3,3}\}$。出现这一结果的原因是算法没有考察图 4-4（a）中两个虚线锥体的联合体。本例中的最优境界应该是图 4-4（c），其总价值为+3。

1 2 3 4 5
1 −1 −1 −5 −1 −1
2 +6 −6 +6
3 +5
(a)
−1 −1 −5 −1 −1
+6 −6 +6
+5
(b)
−1 −1 −5 −1 −1
+6 +6
(c)

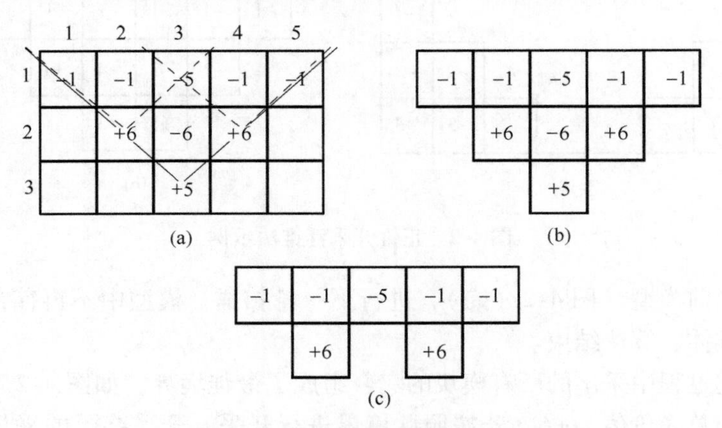

图 4-4　正锥开采浮锥法反例 2

从以上讨论可以看出，要使浮锥法能够找出总净价值最大的那个境界，就必须考虑锥体之间的重叠，考察所有具有重叠部分的锥体的不同组合（即联合体）。对于一个具有数十万乃至超百万个模块的实际矿床模型，这样做是不现实的。不过，虽然浮锥法不能保证求得境界的最优性，但在大部分情况下，所求境界与真正最优境界之间的差别并不是很大；再考虑到模块品位的不确定性和技术经济参数的不确定性和动态可变性，浮锥法仍有其应用价值。

### 4.2.2 锥壳模板

为简单明了起见，以上算例都是二维的，构造锥体并找出落入锥体的那些模块似乎很简单。对于三维空间的实际模型，这项运算就变得复杂而费时。而且，在实际应用中，由于不同部位的岩体稳定性不同以及运输坡道的影响，最终帮坡角一般都不是一个常数，而是不同方位或区域有不同的帮坡角，这就更增加了算法上的难度和运算时间。一个便于计算机编程且能够处理变化帮坡角的方法，是“预制”一个或多个足够大的锥壳模板。

图4-5（a）是一个三维倒锥体示意图。把三维锥壳在 $X-Y$ 水平面上的投影离散化为与价值模型中模块在 $X$、$Y$ 方向上的尺寸相等的二维模块，如图4-5（b）所示，标有“0”的模块对应于锥的顶点，称为锥顶模块；每一模块的属性是锥壳在该模块中心的 $X$、$Y$ 坐标处相对于锥体顶点的垂直高度，顶点的标高为0。由于顶点是最低点，所以每一模块的相对标高均为正值。每一模块的相对标高根据其所在方位的最终帮坡角计算。如图所示，假设帮坡角分为四个方位范围，范围Ⅰ、Ⅱ、Ⅲ、Ⅳ内的帮坡角分别为45°、50°、48°、51°。如果模块的边长为20m，那么，由简单的三角计算可知，在标有 $i$ 的那个模块的中心处，锥壳的相对标高为128.062m。这样，可以计算出模板上每一模块的锥壳相对标高。一个锥壳模板可以存在一个二维数组中。

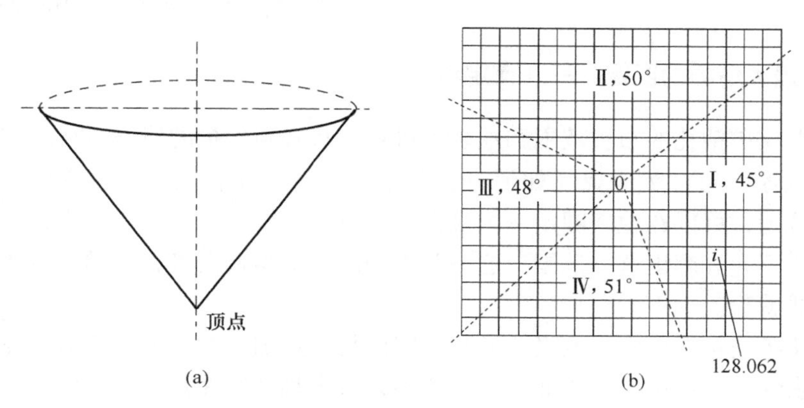


图4-5 三维锥体及其锥壳模板示意图
（a）三维锥体；（b）锥壳模板

有了预制的锥壳模板，在应用上述算法时，将模板的顶点模块置于价值模型中的正块 $b_0$ 的中心，如果高于 $b_0$ 的某一模块 $b_i$ 的中心标高大于或等于模块 $b_0$ 的中心标高加上模块 $b_i$ 对应的锥壳模板上的模块的相对标高，则模块 $b_i$ 落在以 $b_0$ 为顶点的锥体内；否则，落在锥体外。

## 4.3　浮锥法Ⅱ——负锥排除法

正锥开采法是在模型中寻找那些值得开采的部分予以开采。为了满足帮坡角的约束，“值得开采的部分”就变为价值为正（或非负）的锥体。那么反向思之，如果把模型中那些不值得开采的部分都排除掉，剩余的部分就具有最大的总价值，即最优境界。同理，为了满足帮坡角的约束，“不值得开采的部分”是价值为负的锥体；不过，这里的锥体是喇叭口向下的（与正锥开采法中的锥体相反），这一点可以用图4-6说明。假设图中的模块均为正方形，最大允许帮坡角为45°。如果排除了（即不采）价值为-2的模块 $b_{2,3}$，那么，以 $b_{2,3}$ 为顶点、以45°为锥壳倾角向下作的锥体（图中虚线所示）内的所有其他模块（$b_{3,2}$、$b_{3,3}$ 和 $b_{3,4}$）都无法开采，因为开采 $b_{3,2}$、$b_{3,3}$ 和 $b_{3,4}$ 都要求把 $b_{2,3}$ 也采去，或者说，$b_{3,2}$、$b_{3,3}$ 和 $b_{3,4}$ 都被 $b_{2,3}$ “压着”，只有把整个锥体排除，剩余的部分才能满足帮坡角约束。

因此，负锥排除法的基本原理是：在模型中找出所有价值为负的（喇叭口向下的）锥体，予以排除，剩余部分即为最佳境界。锥体排除过程从一个最大境界开始，所以需首先圈定最大境界。本节的叙述中，我们把品位和价值合二为一的块状模型称为矿床模型。

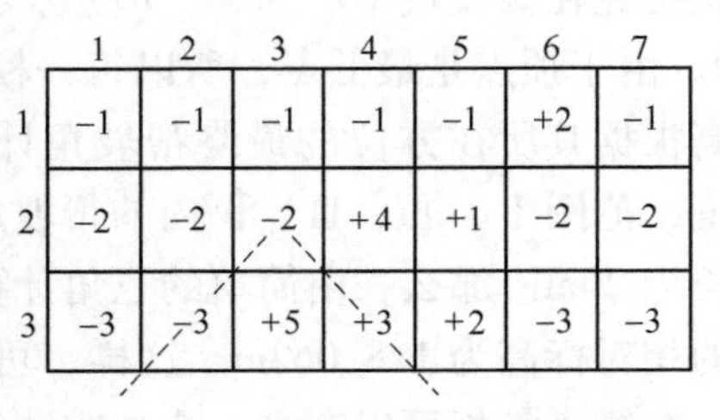

图4-6　负锥排除法中的锥体

### 4.3.1　最大境界的圈定——几何定界

根据探矿钻孔的布置范围和地表不可移动且必须保护的建/构筑物（如路桥、重要建筑等）与自然地貌（如河流、湖泊等）的分布，以及各种受保护物的法定保护范围，可以在地表圈定一个最大开采范围界线，即最终境界在地表的界线不可能或不允许超出这一范围。这一范围的圈定不需要准确，足够大且不跨越保护安全线就行。

图4-7是某铁矿床的地表地形和探矿钻孔布置图，图中的圆点表示钻孔；为具有代表性，还假设矿区西北部有一条不许改道且必须保护的高等级公路，在西南部有一座受保护的千年古寺。依据钻孔布置范围以及距公路和古寺的安全距离

要求，地表最大开采范围线可能如图中的粗点划线所示。

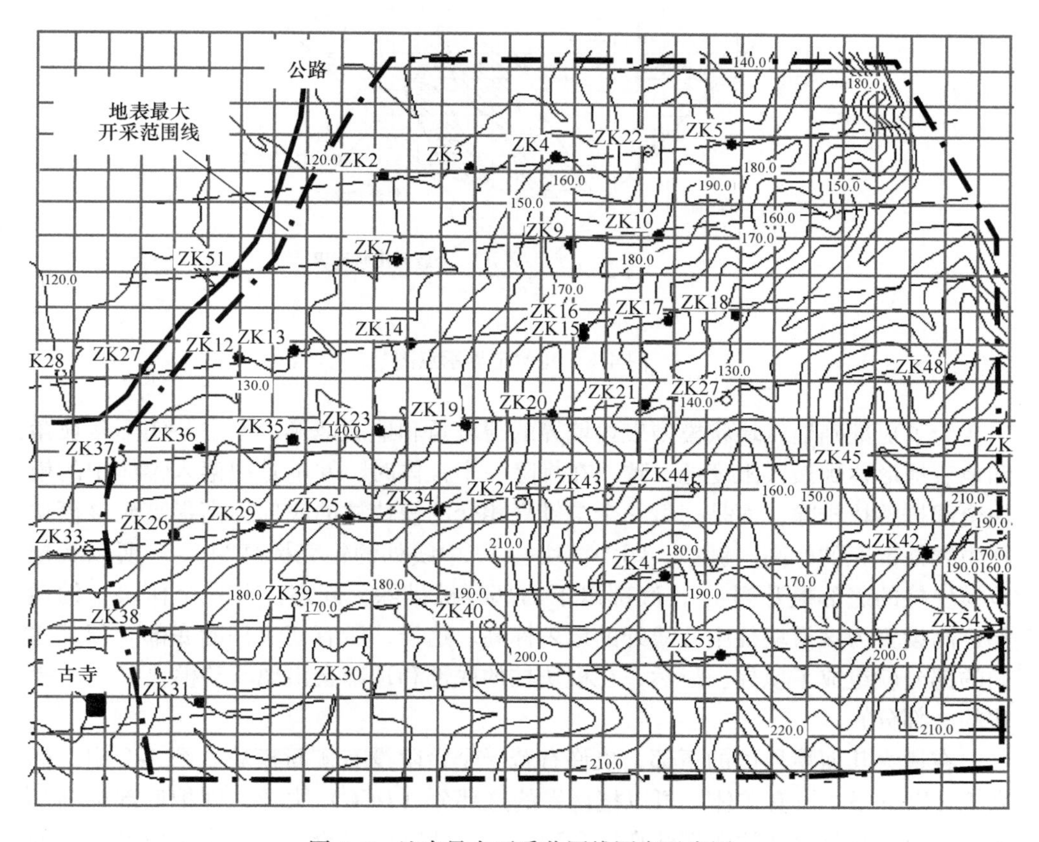


图 4-7 地表最大开采范围线圈定示意图

圈定了地表最大开采范围线之后，在矿床模型中找出模块柱中心距这一地表范围线的水平距离最近的所有模块柱，称之为边界模块柱。图 4-7 中的正方形网格即为模块柱的水平投影。然后，依次以每个边界模块柱中心线与地表的交点为顶点，按其所在方位（或区域）的最大允许帮坡角向下作锥体，把所有这些锥体从矿床模型中排除，模型的剩余部分就是几何上可能的最大境界。这一过程称为几何定界。

为清晰起见，在图 4-8 所示的二维剖面上进一步说明几何定界。图中的长方格表示模块，模块柱按自左至右的顺序编号。上盘的边界模块柱为模块柱 1，其中心线与地表的交点为 $A$ 点。以 $A$ 为顶点按上盘最大帮坡角 $\alpha$ 向下作锥体，并将它排除。下盘的边界模块柱为模块柱 21，其中心线与地表的交点为 $B$ 点。以 $B$ 为顶点按下盘最大帮坡角 $\beta$ 向下作锥体，并将它排除。矿床模型剩余部分 $ACB$ 即为该剖面上根据地表最大开采范围确定的最大几何境界。

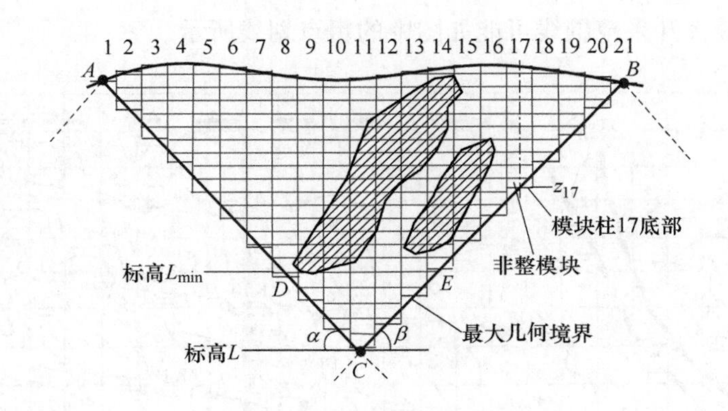


图 4-8　几何定界示意图

为了更准确地以块状模型表述境界的帮坡角和地表地形，使之与实际帮坡角和地表地形达到最大限度地一致，在排除一个锥体时，并不是把落入锥体中的模块全部按整块排除，而是把每一个与锥壳相交的模块柱的底部标高提高到该模块柱中线处锥壳的标高。例如，图中模块柱 17 中线处的锥壳标高为 $z_{17}$，所以就把该模块柱的底部提升到 $z_{17}$，底部以下的部分被排除。同理，每一个模块柱的顶部标高设置为该模块柱中心线处的地表标高。这样，所有模块柱的底部与顶部之间的部分就组成了境界。显然，在模块柱的底部和顶部会出现非整模块（一个模块的一部分）。

在最大几何境界内的下部，也许有若干个台阶没有矿石模块。图 4-8 中，标高 $L_{min}$ 以下根本没有矿体。可以把境界的这部分（*DEC*）去掉，即把底部标高小于 $L_{min}$ 的所有模块柱的底部标高提升到 $L_{min}$。最后得到的完全以块状模型表述的最大境界如图 4-9 所示，这个境界是该矿床在这个剖面上可能的最大境界。

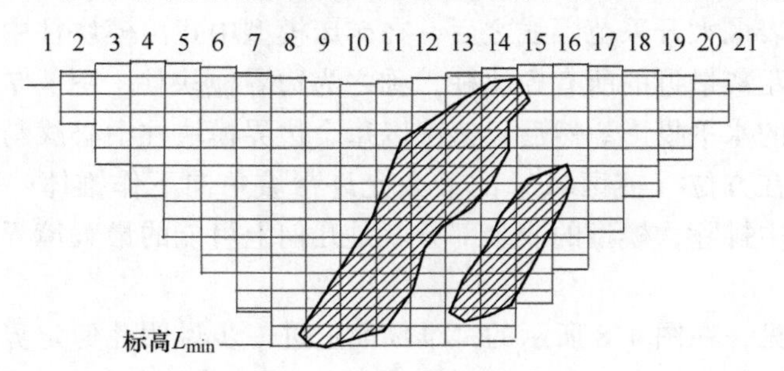


图 4-9　几何定界得到的最大境界

### 4.3.2　负锥排除算法

负锥排除法就是从上述几何定界得到的最大境界开始，寻找并排除那些价值为负的锥体（称之为负锥体），剩余部分即为最佳境界。排除过程可以是外围排除或自下而上排除。

4.3.2.1 外围排除算法

外围排除法就是在境界的外围寻找并排除负锥体，直到在境界的外围找不到负锥体为止。为叙述方便，定义以下变量：

$J$：矿床模型中的模块柱总数；

$j$：模块柱序号；

$b_{\min,j}$：模块柱 $j$ 的底部模块；

$z_{\min,j}$：模块柱 $j$ 的底部标高；

$z_{\max,j}$：模块柱 $j$ 处的地表标高；

$Y$：0-1 变量，$Y=0$ 表示尚未排除任何锥体，$Y=1$ 表示已经有锥体被排除。

外围排除算法的步骤如下：

第 1 步：置当前境界为最大境界，即置最大境界范围外的所有模块柱的底部标高等于该模块柱上的地表标高。依据给定的各个方位（或区域）的帮坡角，建立足够大喇叭口向下的锥壳模板，“足够大”是指把锥顶置于矿床模型中的任意一个模块的中心，锥壳在 $X-Y$ 水平面的投影都可覆盖矿床模型在 $X-Y$ 水平面上的全部。锥壳模板的模块边长等于矿床模型中模块在水平面上的边长，所以，锥壳模板在 $X$ 和 $Y$ 方向上的模块数分别等于矿床模型在同方向上的模块数的 2 倍。建立锥壳模板的方法与前面 4.2.2 节中所述相同，但由于这里的锥体是喇叭口向下，所以锥壳模板中每一个模块的属性值，即模块中心相对于锥体顶点的标高是负数。

第 2 步：置模块柱序号 $j=1$，即从矿床模型中第 1 个模块柱开始；置 $Y=0$。

第 3 步：如果 $z_{\min,j}=z_{\max,j}$，说明整个模块柱 $j$ 已经被排除（即不在当前境界范围之内），转到第 6 步；否则，继续下一步。

第 4 步：把锥体顶点置于模块柱 $j$ 的底部模块 $b_{\min,j}$：如果 $b_{\min,j}$ 为整模块，把锥体顶点置于 $b_{\min,j}$ 的中心点；如果 $b_{\min,j}$ 为非整模块，把锥体顶点置于 $b_{\min,j}$ 的顶面的中心点。计算锥体的价值 $V_j$。

第 5 步：如果 $V_j<0$，把锥体从当前境界排除，即把底部标高低于锥壳标高的所有模块柱的底部标高提升到相应的锥壳标高；置 $Y=1$；排除了这一锥体后的境界变为当前境界；如果 $V_j \geqslant 0$，什么也不做。

第 6 步：置 $j=j+1$，如果 $j \leqslant J$，返回到第 3 步（即考察下一个模块柱）；否则，继续下一步。

第 7 步：模型中所有的模块柱已经被浮锥“扫描”了一遍，扫描中发现的负锥体都已被排除。然而，由于许多锥体之间有重叠，负锥体的排除有可能产生新的负锥体。因此，如果 $Y=1$，即在本轮扫描中出现并排除了负锥体，则返回到第 2 步，进行下一轮扫描；否则，说明本轮扫描中没有发现任何负锥体，算法结束。

以剖面上的二维境界为例，进一步说明上述算法。图 4-10 即为图 4-9 中的最大境界。对于模块柱 1，条件 $z_{\min,1}=z_{\max,1}$ 成立，即整个模块柱 1 在求最大境界中已被排除。因此，转而考察模块柱 2，该模块柱的底部模块 $b_{\min,2}$ 为非整模块，所以把锥体顶点置于模块 $b_{\min,2}$ 顶面的中心点，称之为锥体 $C_2$（如图中所标示）。当前境界落入 $C_2$ 的部分即为锥壳下的那一窄条。计算 $C_2$ 的价值 $V_2$，假设 $V_2<0$，将 $C_2$ 排除，即把底部标高低于锥壳标高的所有模块柱（本例中为模块柱 2~8）的底部标高提升到相应的锥壳标高，当前境界变为图 4-11。比较图 4-10 和图 4-11 可见，最大境界左侧外围被切去了一条。

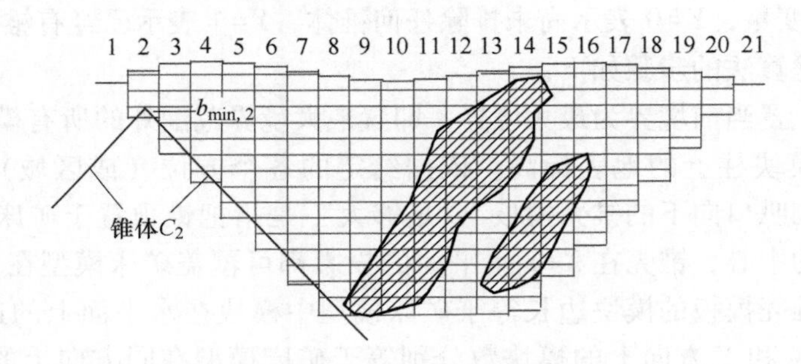


图 4-10　外围排除法示例（Ⅰ）

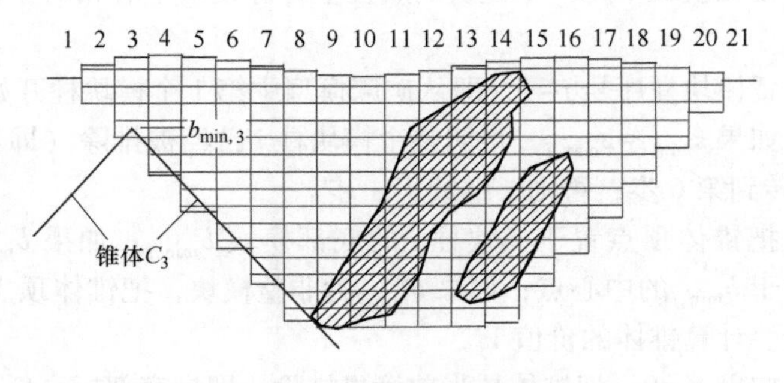


图 4-11　外围排除法示例（Ⅱ）

现在考察模块柱 3。该模块柱在当前境界内的底部模块 $b_{\min,3}$ 为整模块，所以把锥体顶点置于模块 $b_{\min,3}$ 的中心点，称之为锥体 $C_3$（如图 4-11 中所标示）。当前境界落入 $C_3$ 的部分即为锥壳下的那一窄条。计算 $C_3$ 的价值 $V_3$，假设 $V_3<0$，将 $C_3$ 排除，即把底部标高低于锥壳标高的所有模块柱（模块柱 3~8）的底部标高提升到相应的锥壳标高，当前境界变为图 4-12，境界的左侧外围又被切去了一条。

再把锥体顶点移动到模块柱 4 在当前境界内的底部模块，……。如此移动下去，每移动一次，计算锥体价值，若价值为负，就把锥体排除，直到模块柱 20 被考察完毕，完成了一次扫描。

再从模块柱 1 开始，进行下一次扫描，直到在一次扫描中没有发现任何负锥体，算法终止。这时的境界就是最佳境界。本例的最佳境界可能如图 4-13 所示。

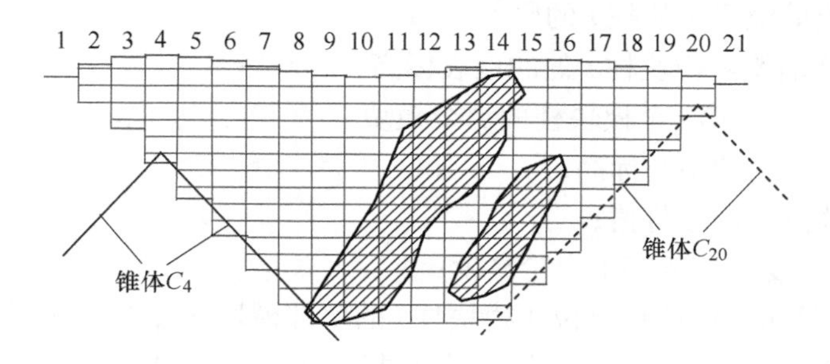


图 4-12 外围排除法示例（Ⅲ）

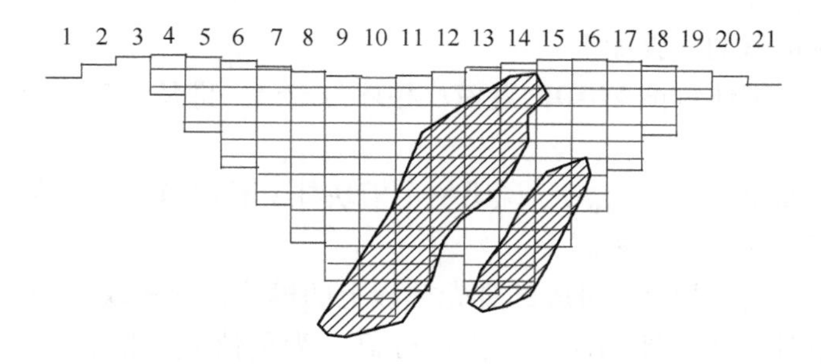


图 4-13 外围排除法得到的最终境界

外围排除算法中，每次移动锥体时，也可以不把锥体顶点置于模块柱底部模块 $b_{\min,j}$的中心点或其顶面的中心点，而是置于模块柱中心线上距底部标高 $\Delta z$ 的位置，即锥体顶点的标高为 $z_{\min,j}+\Delta z$。$\Delta z$ 的取值对于结果境界的最优性有影响；一般而言，$\Delta h$ 越小，求得的境界就越优，即其总价值与真正最优境界的总价值越接近，但计算时间也越长。$\Delta z$ 可以作为优化精度的控制参数，由用户输入。

外围排除算法也可以用于确定对应于一个给定经济合理剥采比的境界。不同之处在于：算法第 4 步不是计算锥体价值，而是计算锥体剥采比，即锥体中废石量与矿石量之比；算法第 5 步也不是依据锥体价值是否为负来确定是否排除锥体，而是依据锥体剥采比是否大于经济合理剥采比来确定是否排除锥体，即排除锥体剥采比大于经济合理剥采比的锥体。

在外围排除算法的第 4 步，需要计算顶点位于模块柱 $j$ 的底部模块 $b_{\min,j}$的锥体的价值。利用预制的锥壳模板，计算锥体价值的算法如下。为叙述方便，先定义下列变量：

$k$：矿床模型中的模块层序号，第 1 层为模型中的最低模块层，最高层为第 $K$ 层；

$i$：矿床模型中的模块柱序号，模块柱总数仍如前定义（为 $J$）；

$z_{\min,i}$：当前境界模块柱 $i$ 的底部标高；

$z_{\max,i}$：当前境界模块柱 $i$ 处的地表标高；

$b_{k,i}$：第 $k$ 层、第 $i$ 个模块柱的那个模块；

$z_{k,i}$：模块 $b_{k,i}$ 的中心标高；

$v_{k,i}$：模块 $b_{k,i}$ 的净价值；

$h$：模块高度，一般等于台阶高度；

$z_j$：上述算法中锥体顶点位于模块柱 $j$ 的底部模块 $b_{\min,j}$ 时，锥体顶点的标高，等于 $b_{\min,j}$ 的中心点标高（$b_{\min,j}$ 为整模块时），或 $b_{\min,j}$ 的顶面标高（$b_{\min,j}$ 为非整模块时）；

$V_j$：锥体价值。

计算锥体价值的步骤如下：

第 1 步：置锥体价值 $V_j=0$；置模块柱序号 $i=1$，即从矿床模型中第 1 个模块柱开始。

第 2 步：如果 $z_{\min,i}=z_{\max,i}$，说明整个模块柱 $i$ 不在当前境界范围之内，转到第 9 步；否则，继续下一步。

第 3 步：找出模块柱 $i$ 对应的锥壳模板上的模块，该模块的属性值 $z_q$ 是锥壳在该位置的相对标高（即相对于顶点的标高，为负值）。那么，模块柱 $i$ 处的锥壳的绝对标高为

$$z_i = z_j + z_q \tag{4-4}$$

如果 $z_i>z_{\max,i}$，令 $z_i=z_{\max,i}$。

如果 $z_{\min,i}>z_i$，说明当前境界的模块柱 $i$ 没有任何部分落入锥体，转到第 9 步；否则，继续下一步。

第 4 步：置模块层序号 $k=1$，即从矿床模型的最低模块层开始。

第 5 步：如果 $z_{k,i}-h/2\geqslant z_i$，模块 $b_{k,i}$ 全部位于锥壳或地表以上，转到第 9 步；否则，执行下一步。

第 6 步：如果 $z_{k,i}+h/2\leqslant z_i$，模块 $b_{k,i}$ 全部落入锥体内，把其价值计入锥体价值，即置 $V_j=V_j+v_{k,i}$；否则，执行下一步。

第 7 步：模块 $b_{k,i}$ 部分落入锥体内，其落入锥体内的体积比例可以用落入的高度比例近似，把同比例的模块价值计入锥体价值，即置 $V_j = V_j + v_{k,i}[z_i - (z_{k,i} - h/2)]/h$。

第 8 步：置 $k=k+1$，即沿着模块柱 $i$ 向上走一个模块，如果 $k\leqslant K$，返回到第 5 步；否则，执行下一步。

第 9 步：置 $i=i+1$，如果 $i\leqslant J$，返回到第 2 步，考察下一个模块柱；否则，所有模块柱已考察完毕，算法结束。这时的 $V_j$ 值即为所求锥体价值。

计算锥体剥采比的算法步骤与上述算法完全相同，只是依据模块的矿岩识别属性（是矿石模块还是废石模块）及其体积和体重，计算锥体的废石量和矿石量，进而计算锥体剥采比。

#### 4.3.2.2 自下而上排除算法

顾名思义，自下而上排除法就是从最大境界的最低水平开始，以一个预定标高步长，逐步向上，一个水平一个水平地进行锥体扫描，把遇到的负锥排除。这一过程持续若干轮，直到在某一轮扫描中没有遇到任何负锥为止，剩余部分即为最佳境界。先定义以下变量：

$z_{\min}$：当前境界的最低标高，即所有未被完全排除的模块柱的底部标高中的最小者；

$z_{\max}$：最大境界范围内的最高地表标高；

$z$：当前水平标高；

$\Delta z$：标高步长；

$V_{i,z}$：顶点位于模块柱 $i$ 中心线上 $z$ 水平的锥体价值；

其他变量的定义同前。

自下而上排除算法如下：

第 1 步：置当前境界为最大境界；找出当前境界的最低标高 $z_{\min}$ 以及地表最高标高；预制锥壳模板。

第 2 步：置当前水平标高 $z=z_{\min}+\Delta z$；$Y=0$。

第 3 步：置模块柱序号 $i=1$，即从当前水平的第一个模块柱开始。

第 4 步：如果 $z_{\min,i}=z_{\max,i}$，说明整个模块柱 $i$ 不在当前境界范围之内，转到第 8 步；否则，继续下一步。

第 5 步：如果 $z_{\min,i}\geqslant z$，模块柱 $i$ 的底部标高高于当前水平，转到第 8 步；否则，继续下一步。

第 6 步：把锥体顶点置于模块柱 $i$ 中心线上标高为 $z$ 的位置，按照上述计算锥体价值的算法计算锥体价值 $V_{i,z}$。

第 7 步：如果 $V_{i,z}<0$，把锥体从当前境界排除，即把底部标高低于锥壳标高的所有模块柱的底部标高提升到相应的锥壳标高，置 $Y=1$，排除了这一锥体后的境界变为当前境界，刷新当前境界的最低标高 $z_{\min}$；如果 $V_{i,z}\geqslant 0$，直接执行下一步。

第 8 步：置 $i=i+1$，如果 $i\leqslant J$，返回到第 4 步，考察当前水平的下一个模块柱；否则，所有模块已考察完毕，执行下一步。

第 9 步：置 $z=z+\Delta z$，即把当前水平上移 $\Delta z$，如果 $z\leqslant z_{max}$，返回到第 3 步，进行这一新水平上的扫描；否则，执行下一步。

第 10 步：整个模型已经被浮锥自下而上扫描了一遍，扫描中发现的负锥都已被排除。然而，由于许多锥体之间有重叠，负锥的排除有可能产生新的负锥。因此，如果 $Y=1$，即在本轮扫描中出现并排除了负锥，置此时的境界为当前境界，返回到第 2 步，进行下一轮扫描；否则，说明本轮扫描中没有发现任何负锥，算法结束。

该算法中 $\Delta z$ 的取值会影响所得境界的最优性：一般而言，$\Delta z$ 越小，求得的境界就越优，即其总价值与真正最优境界的总价值越接近，但计算时间也越长；反之亦反。因此，$\Delta z$ 可以作为优化精度的控制参数，由用户输入。$\Delta z$ 的取值一般为台阶高度的 0.25~1.0 倍。与外围排除算法一样，该算法也可以用于确定对应于一个给定经济合理剥采比的境界。

以剖面上的二维境界为例，进一步说明自下而上排除算法。图 4-14 所示为最大境界，其最高标高 $z_{max}$ 和最低标高 $z_{min}$ 如图中所标示。算法开始时，最大境界即为当前境界。标高步长 $\Delta z$ 设定为台阶高度 $h$（即模块高度）。

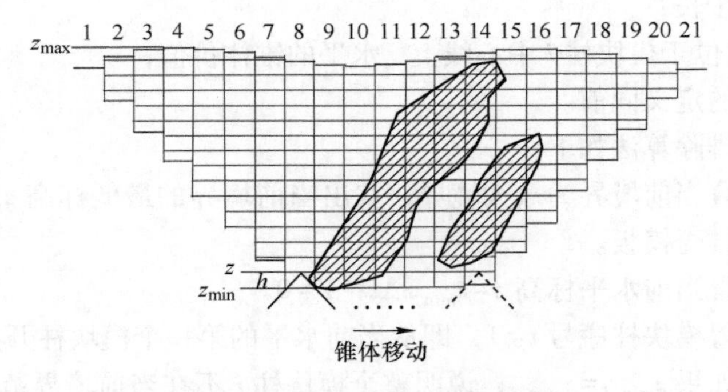


图 4-14　自下而上排除法示意图（Ⅰ）

置当前水平标高 $z=z_{min}+h$，如图 4-14 中所标。模块柱序号 $i=1$ 时，条件 $z_{min,1}=z_{max,1}$ 成立，即整个模块柱 1 已被排除；$i=2\sim7$ 时，条件 $z_{min,i}\geqslant z$ 成立，即这些模块柱的底部标高均高于当前水平。因此，当前水平的第一个锥体是顶点位于模块柱 8 的中心线上标高 $z$ 处的锥体（图中的实线锥体），应用前述锥体价值的计算算法，计算该锥体的价值 $V_{8,z}$。如果 $V_{8,z}<0$，将锥体排除，即把底部标高低于锥壳标高的所有模块柱的底部标高提升到相应的锥壳标高，排除锥体后的境界变为当前境界，然后把锥体浮动到同一水平的下一模块柱中线；如果 $V_{8,z}\geqslant 0$，直接浮动锥体。图 4-14 中的省略号和箭头表示这一锥体浮动过程。本水平最后

一个锥体的顶点位于模块柱 14 的中线（图中的虚线锥体）。对于 $i=15\sim20$，条件 $z_{min,i}\geqslant z$ 成立；$i=21$ 时，条件 $z_{min,21}=z_{max,21}$ 成立，所以对于 $i=15\sim21$ 什么也不需要做。当前水平扫描完毕，排除了这一过程中发现的负锥后，当前境界变为如图 4-15 所示。

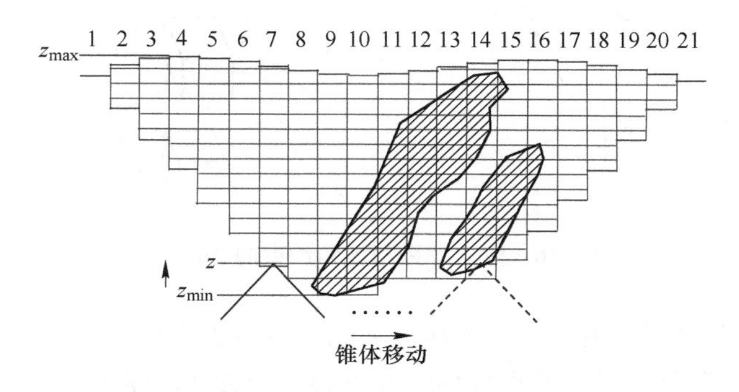


图 4-15 自下而上排除法示意图（Ⅱ）

置 $z=z+h$，即当前水平上移一个台阶，重复上述过程。在这一新的当前水平上进行锥体扫描和负锥排除，如图 4-15 中所标示。

每提升一次当前水平 $z$，就重复上述锥体移动和负锥排除过程，直到 $z>z_{max}$，就完成了一轮扫描。如果在本轮扫描中有负锥被排除，就基于本轮扫描得到的当前境界，进行下一轮扫描；否则，算法终止，当前境界即为最佳境界。

## 4.4 LG 图论法

优化最终境界的图论法由 Lerchs 和 Grossmann 于 1965 年提出，所以也称为 LG 图论法。该方法是具有严格数学逻辑的优化方法，对于任何给定的价值模型，都可以求出总价值最大的最优境界。由于该方法对计算机内存的需求较高、计算量较大，直到 20 世纪 80 年代后期才逐步得到实际应用；同时，一些研究者对该方法进行算法上的改进，以提高其运算速度。对于今天的计算机，该方法对内存和速度的要求已不再是问题，世界上几乎所有的商业化露天矿设计软件包都有该方法的模块。LG 图论法已经成为世界矿业界最广为人知的经典方法。

### 4.4.1 基本概念

在 LG 图论法中，用一个节点表示价值模型中的一个模块，露天开采的帮坡角约束用一组弧表示。弧是从一个节点指向另一节点的有向线。以图 4-16 为例，左侧图中的每个圆圈为一个节点，对应右侧图中的一个模块；每条箭线为一条弧。这个图的含义是：要想开采 $i$ 水平上的那一节点所代表的模块，就必须同时

采出 $i+1$ 水平上那五个节点代表的 5 个模块。为便于图示和理解，以下叙述均在二维空间进行。

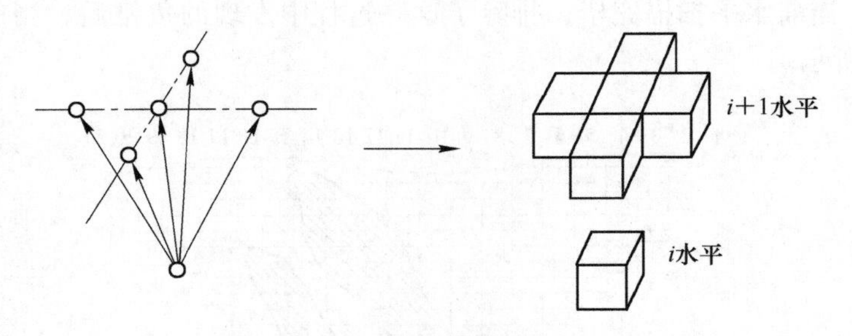


图 4-16　露天开采帮坡角约束的图论表示

图论中的有向图是由一组弧连接起来的一组节点组成，用 $G$ 表示。图中节点 $i$ 用 $x_i$ 表示。所有节点组成的集合称为节点集，记为 $X$，即 $X=\{x_i\}$。图中从节点 $x_k$ 到节点 $x_l$ 的弧用 $a_{kl}$ 或 $(x_k, x_l)$ 表示，所有弧的集合称为弧集，记为 $A$，即 $A=\{a_{kl}\}$。由节点集 $X$ 和弧集 $A$ 形成的图记为 $G(X, A)$。如果一个图 $G(Y, A_Y)$ 中的节点集 $Y$ 和连接 $Y$ 中节点的弧集 $A_Y$ 分别是另一个图 $G(X, A)$ 中 $X$ 和 $A$ 的子集，那么，图 $G(Y, A_Y)$ 称为图 $G(X, A)$ 的一个子图。子图可能进一步分为更多的子图。

图 4-17（a）是由 6 个模块组成的价值模型，$x_i(i=1, 2, \cdots, 6)$ 表示第 $i$ 个模块，模块中的数字为模块的净价值。若模块为大小相等的正方体，最终帮坡角为 45°，那么该模型的图论表示就如图 4-17（b）所示。图 4-17（c）和图 4-17（d）都是图 4-17（b）的子图。模型中模块的净价值在图中称为节点的权值。

从露天开采的角度，子图 4-17（c）构成一个可行的开采境界，因为它满足帮坡角约束条件，即从被开采节点出发引出的弧的末端的所有节点也属于被开采之列。子图 4-17（d）不能形成可行开采境界，因为它不满足帮坡角约束条件（开采后会形成 90°的帮坡）。形成可行的开采境界的子图称为可行子图。因为以可行子图内的任一节点为始点的所有弧的终点节点也在本子图内，所以可行子图也称为闭包。图 4-17（b）中，$x_1$、$x_2$、$x_3$ 和 $x_5$ 形成一个闭包；而 $x_1$、$x_2$、$x_5$ 不能形成闭包，因为以 $x_5$ 为始点的弧 $(x_5, x_3)$ 的终点节点 $x_3$ 不在闭包内。闭包内诸节点的权值之和称为闭包的权值。例如，由 $x_1$、$x_2$、$x_3$ 和 $x_5$ 形成的闭包的权值为−2。图 G 中权值最大的闭包称为 $G$ 的最大闭包。

树是一个没有闭合圈的图。图中存在闭合圈，是指图中存在至少一个这样的节点，从该节点出发经过一系列的弧（不计弧的方向）能够回到出发点节点。图 4-17（b）不是树，因为从 $x_6$ 出发，经过弧 $(x_6, x_2)$、$(x_5, x_2)$、$(x_5, x_3)$ 和 $(x_6, x_3)$ 可以回到出发点 $x_6$，形成了一个闭合圈。图 4-17（c）和图 4-17（d）

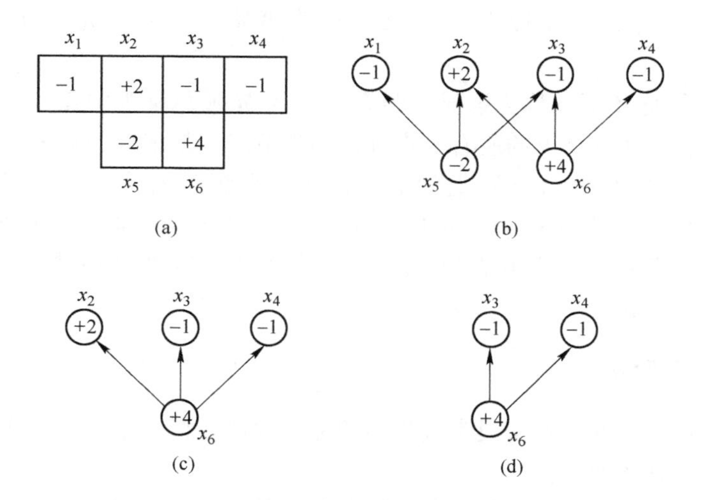


图 4-17 块状模型与图和子图

都是树。根是树中的一个特殊节点，一棵树中只能有一个根，用 $x_0$ 表示。

如图 4-18 所示，树中方向指向根的弧，即从弧的终端沿弧的指向可以经过其他弧（其方向无关）追溯到树根的弧，称为 $M$ 弧；树中方向背离根的弧，即从弧的终端追溯不到根的弧，称为 $P$ 弧。将树中的一个弧（$x_i$，$x_j$）删去，树变为两部分，不包含根的那部分称为树的一个分支。在原树中假想删去弧（$x_i$，$x_j$）得到的分支是由弧($x_i$，$x_j$）支撑着，由弧($x_i$，$x_j$）支撑的分支上诸节点的权值之和称为弧（$x_i$，$x_j$）的权值。

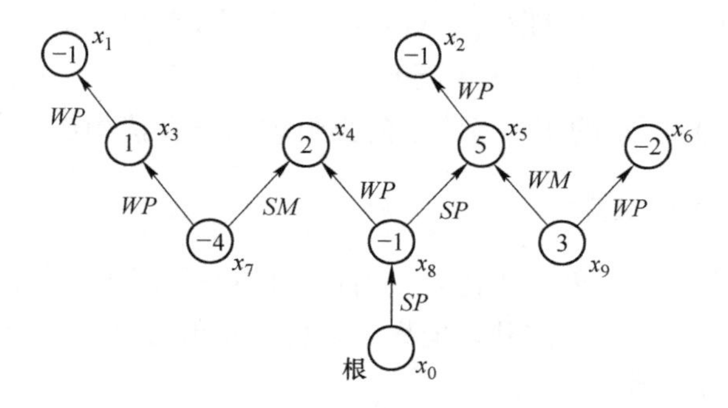


图 4-18 具有各种弧的树

在图 4-18 所示的树中，由弧（$x_3$，$x_1$）支撑的分支只有一个节点，即 $x_1$，故该弧的权值为−1。由弧（$x_8$，$x_5$）支撑的分支的节点包括 $x_2$、$x_5$、$x_6$ 和 $x_9$，该弧的权值为+5。权值大于零的 $P$ 弧称为强 $P$ 弧，记为 $SP$；权值小于或等于零的 $P$ 弧称为弱 $P$ 弧，记为 $WP$；权值小于或等于零的 $M$ 弧称为强$M$ 弧，记为

*SM*；权值大于零的*M*弧称为弱*M*弧，记为*WM*。图4-18是一个具有全部四种弧的树。

强*P*弧和强*M*弧总称为强弧，弱*P*弧和弱*M*弧总称为弱弧。强弧支撑的分支称为强分支，强分支上的所有节点都称为强节点。从采矿的角度来看，强*P*弧支撑的分支（简称*SP*分支）上的节点符合开采顺序关系，而且其总价值大于零，所以是开采的目标。虽然弱*M*分支的价值大于零，但由于*M*弧指向树根，不符合开采顺序关系，故不能开采。由于弱*P*分支和强*M*分支的价值不为正，所以不是开采目标。

### 4.4.2　树的正则化

正则树是一个没有不与根直接相连的强弧的树。把一个树变为正则树称为树的正则化，其算法如下：

第1步：如果能在树中找到一条不与根直接相连的强弧（$x_i$，$x_j$），则进行这样的运算：若($x_i$，$x_j$)是强*P*弧，则将它删除，代之以($x_0$，$x_j$)；若($x_i$，$x_j$)是强*M*弧，则将它删除，代之以($x_0$，$x_i$)。如果找不到任何不与根直接相连的强弧，算法结束，此时的树为正则树。

第2步：重新计算第1步得到的新树中各弧的权值，并标注各弧的种类，返回到第1步。

图4-18中树的正则化过程如图4-19所示。图4-18中，弧（$x_7$，$x_4$）是一条不与根直接相连的强*M*弧，把它删除，代之以弧($x_0$，$x_7$)，树变为图4-19（a）所示的$T^1$（其中各弧的种类已刷新）。$T^1$中的弧($x_8$，$x_4$)是一条不与根直接相连的强*P*弧，把它删除，代之以弧($x_0$，$x_4$)，树变为图4-19（b）所示的$T^2$。$T^2$中的弧($x_8$，$x_5$)是一条不与根直接相连的强*P*弧，把它删除，代之以弧($x_0$，$x_5$)，树变为图4-19（c）所示的$T^3$。$T^3$中的强弧均与根直接相连，所以是正则树。

### 4.4.3　境界优化定理及算法

从前面的定义可知，最大闭包是权值最大的可行子图。从采矿角度来看，最大闭包是具有最大开采价值的开采境界。因此，求最优开采境界就是在价值模型所对应的图中求最大闭包。

**定理1**　若有向图*G*的正则树的强节点集合*Y*是*G*的闭包，则*Y*即为最大闭包。

依据上述定理，求最终境界的图论算法如下：

第1步：依据最终帮坡角，将价值模型转化为有向图*G*。这就需要找出开采某一模块所必须同时采出的上一层的模块，可以用一个喇叭口向上、锥壳倾角等于最终帮坡角的锥体来确定这些模块（具体方法见前面4.2节的正锥开采法）。但

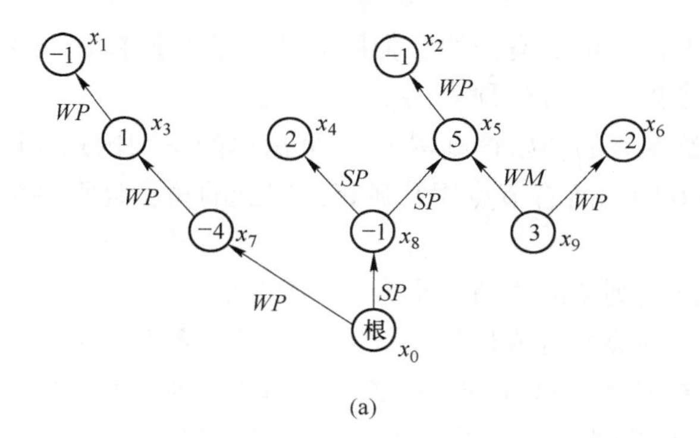


(a)

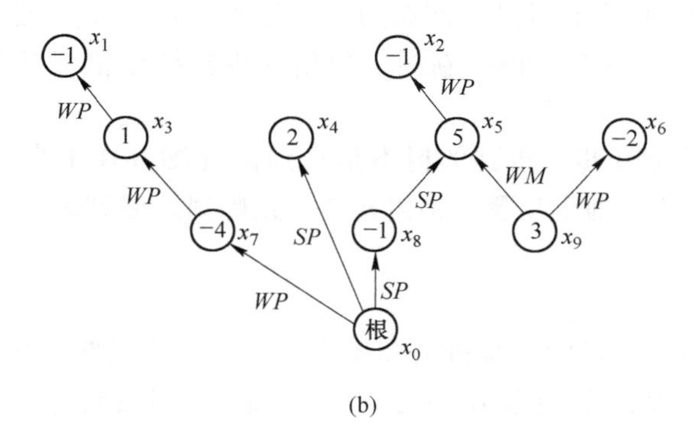


(b)

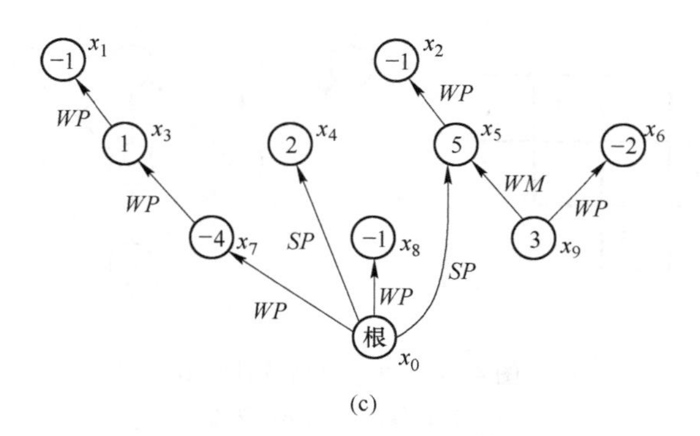


(c)

图 4-19 树的正则化举例

(a) $T^1$; (b) $T^2$; (c) $T^3$

必须注意：当开采一个模块 $b$ 需要同时开采其上多于一层的模块时，在图 $G$ 中只需用弧把对应于 $b$ 的顶点与比 $b$ 高一层的那些必须同时开采的模块所对应的顶点相连，不能把对应于 $b$ 的顶点与更高层那些必须同时开采的模块所对应的顶点也用弧相连。如图 4-20 所示，根据帮坡角的约束，开采最低层上价值为+5 的模块需要同时开采上面两层的所有模块，但图 $G$ 中的弧只连接这一模块对应的顶点 $x_9$ 和其上一层的三个模块对应的顶点 $x_6$、$x_7$ 和 $x_8$。

第 2 步：构筑图 $G$ 的初始正则树 $T^0$。最简单的正则树是在图 $G$ 下方加一个虚根 $x_0$，并将 $x_0$ 与 $G$ 中的所有节点用 $P$ 弧相连得到的树。计算各弧的权值，并标定每一条弧的种类。

第 3 步：找出正则树的强节点集合 $Y$。若 $Y$ 是 $G$ 的闭包，则 $Y$ 为最大闭包，$Y$ 中诸节点对应的块的集合构成最佳开采境界，算法终止；否则，执行下一步。

第 4 步：从 $G$ 中找出这样的一条弧($x_i$，$x_j$)，即 $x_i$ 在 $Y$ 内、$x_j$ 在 $Y$ 外的弧，并找出树中包含 $x_i$ 的强 $P$ 分支的根点 $x_r$。$x_r$ 是支撑强 $P$ 分支的那条弧上属于分支的那个端点，由于是正则树，该弧的另一端点为树根 $x_0$。然后将弧($x_0$，$x_r$)删除，代之以弧($x_i$，$x_j$)，得一新树。重新计算新树中诸弧的权值并标定弧的种类。

第 5 步：如果第 4 步中得到的树不是正则树（即存在不直接与根 $x_0$ 相连的强弧），应用前述的正则化步骤，将树转变为正则树。回到第 3 步。

### 4.4.4　算例

以图 4-20（a）所示的二维价值模型为例，进一步阐明上述算法。本例中的模块均为正方形，帮坡角假设为 45°，本算例即为“4.2 浮锥法 Ⅰ——正锥开采法”中的反例 2。对应于这一价值模型的图 $G$ 如图 4-20（b）所示。

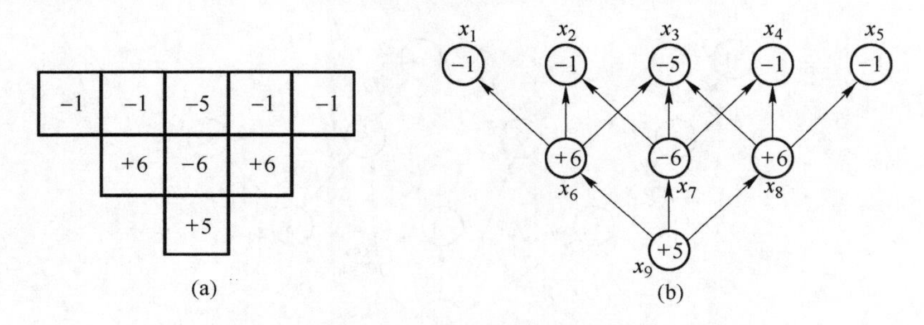


图 4-20　价值模型及其图 $G$

（a）价值模型；（b）图 $G$

把图 $G$ 中的每一节点与根 $x_0$ 相连，得初始正则树 $T^0$，如图 4-21 所示。

正则树 $T^0$ 的强节点集 $Y=\{x_6, x_8, x_9\}$，如图中的点线所圈。$Y$ 显然不是 $G$ 的闭包。从原图 $G$（图 4-20（b））中可以看出，$Y$ 内的 $x_6$ 与 $Y$ 外的 $x_1$ 相连，树中包含 $x_6$ 的强 $P$ 分支只有一个节点，即 $x_6$ 本身，所以这一分支的根点也是 $x_6$。应用算法第 4 步的规则，将($x_0$，$x_6$)删除，代之以($x_6$，$x_1$)，并重新计算各弧的权值、标定各弧的种类，初始树 $T^0$ 变为 $T^1$（图 4-22）。$T^1$ 中的所有强弧都与根直接相连，是正则树。

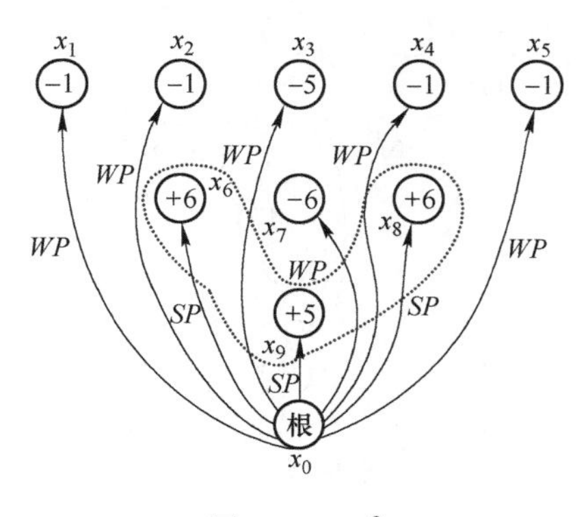


图 4-21　$T^0$

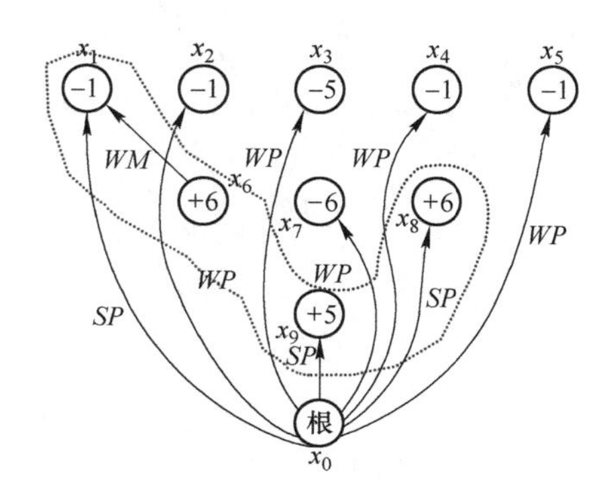


图 4-22　$T^1$

正则树 $T^1$ 的强节点集 $Y=\{x_1, x_6, x_8, x_9\}$，如图中的点线所圈。$Y$ 不是 $G$ 的闭包。从原图 $G$（图 4-20（b））中可以看出，$Y$ 内的 $x_6$ 与 $Y$ 外的 $x_2$ 相连，树中包含 $x_6$ 的强 $P$ 分支是由弧$(x_0, x_1)$ 支撑的那个分支，该分支的根点是 $x_1$。应用算法第 4 步的规则，将$(x_0, x_1)$ 删除，代之以$(x_6, x_2)$，并重新计算各弧的权值、标定各弧的种类，树 $T^1$ 变为 $T^2$(图 4-23)。$T^2$ 中的所有强弧都与根直接相连，是正则树。

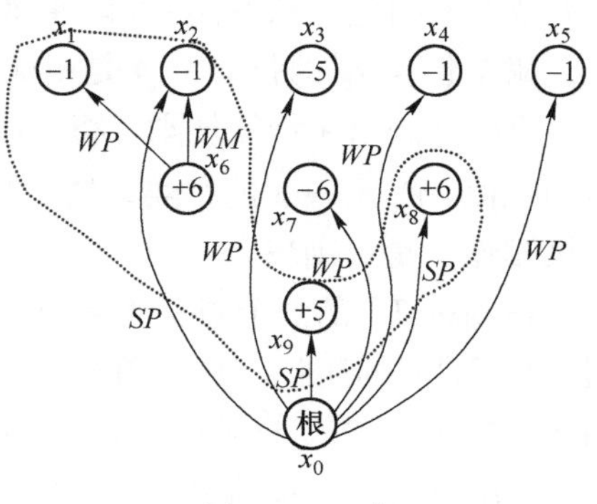


图 4-23　$T^2$

正则树 $T^2$ 的强节点集 $Y=\{x_1, x_2, x_6, x_8, x_9\}$，如图中的点线所圈。$Y$ 不是 $G$ 的闭包。从原图 $G$（图 4-20（b））中可以看出，$Y$ 内的 $x_6$ 与 $Y$ 外的 $x_3$ 相连，树中包含 $x_6$ 的强 $P$ 分支是由弧$(x_0, x_2)$ 支撑的那个分支，该分支的根点是 $x_2$。应用算法第 4 步的规则，将$(x_0, x_2)$ 删除，代之以$(x_6, x_3)$，并重新计算各弧的权值、标定各弧的种类，树 $T^2$ 变为 $T^3$(图 4-24)。$T^3$ 中的所有强弧都与根直接相连，是正则树。

正则树 $T^3$ 的强节点集 $Y=\{x_8, x_9\}$，如图中的点线所圈。$Y$ 不是 $G$ 的闭包。从原图 $G$（图 4-20（b））中可以看出，$Y$ 内的 $x_8$ 与 $Y$ 外的 $x_3$ 相连，树中包含 $x_8$ 的强 $P$ 分支只有 $x_8$ 一个节点，该分支的根点是 $x_8$。应用算法第 4 步的规则，将$(x_0, x_8)$ 删除，代之以$(x_8, x_3)$，并重新计算各弧的权值、标定各弧的种类，树 $T^3$ 变为 $T^4$（图 4-25）。$T^4$ 中的所有强弧都与根直接相连，是正则树。

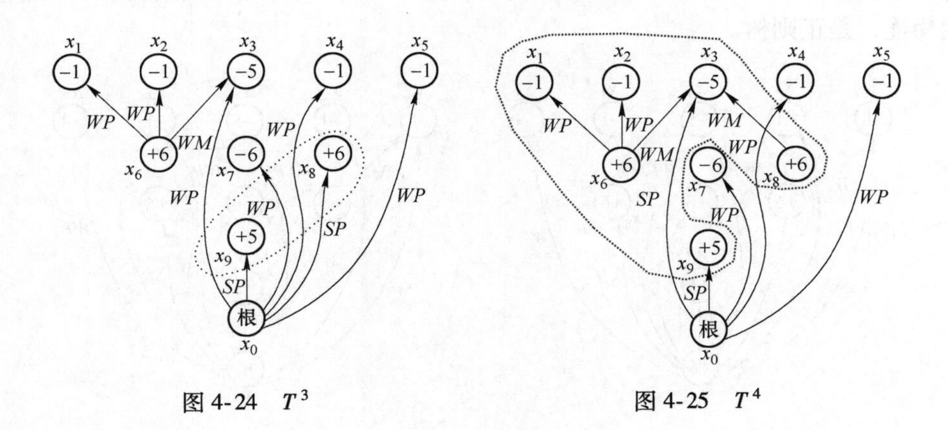


图 4-24 $T^3$　　　　图 4-25 $T^4$

正则树 $T^4$ 的强节点集 $Y=\{x_1, x_2, x_3, x_6, x_8, x_9\}$，如图中的点线所圈。$Y$ 不是 $G$ 的闭包。从原图 $G$（图 4-20（b））中可以看出，$Y$ 内的 $x_8$ 与 $Y$ 外的 $x_4$ 相连，树中包含 $x_8$ 的强 $P$ 分支是由弧$(x_0, x_3)$支撑的那个分支，该分支的根点是 $x_3$。应用算法第 4 步的规则，将$(x_0, x_3)$删除，代之以$(x_8, x_4)$，并重新计算各弧的权值、标定各弧的种类，树 $T^4$ 变为 $T^5$(图 4-26)。$T^5$ 中的所有强弧都与根直接相连，是正则树。

正则树 $T^5$ 的强节点集 $Y=\{x_1, x_2, x_3, x_4, x_6, x_8, x_9\}$，如图中的点线所圈。$Y$ 不是 $G$ 的闭包。从原图 $G$（图 4-20（b））中可以看出，$Y$ 内的 $x_8$ 与 $Y$ 外的 $x_5$ 相连，树中包含 $x_8$ 的强 $P$ 分支是由弧$(x_0, x_4)$支撑的那个分支，该分支的根点是 $x_4$。应用算法第 4 步的规则，将$(x_0, x_4)$删除，代之以$(x_8, x_5)$，并重新计算各弧的权值、标定各弧的种类，树 $T^5$ 变为 $T^6$（图 4-27）。$T^6$ 中的所有强弧都与根直接相连，是正则树。

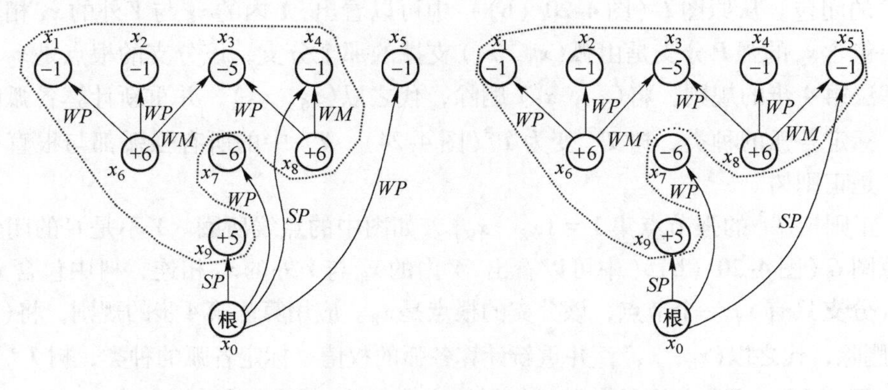


图 4-26 $T^5$　　　　图 4-27 $T^6$

正则树 $T^6$ 的强节点集 $Y=\{x_1, x_2, x_3, x_4, x_5, x_6, x_8, x_9\}$，如图中的点线所圈。$Y$不是$G$的闭包。从原图$G$（图 4-20（b））中可以看出，$Y$内的$x_9$与$Y$外的$x_7$相连，树中包含$x_9$的强$P$分支只有$x_9$一个节点，该分支的根点是$x_9$。应用算法第 4 步的规则，将$(x_0, x_9)$删除，代之以$(x_9, x_7)$，并重新计算各弧的权值、标定各弧的种类，树$T^6$变为$T^7$（图 4-28）。$T^7$中的所有强弧都与根直接相连，是正则树。

正则树 $T^7$ 的强节点集 $Y=\{x_1, x_2, x_3, x_4, x_5, x_6, x_8\}$，如图中的点线所圈。$Y$是$G$的闭包，因为在原图$G$（图 4-20（b））中再也找不到从$Y$内的节点出发指向$Y$外的节点的弧；或者说，在$G$中以$Y$内的节点为始点的所有弧的终点节点也在$Y$内。因此，根据优化定理，这时的$Y$即为最大闭包，算法结束。最大闭包内各节点所对应的那些模块组成最优境界。可见，本例用浮锥法没能得到最优境界，而用$LG$图论法得到了。

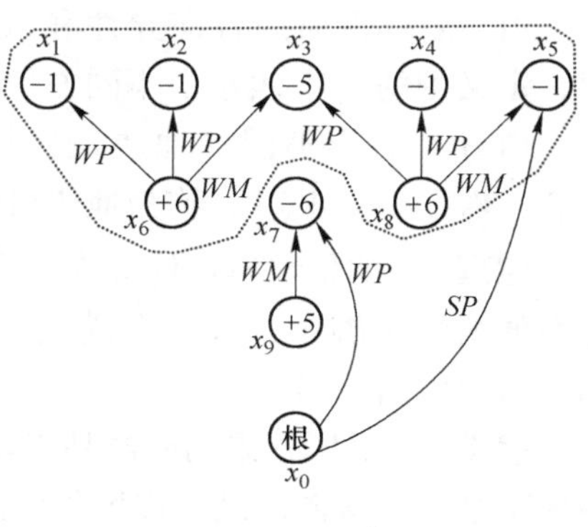


图 4-28 $T^7$

图论法中每一节点对应一个模块，求得的最优境界是整数模块的集合。所以，所得境界的帮坡角很难与设定的帮坡角相符。而在浮锥法中，这一问题通过在境界帮坡处采用非整模块就很容易解决。

## 4.5 地质最优境界序列评价法

地质最优境界系列评价法，就是首先产生一系列“地质最优境界”，而后对这一系列中的所有境界进行经济评价，得出总利润最大的境界。该方法最大的优点是便于境界分析。对于一个给定矿床，最佳境界随相关技术经济参数的变化而变化。所以，为了降低投资风险，往往要针对不确定性较高的参数（如矿产品价格和成本等）进行境界分析，即对于某一（或某几个）参数可能的不同取值进行多次境界优化，对所有优化结果进行综合分析（如灵敏度分析、风险分析等）后确定最终方案。如果应用浮锥法或 LG 图论法，每次参数变化后都需要重新优化，耗时费力。采用地质最优境界序列评价法，一旦产生了地质最优境界系列，这一系列境界不随除帮坡角和边界品位之外的任何技术经济参数的变化而变化，对于这些参数的不同取值，只需重新对系列中的境界进行经济评价，计算其总利润；一次经济评价在瞬间即可完成，而产生地质最优境界序列所需的时间与优化一次境界所需的时间差不多。

### 4.5.1　定义与优化定理

地质最优境界的定义如下：

**定义**　如果在所有满足最终帮坡角 $\{\beta\}$ 要求的矿岩总量为 $T$、矿石量为 $Q$ 的境界集合 $\{V(T, Q)\}$ 中，某个境界的矿石中含有的金属量 $M$ 最大，这个境界称为对于 $T$ 和 $Q$ 的地质最优境界，记为 $V^*(T, Q)$，简记为 $V^*$。

由于岩体性质的各向异性和区域异性，最终帮坡角一般都随方位或区域变化，定义中的 $\{\beta\}$ 表示由不同方位或区域的最大允许最终帮坡角组成的数组。

由 $N$ 个大小不同的地质最优境界按矿岩总量从小到大排序组成的序列，$\{V_1^*, V_2^*, \cdots, V_N^*\}$，称为地质最优境界序列，简记为 $\{V^*\}_N$。

**定理 2**　如果地质最优境界序列 $\{V^*\}_N$ 中 $V_1^*$ 足够小、$V_N^*$ 足够大、相邻境界之间的增量足够小，那么在满足下述假设的条件下，总利润最大的境界一定是 $\{V^*\}_N$ 中的某一个。

**假设 1**　对所开采的矿产品来说，市场具有完全竞争性，即一个矿山的生产规模不会影响该矿产品的市场价格。

**假设 2**　在矿床范围内，境界的位置和形状对总成本（即开采完境界内的矿岩花费的总投资和生产成本）的影响，相对于境界中矿岩量对总成本的影响来说很微小，可以忽略不计。

**假设 3**　矿石回采率和贫化率、选矿金属回收率及精矿品位是常数，不随境界变化。

上述定理的证明很简单，这里略去。

### 4.5.2　地质最优境界序列的产生算法

上述优化定理要求地质最优境界序列 $\{V^*\}_N$ 中的 $V_1^*$ 足够小、$V_N^*$ 足够大，且相邻境界之间的增量足够小。从理论上讲，这一序列包含无穷多个境界。但对于一个现实问题，只考虑有限数量的地质最优境界就可以了。

首先，可以依据矿床探明储量预先设定序列中的最小和最大地质最优境界。比如，假设矿床的探明矿石储量为 5 亿吨，最优境界的矿石量一般不会小于储量的 1/3~1/2，因此，序列 $\{V^*\}_N$ 中的 $V_1^*$ 的矿石量 $Q_1^*$ 可设定为 2 亿吨。序列 $\{V^*\}_N$ 中的最大境界 $V_N^*$ 可以基于一个比当前技术经济条件下的经济合理剥采比高许多的经济合理剥采比，进行境界优化求得。比如，当前技术经济条件下的经济合理剥采比 $R_b$ 为 5 左右，以 $R_b = 10$ 优化得到的境界可作为序列中的最大境界 $V_N^*$。几乎可以肯定最优境界的大小位于如此确定的最小和最大境界之间。

其次，地质最优境界之间的增量也不必太小。假如最大地质最优境界内的矿量为4.5亿吨，那么可以估计出其合理开采寿命在30年左右、合理年矿石生产能力为1500万吨左右。如果两个地质最优境界的矿量差别仅为100万吨（比如一个是3.50亿吨，另一个是3.51亿吨），可以预见，二者的总利润差别很小，不会达到影响最终境界方案决策的程度。所以，地质最优境界之间的矿石量增量取估计的合理年矿石生产能力的1/2~1倍，就可满足现实需要。这样，假设最大境界的矿量为4.5亿吨，最小境界的矿量为2.0亿吨，相邻境界间的矿石量增量取1000万吨，序列$\{V^*\}_N$中的境界总数N约为26。

根据上述对地质最优境界的定义，求序列中的每个地质最优境界，都是一个在满足给定矿岩总量$T$和矿石量$Q$的条件下，求金属量$M$($M$是矿石里的金属量，下同）最大的境界的优化问题。以储量参数化的概念来讲，这是一个同时针对$T$和$Q$的双参数化问题，在数学上很难求解。所以常常把这一问题简化为只针对$T$或$Q$的单参数化问题进行求解。

对于给定的矿岩总量$T$和矿石量$Q$求金属量$M$最大的境界，等同于对于给定的废石量$W$和矿石量$Q$求金属量$M$最大的境界，也等同于对于给定的废石量$W$和矿石量$Q$求$M/(W+Q)$最大的境界。如果把$M/(W+Q)$定义为境界平均品位，并且把求解地质最优境界的双参数化问题简化为只针对$Q$的单参数化问题，那么，地质最优境界就可近似地定义为“在所有满足最终帮坡角$\{\beta\}$要求的矿石量为$Q$的境界中，境界平均品位最高的那个境界”。依据这一近似定义，我们提出了一个近似算法——增量排除法。

根据上述讨论，假设已经设定拟产生的地质最优境界序列$\{V^*\}_N$中最小境界$V_1^*$的矿石量为$Q_1^*$，相邻境界之间的矿石量增量为$\Delta Q$。增量排除法的基本思路是：首先基于一个比当前技术经济条件下的经济合理剥采比高许多的经济合理剥采比，进行境界优化，求得的境界为$\{V^*\}_N$中的最大境界$V_N^*$，其矿石量为$Q_N^*$；从最大境界$V_N^*$开始，从中按最终帮坡角$\{\beta\}$排除矿石量为$\Delta Q$、平均品位最低的一个增量(增量的平均品位$=\Delta M/(\Delta W+\Delta Q)$，$\Delta M$为增量里矿石$\Delta Q$的金属含量，$\Delta W$为增量里的废石量)，那么，剩余部分就是所有矿量为$Q_N^*-\Delta Q$的境界中平均品位最高者，亦即对于$Q_N^*-\Delta Q$的地质最优境界，记为$V_{N-1}^*$；再从$V_{N-1}^*$中排除矿石量为$\Delta Q$、平均品位最低的一个增量，就得到下一个更小的地质最优境界$V_{N-2}{}^*$；如此进行下去，直到剩余部分的矿量等于或小于$Q_1^*$，这一剩余部分即为序列中最小的那个地质最优境界$V_1^*$。这样，就得到一个由$N$个地质最优境界组成的序列$\{V_1^*, V_2^*, \cdots, V_N^*\}$，即$\{V^*\}_N$。

图4-29是块状矿床模型和境界$V_i^*$的一个垂直横剖面示意图，每一栅格表示一个模块，其高度等于台阶高度，垂直方向上的一列模块称为一个模块柱。为了使以块状模型描述的境界能够准确表达境界帮坡角和地表地形，在帮坡和地表处

的模块多数为“非整模块”，即整模块的一部分。参照图 4-29，产生地质最优境界序列的增量排除算法如下：

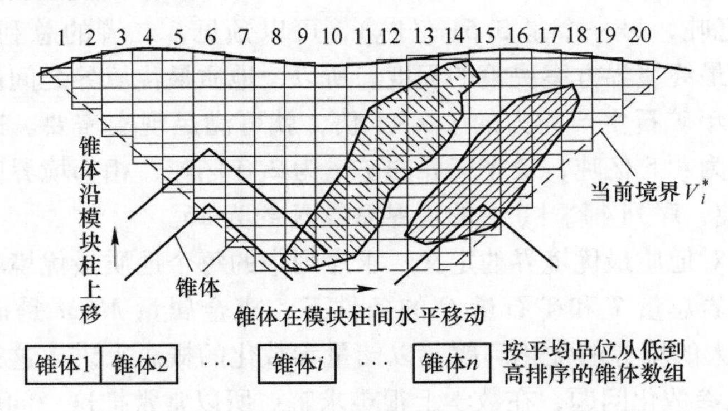


图 4-29　产生地质最优境界序列的增量排除法示意图

第 1 步：构建一个足够大的锥顶朝上、各方位的锥壳与水平面之间的夹角等于相反方位的最终帮坡角的锥壳模板。“足够大”是指把锥体顶点置于任何一个模块柱中心时，都能覆盖 *X-Y* 水平面上的最大境界范围。关于锥壳模板的构建，参照 4. 2. 2 节，所不同的是这里的锥体是锥顶朝上（而 4. 2. 2 节中的锥体是锥顶朝下），模板上每一模块的锥壳相对标高为负值。

第 2 步：应用境界优化的负锥排除算法，基于一个比当前技术经济条件下的经济合理剥采比高许多的经济合理剥采比，优化出一个境界，作为地质最优境界序列中的最大境界 $V_N^*$。依据 $V_N^*$ 中的矿石量，设定最小地质最优境界的矿石量 $Q_1^*$ 以及相邻境界之间的矿石增量 $\Delta Q$。

第 3 步：置当前境界为最大境界 $V_N^*$。

第 4 步：置模块柱序号 $i = 1$，即取当前境界范围内的模块柱 1。

第 5 步：考虑模块柱 $i$ 在当前境界内最低的模块，即从下数第一个中心标高大于该处当前境界边帮或底部标高的模块，把锥壳模板的顶点置于该模块中心处。

第 6 步：找出当前境界中落入锥体内的所有模块（整块和非整块），计算锥体的矿量、岩量和平均品位（锥体的平均品位等于锥体里矿石所含金属量除以锥体的矿岩总量）。如果锥体的矿石量小于等于 $\Delta Q$，把该锥体按平均品位从低到高置于一个锥体数组中，继续下一步；如果锥体的矿石量大于 $\Delta Q$，该锥体弃之不用，转到第 8 步。

第 7 步：把锥体沿模块柱 $i$ 向上移动一个台阶高度（即一个模块高度）。如果这一标高已经高出该模块柱处的地表标高一个给定的距离，继续下一步；否则，回到第 6 步。

第 8 步：如果模块柱 $i$ 不是当前境界范围内的最后一个模块柱，置 $i = i+1$，即取下一个模块柱，回到第 5 步；否则，执行下一步。

第 9 步：至此，当前境界范围内的所有模块柱被“扫描”了一遍，得到了一组按平均品位从低到高排序的 $n$ 个锥体组成的锥体数组。从数组中找出前 $m$ 个锥体的“联合体”（联合体中锥体之间的重叠部分只计一次），使联合体的矿石量最接近 $\Delta Q$。

第 10 步：把上一步得到的锥体联合体中的所有锥体从当前境界中排除。排除一个锥体就是把受锥体影响的每个模块柱的底部标高提升到此模块柱中线处的锥壳标高。排除了这些锥体后，得到了一个比当前境界的矿量小约 $\Delta Q$ 的一个新境界，存储这一境界。

第 11 步：计算上一步得到的新境界的矿石量。如果其矿石量大于设定的最小境界的矿石量 $Q_1^*$，置当前境界为这一新境界，回到第 4 步，产生下一个更小的境界；否则，所有境界产生完毕，算法结束。

上述算法中，由于排除的是平均品位最低的 $m$ 个锥体的联合体（联合体的矿石量约等于 $\Delta Q$），排除后得到的境界最有可能是所有矿量与之相同的境界中，境界平均品位最高的那个境界。然而，由于许多锥体之间存在重叠的部分，该算法并不能保证得到的是相同矿量的境界中境界平均品位最高的那个。例如，单独考察锥体数组中各个锥体时，锥体 1 和锥体 2 是平均品位最低的两个锥体；但考察两个锥体的联合体时，也许锥体 8 和锥体 11 的联合体的平均品位低于锥体 1 和锥体 2 的联合体的平均品位。要找出矿石量约等于 $\Delta Q$ 的平均品位最低的锥体的联合体，就需要考察所有不同锥体的组合。对于一个实际矿山，组合数量十分巨大，考察所有组合是不现实的。因此在所开发的软件中提供了两个不同的优化级别供使用者选择：级别 1 不考虑锥体重叠；级别 2 部分考虑锥体重叠。优化级别 2 的运行时间要大大长于优化级别 1。

优化级别 1：在算法的第 9 步和第 10 步中，锥体的联合体的排除过程为：排除数组中第 1 个锥体，其矿石量为 $q_1$；如果 $q_1 < \Delta Q$，重新计算排除了第 1 个锥体后第 2 个锥体的矿石量 $q_2$（因为两个锥体间若有重叠，排除第 1 个锥体后第 2 个锥体的量会发生变化），如果 $q_1 + q_2 < \Delta Q$，排除第 2 个锥体；重新计算第 3 个锥体的矿石量 $q_3$，如果 $q_1 + q_2 + q_3 < \Delta Q$，排除第 3 个锥体，……一直到第 $m$ 个锥体时 $\sum_{j=1}^{m} q_j \approx \Delta Q$ 为止。

优化级别 2：在算法的第 9 和第 10 步中，锥体的联合体的排除过程为：排除第 1 个锥体，其矿石量为 $q_1$；如果 $q_1 < \Delta Q$，重新计算排除了第 1 个锥体后所有尚未被排除的锥体 $j(j = 2, 3, \cdots, n)$ 的量和平均品位，从中选出平均品位最低且 $q_1 + q_k \leqslant \Delta Q$ 的锥体 $k$，把第 $k$ 个锥体与第 2 个锥体互换位置，排除换位后的锥体 2；

如果 $q_1 + q_2 < \Delta Q$，重新计算所有尚未被排除的锥体 $j(j=3, 4, \cdots, n)$ 的量和平均品位，从中选出平均品位最低且 $q_1 + q_2 + q_i \leqslant \Delta Q$ 的锥体 $i$，把第 $i$ 个锥体与第3个锥体互换位置，排除换位后的锥体3，…… 一直到排除了 $m$ 个锥体时 $\sum_{j=1}^{m} q_j \approx \Delta Q$ 为止。

另外，上述算法中把一次扫描得到的所有锥体都存入了锥体数组。对于一个实际矿山，一次扫描的模块柱可能有上万个甚至更多，锥体数量巨大，这样做所需的计算机内存会很大；而且锥体数组中的锥体数量越大，运行时间越长，对于优化级别 2 尤其如此。事实上，并不需要把每一个锥体都保存在锥体数组中，只保存足够的平均品位最低的那些锥体就可以了。“足够”有两个方面的含义：一是足够组成矿量不小于 $\Delta Q$ 的联合体，如果保存的锥体太少，它们全部的联合体的矿量也可能小于 $\Delta Q$；二是如果用的是优化级别 2，保存的锥体数量少于一定数值时会漏掉平均品位最低的锥体的组合。多次试运算表明，对于 500 万吨左右的 $\Delta Q$，保存 3000 个平均品位最低的锥体就足够了，保存更多的锥体对运算结果没有影响。

应用上述算法产生了地质最优境界序列后，依据相关技术经济参数计算出序列中每个境界的总利润，总利润最大者即为最佳境界。

## 4.6 案例应用与分析

本节基于一个大型铁矿床的实际地质数据，应用地质最优境界序列评价法进行境界优化，并就境界对于精矿价格的灵敏度进行分析。

### 4.6.1 矿床模型

案例矿床已经开采多年。本例基于该矿开采到 2008 年 8 月的采场现状，对矿床的剩余部分进行最终境界优化，采场现状平面图如图 4-30 所示，该图即为本次优化的地表地形图。图中描绘采场现状的所有折线都是三维矢量线，其上的每个顶点都有标高属性。基于这些采场现状线和采场外围尚未开采的原地表的地形等高线，应用第 3 章 3.5 节的标高模型建立算法，建立了矿区的地表标高模型，模块为边长等于 25m 的正方形，地表标高模型的三维显示如图 4-31 所示。

矿床有 3 条矿体，分别命名为 Fe1、Fe2 和 Fe3，Fe3 为主矿体，形态规整、厚度 50～120m，三条矿体总计平均厚度约 120m。矿体呈单斜产出，走向北 30°～35°西，倾向南西，倾角 40°～50°，平均约 47°。矿体品位 25%～40%，平均 31% 左右。工业矿体总长约 3300m。28m 水平上的矿岩界线如图 4-32 所示。

基于钻孔取样和矿岩界线建立了品位块状模型，模型最低水平为-122m。模

图 4-30 采场现状及其周边地形平面图

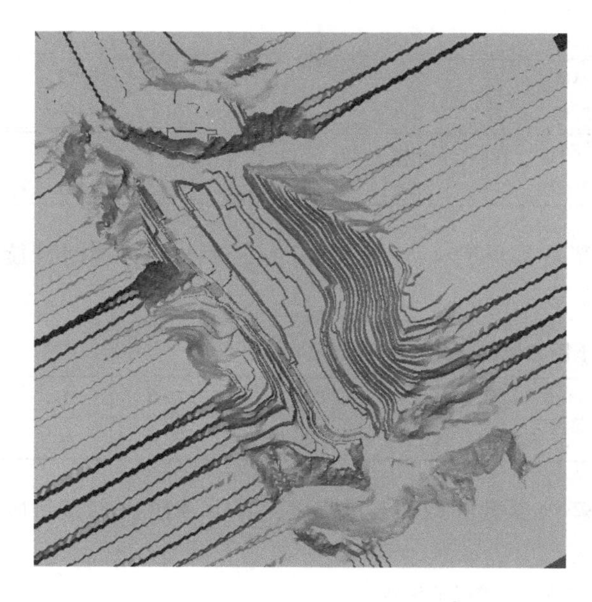

图 4-31 矿区地表标高模型的三维显示

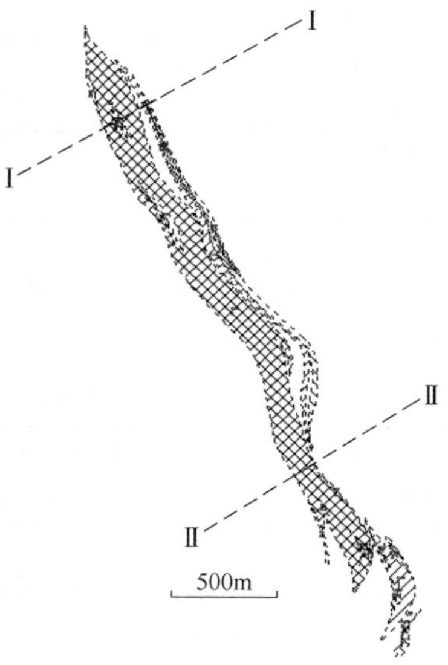


图 4-32 28m 分层平面图

块在水平面上为边长等于 25m 的正方形，模块高度等于台阶高度；台阶高度在 238 以下为 15m，以上为 12m。品位块状模型在图 4-32 所示的横剖面线 Ⅰ—Ⅰ 和

Ⅱ—Ⅱ处的垂直剖面如图 4-33 所示，深色充填的模块为矿石模块，其他为废石模块，区分矿岩的边界品位为 25%。

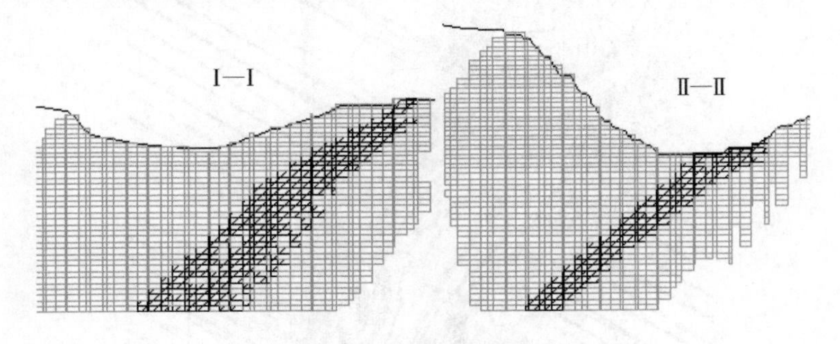


图 4-33　品位块状模型横剖面

### 4.6.2　技术经济参数

矿石和废石的实体容重见表 4-1，该表中 Fe1、Fe2 和 Fe3 为矿石，其他为不同岩性的废石（ROCK 是未划分岩性的废石）。

表 4-1　矿石和废石的实体容重　（$t/m^3$）

| 矿岩名 | Fe1 | Fe2 | Fe3 | PP | $FeSiO_3$ |
|---|---|---|---|---|---|
| 容重 | 3. 39 | 3. 43 | 3. 33 | 3. 33 | 3. 33 |
| 矿岩名 | AmL | Am | Am1 | Am2 | TmQ |
| 容重 | 2. 69 | 2. 87 | 2. 87 | 2. 85 | 2. 63 |
| 矿岩名 | Qp | Zd | Q | ROCK | |
| 容重 | 2. 69 | 2. 60 | 1. 60 | 2. 63 | |

境界在不同方位的最大允许帮坡角见表 4-2，方位 0°为正东方向，逆时针旋转为正。

表 4-2　不同方位的最大允许帮坡角

| 方位/(°) | 21. 0 | 41. 5 | 119. 0 | 200. 5 | 224. 5 | 291. 0 | 352. 5 |
|---|---|---|---|---|---|---|---|
| 帮坡角/(°) | 34. 8 | 34. 5 | 51. 0 | 42. 0 | 48. 1 | 47. 5 | 34. 8 |

经济评价中用到的相关技术经济参数的取值见表 4-3，其中选矿成本是每吨入选矿石的选矿费用。

表 4-3　技术经济参数

| 参数 | 矿石开采成本(人民币)/元 · $t^{-1}$ | 岩石剥离成本(人民币)/元 · $t^{-1}$ | 选矿成本(人民币)/元 · $t^{-1}$ | 精矿售价(人民币)/元 · $t^{-1}$ | 矿石回采率/% |
|---|---|---|---|---|---|
| 取值 | 24 | 18 | 140 | 750 | 95 |

续表 4-3

| 参数 | 选矿金属回收率/% | 精矿品位/% | 废石混入率/% | 混入废石品位/% | 边界品位/% |
|---|---|---|---|---|---|
| 取值 | 82 | 66 | 6 | 0 | 25 |

### 4.6.3 优化结果

以上述矿床模型和技术经济参数为输入数据，应用地质最优境界序列评价法进行境界优化。基于表 4-3 中的数据计算的经济合理剥采比为 6.048t/t，所以在地质最优境界序列的产生中，序列中最大境界的经济合理剥采比设置为 10t/t。该矿的设计年矿石生产能力为 1500 万吨，所以地质最优境界序列中相邻境界之间的矿石增量 ΔQ 设置为 1500 万吨。矿床在-122m 水平以上的剩余储量约 7 亿吨，所以地质最优境界序列中最小境界的矿量设置为 2 亿吨。共产生了 32 个地质最优境界，如表 4-4 所示。表中矿石量、废石量和剥采比均是计入开采中矿石损失和废石混入后的数值，增量剥采比是相邻两个境界之间的废石增量与矿石增量之比。对这些境界进行经济评价，得出各境界的总利润，如表 4-4 中最后一列所示。为叙述方便，以下把“地质最优境界”简称为“境界”。

从表 4-4 可以看出，相邻两个境界之间的矿石增量都与设定值（1500 万吨）很相近，最大偏差不超过 1%。这是上述地质最优境界序列产生算法的一大优点，即完全克服了“缺口”问题；所谓缺口问题，就是在所产生的境界序列中，某对或某几对相邻境界之间的增量比期望值大许多（即出现“缺口”），而在缺口内无法求得中间境界。

**表 4-4 地质最优境界序列的矿岩量与利润**

| 境界序号 | 矿石量 /t | 废石量 /t | 平均剥采比 $/t\cdot t^{-1}$ | 矿石增量 /t | 废石增量 /t | 增量剥采比 $/t\cdot t^{-1}$ | 总利润（人民币） /元 |
|---|---|---|---|---|---|---|---|
| 1 | $19269.7\times10^4$ | $14530.1\times10^4$ | 0.754 | | | | $181.47\times10^8$ |
| 2 | $20774.1\times10^4$ | $17437.4\times10^4$ | 0.839 | $1504.3\times10^4$ | $2907.3\times10^4$ | 1.933 | $192.28\times10^8$ |
| 3 | $22282.7\times10^4$ | $20910.2\times10^4$ | 0.938 | $1508.6\times10^4$ | $3472.8\times10^4$ | 2.302 | $202.13\times10^8$ |
| 4 | $23787.2\times10^4$ | $24721.1\times10^4$ | 1.039 | $1504.5\times10^4$ | $3810.8\times10^4$ | 2.533 | $211.45\times10^8$ |
| 5 | $25295.4\times10^4$ | $28777.5\times10^4$ | 1.138 | $1508.2\times10^4$ | $4056.5\times10^4$ | 2.690 | $220.26\times10^8$ |
| 6 | $26798.7\times10^4$ | $33425.4\times10^4$ | 1.247 | $1503.3\times10^4$ | $4647.9\times10^4$ | 3.092 | $227.94\times10^8$ |
| 7 | $28301.5\times10^4$ | $38250.4\times10^4$ | 1.352 | $1502.8\times10^4$ | $4825.0\times10^4$ | 3.211 | $235.44\times10^8$ |
| 8 | $29804.3\times10^4$ | $44215.0\times10^4$ | 1.484 | $1502.8\times10^4$ | $5964.6\times10^4$ | 3.969 | $240.75\times10^8$ |
| 9 | $31304.9\times10^4$ | $50605.0\times10^4$ | 1.617 | $1500.6\times10^4$ | $6390.0\times10^4$ | 4.258 | $245.18\times10^8$ |
| 10 | $32819.1\times10^4$ | $57231.3\times10^4$ | 1.744 | $1514.2\times10^4$ | $6626.3\times10^4$ | 4.376 | $249.37\times10^8$ |

续表 4-4

| 境界序号 | 矿石量 /t | 废石量 /t | 平均剥采比 /t · t$^{-1}$ | 矿石增量 /t | 废石增量 /t | 增量剥采比 /t · t$^{-1}$ | 总利润（人民币） /元 |
|---|---|---|---|---|---|---|---|
| 11 | 34324. 3×10$^4$ | 64959. 6×10$^4$ | 1. 893 | 1505. 1×10$^4$ | 7728. 2×10$^4$ | 5. 135 | 251. 55×10$^8$ |
| 12 | 35832. 8×10$^4$ | 72601. 4×10$^4$ | 2. 026 | 1508. 5×10$^4$ | 7641. 8×10$^4$ | 5. 066 | 253. 76×10$^8$ |
| 13 | 37346. 7×10$^4$ | 80192. 4×10$^4$ | 2. 147 | 1513. 9×10$^4$ | 7591. 1×10$^4$ | 5. 014 | 256. 34×10$^8$ |
| 14 | 38854. 1×10$^4$ | 87677. 2×10$^4$ | 2. 257 | 1507. 4×10$^4$ | 7484. 8×10$^4$ | 4. 965 | 258. 98×10$^8$ |
| 15 | 40356. 8×10$^4$ | 95481. 7×10$^4$ | 2. 366 | 1502. 7×10$^4$ | 7804. 5×10$^4$ | 5. 194 | 261. 21×10$^8$ |
| 16 | 41859. 8×10$^4$ | 102770. 2×10$^4$ | 2. 455 | 1503. 1×10$^4$ | 7288. 5×10$^4$ | 4. 849 | 264. 32×10$^8$ |
| 17 | 43365. 0×10$^4$ | 110699. 5×10$^4$ | 2. 553 | 1505. 2×10$^4$ | 7929. 3×10$^4$ | 5. 268 | 266. 22×10$^8$ |
| 18 | 44866. 1×10$^4$ | 118810. 0×10$^4$ | 2. 648 | 1501. 1×10$^4$ | 8110. 5×10$^4$ | 5. 403 | 267. 53×10$^8$ |
| 19 | 46368. 4×10$^4$ | 127317. 5×10$^4$ | 2. 746 | 1502. 3×10$^4$ | 8507. 6×10$^4$ | 5. 663 | 268. 17×10$^8$ |
| 20 | 47873. 1×10$^4$ | 135647. 9×10$^4$ | 2. 833 | 1504. 7×10$^4$ | 8330. 4×10$^4$ | 5. 536 | 269. 16×10$^8$ |
| 21 | 49374. 1×10$^4$ | 145322. 8×10$^4$ | 2. 943 | 1501. 1×10$^4$ | 9674. 9×10$^4$ | 6. 445 | 267. 98×10$^8$ |
| 22 | 50875. 4×10$^4$ | 156393. 5×10$^4$ | 3. 074 | 1501. 3×10$^4$ | 11070. 7×10$^4$ | 7. 374 | 264. 03×10$^8$ |
| 23 | 52382. 3×10$^4$ | 166733. 7×10$^4$ | 3. 183 | 1506. 9×10$^4$ | 10340. 2×10$^4$ | 6. 862 | 261. 53×10$^8$ |
| 24 | 53887. 6×10$^4$ | 178448. 4×10$^4$ | 3. 311 | 1505. 3×10$^4$ | 11714. 8×10$^4$ | 7. 783 | 256. 32×10$^8$ |
| 25 | 55387. 6×10$^4$ | 189191. 8×10$^4$ | 3. 416 | 1500. 0×10$^4$ | 10743. 3×10$^4$ | 7. 162 | 252. 87×10$^8$ |
| 26 | 56898. 3×10$^4$ | 200772. 6×10$^4$ | 3. 529 | 1510. 8×10$^4$ | 11580. 9×10$^4$ | 7. 666 | 248. 04×10$^8$ |
| 27 | 58399. 0×10$^4$ | 213100. 3×10$^4$ | 3. 649 | 1500. 6×10$^4$ | 12327. 6×10$^4$ | 8. 215 | 241. 73×10$^8$ |
| 28 | 59905. 0×10$^4$ | 225481. 1×10$^4$ | 3. 764 | 1506. 0×10$^4$ | 12380. 8×10$^4$ | 8. 221 | 235. 32×10$^8$ |
| 29 | 61408. 3×10$^4$ | 239089. 1×10$^4$ | 3. 893 | 1503. 3×10$^4$ | 13608. 0×10$^4$ | 9. 052 | 226. 48×10$^8$ |
| 30 | 62912. 9×10$^4$ | 252822. 6×10$^4$ | 4. 019 | 1504. 7×10$^4$ | 13733. 5×10$^4$ | 9. 127 | 217. 49×10$^8$ |
| 31 | 64414. 1×10$^4$ | 266938. 4×10$^4$ | 4. 144 | 1501. 2×10$^4$ | 14115. 8×10$^4$ | 9. 403 | 207. 75×10$^8$ |
| 32 | 65918. 6×10$^4$ | 280479. 4×10$^4$ | 4. 255 | 1504. 5×10$^4$ | 13541. 0×10$^4$ | 9. 000 | 199. 16×10$^8$ |

从表 4-4 最后一列可知，最优（总利润最大）的境界是序列中的境界 20。这一境界的采出矿量和废石量分别为 47873 万吨和 135648 万吨，平均剥采比为 2. 833，总利润为 269 亿元。

表 4-4 中的“增量剥采比”实际上就是从一个境界扩大到相邻的更大境界的境界剥采比。依据给定的技术经济参数计算的经济合理剥采比是 6. 048。从表 4-4 可以看出，最优境界（境界 20）是境界剥采比不大于经济合理剥采比的境界中的最大者，扩大一个增量后，境界 21 的境界剥采比就高于经济合理剥采比了。这表明，这一优化方法与“境界剥采比小于等于经济合理剥采比”准则是一致

的，同时也验证了优化算法的正确性。

图 4-34 所示是最优境界的等高线图，图 4-35 所示是该境界在剖面线Ⅰ—Ⅰ和Ⅱ—Ⅱ的两个垂直横剖面图。

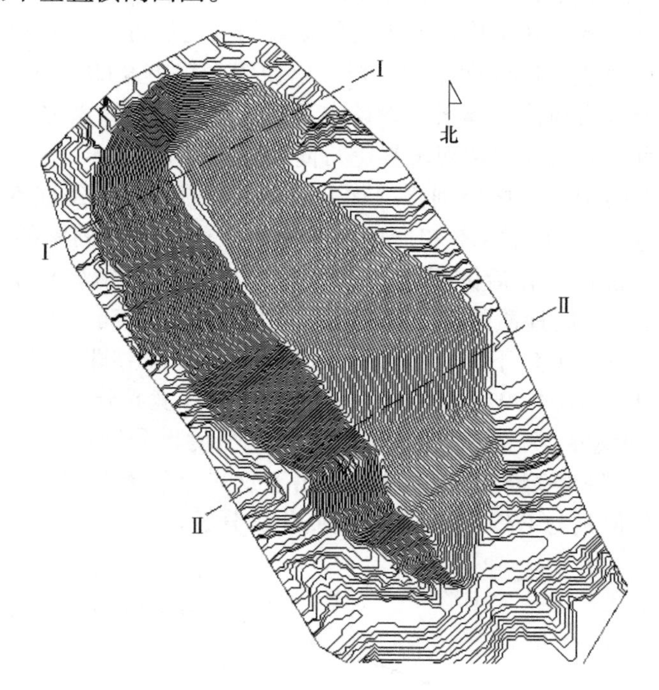


图 4-34 最优境界的等高线图

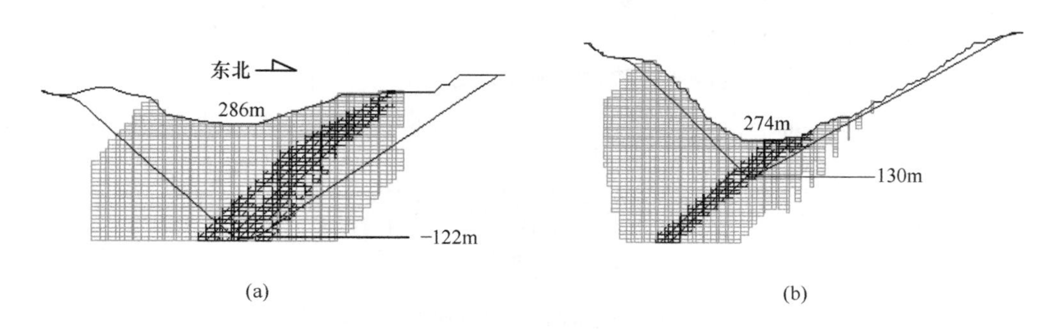


图 4-35 最优境界横剖面
（a）剖面Ⅰ—Ⅰ；（b）剖面Ⅱ—Ⅱ

从图 4-35 中境界与矿体的相对位置可以大致看出，所得境界是合理的。基于图 4-34 所示的境界等高线，就可设计出具有完整台阶要素和运输坑线的最终境界方案。

## 4.6.4　境界分析

表4-3中的技术经济参数对最优境界都有影响。因此，在确定境界的最后设计方案之前，往往要针对不确定性较高的参数的变化进行境界分析，即针对参数可能的不同取值对境界进行优化和分析，以便为最终方案的设计提供决策依据，最大限度地降低投资风险。露天矿设计中不确定性最高的因素之一是矿产品的价格。因此，下面针对精矿价格对境界进行简要分析。

把表4-3中的精矿价格分别降低和升高100元/t（即分别取650元/t和850元/t），其他参数的取值保持不变，重新对地质最优境界序列中的所有境界进行经济评价，得出价格变化后的最优境界。图4-36所示是精矿价格取650元/t、750元/t和850元/t时地质最优境界序列中各境界的总利润。可见，境界总利润随着境界的增大先上升后下降，曲线最高点所对应的境界即为最佳境界。因此，精矿价格为650元/t、750元/t和850元/t时的最佳境界分别是境界序列中的境界7、境界20和境界26。为表述方便，把这三个境界分别称之为“P650境界”“P750境界”和“P850境界”。表4-5给出了这三个境界的矿岩量及利润对比，表中括号里的数值是与P750境界相比的变化百分数。

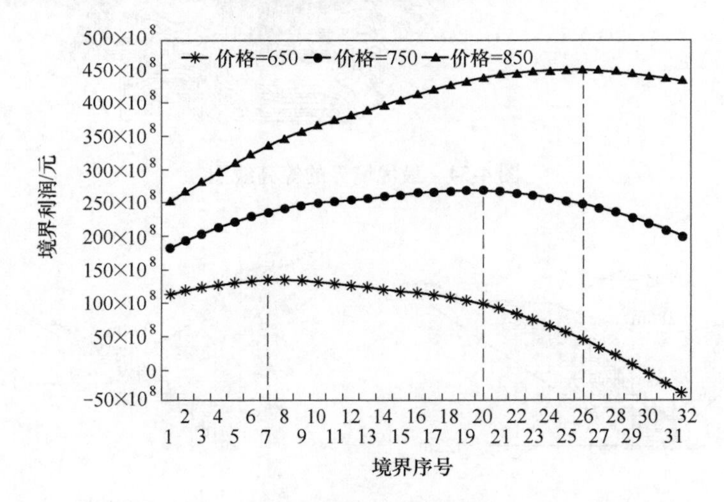


图4-36　三种不同精矿价格下地质最优境界的利润

**表4-5　三个不同精矿价格下最佳境界的矿岩量及利润对比**

| 指　标 | 境　界 | | |
|---|---|---|---|
| | P750境界 | P650境界 | P850境界 |
| 矿石量/t | $47873.1\times10^4$ | $28301.5\times10^4$（−40.9%） | $56898.3\times10^4$（18.9%） |
| 废石量/t | $135647.9\times10^4$ | $38250.4\times10^4$（−71.8%） | $200772.6\times10^4$（48.0%） |

续表 4-5

| 指 标 | 境 界 | | |
|---|---|---|---|
| | P750 境界 | P650 境界 | P850 境界 |
| 矿岩总量/t | $183521.0\times10^4$ | $66551.9\times10^4$（−63.7%） | $257670.9\times10^4$（40.4%） |
| 利润/元 | $269.16\times10^8$ | $132.98\times10^8$（−50.6%） | $453.72\times10^8$（68.6%） |

从表 4-5 可以看出，精矿价格从 750 元/t 降低到 650 元/t，最佳境界大大缩小，矿石量降低了近 2 亿吨，废石量降低了 9.7 亿多吨，矿岩总量降低了 11.7 亿吨。也就是说，13.3%的价格下降，引起了 40.9%的矿石量降低、71.8%的废石量降低和 63.7%的总量降低。境界利润大幅下降 50.6%。

精矿价格从 750 元/t 升高到 850 元/t，最佳境界显著扩大，矿石量增加了 0.9 亿吨，废石量增加了 6.5 亿多吨，矿岩总量增加了 7.4 亿吨。也就是说，13.3%的价格上升，引起了 18.9%的矿石量增加、48.0%的废石量增加和 40.4%的总量增加。境界利润大幅增加 68.6%。

可见，就案例矿床的地质条件和所给定的技术经济参数而言，最佳境界对精矿价格的敏感度较高。一般而言，对于矿体倾角在缓倾斜以上、矿体延深较深的金属矿床，其最佳境界对精矿价格的变化都较为敏感。

图 4-37 所示是三个不同精矿价格下最佳境界的三维图。图 4-38 是这三个境界在两个横剖面上的对比（剖面线位置见图 4-34）。从这些图中可以清晰地看出境界形态随精矿价格的变化。

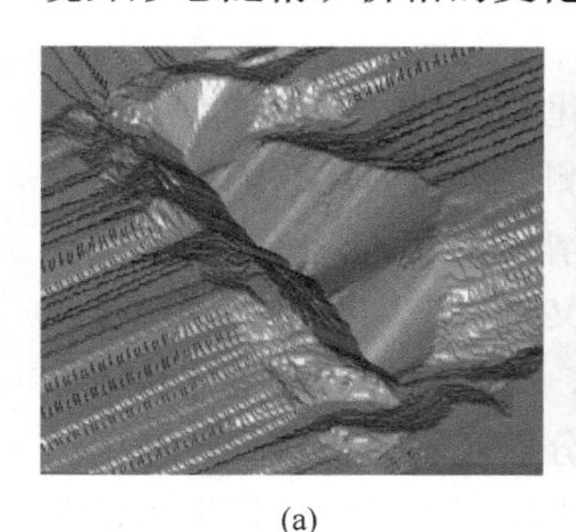
(a)

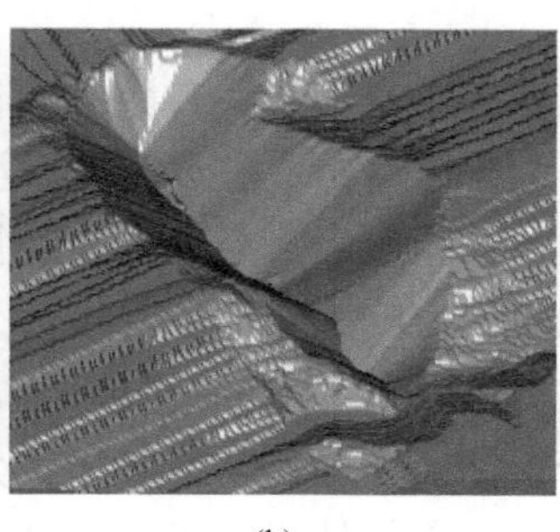
(b)

(c)

图 4-37 三个不同精矿价格下最佳境界三维图
（a）P650 境界；（b）P750 境界；（c）P850 境界

类似地，也可以分析境界对生产成本以及其他相关参数的敏感度。生产成本的上升和下降对境界的影响分别与精矿价格的降低和升高类似，但不同的生产成本（矿石采选成本和剥岩成本）对境界的大小和形态的影响程度不同。

从上述案例分析可以看出，境界优化并不是运行一次优化软件那么简单。优

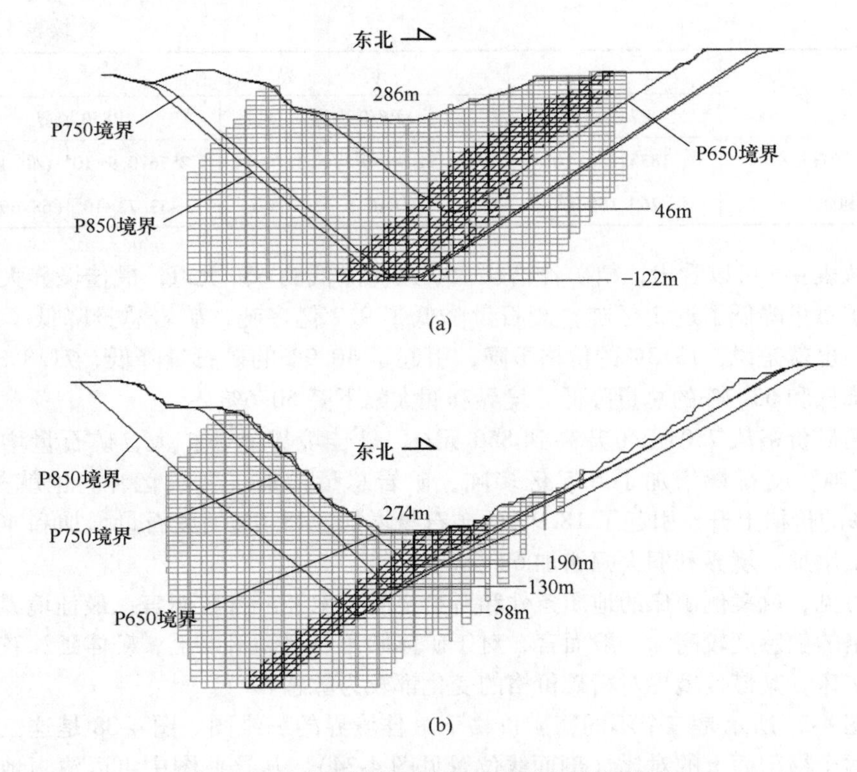


图 4-38 三个不同精矿价格下最佳境界横剖面图

(a) 剖面Ⅰ—Ⅰ；(b) 剖面Ⅱ—Ⅱ

化结果的后处理不说，优化结果本身随相关参数的变化而变化。因此，首先需要针对相关参数做细致的数据挖掘、分析、整理甚至预测等工作，使它们的取值尽可能准确地反映所优化矿山及其技术经济条件的实际情况。其次，一些参数具有较高的不确定性，而且对境界的影响大；而境界设计又是一项关乎全局的重要工作。这就需要针对这些参数进行系统深入的境界分析，为最终方案的确定提供依据。在分析的参数数量和分析深度方面，本节的案例分析还远远不够。比较完整的分析应该向两个方面扩展：一是估计出不确定性技术经济参数的不同取值的发生概率，这样就可以在分析结果中体现利润能够达到某一水平的概率是多少，也就可以确定利润低于这一水平的概率（即风险）有多高，进而确定出可接受风险水平下的境界方案；二是除对技术经济参数作不确定性分析外，对矿床品位的不确定性也应进行不确定性分析。矿床中除了钻孔取样的部位，品位都是未知的，应用第 3 章介绍的方法（或任何其他方法）对矿床模型中的模块品位进行估值的结果，只代表一种可能的结果（即一个可能的实现）；对于同一组钻孔取样，有许许多多（理论上无穷多）可能的实现。如第 1 章所述，研究这种品位不确定性的有效方法是基于地质统计学的“条件模拟（Conditional simulation）”，也称作“高斯模拟（Gaussian simulation）”。应用条件模拟可以产生品位的许多可能实现，基于这些实现进行境界优化，就能对境界相对于品位不确定性的风险做出评估。条件模拟在国际上自20世纪90年代中期开始被大量研究和应用，有不少论著发表，有兴趣的读者可以参阅书后的相关文献。

# 5 生产计划三要素整体优化

确定了最终境界后，露天开采是一个从现状地表开始，逐台阶在水平面上推进、扩展，在垂直方向上延深，最后到达最终境界的过程。这一过程的时空发展进度就是生产计划。这里的生产计划是指跨越整个开采寿命的年度计划。

露天矿生产计划包括三个要素：生产能力、开采顺序和开采寿命。生产计划优化就是确定这三要素的最佳选择，即每年开采多少矿石、剥离多少岩石最好（最佳生产能力），采、剥什么区段最好（最佳开采顺序），用多长时间将境界采完最好（最佳开采寿命）。优化中“最好”的标准是总净现值最大。

在传统的露天矿生产计划编制中，上述三个要素是分步单独确定的：首先依据矿床地质和技术经济条件，确定合理的年矿石生产能力，并通过必要的生产剥采比均衡确定不同时段的剥离能力；由于境界中的矿岩量已定，开采寿命也随生产能力而定；最后确定满足既定采剥生产能力的开采顺序。由于这三个要素不是相互独立的，而是相互作用的，所以分步确定三要素，即使是在每一步都进行了优化，也得不到整体上最优的生产计划。因此，必须把三个要素都作为决策变量，对三者实行“整体”或“同时”优化，才能得到整体上最优的生产计划。本章介绍能够同时优化这三要素的理论、模型和算法。

## 5.1 相关概念与定义

图 5-1 所示是开采若干年后在一个垂直横剖面上的采场示意图。图中，上部几个台阶已经开采完毕，即已经推进到最终境界，也称为“已靠帮”；处在开采中的那些台阶为工作台阶，它们组成工作帮。由于采装和运输作业需要一定的空间，各工作台阶在水平方向上的推进必须保持一定的超前关系，为每个工作台阶留有足够的工作平盘宽度 $b$；刚好满足采运设备以正常效率作业的工作平盘宽度为最小工作平盘宽度。台阶状的工作帮在剖面上可以简化为斜线，称为工作帮坡线，它与水平面的夹角 $\alpha$ 即工作帮坡角，对应于最小工作平盘宽度的工作帮坡角是最大工作帮坡角。当各个工作台阶均向外推进了一个工作平盘宽度 $b$，并在采场底部完成掘沟后，整个工作帮就向下移动一个台阶高度，工作帮坡线也从实线所示位置下降到点画线所示位置。在三维空间，工作帮坡线是工作帮坡面。为叙述方便，以下用“工作帮”一词表示剖面上的工作帮坡线和三维空间的工作帮坡面。

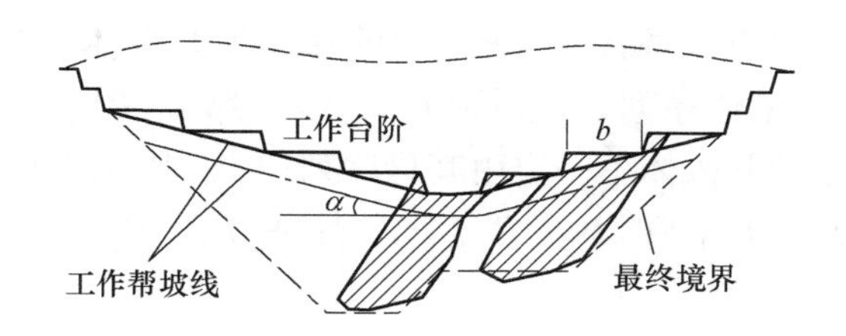


图 5-1 剖面上露天矿工作台阶与工作帮坡线示意图

在给定境界内编制生产计划，就是在相邻工作台阶之间的超前距离不小于最小工作平盘宽度的条件下，确定每年末各工作台阶应该推进到的位置。因为一旦确定了每年末各工作台阶的位置，也就确定了每年开采的矿石量、剥离的废石量、以及采矿和剥岩的区段，开采寿命也随之而定。由于工作台阶组成了工作帮，所以编制生产计划也可以表述为确定每年末工作帮应该推进到的位置。显然，对于任意一年，其年末工作帮可以推进到许许多多（理论上是无穷多）不同的位置，不同的位置代表了不同的采剥量和开采顺序，开采寿命和可获得的总净现值也不同。寻求使总净现值最大的每年末的工作帮的最佳位置，是本章生产计划优化的基本思路，也是需要解决的核心问题。

**定义 1** 从开采开始（时间 0 点）到某一年结束，开采作业形成的开挖体称为开采体，它是该年末的采场。在几何上，开采体是由工作帮、已靠帮台阶处的最终帮和现状地表围成的形体，工作帮的倾角不得大于最大工作帮坡角。开采体的大小以其矿岩总量 $T$ 表示。当开采体 $P_i$ 的矿岩总量 $T_i$ 大于开采体 $P_j$ 的矿岩总量 $T_j$ 时，就说 $P_i$ 大于 $P_j$，记为 $P_i > P_j$。

以开采体的概念表述，露天开采就是一个开采体不断扩大，直到成为最终境界的过程。上述生产计划优化问题就可表述为：寻求每年末应推进到的最佳开采体，以使总净现值最大。

**定义 2** 如果开采体 $P_i$ 的矿岩总量 $T_i$ 和矿石量 $Q_i$ 分别是开采体 $P_j$ 的矿岩总量 $T_j$ 和矿石量 $Q_j$ 的一部分，那么，就说 $P_i$ 嵌套在 $P_j$ 之中。从几何意义上讲，$P_i$ 嵌套在 $P_j$ 之中意味着构成 $P_i$ 的三维几何体是构成 $P_j$ 的三维几何体的一个子体。显然，如果 $P_i$ 嵌套在 $P_j$ 之中，一定有 $P_i < P_j$；但 $P_i < P_j$ 并不一定意味着 $P_i$ 嵌套在 $P_j$ 之中。

**定义 3** 一个开采体序列是由一组大小不同的开采体从小到大排序组成的开采体集合，即 $\{P_1, P_2, \cdots, P_N\}$，简记为 $\{P\}_N$；$N$ 是序列中开采体的个数。显然有 $P_1 < P_2 < \cdots < P_N$。

**定义 4** 如果开采体序列 $\{P\}_N$ 中除最大开采体之外的每一个开采体 $P_i(i = 1, 2, \cdots, N-1)$ 均嵌套在比它大的所有开采体中，那么就说 $\{P\}_N$ 是一个完全嵌套的开采体序列。

**定义 5** 如果一个开采体序列 $\{P\}_n$ 中的每一个开采体 $P_i(i=1, 2, \cdots, n)$ 同时存在于另一个开采体序列 $\{P\}_N$ 中 $(n \leqslant N)$，那么 $\{P\}_n$ 是 $\{P\}_N$ 的一个子序列。子序列 $\{P\}_n$ 中的开采体不一定由其母序列 $\{P\}_N$ 中的彼此相邻的一部分开采体组成，如 $\{P_1, P_2, P_3\}$ 和 $\{P_1, P_3, P_5\}$ 都是 $\{P_1, P_2, P_3, P_4, P_5, P_6\}$ 的子序列。

**定义 6** 如果一个开采体序列 $\{P\}_m$ 中的每一个开采体 $P_i$ 对应于第 $i$ 年末的采场 $(i=1, 2, \cdots, m)$，且序列中的最后一个开采体 $P_m$ 为最终境界，那么开采体序列 $\{P\}_m$ 就构成一个计划方案，或者说 $\{P\}_m$ 是露天矿生产计划问题的一个解序列；使总净现值最大的解序列称为最优解序列。显然，解序列 $\{P\}_m$ 所代表的计划方案的开采寿命为 $m$ 年。

一个开采体序列 $\{P\}_m$ 能够构成一个计划方案的充要条件是 $\{P\}_m$ 为完全嵌套序列，且最后一个开采体 $P_m$ 为最终境界。这是因为当 $j>i$ 时，第 $j$ 年末的采场是由第 $i$ 年末的采场通过 $j-i$ 年的开采形成的，故第 $i$ 年末的采场一定嵌套在第 $j$ 年末的采场之中；而任何计划方案在开采寿命末都必须开采到既定的最终境界。

依据以上定义，优化生产计划就是找出开采体的最优解序列。问题是，境界内有无穷多的开采体，从中找出最优解序列是不可能的。不过，我们并不需要考虑所有开采体。以第一年为例，假设其采剥总量已经定为 $T_1$，那么有无穷多个大小为 $T_1$ 的开采体可以作为该年末的采场，图 5-2 画出了其中的两个。即使不作任何经济评价，大多数矿山设计者也会想到：既然决定采出 $T_1$，选取所有大小为 $T_1$ 的开采体中含金属量最大者，应该是经济上最好的；在图 5-2 所示的两个大小均为 $T_1$ 的开采体中，选择实线表示的开采体 $j$ 比虚线表示的开采体 $i$ 好。一般地，若考虑从开始（时间 0 点）到第 $t$ 年末累计开采的矿岩量为 $X$，无论 $X$ 为多少，在所有大小为 $X$ 的开采体中，选择含金属量最大者作为 $t$ 年末的采场，应该是最好的选择。这就引出如下定义：

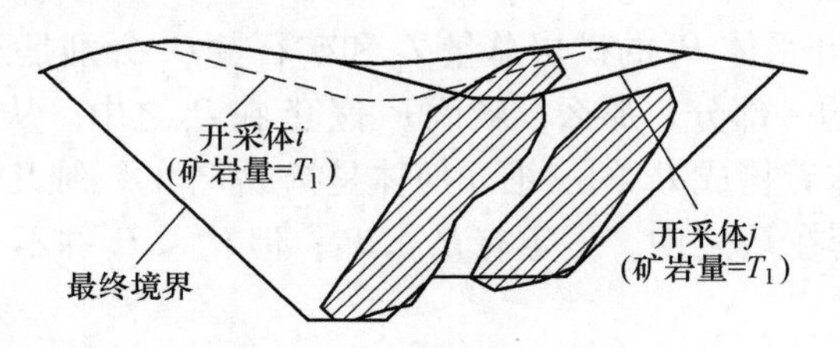


图 5-2 两个大小相同的不同开采体示意图

**定义 7** 如果在所有总量为 $T$、矿量为 $Q$ 的开采体集合 $\{P(T, Q)\}$ 中，某个开采体的矿石中含有的金属量最大，这个开采体称为对于总量 $T$ 和矿量 $Q$ 的地质最优开采体，记为 $P^*(T, Q)$。开采体 $P(T, Q)$ 和与之对应的地质最优开采体 $P^*(T, Q)$ 中矿石里含有的金属量分别记为 $M(T, Q)$ 和 $M^*(T, Q)$。为方便起见，把$P(T, Q)$、$M(T, Q)$、$P^*(T, Q)$和$M^*(T, Q)$分别简记为$P$、$M$、$P^*$和$M^*$。显然，对于给定的$T$和$Q$，有$M^* \geqslant M$。

## 5.2 优化定理

依据以上讨论和定义，我们可以把优化生产计划的寻优空间从所有开采体缩小到地质最优开采体，即只从地质最优开采体集合中找出最优解序列。问题是：只考虑地质最优开采体而舍弃其他开采体是否会遗漏最优计划方案呢？换言之，地质最优开采体集合是否一定包含了最优解序列呢？下面的定理回答了这一问题。

**假设1** 对所开采的矿产品来说，市场具有完全竞争性，即一个矿山生产的矿产品量不会影响该矿产品的市场价格。为叙述方便，以下假设矿山的最终产品为精矿。

**假设2** 在境界范围内，开采体的位置和形状对总成本（即开采完该开采体内的矿岩花费的总投资和采、剥与选矿成本）的影响，相对于开采体中矿岩量对总成本的影响来说很微小，可以忽略不计。换言之，成本只取决于开采体的矿量和岩量。

**假设3** 所开采的矿产品市场是正常经济时期的相对稳定市场，真实价格上升率（除去通货膨胀的上升率）不高于可比价格条件下的最小可接受的投资收益率，后者是净现值计算中的折现率。

**假设4** 矿石回采率和贫化率、选矿金属回收率及精矿品位在整个境界的开采过程中变化很小，可以认为是常数。

**定理** 令$\{P^*\}_N$为给定境界$V$的地质最优开采体序列，其最后一个（最大的）开采体为境界$V$。如果$\{P^*\}_N$是完全嵌套序列且相邻开采体之间的增量足够小，那么在满足以上假设的条件下，使开采整个境界获得最大净现值的最优计划方案（即最优解序列）必然是$\{P^*\}_N$的一个以境界为最后一个开采体的子序列。

**证明** 令$\{P\}_m$是任意一个能够构成给定境界的计划方案的开采体序列（即任意一个解序列），这一方案记为$L$。根据定义6，$\{P\}_m$中的第$t$个开采体对应于计划方案$L$在第$t$年末形成的采场（最后一个开采体即境界$V$），且方案$L$的开采寿命为$m$年。令$T_t$、$Q_t$和$M_t$分别表示$\{P\}_m$中开采体$P_t(t=1, 2, \cdots, m)$含有的原地矿岩量、矿石量以及矿石中的金属量。从理论上讲，对于任意给定的矿岩量$T$和矿量$Q$，都可以找到一个地质最优开采体。因此，对于序列$\{P\}_m$中的每一个开采体$P_t$，都相应地存在一个地质最优开采体$P_t^*(t=1, 2, \cdots, m)$。由于定理中地质最优开采体序列$\{P^*\}_N$里相邻开采体之间的增量足够小（理论上是无穷小），所以$\{P^*\}_N$包含了境界$V$的全部地质最优开采体。因此，与$P_t$相对应的

$P_t^*$ 必然存在于 $\{P^*\}_N$ 之中；也就是说，对于境界 $V$ 的任一计划方案 $L$ 所对应的开采体序列 $\{P\}_m$，$\{P^*\}_N$ 中存在一个相应的子序列 $\{P^*\}_m$。由于 $\{P^*\}_N$ 是完全嵌套序列，其子序列 $\{P^*\}_m$ 也是完全嵌套的。因此，$\{P^*\}_m$ 构成了境界 $V$ 的另一个计划方案(即解序列)，记为 $L^*$，其开采寿命也为 $m$ 年。

为了表述方便，对于 $t=1, 2, \cdots, m$ 定义以下符号：

$D_t$：采用方案 $L$ 时，第 $t$ 年的精矿价格；

$D_t^*$：采用方案 $L^*$ 时，第 $t$ 年的精矿价格；

$C_t$：采用方案 $L$ 时，第 $t$ 年的投资；

$C_t^*$：采用方案 $L^*$ 时，第 $t$ 年的投资；

$R_t$：采用方案 $L$ 时，第 $t$ 年的总运营成本(包括采矿、剥离和选矿成本)；

$R_t^*$：采用方案 $L^*$ 时，第 $t$ 年的总运营成本(包括采矿、剥离和选矿成本)；

$\mathrm{NPV}_t$：按方案 $L$ 开采时，在第 $t$ 年末实现的累积净现值；

$\mathrm{NPV}_t^*$：按方案 $L^*$ 开采时，在第 $t$ 年末实现的累积净现值；

$d$：可比价格折现率；

$g_\mathrm{p}$：精矿品位，依据假设 4，$g_\mathrm{p}$ 为常数。

不失一般性，设每年所有的销售收入、投资和生产成本均发生在年末；为简化算式，假设矿石的损失、贫化率为零，采选综合金属回收率为 100%。如果能够证明方案 $L^*$ 的总净现值大于或至少等于方案 $L$ 的总净现值，即 $\mathrm{NPV}_m^* \geqslant \mathrm{NPV}_m$，定理就得证。

第一年末（$t=1$）：按方案 $L$ 和 $L^*$ 开采形成的采场分别为开采体 $P_1$ 和 $P_1^*$。通过一年的开采，两个方案实现的净现值为：

方案 $L$：
$$\mathrm{NPV}_1 = \frac{\frac{M_1}{g_\mathrm{p}}D_1 - C_1 - R_1}{1+d} \tag{5-1}$$

方案 $L^*$：
$$\mathrm{NPV}_1^* = \frac{\frac{M_1^*}{g_\mathrm{p}}D_1^* - C_1^* - R_1^*}{1+d} \tag{5-2}$$

由假设 1 可知：

$$D_1^* = D_1 \tag{5-3}$$

由于 $P_1^*$ 是 $P_1$ 所对应的地质最优开采体，由地质最优开采体的定义(定义 7)可知，二者的矿岩量和矿量相等，均为 $T_1$ 和 $Q_1$，也就是说，两个方案在第一年内采出的矿岩量和矿量均为 $T_1$ 和 $Q_1$，故由假设 2 可知：

$$C_1^* = C_1 \tag{5-4}$$

$$R_1^* = R_1 \tag{5-5}$$

将式（5-1）从式（5-2）中减去，并将式（5-3）~式（5-5）代入，得：

$$\mathrm{NPV}_1^* - \mathrm{NPV}_1 = \frac{(M_1^* - M_1)D_1}{g_\mathrm{p}(1+d)} \tag{5-6}$$

由地质最优开采体的定义，有：

$$M_1^* \geqslant M_1 \tag{5-7}$$

所以 $\mathrm{NPV}_1^* - \mathrm{NPV}_1 \geqslant 0$，或

$$\mathrm{NPV}_1^* \geqslant \mathrm{NPV}_1 \tag{5-8}$$

第二年末（$t=2$）：按方案 $L$ 和方案 $L^*$ 开采形成的采场分别为开采体 $P_2$ 和 $P_2^*$。通过两年的开采，两方案实现的累积净现值为：

方案 $L$：
$$\mathrm{NPV}_2 = \mathrm{NPV}_1 + \frac{\dfrac{M_2 - M_1}{g_\mathrm{p}}D_2 - C_2 - R_2}{(1+d)^2} \tag{5-9}$$

方案 $L^*$：
$$\mathrm{NPV}_2 = \mathrm{NPV}_1 + \frac{\dfrac{M_2^* - M_1^*}{g_\mathrm{p}}D_2^* - C_2^* - R_2^*}{(1+d)^2} \tag{5-10}$$

式中，$M_2 - M_1$ 和 $M_2^* - M_1^*$ 分别是两个方案在第二年内采出的矿石中的金属量。

由假设 1 可得：

$$D_2^* = D_2 \tag{5-11}$$

两个方案在第二年内开采的矿岩量和矿石量均分别为 $T_2 - T_1$ 和 $Q_2 - Q_1$，故由假设 2 可得：

$$C_2^* = C_2 \tag{5-12}$$

$$R_2^* = R_2 \tag{5-13}$$

令式（5-10）减去式（5-9），并将式（5-11）~式（5-13）和式（5-6）代入，得：

$$\mathrm{NPV}_2^* - \mathrm{NPV}_2 = \frac{M_1^* - M_1}{g_\mathrm{p}(1+d)}\left(D_1 - \frac{D_2}{1+d}\right) + \frac{M_2^* - M_2}{g_\mathrm{p}(1+d)^2}D_2 \tag{5-14}$$

由假设 3 可知，可比价格上涨率不高于可比价格折现率，所以：

$$D_1 - \frac{D_2}{1+d} \geqslant 0 \tag{5-15}$$

由地质最优开采体定义可知：

$$M_1^* \geqslant M_1 \tag{5-16}$$

$$M_2^* \geqslant M_2 \tag{5-17}$$

因此有 $\mathrm{NPV}_2^* - \mathrm{NPV}_2 \geqslant 0$，或

$$\mathrm{NPV}_2^* \geqslant \mathrm{NPV}_2 \tag{5-18}$$

在年 $m$ 末(即两方案的开采寿命末)：按方案 $L$ 和方案 $L^*$ 开采形成的开采体分别为 $P_m$ 和 $P_m^*$， 它们也都是最终境界。按照前面对头两年的分析逻辑，两个方案可实现的总净现值之差为：

$$\mathrm{NPV}_m^* - \mathrm{NPV}_m = \sum_{t=1}^{m-1}\left[\frac{M_t^* - M_t}{g_p(1+d)^t}\left(D_t - \frac{D_{t+1}}{1+d}\right)\right] + \frac{M_m^* - M_m}{g_p(1+d)^m}D_m \quad (5\text{-}19)$$

从假设 3 可得：

$$D_t - \frac{D_{t+1}}{1+d} \geqslant 0 \quad 对于\ t = 1,\ 2,\ \cdots,\ m-1 \quad (5\text{-}20)$$

由定义 7 可知：

$$M_t^* \geqslant M_t \quad 对于\ t = 1,\ 2,\ \cdots,\ m \quad (5\text{-}21)$$

因此有 $\mathrm{NPV}_m^* - \mathrm{NPV}_m \geqslant 0$，或

$$\mathrm{NPV}_m^* \geqslant \mathrm{NPV}_m \quad (5\text{-}22)$$

因此，对于任意一个计划方案 $L$，都存在一个更好的（至少是同等好的）计划方案 $L^*$，而方案 $L^*$ 是地质最优开采体序列 $\{P^*\}_N$ 的一个子序列。由于方案 $L$ 的任意性，可得出结论：使总净现值最大的最优计划方案必然是地质最优开采体序列 $\{P^*\}_N$ 中的一个子序列。定理得证。

## 5.3 优化模型

依据上述优化定理，假设得到了符合定理要求的地质最优开采体序列 $\{P^*\}_N$，那么生产计划的优化问题就变成了一个在序列 $\{P^*\}_N$ 中寻求最优子序列 $\{P^*\}_m (m \leqslant N)$ 的问题。在序列 $\{P^*\}_N$ 中寻求最优子序列 $\{P^*\}_m$，就是为生产计划的每一年 $t(t = 1,\ 2,\ \cdots,\ m)$ 在 $\{P^*\}_N$ 中找到一个最佳的地质最优开采体，作为开采到该年末的采场，以使总净现值最大。找到了这样一个最优子序列，子序列中的开采体个数 $m$ 即为矿山的最佳开采寿命；子序列中的第 $t(t = 1,\ 2,\ \cdots,\ m)$ 个开采体就是第 $t$ 年末采场应推进到的最佳位置和形态；子序列中第 1 个开采体的矿石量和废石量是第 1 年的最佳采、剥生产能力，第 $t$ 个和第 $t-1$ 个开采体之间的矿石量和废石量是第 $t$ 年的最佳采、剥生产能力。可见，在地质最优开采体序列 $\{P^*\}_N$ 中找到了最优子序列，就同时得到了生产计划三要素——开采寿命、开采顺序和生产能力——的最优解。

例如，假设我们得到的符合定理要求的地质最优开采体序列如图 5-3 所示(为作图和表述方便，假设只有 8 个开采体，一个实际矿山的开采体数量有数百个)，该序列为：

$$\{P^*\}_8 = \{P_1^*,\ P_2^*,\ P_3^*,\ P_4^*,\ P_5{}^*,\ P_6^*,\ P_7^*,\ P_8^*\}$$

式中，$P_8^*$ 为最终境界 $V$。

必须清楚的是，图中的每个开采体指的是在境界之内其工作帮以上直到地表的区域，不是工作帮之间的区域；最大的开采体是整个境界。$\{P^*\}_8$ 的子序列 $\{P^*\}_4=\{P_2^*, P_4^*, P_6^*, P_8^*\}$ 构成一个可能的计划方案，子序列 $\{P^*\}_5=\{P_2^*, P_3^*, P_4^*, P_6^*, P_8^*\}$ 构成另一个可能的计划方案；还有许多其他以最终境界结尾的子序列都可构成可能的计划方案。不同的子序列代表了不同的开采顺序和生产能力（至少有一年是不同的），开采寿命也可能不同，可获得的总 NPV 自然不同。从所有构成计划方案的子序列中找出总 NPV 最大者，就得到了最优计划方案。

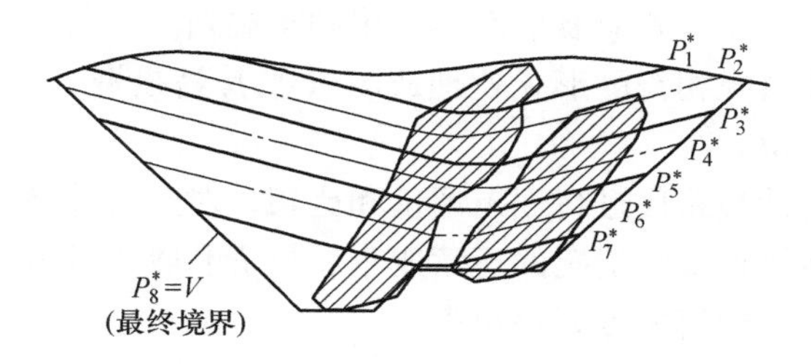


图 5-3 境界内地质最优开采体序列示意图

子序列的寻优采用地质最优开采体排序模型，图 5-4 是这一模型的图示。图中的横轴表示时间（年），竖轴表示每年末的可能采场状态，即地质最优开采体。每个圆圈代表一个开采体，圆圈的相对大小代表开采体的相对大小。每一条箭线表示相邻两年之间的一个可能的采场状态转移，例如，从原点 0 到第 1 年的 $P_2^*$ 的那条箭线表示：$P_2^*$ 是第 1 年末可能到达的一个采场状态（即第一年可以考虑开采 $P_2^*$ 里的矿岩）；从第 1 年的 $P_2^*$ 到第 2 年的 $P_4^*$ 的那条箭线表示：如果第 1 年末开采到 $P_2^*$，那么第 2 年末可能到达的一个采场状态为 $P_4^*$（即第 2 年可以考虑开采 $P_2^*$ 与 $P_4^*$ 之间的矿岩）；余者类推。由于开采过程是采场逐年扩大／延深的过程，所以从年 $t$ 的某个状态向下一年 $(t+1)$ 转移时，只能转到更大的一个开采体。因此，图 5-4 中所有箭线均指向右上方，且图的右下部分为空。

图 5-4 中的任何一条从 0 开始沿着一定的箭线到达最上一行某个状态（即最终境界 $P_8^*$）的路径，都是一个可能的计划方案，称之为计划路径。一个计划路径上的开采体组成 $\{P^*\}_8$ 的一个子序列。例如，图中点画箭线所示的计划路径 $0\rightarrow P_2^*\rightarrow P_4^*\rightarrow P_6^*\rightarrow P_8^*$ 上的开采体组成的子序列为 $\{P^*\}_4=\{P_2^*, P_4^*, P_6^*, P_8^*\}$。对所有计划路径进行经济评价，得出其总 NPV，就可得到最佳计划路径，即最优计划方案。

求解最佳计划路径有两种方法：动态规划法和枚举法。应用动态规划法必须满足“无后效应”条件。对于本问题而言，如果经济评价中使用的所有运营成本都能以单位运营成本计算；投资假设为常数（即与路径无关），或分摊到单位作业量而加入到单位运营成本，或干脆不考虑投资，那么就满足了无后效应的要求，可以用动态规划模型求解。然而，这样处理成本与实际情况相差较大，尤其是基建投资。例如，假设矿山的矿石全部由自己的选厂处理，且不设储矿场，那么选厂的处理能力就必须按生产计划中最高年矿石开采量设计，选厂的建设投资也按此计算；在计划中年矿石开采量较低的年份，选厂吃不饱，还应考虑选厂闲置能力的闲置成本；不同计划路径的选厂投资和闲置成本一般都不同，所以选厂投资和闲置成本会影响最优计划路径的选择。以这样的方式计算选厂基建投资和闲置成本，就不符合无后效应要求而不能用动态规划法求解。因此，用动态规划法就不能以与现实情况相符的形式处理成本（尤其是投资），但动态规划法最大的优势是求解速度快。

枚举法就是对计划路径进行逐条评价和比较，对经济计算形式没有任何附加条件，可以采用最接近实际情况的运营成本、投资和收入计算方式，这是其最大优点。不过枚举法的求解速度要慢得多。

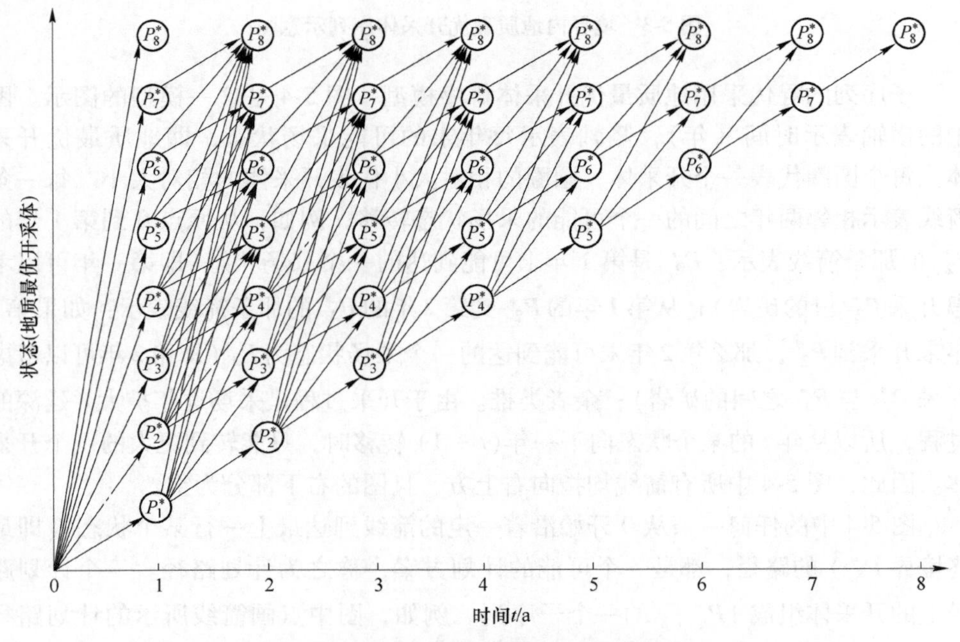


图 5-4　地质最优开采体排序模型图示

### 5.3.1　动态规划模型

建立动态规划模型，首先要确定阶段变量和状态变量。对于本问题，阶段变量为图5-4横轴上的时间，每一阶段为1年；状态变量为竖轴上的地质最优开采体。不失一般性，设矿山企业有自己的选厂，出售的产品为精矿。为表述方便，定义以下符号：

$D_t$：第 $t$ 年的精矿价格，可以是常数，也可以随时间变化；

$c_m$：矿石的单位开采成本；

$c_w$：废石的单位剥离和排弃成本；

$c_p$：选厂的单位选矿成本，即处理1t入选矿石的成本；

$r_p$：选厂的金属回收率；

$g_p$：精矿品位；

$d$：可比价格折现率；

$Q_i^*$：考虑了开采中矿石回采率、废石混入率和混入废石的品位后，地质最优开采体序列 $\{P^*\}_N$ 中第 $i$ 个开采体 $P_i^*$ 的矿石量，即 $P_i^*$ 的采出矿石量；

$W_i^*$：考虑了开采中矿石回采率和废石混入率后，地质最优开采体序列 $\{P^*\}_N$ 中第 $i$ 个开采体 $P_i^*$ 的废石量，即 $P_i^*$ 的采出废石量；

$M_i^*$：$Q_i^*$ 中含有的金属量；

$\mathrm{NPV}_{t,i}$：沿最佳路径到达阶段 $t$ 上的开采体 $P_i^*$ 的累积净现值。

一般地，考虑阶段 $t$ 上的开采体（即状态）$P_i^*$，它可以从前一阶段 $t-1$ 上比 $P_i^*$ 小的那些开采体转移而来(参见图5-4)。当阶段 $t$ 上的 $P_i^*$ 是从阶段 $t-1$ 上的开采体 $P_j^*(t-1 \leqslant j \leqslant i-1)$ 转移而来时，第 $t$ 阶段(即第 $t$ 年)采出的矿石量记为 $q_{t,i}(t-1,\ j)$，其中的金属量记为 $m_{t,i}(t-1,\ j)$，剥离的废石量记为 $w_{t,i}(t-1,\ j)$，其计算式为：

$$q_{t,i}(t-1,\ j) = Q_i^* - Q_j^* \tag{5-23}$$

$$m_{t,i}(t-1,\ j) = M_i^* - M_j^* \tag{5-24}$$

$$w_{t,i}(t-1,\ j) = W_i^* - W_j^* \tag{5-25}$$

这三个算式即为动态规划的状态转移方程。

$m_{t,i}(t-1,\ j)$ 是第 $t$ 年送入选厂的金属量，对应于这一状态转移的该年的精矿产量为 $m_{t,i}(t-1,\ j)\ r_p/g_p$。通过这一状态转移，第 $t$ 年实现的利润 $p_{t,i}(t-1,\ j)$ 为：

$$p_{t,i}(t-1,\ j) = \frac{m_{t,i}(t-1,\ j)r_p}{g_p}D_t - q_{t,i}(t-1,\ j)(c_m + c_p) - w_{t,i}(t-1,\ j)c_w \tag{5-26}$$

这样，当阶段 $t$ 上的 $P_i^*$ 是从阶段 $t-1$ 上的 $P_j^*$ 转移而来时，经过 $t$ 个阶段（$t$ 年）的生产，在 $t$ 年末实现的累计净现值 $\mathrm{NPV}_{t,i}(t-1,\ j)$ 为：

$$\mathrm{NPV}_{t,i}(t-1,j)=\mathrm{NPV}_{t-1,j}+\frac{p_{t,i}(t-1,j)}{(1+d)^t}\text{，即}$$

$$\mathrm{NPV}_{t,i}(t-1,j)=\mathrm{NPV}_{t-1,j}+\frac{\dfrac{m_{t,i}(t-1,j)r_{\mathrm{p}}}{g_{\mathrm{p}}}D_t-q_{t,i}(t-1,j)(c_{\mathrm{m}}+c_{\mathrm{p}})-w_{t,i}(t-1,j)c_{\mathrm{w}}}{(1+d)^t} \tag{5-27}$$

式中，$\mathrm{NPV}_{t-1,j}$是沿最佳路径到达前一阶段 $t-1$ 上的开采体 $P_j^*$ 的累积净现值，在评价前一阶段的各状态时已经计算过，是已知的。

从图 5-4 可知，阶段 $t$ 上的开采体 $P_i^*$ 可以从前一阶段 $t-1$ 上的多个开采体转移而来，不同的转移导致第 $t$ 年采出的矿量、金属量和剥离的废石量不同[式(5-23)～式(5-25)]；实现的当年利润不同[式(5-26)]；由式(5-27)计算的阶段 $t$ 上开采体 $P_i^*$ 处的累计 NPV 也不同，具有最大累计 NPV 的那个状态转移是最佳状态转移（即动态规划中的最优决策）。因此，有如下递归目标函数：

$$\mathrm{NPV}_{t,j}=\max_{j\in[t-1,i-1]}\{\mathrm{NPV}_{t,j}(t-1,j)\}=$$

$$\max_{j\in[t-1,i-1]}\left\{\mathrm{NPV}_{t-1,j}+\frac{\dfrac{m_{t,i}(t-1,j)r_{\mathrm{p}}}{g_{\mathrm{p}}}D_t-q_{t,i}(t-1,j)(c_{\mathrm{m}}+c_{\mathrm{p}})-w_{t,j}(t-1,j)c_{\mathrm{w}}}{(1+d)^t}\right\} \tag{5-28}$$

时间 $t=0$ 时，开采刚要开始，采场(用 $P_0^*$ 表示）为“空”（即尚未开采任何量)。所以在初始状态（图 5-4 的原点）处，起始条件为：

$$\begin{cases}M_0^*=0\\Q_0^*=0\\W_0^*=0\\\mathrm{NPV}_{0,0}=0\end{cases} \tag{5-29}$$

运用以上各式，从阶段 1 开始，逐阶段评价每个阶段上的所有状态（开采体)，直到图 5-4 中所有阶段上的所有状态被评价完毕，就得到了所有阶段上的所有开采体处的最佳状态转移和累计 NPV。然后，在对应于最终境界的最大开采体（即图 5-4 中最上一行）中找出累计 NPV 最大者，这一境界所在的阶段即为最佳开采寿命。从这一最终境界开始，逆向追踪最佳状态转移，直到第一阶段，就得到了最优计划路径，在动态规划中称为最优策略。这一最优计划路径上的开采体是序列 $\{P^*\}_N$ 的一个子序列，亦即最优解序列。这是一个开端的顺序动态规划模型。

在上述模型中也可加入生产成本（采矿成本 $c_{\mathrm{m}}$、剥岩成本 $c_{\mathrm{w}}$和选矿成本 $c_{\mathrm{p}}$）

随时间的变化率，以反映其未来的变化情况。第 $t$ 年的精矿价格 $D_t$ 也可根据时间 0 点的价格和预测的未来变化率计算。

### 5.3.2 枚举模型

把图 5-4 中的任意一条计划路径记为 $L$，它是从时间 0 点到达位于某年 $n$ 的最终境界(序列 $\{P^*\}_N$ 中的最大开采体) 的一个开采体子序列。路径 $L$ 的时间跨度为 $n$ 年($n \leqslant N$)，是 $L$ 所代表的生产计划的开采寿命。令 $k(t)$ 表示该计划路径上第 $t$ 年的开采体在序列 $\{P^*\}_N$ 中的序号($t \leqslant k(t) \leqslant N$；$t = 1,2,\cdots, n$；$k(n) = N$)，也就是说，该路径上第 1 年的开采体为 $P^*_{k(1)}$，第 2 年的开采体为 $P^*_{k(2)}$，…，最后一年 $n$ 的开采体为 $P^*_{k(n)}$(即最终境界 $P^*_N$)。

假设所研究矿山企业的最终产品为精矿。为表述方便，定义以下符号：

$q_t$：计划路径 $L$ 上第 $t$ 年开采的矿石量；

$m_t$：$q_t$ 含有的金属量；

$w_t$：计划路径 $L$ 上第 $t$ 年剥离的废石量；

$I_p(q_m)$：选厂的基建投资函数（已折现到时间 0 点)，这里假设矿山不设储矿设施，选厂的处理能力按计划路径 $L$ 上的最大年采出矿量 $q_m$ 设计，其基建投资是 $q_m$ 的函数；

$U_t(q_t, q_m)$：选厂能力闲置成本函数，当某年 $t$ 的采出矿石量 $q_t$ 小于选厂处理能力 $q_m$，致使选厂有较大的剩余能力(如 $q_t < 0.9q_m$) 时，该年的选厂能力闲置成本为正值，否则为 0；

$I(T)$：除选厂和采剥设备外，其他与生产规模 $T$ 有关的基建项目的投资函数(已折现到时间 0 点)，生产规模 $T$ 视具体情况可能是计划路径的最大年采剥量、整个开采寿命期的平均年采剥量或头几年的平均年采剥量；

$p_t$：计划路径 $L$ 上第 $t$ 年实现的利润；

$NPV_L$：从 0 点沿计划路径 $L$ 到达其终点（$n$ 年末）实现的总净现值。

模型中用到的其他符号的定义同上一小节。

采矿和剥岩设备（主要是运输、铲装和穿孔设备）的投资更为复杂，并不是在投产之前一次性购置，一直使用到开采结束，而是在开采过程中根据满足生产能力的需要和更新旧设备的需要来购置。对于开采寿命较长的矿山，购置新设备的投资会在不同年份多次发生。在本模型中作简化处理：假设采剥设备的投资以折旧成本分摊到了每吨矿和岩，包含于相应的单位成本中。

计划路径 $L$ 上第 $t$ 年的开采体为序列 $\{P^*\}_N$ 中的 $P^*_{k(t)}$，$t-1$ 年的开采体为 $P^*_{k(t-1)}$，该年采出的矿石量、矿石中的金属量和剥离的废石量为：

$$q_t = Q^*_{k(t)} - Q^*_{k(t-1)} \tag{5-30}$$

$$m_t = M^*_{k(t)} - M^*_{k(t-1)} \tag{5-31}$$

$$w_t = W^*_{k(t)} - W^*_{k(t-1)} \tag{5-32}$$

第 $t$ 年的精矿产量为 $m_t r_p / g_p$。所以第 $t$ 年实现的利润为：

$$p_t = \frac{m_t r_\mathrm{p}}{g_\mathrm{p}} D_t - q_t(c_\mathrm{m} + c_\mathrm{p}) - w_t c_\mathrm{w} - U_t(q_t, q_\mathrm{m}) \tag{5-33}$$

设 $p_t$ 发生在 $t$ 年末，则计划路径 $L$ 的总净现值为：

$$\mathrm{NPV}_L = \sum_{t=1}^{n} \frac{p_t}{(1+d)^t} - I_\mathrm{p}(q_\mathrm{m}) - I(T)$$

或

$$\mathrm{NPV}_L = \sum_{t=1}^{n} \frac{1}{(1+d)^t} \left[ \frac{m_t r_\mathrm{p}}{g_\mathrm{p}} D_t - q_t(c_\mathrm{m} + c_\mathrm{p}) - w_t c_\mathrm{w} - U_t(q_t, q_\mathrm{m}) \right] - I_p(q_\mathrm{m}) - I(T) \tag{5-34}$$

时间 0 处的起始条件为：

$$\begin{cases} k(0) = 0 \\ M_0^* = 0 \\ Q_0^* = 0 \\ W_0^* = 0 \end{cases} \tag{5-35}$$

运用以上各式计算出所有计划路径的总净现值，总净现值最大者即为最优计划方案。

在上述模型中也可加入生产成本（采矿成本 $c_\mathrm{m}$、剥岩成本 $c_\mathrm{w}$ 和选矿成本 $c_\mathrm{p}$）随时间的变化率，以反映其未来的变化情况。第 $t$ 年的精矿价格 $D_t$ 也可根据时间 0 点的价格和预测的未来变化率计算。

### 5.3.3　储量参数化模型

应用上述模型优化生产计划，需要首先在最终境界中产生一个符合要求的地质最优开采体序列。根据定义 7，对于给定矿岩总量 $T$ 和矿量 $Q$ 的地质最优开采体，是所有具有相同矿岩总量 $T$ 和矿量 $Q$ 的开采体中，矿石中含金属量最大的开采体。因此，基于块状矿床模型，求总量为 $T$、矿量为 $Q$ 的地质最优开采体这一问题，可以表述为如下数学模型：

问题 1：

目标函数：
$$\max M = \sum_{i=1}^{N_\mathrm{b}} x_i v_i g_i \tag{5-36}$$

约束条件：

$$\sum_{i=1}^{N_\mathrm{b}} x_i v_i = T \tag{5-37}$$

$$\sum_{i=1}^{N_b} o_i x_i v_i = Q \tag{5-38}$$

$$n_i x_i \leqslant \sum_{x_k \in B_i} x_k \quad i = 1,\ 2,\ \cdots,\ N_b \tag{5-39}$$

模型中的符号定义如下：

$M$：开采体内矿石中含有的金属量；

$x_i$：二进制变量，取 1 时表示开采模块 $i$，取 0 时表示不开采模块 $i$；

$v_i$：模块 $i$ 的重量；

$g_i$：模块 $i$ 的品位，对于废石模块 $g_i = 0$；

$N_b$：最终境界中的模块总数；

$o_i$：用于区分矿岩的二进制量，模块 $i$ 为矿石时 $o_i = 1$，模块 $i$ 为废石时 $o_i = 0$；

$T$：开采体的矿岩总量；

$Q$：开采体的矿石量；

$B_i$：模块 $i$ 的几何约束模块集；

$n_i$：$B_i$ 中的模块数。

不失一般性，问题 1 中假设综合金属回收率为 100%。式（5-39）中的 $B_i$ 是为满足工作帮坡角要求，欲开采模块 $i$ 时必须先开采的模块的集合，即落入以模块 $i$ 为顶点，以工作帮坡角为锥壳倾角，锥顶朝下的锥体中的那些模块。当不开采模块 $i$ 时，$x_i = 0$，要满足式（5-39），$B_i$ 中的每一个模块 $x_k$（$k = 1,\ 2,\ \cdots,\ n_i$）可以开采，也可以不开采，即 $x_k$ 可以是1，也可以是0；当开采模块 $i$ 时，$x_i = 1$，式（5-39）左边等于 $n_i$，要满足式（5-39），必须开采 $B_i$ 中的所有模块，即 $x_k$（$k = 1,\ 2,\ \cdots,\ n_i$）都必须等于 1。对于境界中每一个模块 $x_i$，都存在式（5-39）的约束，所以，式（5-39）实质上是 $N_b$ 个不等式。

直接求解上述模型很难，一般用拉格朗日松弛法求解。将等式（5-37）两端乘以非负拉格朗日乘子 $\lambda$、等式（5-38）两端乘以非负拉格朗日乘子 $\eta$ 后，从目标函数式（5-36）两端减去，问题 1 变为：

目标函数 $$\max M = \lambda T + \eta Q + \sum_{i=1}^{N_b} x_i v_i [g_i - (\lambda + o_i \eta)] \tag{5-40}$$

约束条件 $$n_i x_i \leqslant \sum_{x_k \in B_i} x_k \quad i = 1,\ 2,\ \cdots,\ N_b \tag{5-41}$$

对于给定的 $\lambda$ 和 $\eta$，$\lambda T + \eta Q$ 是一个常数，对最优解没有影响，故可以将其从式（5-40）中去掉。这样，问题就转化为：

问题 2：

目标函数 $$\max M = \sum_{i=1}^{N_b} x_i v_i [g_i - (\lambda + o_i \eta)] \tag{5-42}$$

约束条件
$$n_i x_i \leqslant \sum_{x_k \in B_i} x_k \quad i = 1, 2, \cdots, N_{\mathrm{b}} \tag{5-43}$$

问题 1 是一个有条件的开采体优化问题，即在满足一定的矿岩总量 $T$ 和矿量 $Q$ 的条件下求金属量最大的开采体。问题 2 是一个无条件的开采体优化问题，只要开采体的帮坡角满足要求即可。问题 2 的目标函数是问题 1 的目标函数的修正。对于给定的 $\lambda$ 和 $\eta$ 值，这一修正的目标函数式（5-42）相当于将原来块状模型中的每一模块的品位从 $g_i$ 降低到 $g_i-(\lambda+o_i\eta)$。因为模块为矿石时，$o_i=1$，模块为废石时，$o_i=0$，故块状模型中每个废石模块的品位降低了 $\lambda$，每个矿石模块的品位降低了 $(\lambda+\eta)$。因此，问题2是在块状模型中每一模块的品位降低之后的新块状模型上，求使金属量 $M$ 最大的开采体。尽管一些模块的品位降低后会变为负值，负品位在物理上毫无意义，但这并不影响问题的数学求解。可以把 $g_i-(\lambda+o_i\eta)$ 看作是模块 $i$ 的“权值”。所以，求解问题 2，就是基于模块的权值，在最终境界内找到一个使模块权值总量 $M$ 最大的开采体。现有的境界优化方法（如图论法）可用来完成这一问题的求解，因为开采体与境界的区别仅在于帮坡角不同（前者用工作帮坡角，后者用最终帮坡角），以及块状模型的范围不同（前者限于给定境界内，后者是整个模型）。

不难看出，随着 $\lambda$ 和 $\eta$ 的增加，求得的开采体的尺寸变小。这样，通过系统地改变 $\lambda$ 和 $\eta$ 的值，在每次改变后重新计算块状模型中每一个模块的权值，并基于新的块状模型求解问题 2，就可以得到一系列地质最优开采体。

通过求解问题 2 得到的地质最优开采体序列，是完全套嵌的。这是因为在 $\lambda$ 和 $\eta$ 增加之前，一些模块对开采体总量 $M$ 的贡献为正，而在 $\lambda$ 和 $\eta$ 增加一定量后，由于这些模块的权值下降，其对 $M$ 的贡献变为负；要使 $\lambda$ 和 $\eta$ 增加后的开采体总量 $M$ 最大，就得把这些模块从原开采体中去掉（当然，把这些模块去掉后，开采体仍须满足工作帮坡角要求）。因此，增加 $\lambda$ 和 $\eta$ 后得到的开采体，必然被完全包含在增加 $\lambda$ 和 $\eta$ 之前的开采体中。

用上述拉格朗日松弛模型求地质最优开采体序列，可以通过某一境界优化算法的重复应用实现。然而，储量参数化的一个固有特性是：对于一个给定的境界及其品位分布，求得的相邻开采体之间的增量可能非常大。这一特性称为“缺口”现象。从上述数学模型和相关讨论，容易理解产生缺口的原因。一方面，增加 $\lambda$ 和 $\eta$ 后，求解问题 2 不一定能得到一个与增加 $\lambda$ 和 $\eta$ 之前的开采体（原开采体）不同的开采体，只有当 $\lambda$ 和 $\eta$ 增加到使一些模块的权值降到一个临界水平以下，使原开采体中至少有一个锥壳倾角为工作帮坡角、锥顶朝上的锥体的总权值变为负，而被从原开采体中“挤出去”时，才能得到一个比原开采体小的新开采体；否则，增加 $\lambda$ 和 $\eta$ 后得到的开采体仍然与原开采体相同。另一方面，$\lambda$ 和 $\eta$ 的任何微小增加都可能使多个锥壳倾角为工作帮坡角、锥顶朝上的锥体的总权值变为负，而同时被从原开采体中挤出去，得到一个比原开采体小得多的开采体；而在这两个开采体之间无论怎么变化 $\lambda$ 和 $\eta$ 的值，也得不到任何中间开采体。缺口的大小和出现频率取决于品位在矿床中的空间分布状况，但对于绝大多数矿床都存在。

从本章的生产计划优化定理可知，用于计划优化的地质最优开采体序列中，相邻开采体之间的增量要足够小。因此，缺口问题使储量参数化法不适用于产生用于计划优化的地质最优开采体序列。

## 5.4 优 化 算 法

优化数学模型的求解需要具体的算法来实现。本节基于上述优化模型，给出相关算法的逻辑框架和简要步骤。

### 5.4.1 地质最优开采体序列的产生算法

根据前述生产计划优化定理，地质最优开采体序列中相邻开采体之间的增量要足够小。理论上，这一增量只有达到无穷小才能保证最优生产计划是地质最优开采体序列的一个子序列。然而，理论上的这一要求在实践中是无法实现的，而且也没有必要设置一个非常小的增量。从上述优化模型可以看出（参见图 5-4），相邻开采体之间的增量决定了任意一年所评价的不同生产能力之间的差别，这一差别太小没有实际意义。对于一个矿山可以依据境界储量和经验确定一个较合理的年矿石生产能力，比如，对于一个境界矿石储量为 4.5 亿吨的矿山，合理年矿石生产能力为 1500 万吨左右；显然，比较年产 1500 万吨和 1501 万吨矿石的两个不同计划方案没有实际意义，因为可以肯定二者的总净现值会很接近，不会对方案决策产生影响；也就是说，对这样规模的矿山，把相邻开采体之间的矿石增量设置为 1 万吨这么小没有实际意义。一般而言，这一增量设置为合理年生产能力估值的 1/10 左右就可既有足够的分辨率又使不同生产能力之间的差别有实际意义。

根据上述对地质最优开采体的定义，求序列中的每个地质最优开采体，都是一个在满足给定矿岩总量 $T$ 和矿石量 $Q$ 的条件下，求金属量 $M$（$M$ 是矿石里的金属量，下同）最大的开采体的问题。以储量参数化的概念讲，这是一个同时针对 $T$ 和 $Q$ 的双参数化问题，在数学上很难直接求解，用拉格朗日松弛法求解又存在缺口问题。所以常常把这一问题简化为只针对 $T$ 或 $Q$ 的单参数化问题。

对于给定的矿岩总量 $T$ 和矿石量 $Q$ 求金属量 $M$ 最大的开采体，等同于对于给定的废石量 $W$ 和矿石量 $Q$ 求金属量 $M$ 最大的开采体，也等同于对于给定的废石量 $W$ 和矿石量 $Q$ 求 $M/(W+Q)$ 最大的开采体。如果把 $M/(W+Q)$ 定义为开采体平均品位，并且把双参数化问题简化为只针对 $Q$ 的单参数化问题，那么，地质最优开采体就可近似地定义为“在所有满足工作帮坡角要求的矿石量为 $Q$ 的开采体中，平均品位最高的那个开采体”。依据这一近似定义，我们提出了一个可以完全克服缺口问题的近似算法——增量排除法。

假设依据上述讨论，相邻开采体之间的矿石增量设定为 $\Delta Q$。最终境界 $V$ 是拟产生的序列 $\{P^*\}_N$ 中最大的开采体 $P_N^*$，其矿石量为 $Q_N^*$。增量排除法的基本思路是：从最终境界 $V$ 开始，从中按工作帮坡角 $\alpha$ 排除平均品位（等于矿石里的金属量除以矿岩量）最低、矿量为 $\Delta Q$ 的那一部分，剩余部分就是所有矿量为 $Q_N^* - \Delta Q$ 的开采体中平均品位最高者，亦即对于 $Q_N^* - \Delta Q$ 的地质最优开采体（序列中的 $P_{N-1}^*$）；再从 $P_{N-1}^*$ 中按工作帮坡角排除平均品位最低、矿量为 $\Delta Q$ 的那一部分，就得到下一个更小的地质最优开采体 $P_{N-2}{}^*$；如此进行下去，直到剩余部分的矿量等于或小于增量 $\Delta Q$，这一剩余部分即为序列中最小的那个地质最优开采体 $P_1^*$，这样就得到一个由 $N$ 个地质最优开采体组成的序列 $\{P^*\}_N = \{P_1^*, P_2^*, \cdots, P_N^*\}$。由于任何一个开采体（最终境界除外）都是在比它大的开采体中排除一部分得到的，所以求得的开采体序列一定是一个完全套嵌序列。为了使排除一个增量后所得到的开采体的工作帮满足工作帮坡角要求，所排除的增量必须由一个或多个锥顶朝上、锥壳倾角等于工作帮坡角 $\alpha$ 的锥体组成。

图 5-5 是块状矿床模型和最终境界的一个垂直横剖面示意图，每一栅格表示一个模块（其高度等于台阶高度），垂直方向上的一列模块称为一个模块柱。为了使以块状模型描述的境界和开采体能够准确表达最终帮坡角、工作帮坡角和地表地形，在帮坡和坑底处以及地表处的模块多数为“非整模块”（即整模块的一部分）。参照图 5-5，产生地质最优开采体序列的增量排除算法如下：

第 1 步：构建一个足够大的锥顶朝上、锥壳与水平面的夹角等于工作帮坡角的锥壳模板，并依据上述讨论设定相邻开采体之间的矿石增量 $\Delta Q$。

第 2 步：置当前开采体为最终境界，即置最终境界范围外的所有模块柱的底部和顶部标高均等于该模块柱中线处的地表标高；置最终境界范围内的所有模块柱的底部标高等于该模块柱中线处的最终境界的边帮或坑底标高、顶部标高等于该模块柱中线处的地表标高。

第 3 步：置模块柱序号 $i=1$，即取当前开采体范围内的模块柱 1。

第 4 步：把锥壳模板的顶点置于模块柱 $i$ 在当前开采体内最低的那个模块的中心，该模块是从下数第一个中心标高大于该处当前开采体边帮或底部标高的模块。

第 5 步：找出当前开采体中落入锥体内的所有模块（整块和非整块），计算锥体的矿量、岩量和平均品位（平均品位等于矿石所含金属量除以矿岩量）。如果锥体的矿石量小于等于 $\Delta Q$，把该锥体按平均品位从低到高置于一个锥体数组中，继续下一步；如果锥体的矿石量大于 $\Delta Q$，该锥体弃之不用，转到第 7 步。

第 6 步：把锥体沿模块柱 $i$ 向上移动一个台阶高度，如果锥体顶点高度已经高出该模块柱处的地表标高一个给定的距离，继续下一步；否则，回到第 5 步。

第 7 步：如果模块柱 $i$ 不是当前开采体范围内的最后一个模块柱，取下一个模块柱，即置 $i=i+1$，回到第 4 步；否则，执行下一步。

第 8 步：至此，当前开采体范围内的所有模块柱被锥体“扫描”了一遍，得到了一组按平均品位从低到高排序的 $n$ 个锥体组成的锥体数组。从数组中找出前 $m$ 个锥体的“联合体”（联合体中任何锥体之间的重叠部分只计一次），使联合体的矿石量最接近 $\Delta Q$。

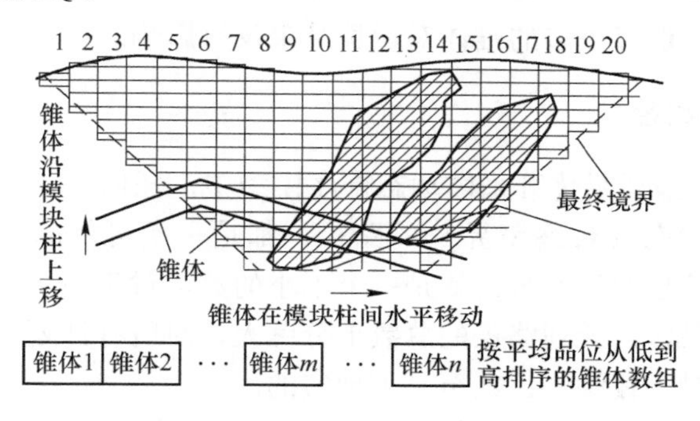


图 5-5　产生地质最优开采体序列的增量排除法示意图

第 9 步：把联合体中的锥体从当前开采体中排除。排除一个锥体就是把受该锥体影响的每个模块柱的底部标高提升到此模块柱中线处的锥壳标高。排除了联合体中的所有锥体后就得到了一个新的开采体，存储这一开采体。

第 10 步：计算上一步得到的开采体的矿石量。如果其矿石量大于 $\Delta Q$，以这一新开采体作为当前开采体，回到第 3 步，产生下一个更小的开采体；否则，所有开采体产生完毕，算法结束。

上述算法中，由于排除的是平均品位最低的 $m$ 个锥体的联合体（联合体的矿石量约等于 $\Delta Q$），排除后得到的开采体最有可能是所有矿量相同的开采体中含金属量最大者（即地质最优开采体）。然而，由于许多锥体之间存在重叠的部分，这样做并不能保证得到的是同等矿量的开采体中含金属量最大的开采体。例如，单独考察锥体数组中各个锥体时，锥体 1 和锥体 2 是平均品位最低的两个锥体，但当考察两个锥体的联合体时，也许锥体 9 和锥体 10 的联合体的平均品位低于锥体 1 和锥体 2 的联合体的平均品位。要找出矿石量约等于 $\Delta Q$ 的含金属量最低的锥体的联合体，就需要考察所有不同锥体的组合；对于一个实际矿山，组合数量十分巨大，这样做是不现实的。因此在所开发的软件中提供了两个不同优化级别，供使用者选择：优化级别 1 不考虑锥体重叠；优化级别 2 部分考虑锥体重叠。优化级别 2 的运算时间比优化级别 1 要长得多。

另外，上述算法中把一次扫描得到的所有锥体都存入锥体数组。一个实际矿山的境界范围内可能有上万个模块柱甚至更多，这样做所需计算机内存会很大；而且锥体数组中的锥体数量越大，运行时间越长（对于优化级别 2 尤其如此）。事实上，并不需要把每一个锥体都保存在锥体数组中，只保存足够数量的平均品位最低的那些锥体就可以了。“足够”有两个方面的含义：一是足够组成矿量不小于 $\Delta Q$ 的联合体，如果保存的锥体太少，它们全部的联合体的矿量也可能小于 $\Delta Q$；二是如果用的是优化级别 2，保存的锥体少有可能漏掉含金属量最低的锥体的组合。多次试运算证明，对于 150 万吨左右的 $\Delta Q$，保存 2000 个平均品位最低的锥体就足够了，保存更多的锥体对运算结果没有影响。

### 5.4.2　可行计划路径

图 5-4 所示的地质最优开采体动态排序模型中，任何一条从原点 0 到达最上一行的任何一个状态（最终境界）的路径，都是一条可能的计划路径。虽然只有 8 个开采体，计划路径的数量就是一个不小的数。对于一个实际矿山而言，一般都有数百个开采体，计划路径的总数十分巨大，对所有计划路径都进行经济评价将耗时很长；对于枚举法，甚至是不现实的。

实际上，并不需要评价所有计划路径，因为许多路径明显不合理，不可能是最佳路径。例如：图 5-4 中路径 $0 \to P_8^*$ 意味着 1 年就把整个境界采完，对于几乎任何一个实际矿山而言，显然是不合理的。再如：最低路径 $0 \to P_1^* \to P_2^* \to P_3^* \to P_4^* \to P_5{}^* \to P_6^* \to P_7^* \to P_8^*$ 意味着每年的矿石生产能力是产生地质最优开采体序列时的开采体矿石增量 $\Delta Q$，而为了使计划有足够的分辨率，$\Delta Q$ 一般只有较合理的年生产能力的 1/10 左右，显然这一路径的生产能力太低，其开采寿命等于地质最优开采体序列中的开采体数，对于一个有数百个开采体的实际矿山，这条路径对应的开采寿命是数百年，如此低的生产能力和如此长的开采寿命是明显不合理的。

对于一个给定境界，根据可采储量和经验，可以确定一个比较合理的年生产能力范围。如果一条路径上所有年份的生产能力都落入这一范围，这一路径被视为可行计划路径，在优化中予以评价；否则视为不可行路径而不予考虑。可行计划路径的具体定义如下：

**定义 8**　令 $q_L$ 和 $q_U$ 分别为年矿石生产能力的下限和上限，$v_U$ 为年采剥能力的上限。如果一条计划路径上除最后一年外的任何一年 $t(t = 1, 2, \cdots, n - 1$；$n$ 为 该路径的开采寿命）的采矿量 $q_t$ 满足 $q_L \leqslant q_t \leqslant q_U$、采剥量 $v_t$ 满足 $v_t \leqslant v_U$；最后一年满足 $q_n \leqslant q_U$ 和 $v_n \leqslant v_U$，那么，该路径为可行计划路径。

最后一年不需要满足年矿石生产能力的下限，是因为境界已定，在其他年份满足条件的情况下，最后一年是剩余多少就开采多少。

### 5.4.3 动态规划算法

令 $Q_i^*$、$M_i^*$ 和 $W_i^*$ 分别表示地质最优开采体序列 $\{P^*\}_N$ 中第 $i$ 个开采体内的矿石量、矿石里的金属量、废石量($i=1$, 2, …, $N$; $\{P^*\}_N$ 中的开采体已经从小到大排序，这些量也已计算完毕)。参照图 5-4 和动态规划数学模型，优化生产计划的动态规划算法如下：

第 1 步：定义一个 $N\times N$ 的二维“阶段 - 状态数组”，数组的列为阶段、行为状态，列和行的序数均为 1 ~ $N$；为表述方便，把数组中位于第 $t$ 列、第 $i$ 行的元素称为“状态 $S_{t,i}$”。对于每一阶段(列)$t$，当状态(行)序号 $i$ 为 $t\leqslant i\leqslant N$ 时，状态 $S_{t,i}$ 所对应的开采体为 $\{P^*\}_N$ 中第 $i$ 个开采体 $P_i^*$；当 $i<t$ 时，$S_{t,i}$ 所对应的开采体为空(参见图 5-4)。$t=0$ 时，阶段 0 只有一个状态，即初始状态 0(图 5-4 的原点)，该状态不属于阶段 - 状态数组；设置初始状态处的初始条件：$Q_0^*=0$、$M_0^*=0$、$W_0^*=0$、$NPV_{0,0}=0$。

第 2 步：置当前阶段序数 $t=1$（第 1 年)。

第 3 步：置当前状态序数 $i=1$。

第 4 步：当前状态 $S_{t,i}$ 所对应的开采体为 $P_i^*$，按式(5-23) ~ 式(5-25) 计算从初始状态 0 转移到状态 $S_{t,i}$，在第 1 阶段(即第 1 年) 采出的矿石量 $q_{t,i}(t-1, j)$、矿石的金属量 $m_{t,i}(t-1, j)$ 和剥离的废石量 $w_{t,i}(t-1, j)$。置状态 $S_{t,i}$ 的累计净现值 $NPV_{t,i}=-1.0\times10^{30}$，初始化状态 $S_{t,i}$ 为“不可行状态”。

第 5 步：判别这一状态转移的可行性。

(A) 如果 $q_{t,i}(t-1, j)<q_L$ 且 $q_{t,i}(t-1, j)+w_{t,i}(t-1, j)\leqslant v_U$，矿产量小于年矿石生产能力的下限，这一状态转移是不可行性的，转到第 7 步。

(B) 如果 $q_L\leqslant q_{t,i}(t-1, j)\leqslant q_U$ 且 $q_{t,i}(t-1, j)+w_{t,i}(t-1, j)\leqslant v_U$，这一状态转移是可行性的，执行第 6 步。

(C) 如果 $q_{t,i}(t-1, j)>q_U$ 或 $q_{t,i}(t-1, j)+w_{t,i}(t-1, j)>v_U$，这一状态转移是不可行的，转到第 8 步。

第 6 步：按式（5-26）和式（5-27）计算这一状态转移的当年利润 $p_{t,i}(t-1, j)$ 和累计净现值 $NPV_{t,i}$，并把状态 $S_{t,i}$ 标记为“可行状态”；状态 $S_{t,i}$ 的最佳前置状态记录为初始状态。

第 7 步：如果 $i<N$，置 $i=i+1$，回到第 4 步，评价第 1 年的下一个状态；否则，执行下一步。

第 8 步：至此，阶段 1（第一年）的所有状态评价完毕。如果该阶段有可行状态，执行下一步；否则，无解退出。

第 9 步：置当前阶段序数 $t=t+1$。

第 10 步：置当前状态序数 $i = t$。（$i < t$ 的状态均为空，不用考虑。）

第 11 步：当前状态 $S_{t,i}$ 所对应的开采体为 $P_i^*$ 。置该状态处的累计净现值 $NPV_{t,i} = -1.0 \times 10^{30}$，初始化该状态为“不可行状态”。

第 12 步：置前一阶段 $t-1$ 的状态序数 $j = t-1$，即从前一阶段的最低非空状态开始考虑向状态 $S_{t,i}$ 转移，该状态 $S_{t-1,j}$ 对应的开采体为 $P_j^*$ 。

第 13 步：如果状态 $S_{t-1,j}$ 为可行状态，执行下一步；否则，转到第 17 步。

第 14 步：按式（5-23）~式（5-25）计算从状态 $S_{t-1,j}$ 转移到状态 $S_{t,i}$，在第 $t$ 阶段（即第 $t$ 年）采出的矿石量 $q_{t,i}(t-1, j)$、矿石里的金属量 $m_{t,i}(t-1, j)$ 和剥离的废石量 $w_{t,i}(t-1, j)$。

第 15 步：判别这一状态转移的可行性。

（A）如果 $q_{t,i}(t-1, j) < q_L$ 且 $q_{t,i}(t-1, j) + w_{t,i}(t-1, j) \leqslant v_U$，分两种情况：

① $i = N$，状态 $S_{t,i}$ 对应的开采体为最终境界，这一状态转移是可行性的，执行第 16 步；

② $i<N$，矿产量小于年矿石生产能力的下限，这一状态转移是不可行性的，转到第 18 步。

（B）如果 $q_L \leqslant q_{t,i}(t-1, j) \leqslant q_U$ 且 $q_{t,i}(t-1, j) + w_{t,i}(t-1, j) \leqslant v_U$，这一状态转移是可行性的，执行第 16 步。

（C）如果 $q_{t,i}(t-1, j) > q_U$ 或 $q_{t,i}(t-1, j) + w_{t,i}(t-1, j) > v_U$，这一状态转移是不可行性的，转到第 17 步。

第 16 步：按式（5-26）和式（5-27）计算这一状态转移的当年利润 $p_{t,i}(t-1, j)$ 和累计净现值 $NPV_{t,i}(t-1, j)$，并把状态 $S_{t,i}$ 标记为“可行状态”。如果 $NPV_{t,i}(t-1, j) > NPV_{t,i}$，置 $NPV_{t,i} = NPV_{t,i}(t-1, j)$，并把状态 $S_{t,i}$ 的最佳前置状态记录为状态 $S_{t-1,j}$；否则，$NPV_{t,i}$ 和最佳前置状态不变。

第 17 步：如果 $j < i-1$，置 $j = j+1$，返回到第 13 步；否则，执行下一步。

第 18 步：至此，完成了对状态 $S_{t,i}$ 的评价，即评价了从前一阶段 $t-1$ 的所有状态到该状态的状态转移。若状态 $S_{t,i}$ 为可行状态，就得到了到达该状态的最大累计净现值和该状态的最佳前置状态。如果 $i < N$，置 $i = i+1$，返回到第 11 步（开始评价阶段 $t$ 的下一个状态）；否则，执行下一步。

第 19 步：阶段 $t$ 的所有状态评价完毕。如果 $t < N$，返回到第 9 步，开始评价下一个阶段的状态；否则，执行下一步。

第 20 步：所有阶段的所有状态评价完毕。在阶段-状态数组的最上一行的可行状态 $S_{t,N}(t = 1, 2, \cdots, N)$ 中，找到累计净现值最大的那个状态，它是“最佳终了状态”，该状态所在的阶段即为最佳开采寿命。从最佳终了状态开始，逐阶段反向搜索其最佳前置状态，直到初始状态（原点 0），就得到了最佳计划路径。输出最佳计划相关参数，算法结束。如果在阶段-状态数组的最上一行的状态中，没有可行状态，即所有 $S_{t,N}(t=1, 2, \cdots, N)$ 都是不可行状态，则无解退出。

出现无解情况，是由于年矿石生产能力的可行区间 $[q_L, q_U]$ 设置太窄，或年采剥能力的上限 $v_U$ 设置太低，或相邻地质最优开采体之间存在很大的增量，或是这些因素的联合作用。所以，需要具体分析，对相关参数作相应调整后，重新优化。

### 5.4.4 枚举算法

5.3.2 节所述的地质最优开采体动态排序的枚举法模型，是对一条计划路径从头至尾逐年进行计算的。实际上，许多可行计划路径之间有重合段。如图 5-6 所示，假设两条路径 $0 \to P_2^* \to P_4^* \to P_6^* \to P_8^*$ 和 $0 \to P_2^* \to P_4^* \to P_7^* \to P_8^*$ 均是可行计划路径，这两条路径的头两年重合，都是 $0 \to P_2^* \to P_4^*$。所以二者在头两年推进到的采场状态（开采体）相同，年采矿量和剥离量相同，年利润也相同；完成了路径 $0 \to P_2^* \to P_4^* \to P_6^* \to P_8^*$ 的经济评价后，路径 $0 \to P_2^* \to P_4^* \to P_7^* \to P_8^*$ 上头两年的相关经济参数是已知的，不需要对整条路径从头到尾逐年计算，只需完成其后两年的计算就可以了。利用这一特点可以节省大量的计算时间。

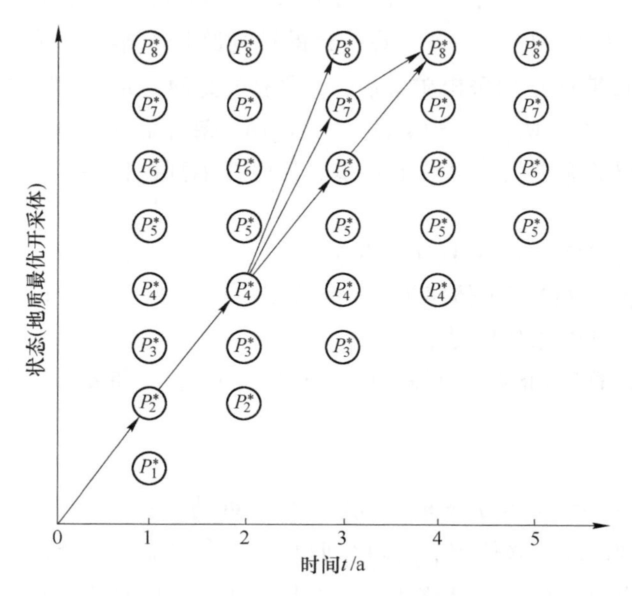


图 5-6 地质最优开采体动态排序模型图（局部）

从上述两条计划路径之间的关系可以得出一般规律：一条计划路径（如例中

的 $0 \to P_2^* \to P_4^* \to P_7^* \to P_8^*$）可以基于位于其下方的相邻计划路径（上例中的 $0 \to P_2^* \to P_4^* \to P_6^* \to P_8^*$）进行构建。再如，计划路径 $0 \to P_2^* \to P_4^* \to P_8^*$ 可以基于位于其下方的相邻计划路径 $0 \to P_2^* \to P_4^* \to P_7^* \to P_8^*$ 进行构建。基于这一规律，可以一边构建路径一边根据定义 8 判别其可行性，并只对可行路径上的“新”状态进行相关计算；在这一过程中只保存当前可行计划路径和那条最佳（NPV 最大的）的可行计划路径，路径的构建与评价结束后，最佳计划路径也随之而得。这样就不需要先把所有可行路径都找出来并存储在内存里，而后逐条对它们进行经济评价，既节省了运算时间，又节省了内存。实际上，对于一个现实矿山而言，可行路径的数量十分巨大，一般 PC（个人计算机）的内存可能不够存储所有路径的。

令 $Q_i^*$、$M_i^*$ 和 $W_i^*$ 分别表示地质最优开采体序列 $\{P^*\}_N$ 中第 $i$ 个开采体内的矿石量、矿石里的金属量、废石量（$i = 1, 2, \cdots, N$；$\{P^*\}_N$ 中的开采体已经从小到大排序，这些量也已计算完毕）；$k(t)$ 表示一条计划路径上第 $t$ 年的开采体在序列 $\{P^*\}_N$ 中的序号，也就是说，第 $t$ 年末采场推进到开采体 $P_{k(t)}^*$。依据以上论述，可行计划路径的构建和评价算法如下：

第 1 步：置时间 $t = 1$（第 1 年）。在地质最优开采体序列 $\{P^*\}_N$ 中找到这样一个开采体，其矿石量不小于设定的年矿石生产能力下限 $q_L$ 且与 $q_L$ 最为接近，并且其矿岩总量不大于设定的年采剥能力上限 $v_U$。如果找到了这样一个开采体，它在 $\{P^*\}_N$ 中的序号为 $k(1)$，即正在构建的计划路径上第 1 年末的采场推进到开采体 $P_{k(1)}{}^*$；计算该年的采出矿量 $q_t$、$q_t$ 含有的金属量 $m_t$、剥离的废石量 $w_t$，它们分别等于 $Q_{k(1)}{}^*$、$M_{k(1)}{}^*$ 和 $W_{k(1)}{}^*$；进而计算年收入和采、剥、选成本及其折现到时间 0 点的净现值；继续下一步。如果找不到这样一个开采体，则无可行计划，算法终止。

第 2 步：置时间 $t = t + 1$（下 1 年）。

第 3 步：置年 $t$ 的开采体序号 $k(t) = k(t-1) + 1$，$k(t-1)$ 是正在构建的计划路径上前一年的开采体序号。

第 4 步：计算年 $t$ 的矿石开采量 $q_t = Q_{k(t)}^* - Q_{k(t-1)}^*$ 和废石剥离量 $w_t = W_{k(t)}^* - W_{k(t-1)}^*$。

第 5 步：

（A）如果 $q_t < q_L$ 且 $q_t + w_t \leqslant q_U$，分两种情况：

① $k(t) = N$，即开采体 $P_{k(t)}^*$ 是序列 $\{P^*\}_N$ 中的最后一个（最终境界），那么正在构建的计划路径已经抵达终点，最终境界 $P_N^*$ 为路径上的终点开采体，得到了一条完整的可行计划路径，其开采寿命 $n = t$ 年；计算该年 $t$ 的矿石金属量 $m_t = M_{k(t)}^* - M_{k(t-1)}^*$，进而计算年收入和采、剥、选成本及其折现到时间 0 点的净现

值；执行第6步。

②$k(t) < N$，年$t$的矿石开采量低于设定的年矿石生产能力下限，不可行，置开采体序号$k(t) = k(t) + 1$，即考虑一个更大的开采体，返回到第4步。

（B）如果$q_L \leqslant q_t \leqslant q_U$且$q_t + w_t \leqslant v_U$：

开采体$P^*_{k(t)}$是正在构建的计划路径上第$t$年末的可行采场状态；计算该年$t$的矿石金属量$m_t = M^*_{k(t)} - M^*_{k(t-1)}$，进而计算年收入和采、剥、选成本及其折现到时间0点的净现值。若$k(t) = N$，那么正在构建的计划路径已经抵达最终境界，得到了一条完整的可行计划路径，其开采寿命$n = t$年，执行第6步；否则，返回到第2步。

（C）如果$q_t > q_U$或$q_t + w_t > v_U$：

年$t$的矿石开采量或采剥总量超出设定的上限，无可行计划，算法终止。

第6步：至此，得到了一条具有“最低矿产量”的可行计划路径，即路径上除最后一年外每年的矿石开采量都刚刚满足设定的年矿石生产能力下限$q_L$。计算该计划的基建投资，以及各年的投资闲置成本（如果有的话），进而计算这一路径的总NPV。置该路径为当前路径，并把它保存为最佳路径。

第7步：置时间$t=n-1$，$n$为当前路径的开采寿命。

第8步：从$t$年开始构建新的可行计划路径，新路径在1～$(t-1)$年与当前路径相同。把当前路径上年$t$的开采体序号增加1，即置$k(t) = k(t) + 1$。

第9步：计算年$t$的矿石开采量$q_t = Q^*_{k(t)} - Q^*_{k(t-1)}$和废石剥离量$w_t = W^*_{k(t)} - W^*_{k(t-1)}$。$k(t-1)$是当前路径上前一年$(t-1)$的开采体序号。

第10步：

（A）如果$q_t \leqslant q_U$且$q_t + w_t \leqslant v_U$：

开采体$P^*_{k(t)}$是正在构建的新计划路径上第$t$年末的可行采场状态，它变为当前路径上年$t$的开采体（即把原来的开采体替换掉）；计算年$t$的矿石金属量$m_t = M^*_{k(t)} - M^*_{k(t-1)}$，进而计算年收入和采、剥、选成本及其折现到时间0点的净现值。若$k(t) = N$，那么正在构建的新计划路径已经抵达最终境界，得到了一条完整的可行计划路径，其开采寿命$n = t$年，转到第15步；否则，执行第11步。

（B）如果$q_t > q_U$或$q_t + w_t > v_U$：

年$t$的矿石开采量或采剥总量超出设定的上限，不可行，置$t = t - 1$，即沿当前路径往回退一年。如果这时的$t > 0$，返回到第8步；否则，所有可行计划路径的构建和评价完毕，转到第16步。

第11步：置$t = t + 1$。

第12步：置年$t$的开采体序号$k(t) = k(t-1) + 1$，$k(t-1)$是正在构建的新计划路径上前一年的开采体序号。

第 13 步：计算年 $t$ 的矿石开采量 $q_t = Q^*_{k(t)} - Q^*_{k(t-1)}$ 和废石剥离量 $w_t = W^*_{k(t)} - W^*_{k(t-1)}$。

第 14 步：

（A）如果 $q_t < q_L$ 且 $q_t + w_t \leqslant v_U$，分两种情况：

① $k(t) = N$，即开采体 $P^*_{k(t)}$ 是序列 $\{P^*\}_N$ 中的最后一个（最终境界），那么正在构建的新计划路径已经抵达终点，最终境界 $P^*_N$ 为该路径上的终点开采体，得到了一条完整的可行计划路径，其开采寿命 $n = t$ 年；计算该年 $t$ 的矿石金属量 $m_t = M^*_{k(t)} - M^*_{k(t-1)}$，进而计算年收入和采、剥、选成本及其折现到时间 0 点的净现值；执行第 15 步；

② $k(t) < N$，年 $t$ 的矿石开采量低于设定的年矿石生产能力下限，不可行，置开采体序号 $k(t) = k(t) + 1$，即考虑一个更大的开采体，返回到第 13 步。

（B）如果 $q_L \leqslant q_t \leqslant q_U$ 且 $q_t + w_t \leqslant v_U$：

开采体 $P^*_{k(t)}$ 是正在构建的新计划路径上第 $t$ 年末的可行采场状态；计算年 $t$ 的矿石金属量 $m_t = M^*_{k(t)} - M^*_{k(t-1)}$，进而计算年收入和采、剥、选成本及其折现到时间 0 点的净现值。若 $k(t) = N$，那么正在构建的新计划路径已经抵达最终境界，得到了一条完整的可行计划路径，其开采寿命 $n = t$ 年，执行第 15 步；否则，返回到第 11 步。

（C）如果 $q_t > q_U$ 或 $q_t + w_t > v_U$：

年 $t$ 的矿石开采量或采剥总量超出设定的上限，不可行，算法半途而废，显示错误信息，转到第 16 步输出到此为止的最佳路径。

第 15 步：一条新的可行计划路径构建完毕，计算该计划的基建投资，以及各年的投资闲置成本（如果有的话），进而计算这一路径的总 NPV。如果这条路径的总 NPV 大于保存的最佳路径的总 NPV，把该路径保存为最佳路径（即把原最佳路径替换掉）；否则，原最佳路径不变。把该路径作为当前路径，返回到第 7 步。

第 16 步：输出最佳计划路径，算法结束。在可行计划路径中，一些路径的总 NPV 可能与最大总 NPV 之间相差很小，可以忽略不计；但这些路径中有的可能比具有最大总 NPV 的路径更为合理，如矿石产量更为稳定、剥离峰值较低等。因此，可以保留和输出多条最佳路径供用户选择。设计优化软件时，保留的最佳路径数量应作为界面上的输入数据由用户设定。

### 5.4.5 移动产能域算法

上述枚举算法是对符合矿石生产能力约束的所有计划方案进行评价和比较，求得最佳方案。如果矿石年生产能力约束区间 $[q_L, q_U]$ 设置得窄，有可能遗漏最佳计划方案，即最佳计划方案的矿石年生产能力不在［$q_L$，$q_U$］内；而要实现三要素整体优化，生产能力也是需要优化的变量。为了不遗漏最佳计划方案，就得把［$q_L$，$q_U$］设置得比较宽，那么符合约束条件的计划方案数会非常大。比如，在［$q_L$，$q_U$］内，如果每年有4个不同的开采体可以选择，而且即使每年都以约束区间上限 $q_U$ 开采。其开采寿命为20年，那么，符合约束条件的计划方案数将大于 $4^{20}$。虽然在算法中尽量避免了重复计算，评价这么多计划方案所需的计算时间也会长得不可接受。为解决这一问题，我们提出了“移动产能域算法”。

移动产能域算法的基本逻辑是，设定一个足够宽的年矿石生产能力优化范围［$q_{min}$，$q_{max}$］，最佳计划方案的年矿石产量（除最后一年外）一定在这一范围内。这一范围由用户设定，是输入数据。从这一范围的低端开始，计算一个比［$q_{min}$，$q_{max}$］窄的合适的产能约束区间［$q_L$，$q_U$］，称之为“产能域”，应用上述枚举算法求该产能域内的最佳计划方案并保存；然后，以一定的步长上移产能域，每移动一次，都重新计算产能域的上、下限，并应用上述枚举算法求得新的产能域内的最佳计划方案，直到 $q_U \geqslant q_{max}$；最后，比较所有产能域的最佳方案的总NPV，得到全局最佳方案。

令 $k$ 表示产能域的序数，用［$q_L^k$，$q_U^k$］表示第 $k$ 个产能域。算法如下：

第1步：置 $k = 1$，并置波尔变量 $B_P$ = false。在地质最优开采体序列$\{P^*\}_N$中，找出矿石量不小于且最接近于 $q_{min}$ 的开采体，其在序列$\{P^*\}_N$中的序号为 $L$，即开采体 $P_L^*$。

第2步：计算产能域［$q_L^k$，$q_U^k$］的下界 $q_L^k$ 和上界 $q_U^k$。下界 $q_L^k$ 为：

$$q_L^k = Q_L^* - \Delta Q_{max}/2 \tag{5-44}$$

式中 $Q_L^*$——开采体 $P_L^*$ 的矿石量；

$\Delta Q_{max}$——序列$\{P^*\}_N$中相邻开采体之间矿石增量的最大值。

最终境界内的矿石总量为 $Q_N^*$。按下面算式计算产能域［$q_L^k$，$q_U^k$］的上界 $q_U^k$：

$$\left.\begin{array}{ll} Q_N^*/q_L^k > 31\text{ 时}, & \text{令 } U = L \\ 20 < Q_N^*/q_L^k \leqslant 31\text{ 时}, & \text{令 } U = L + 1 \\ 16 < Q_N^*/q_L^k \leqslant 20\text{ 时}, & \text{令 } U = L + 2 \\ Q_N^*/q_L^k \leqslant 16\text{ 时}, & \text{令 } U = L + 3 \end{array}\right\} \tag{5-45}$$

如果按上式得到的 $U > N$，令 $U = N$。则：

$$q_U^k = Q_U^* + \Delta Q_{max}/2 \tag{5-46}$$

式中 $Q_U^*$——序列$\{P^*\}_N$中第 $U$ 个开采体（即 $P_U{}^*$）的矿石量。

如果 $q_U^k > q_{max}$，置 $B_P$ = true。

第 3 步：在产能域 $[q_L^k, q_U^k]$ 内，应用上述枚举算法求满足这一产能约束的最佳计划方案并保存。

第 4 步：如果 $B_P$ = false，执行下一步；否则（$B_P$ = true），转到第 6 步。

第 5 步：置 $k = k + 1$、$L = L + 1$，返回到第 2 步。

第 6 步：产能域已经遍历设定的整个矿石年生产能力范围 $[q_{min}, q_{max}]$。在保存的所有产能域的最佳计划方案中找出 NPV 最大的那个，就得到了全局最佳计划方案。输出全局最佳计划方案，也可以输出所有产能域的局部最佳计划方案，这样可以看出 NPV 随生产能力的变化情况。算法结束。

上述算法中，产能域的宽度随着产能域的上移（即产能的增加和开采寿命的缩短）呈阶梯式增加，这样就保证了在每个产能域内，求最佳计划的时间较短，整个求解过程可以在较短时间内完成。对于不同矿山的应用实践表明，对于境界内矿石量为数亿吨、开采体数量有数百个的大型矿山，应用这一算法一般可以在数分钟内完成整个优化过程。

## 5.5　案例应用与分析

第 4 章 4.6 节对一个矿山的最终境界进行了优化，本节应用上述移动产能域算法就优化所得境界的生产计划进行优化和分析。

### 5.5.1　参数设置与优化结果

优化中用到的技术经济参数如表 5-1 所示，表中前 10 个参数的取值与境界优化中的取值相同，生产成本上升率同时作用于矿石开采成、岩石剥离成和选矿成本。

**表 5-1　技术经济参数**

| 参数 | 现时矿石开采成本/元 · t$^{-1}$ | 现时岩石剥离成本/元 · t$^{-1}$ | 现时选矿成本/元 · t$^{-1}$ | 现时精矿售价/元 · t$^{-1}$ | 矿石回采率/% |
|---|---|---|---|---|---|
| 取值 | 24 | 18 | 140 | 750 | 95 |
| 参数 | 选矿金属回收率/% | 精矿品位/% | 废石混入率/% | 混入废石品位/% | 边界品位/% |
| 取值 | 82 | 66 | 6 | 0 | 25 |
| 参数 | 工作帮坡角/(°) | 生产成本年上升率/% | 精矿价格年上升率/% | 折现率/% | |
| 取值 | 17 | 2.0 | 2.5 | 7.0 | |

矿山的基建投资函数设定为：

$$I = 20000 + 400q_{m} \tag{5-47}$$

$I$ 是选厂及其他与生产能力直接相关的基建投资，单位为万元；$q_m$ 是计划方案中最大年矿石产量，单位为万吨。在开采计划优化的经济评价中，对于任一计划方案，若某年（最后一年除外）的矿石产量小于该计划 $q_m$ 的 90%时，就发生投资闲置成本。全部投资闲置一整年的闲置成本与投资额的比例等于按 7%的利息和 15 年计算的年金系数，即 0.1098。因此，当某一计划方案中某年 $t$（最后一年除外）的矿石产量 $q_t<0.9q_m$ 时，该计划方案在第 $t$ 年发生的投资闲置成本为 $0.1098I(1-q_t/q_m)$。

对于表 5-1 中相关技术经济参数，在第 4 章 4.6.3 节中已优化出最终境界（表 4-4 中的境界 20，亦即"P750 境界"）。境界内的矿石量为 4.79 亿吨，据此估计，矿山的合理年矿石生产能力为 1500 万吨左右。所以，地质最优开采体序列中相邻开采体之间的矿石增量 $\Delta Q$ 设定为 150 万吨。应用上述地质最优开采体序列产生算法，在境界内共产生了 318 个开采体（包括最终境界）。序列中相邻开采体之间的实际矿石增量为 150 万~151.5 万吨，几乎与设定值相等；产生整个序列在 DELL PC 机（i7-4790CPU@ 3.60Ghz）上用时 26min，验证了地质最优开采体序列产生算法不仅完全克服了缺口问题，而且运算效率较高。

基于上述技术经济参数和所产生的地质最优开采体序列，应用移动产能域算法对生产计划三要素进行整体优化，矿石年生产能力范围 $[q_{min}, q_{max}]$ 设定为 [600，2000] 万吨。整个优化过程共评价了 175759363 条计划路径，用时不到 1min。从输出结果看，所有产能域的最佳计划方案均未发生投资闲置成本，这是矿石年产量波动幅度较大的计划方案被高额基建投资（它是最高年矿石产量的线性函数）和投资闲置成本"惩罚"的结果，这也验证了虽然移动产能域算法中每个产能域的宽度较窄（即允许的产能波动幅度较小），但在绝大部分情况下不会遗漏全局最佳方案。优化所得最佳生产计划如表 5-2 所示，表中的生产成本包括矿石开采成本、废石剥离成本和选矿成本，销售额和生产成本是价格和成本上升与折现之前的数据，时间 0 的净现值是基建投资。

**表 5-2 P750 境界的最佳生产计划**（现时精矿价格 = 750 元/t）

| 时间 /a | 开采体序号 | 矿石产量 /t | 废石剥离量 /t | 精矿产量 /t | 精矿销售额 /元 | 生产成本 /元 | 净现值 /元 |
|---|---|---|---|---|---|---|---|
| 0 | | | | | | | $-744400.0\times10^4$ |
| 1 | 12 | $1778.9\times10^4$ | $12295.3\times10^4$ | $644.3\times10^4$ | $483259.3\times10^4$ | $513049.1\times10^4$ | $-26139.5\times10^4$ |
| 2 | 24 | $1808.2\times10^4$ | $4938.3\times10^4$ | $657.6\times10^4$ | $493195.6\times10^4$ | $385428.1\times10^4$ | $102335.8\times10^4$ |
| 3 | 36 | $1807.8\times10^4$ | $5059.7\times10^4$ | $662.3\times10^4$ | $496745.4\times10^4$ | $387544.3\times10^4$ | $100955.9\times10^4$ |
| 4 | 48 | $1810.2\times10^4$ | $6921.7\times10^4$ | $664.3\times10^4$ | $498203.9\times10^4$ | $421462.5\times10^4$ | $71498.0\times10^4$ |
| 5 | 60 | $1808.1\times10^4$ | $8487.3\times10^4$ | $661.5\times10^4$ | $496151.7\times10^4$ | $449296.1\times10^4$ | $46551.6\times10^4$ |

续表 5-2

| 时间 /a | 开采体序号 | 矿石产量 /t | 废石剥离量 /t | 精矿产量 /t | 精矿销售额 /元 | 生产成本 /元 | 净现值 /元 |
|---|---|---|---|---|---|---|---|
| 6 | 72 | $1808.9\times10^4$ | $10640.8\times10^4$ | $655.3\times10^4$ | $491438.5\times10^4$ | $488201.6\times10^4$ | $13409.2\times10^4$ |
| 7 | 84 | $1810.5\times10^4$ | $12388.1\times10^4$ | $651.4\times10^4$ | $488580.6\times10^4$ | $519915.9\times10^4$ | $-10244.9\times10^4$ |
| 8 | 96 | $1806.8\times10^4$ | $10791.2\times10^4$ | $648.6\times10^4$ | $486481.6\times10^4$ | $490559.9\times10^4$ | $10453.8\times10^4$ |
| 9 | 108 | $1806.6\times10^4$ | $8003.7\times10^4$ | $651.0\times10^4$ | $488258.9\times10^4$ | $440350.3\times10^4$ | $45423.4\times10^4$ |
| 10 | 120 | $1809.0\times10^4$ | $6495.6\times10^4$ | $651.9\times10^4$ | $488933.0\times10^4$ | $413601.0\times10^4$ | $61865.3\times10^4$ |
| 11 | 132 | $1804.1\times10^4$ | $5377.5\times10^4$ | $650.1\times10^4$ | $487541.3\times10^4$ | $392668.0\times10^4$ | $71959.0\times10^4$ |
| 12 | 144 | $1807.1\times10^4$ | $4865.3\times10^4$ | $650.7\times10^4$ | $488061.3\times10^4$ | $383932.6\times10^4$ | $75246.1\times10^4$ |
| 13 | 156 | $1808.0\times10^4$ | $4499.7\times10^4$ | $651.7\times10^4$ | $488756.5\times10^4$ | $377511.9\times10^4$ | $76936.2\times10^4$ |
| 14 | 168 | $1806.0\times10^4$ | $4234.6\times10^4$ | $652.0\times10^4$ | $489019.9\times10^4$ | $372405.1\times10^4$ | $77405.1\times10^4$ |
| 15 | 180 | $1805.4\times10^4$ | $4121.4\times10^4$ | $654.3\times10^4$ | $490700.6\times10^4$ | $370278.0\times10^4$ | $76960.1\times10^4$ |
| 16 | 192 | $1807.6\times10^4$ | $3914.5\times10^4$ | $652.2\times10^4$ | $489138.1\times10^4$ | $366912.9\times10^4$ | $75346.6\times10^4$ |
| 17 | 204 | $1806.6\times10^4$ | $3470.2\times10^4$ | $652.5\times10^4$ | $489345.2\times10^4$ | $358740.9\times10^4$ | $76697.3\times10^4$ |
| 18 | 216 | $1807.5\times10^4$ | $2870.9\times10^4$ | $652.7\times10^4$ | $489496.2\times10^4$ | $348102.4\times10^4$ | $78780.0\times10^4$ |
| 19 | 228 | $1806.0\times10^4$ | $2427.8\times10^4$ | $651.7\times10^4$ | $488815.2\times10^4$ | $339884.1\times10^4$ | $79163.6\times10^4$ |
| 20 | 240 | $1809.6\times10^4$ | $2231.3\times10^4$ | $653.4\times10^4$ | $490084.4\times10^4$ | $336943.1\times10^4$ | $78140.9\times10^4$ |
| 21 | 252 | $1806.1\times10^4$ | $1883.8\times10^4$ | $652.4\times10^4$ | $489286.2\times10^4$ | $330114.4\times10^4$ | $77635.1\times10^4$ |
| 22 | 264 | $1807.2\times10^4$ | $1616.0\times10^4$ | $652.0\times10^4$ | $488992.7\times10^4$ | $325467.0\times10^4$ | $76442.4\times10^4$ |
| 23 | 276 | $1808.1\times10^4$ | $1249.1\times10^4$ | $651.2\times10^4$ | $488429.0\times10^4$ | $319016.4\times10^4$ | $75694.1\times10^4$ |
| 24 | 288 | $1806.4\times10^4$ | $1642.1\times10^4$ | $649.7\times10^4$ | $487256.7\times10^4$ | $325810.7\times10^4$ | $70434.1\times10^4$ |
| 25 | 300 | $1807.8\times10^4$ | $3178.9\times10^4$ | $653.9\times10^4$ | $490401.6\times10^4$ | $353701.7\times10^4$ | $60598.1\times10^4$ |
| 26 | 312 | $1810.4\times10^4$ | $1553.7\times10^4$ | $655.0\times10^4$ | $491227.2\times10^4$ | $324868.6\times10^4$ | $67127.7\times10^4$ |
| 27 | 318 | $904.1\times10^4$ | $489.3\times10^4$ | $328.8\times10^4$ | $246599.6\times10^4$ | $157077.5\times10^4$ | $34151.6\times10^4$ |
| 合计 | | $47873.1\times10^4$ | $135647.9\times10^4$ | $17312.5\times10^4$ | $12984400.2\times10^4$ | $10292844.0\times10^4$ | $900426.7\times10^4$ |

从表 5-2 可以看出，这一计划每年的矿石产量很稳定，除最后一年外都为 1800 万吨左右；依据该计划，该矿应该按照年产 1800 万吨矿石的规模设计，开采寿命近 27 年。在给定的技术经济条件下，总 NPV 约为 90 亿元。

表 5-2 中“开采体序号”一列给出了每年末采场状态所对应的开采体，它指明了采场从现状地表到最终境界的时空发展过程，即开采顺序。根据这一计划，采场在第 1 年末推进到开采体 12，第 2 年末推进到开采体 24，以此类推。第 5 年

末和第 15 年末的采场形态（即开采体 60 和 180）等高线分别如图 5-7 和图 5-8 所示。参照优化结果给出的每年末的采场形态，就可基于台阶要素、运输坑线要素和采装设备的生产能力等，编制出采剥计划最终方案。

任何优化模型和算法都很难考虑所有的实际约束条件，如最短工作线长度、最高下降速度、生产剥采比波动幅度等。所以优化结果一般都存在不合理甚至不可行之处，在参照优化结果编制采剥计划中需要对不合理之处进行调整。比如，从表 5-2 可以看出，优化结果在个别年份的生产剥采比较其他年份高出很多，在编制采剥计划中应进行适当的平衡。再如，从图 5-7 和图 5-8 可以看出，从第 5 年末到第 15 年末采场北端下降太快，实际生产中可能实现不了，这期间的计划需要结合生产剥采比均衡进行调整。存在不合理甚至不可行之处，并不意味着优化结果没有意义；有了优化结果作为参照，计划编制就不再是设计出一个可行方案即可，而是能够使最终计划方案尽可能靠近优化方案，以获得尽可能高的经济效益。因此，优化结果对于实际计划编制工作具有重要指导意义。

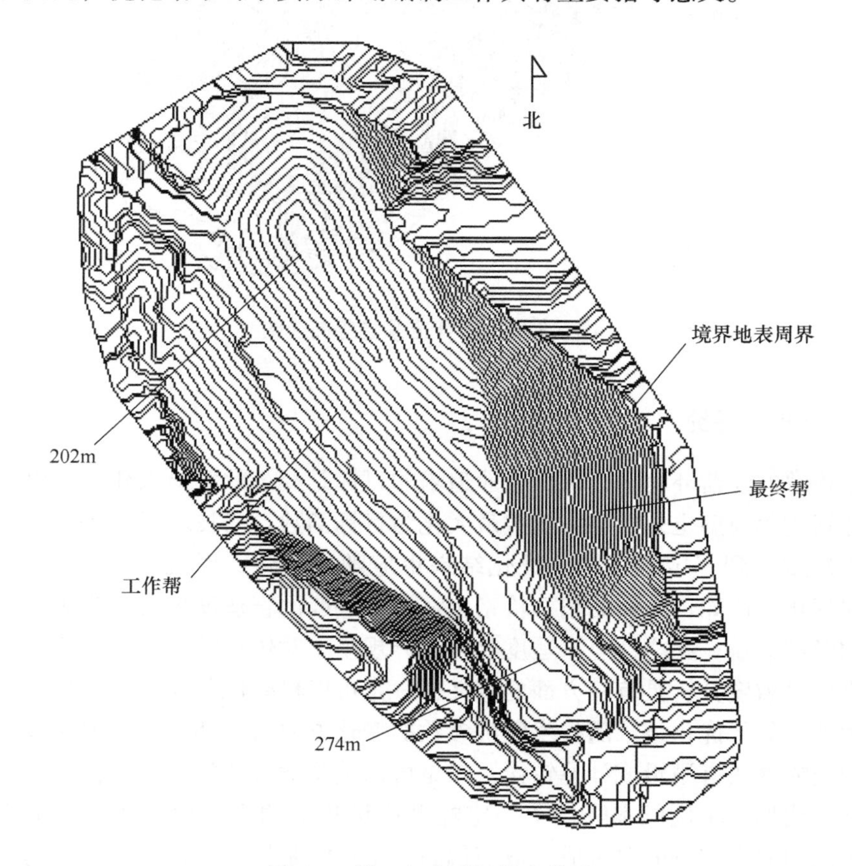


图 5-7　第 5 年末采场等高线图

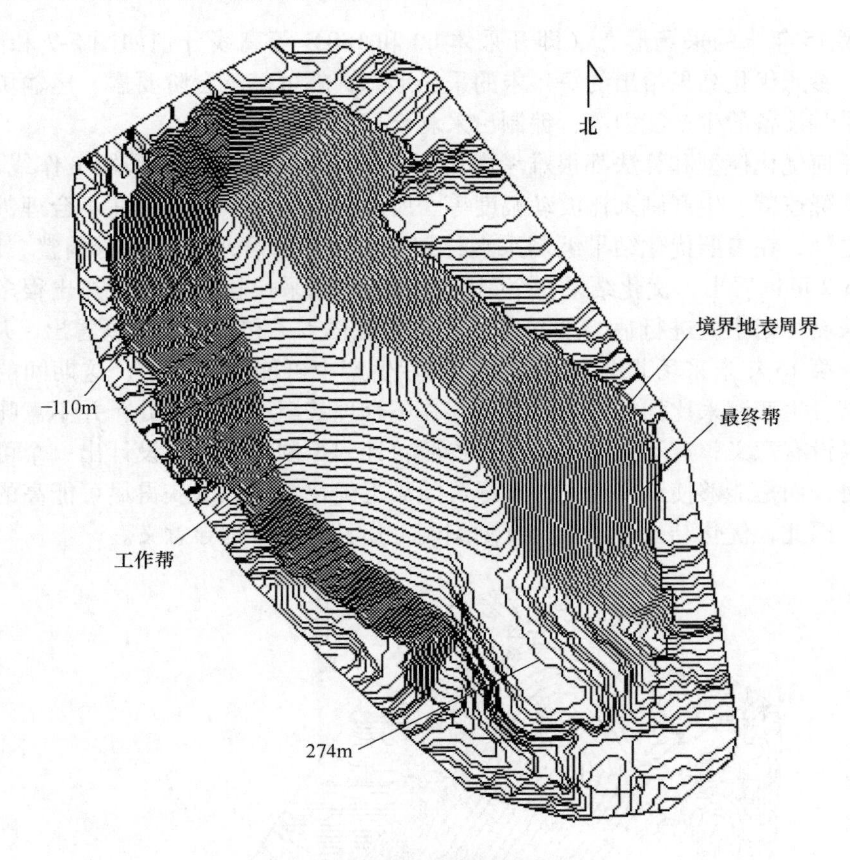


图 5-8 第 15 年末采场等高线图

### 5.5.2 分析与评价

在正常的经营环境中，矿山企业追求的目标是经济效益最大化。所以我们的生产计划优化模型也是以经济效益最大化为目标函数。当技术经济条件发生变化且变化幅度达到一定程度时，优化结果也应随之变化，而且应该朝着“期望”的方向变化。比如，预期的精矿价格上涨了，一般而言适度扩大生产规模会获得更高的经济效益；反之，应该适度收缩生产规模。对优化结果随技术经济参数的变化进行灵敏度分析具有三方面的意义：一是可以检验优化模型的合理性和算法的正确性，如果优化结果随技术经济参数的变化方向与预期不符，说明模型存在内在问题或算法有逻辑或计算错误；二是可以检验输入的技术经济参数值是否符合实际，比如当单位成本降低了一定幅度后优化出的生产规模明显地更为合理了，这说明原来准备的单位成本取值偏高，很可能是把对优化没有影响的不变成本也纳入到了可变成本（即单位成本）；三是在优化模型合理、算法正确和数据符合实际的前提下，灵敏度分析可以指明当技术经济参数变化到什么程度时，应该考虑调整生产计划以及调整的正确方向和合理幅度，这对于矿山生产中的技术决策有重要支持价值。

对于给定的经济技术条件和境界储量，上述优化结果无论是生产规模还是开采寿命，均是合理的。不确定性较高且对生产计划有明显影响的是矿产品市场价格。把现时精矿价格从 750 元/t 降低到 650 元/t，其他输入参数保持表 5-1 中的取值不变，重新优化后得到的最佳生产计划如表 5-3 所示。

可见，优化结果确实朝着预期的方向发生了变化：现时精矿价格的下降致使最佳生产规模从 1800 万吨/年降低到 900 万吨/年，开采寿命从不到 27 年延长到 53 年。这种变化主要来自两个动力：一是在精矿价格较低的情况下，要获得净现值最大化就必须降低基建投资，而基建投资随生产规模的下降而降低；二是在精矿价格降低后，必须尽量推迟产生负现金流的剥离高峰，从结果数据可以看出，生产规模的降低使原来出现在 6~8 年的剥离高峰（见表 5-2）推迟到了 10~16年（见表 5-3）。比较这两个生产计划的总 NPV 可知，精矿价格降低了 13.3%（从 750 元/t 降到 650 元/t，其他条件不变），总 NPV 从 90 亿元大幅降到不到 2 亿元，降低了 98%。可见，矿山的生产规模和经济效益对于矿产品价格的降低有很高的灵敏度。

**表 5-3 P750 境界的最佳生产计划**（现时精矿价格=650 元/t）

| 时间/a | 开采体序号 | 矿石产量/t | 废石剥离量/t | 精矿产量/t | 精矿销售额/元 | 生产成本/元 | 净现值/元 |
|---|---|---|---|---|---|---|---|
| 0 | | | | | | | $-382800.0\times10^4$ |
| 1 | 6 | $874.9\times10^4$ | $9245.5\times10^4$ | $317.9\times10^4$ | $206618.9\times10^4$ | $309909.9\times10^4$ | $-97498.8\times10^4$ |
| 2 | 12 | $903.9\times10^4$ | $3049.7\times10^4$ | $326.5\times10^4$ | $212205.8\times10^4$ | $203139.2\times10^4$ | $10134.2\times10^4$ |
| 3 | 18 | $904.4\times10^4$ | $2745.4\times10^4$ | $327.6\times10^4$ | $212952.0\times10^4$ | $197736.6\times10^4$ | $15906.6\times10^4$ |
| 4 | 24 | $903.8\times10^4$ | $2192.8\times10^4$ | $330.0\times10^4$ | $214484.2\times10^4$ | $187691.4\times10^4$ | $25623.4\times10^4$ |
| 5 | 30 | $904.1\times10^4$ | $2328.6\times10^4$ | $330.8\times10^4$ | $214996.6\times10^4$ | $190182.4\times10^4$ | $23722.6\times10^4$ |
| 6 | 36 | $903.7\times10^4$ | $2731.1\times10^4$ | $331.6\times10^4$ | $215516.1\times10^4$ | $197361.9\times10^4$ | $18438.4\times10^4$ |
| 7 | 42 | $906.2\times10^4$ | $3080.3\times10^4$ | $332.7\times10^4$ | $216255.4\times10^4$ | $204055.9\times10^4$ | $14113.7\times10^4$ |
| 8 | 48 | $904.0\times10^4$ | $3841.4\times10^4$ | $331.6\times10^4$ | $215521.3\times10^4$ | $217406.6\times10^4$ | $4577.7\times10^4$ |
| 9 | 54 | $904.6\times10^4$ | $3977.1\times10^4$ | $332.2\times10^4$ | $215945.6\times10^4$ | $219940.3\times10^4$ | $3719.1\times10^4$ |
| 10 | 60 | $903.5\times10^4$ | $4510.2\times10^4$ | $329.3\times10^4$ | $214052.6\times10^4$ | $229355.8\times10^4$ | $-2835.6\times10^4$ |
| 11 | 66 | $907.4\times10^4$ | $5158.2\times10^4$ | $328.5\times10^4$ | $213516.6\times10^4$ | $241660.2\times10^4$ | $-9654.7\times10^4$ |
| 12 | 72 | $901.6\times10^4$ | $5482.6\times10^4$ | $326.8\times10^4$ | $212396.7\times10^4$ | $246541.4\times10^4$ | $-11999.0\times10^4$ |
| 13 | 78 | $905.4\times10^4$ | $6472.7\times10^4$ | $325.6\times10^4$ | $211631.0\times10^4$ | $264985.8\times10^4$ | $-21184.6\times10^4$ |

续表 5-3

| 时间 /a | 开采体序号 | 矿石产量 /t | 废石剥离量 /t | 精矿产量 /t | 精矿销售额 /元 | 生产成本 /元 | 净现值 /元 |
|---|---|---|---|---|---|---|---|
| 14 | 84 | $905.2\times10^4$ | $5915.4\times10^4$ | $325.9\times10^4$ | $211805.6\times10^4$ | $254930.1\times10^4$ | $-14387.7\times10^4$ |
| 15 | 90 | $904.0\times10^4$ | $6148.7\times10^4$ | $323.5\times10^4$ | $210299.9\times10^4$ | $258929.2\times10^4$ | $-15914.2\times10^4$ |
| 16 | 96 | $902.8\times10^4$ | $4642.5\times10^4$ | $325.1\times10^4$ | $211317.5\times10^4$ | $231630.7\times10^4$ | $-1448.8\times10^4$ |
| 17 | 102 | $903.4\times10^4$ | $4168.6\times10^4$ | $325.1\times10^4$ | $211306.6\times10^4$ | $223185.8\times10^4$ | $2853.6\times10^4$ |
| 18 | 108 | $903.2\times10^4$ | $3835.2\times10^4$ | $325.9\times10^4$ | $211851.2\times10^4$ | $217164.6\times10^4$ | $5991.6\times10^4$ |
| 19 | 114 | $904.5\times10^4$ | $3463.4\times10^4$ | $325.4\times10^4$ | $211530.6\times10^4$ | $210684.9\times10^4$ | $8636.9\times10^4$ |
| 20 | 120 | $904.5\times10^4$ | $3032.2\times10^4$ | $326.5\times10^4$ | $212211.3\times10^4$ | $202916.1\times10^4$ | $11941.6\times10^4$ |
| 21 | 126 | $901.7\times10^4$ | $2775.0\times10^4$ | $324.5\times10^4$ | $210952.5\times10^4$ | $197822.2\times10^4$ | $13157.5\times10^4$ |
| 22 | 132 | $902.4\times10^4$ | $2602.5\times10^4$ | $325.5\times10^4$ | $211583.3\times10^4$ | $194845.9\times10^4$ | $14226.3\times10^4$ |
| 23 | 138 | $903.4\times10^4$ | $2447.1\times10^4$ | $325.3\times10^4$ | $211467.1\times10^4$ | $192206.9\times10^4$ | $14780.3\times10^4$ |
| 24 | 144 | $903.6\times10^4$ | $2418.2\times10^4$ | $325.4\times10^4$ | $211519.3\times10^4$ | $191725.7\times10^4$ | $14628.6\times10^4$ |
| 25 | 150 | $904.0\times10^4$ | $2318.5\times10^4$ | $326.3\times10^4$ | $212103.7\times10^4$ | $189995.1\times10^4$ | $15020.2\times10^4$ |
| 26 | 156 | $904.0\times10^4$ | $2181.2\times10^4$ | $325.4\times10^4$ | $211485.3\times10^4$ | $187516.8\times10^4$ | $15168.7\times10^4$ |
| 27 | 162 | $903.0\times10^4$ | $2108.4\times10^4$ | $326.1\times10^4$ | $211992.6\times10^4$ | $186043.2\times10^4$ | $15347.0\times10^4$ |
| 28 | 168 | $903.0\times10^4$ | $2126.2\times10^4$ | $325.9\times10^4$ | $211824.7\times10^4$ | $186362.0\times10^4$ | $14806.5\times10^4$ |
| 29 | 174 | $902.8\times10^4$ | $2073.3\times10^4$ | $327.1\times10^4$ | $212644.9\times10^4$ | $185372.9\times10^4$ | $14894.7\times10^4$ |
| 30 | 180 | $902.7\times10^4$ | $2048.1\times10^4$ | $327.1\times10^4$ | $212628.9\times10^4$ | $184905.1\times10^4$ | $14591.4\times10^4$ |
| 31 | 186 | $903.1\times10^4$ | $1960.3\times10^4$ | $325.6\times10^4$ | $211618.3\times10^4$ | $183401.3\times10^4$ | $14257.7\times10^4$ |
| 32 | 192 | $904.5\times10^4$ | $1954.2\times10^4$ | $326.6\times10^4$ | $212301.4\times10^4$ | $183511.5\times10^4$ | $14001.4\times10^4$ |
| 33 | 198 | $902.4\times10^4$ | $1795.9\times10^4$ | $325.6\times10^4$ | $211627.5\times10^4$ | $180324.4\times10^4$ | $14091.7\times10^4$ |
| 34 | 204 | $904.1\times10^4$ | $1674.3\times10^4$ | $326.9\times10^4$ | $212471.7\times10^4$ | $178416.5\times10^4$ | $14243.5\times10^4$ |
| 35 | 210 | $904.3\times10^4$ | $1475.6\times10^4$ | $326.7\times10^4$ | $212345.0\times10^4$ | $174863.7\times10^4$ | $14445.7\times10^4$ |
| 36 | 216 | $903.2\times10^4$ | $1395.3\times10^4$ | $326.0\times10^4$ | $211885.0\times10^4$ | $173238.7\times10^4$ | $14183.4\times10^4$ |
| 37 | 222 | $902.6\times10^4$ | $1265.8\times10^4$ | $325.6\times10^4$ | $211609.7\times10^4$ | $170814.4\times10^4$ | $14088.0\times10^4$ |
| 38 | 228 | $903.4\times10^4$ | $1162.1\times10^4$ | $326.2\times10^4$ | $212030.1\times10^4$ | $169069.7\times10^4$ | $13996.6\times10^4$ |
| 39 | 234 | $904.3\times10^4$ | $1156.5\times10^4$ | $326.6\times10^4$ | $212264.9\times10^4$ | $169115.3\times10^4$ | $13573.0\times10^4$ |
| 40 | 240 | $905.3\times10^4$ | $1074.8\times10^4$ | $326.9\times10^4$ | $212474.9\times10^4$ | $167827.7\times10^4$ | $13352.0\times10^4$ |
| 41 | 246 | $902.8\times10^4$ | $958.8\times10^4$ | $326.2\times10^4$ | $212020.6\times10^4$ | $165317.0\times10^4$ | $13180.9\times10^4$ |
| 42 | 252 | $903.3\times10^4$ | $925.0\times10^4$ | $326.2\times10^4$ | $212027.5\times10^4$ | $164797.4\times10^4$ | $12806.0\times10^4$ |
| 43 | 258 | $904.8\times10^4$ | $846.0\times10^4$ | $326.7\times10^4$ | $212379.8\times10^4$ | $163610.0\times10^4$ | $12577.8\times10^4$ |

续表 5-3

| 时间/a | 开采体序号 | 矿石产量/t | 废石剥离量/t | 精矿产量/t | 精矿销售额/元 | 生产成本/元 | 净现值/元 |
|---|---|---|---|---|---|---|---|
| 44 | 264 | 902.4×10⁴ | 770.0×10⁴ | 325.3×10⁴ | 211413.8×10⁴ | 161857.0×10⁴ | 12214.1×10⁴ |
| 45 | 270 | 903.1×10⁴ | 676.6×10⁴ | 325.2×10⁴ | 211373.6×10⁴ | 160290.9×10⁴ | 11968.5×10⁴ |
| 46 | 276 | 905.0×10⁴ | 572.5×10⁴ | 326.0×10⁴ | 211931.5×10⁴ | 158725.5×10⁴ | 11802.6×10⁴ |
| 47 | 282 | 903.3×10⁴ | 566.2×10⁴ | 325.4×10⁴ | 211489.4×10⁴ | 158330.5×10⁴ | 11371.2×10⁴ |
| 48 | 288 | 903.1×10⁴ | 1075.9×10⁴ | 324.3×10⁴ | 210799.7×10⁴ | 167480.1×10⁴ | 9963.4×10⁴ |
| 49 | 294 | 903.6×10⁴ | 1759.9×10⁴ | 327.8×10⁴ | 213100.1×10⁴ | 179872.2×10⁴ | 8715.4×10⁴ |
| 50 | 300 | 904.2×10⁴ | 1419.0×10⁴ | 326.0×10⁴ | 211914.6×10⁴ | 173829.5×10⁴ | 8843.3×10⁴ |
| 51 | 306 | 905.7×10⁴ | 1031.4×10⁴ | 326.3×10⁴ | 212124.2×10⁴ | 167103.2×10⁴ | 9154.9×10⁴ |
| 52 | 312 | 904.7×10⁴ | 522.3×10⁴ | 328.6×10⁴ | 213606.1×10⁴ | 157765.4×10⁴ | 9771.9×10⁴ |
| 53 | 318 | 904.1×10⁴ | 489.3×10⁴ | 328.8×10⁴ | 213719.7×10⁴ | 157077.5×10⁴ | 9488.2×10⁴ |
| 合计 | | 47873.1×10⁴ | 135647.9×10⁴ | 17312.5×10⁴ | 11253146.8×10⁴ | 10292844.0×10⁴ | 16648.1×10⁴ |

现时精矿价格降低到650元/t后矿山的开采寿命延长为53年，这似乎是不合理的（太长了）。这是因为在较低精矿价格（650元/t）的条件下，最终境界仍然是较高精矿价格（750元/t）条件下优化出的境界，当然是不合理的。所以，现时精矿价格变为650元/t时应该采用这一价格条件下的最佳境界，即第4章4.6.4节的P650境界，这一境界的生产计划优化结果如表5-4所示。

可以看出，表5-4中的计划方案比表5-3中的计划方案在各个方面都更为合理。价格较低的条件下用较小的境界，大大降低了前期剥岩量，剥离峰值大大削减，现金流大为改善（没有了负现金流）。所以，虽然二者的年矿石生产能力和基建投资几乎相同，总净现值却大幅增加，从不到2亿元增加到46亿元。这说明，在对生产计划进行分析时，不能仅仅就生产计划，而是要就境界和生产计划同时进行分析，这样才能为整体开采方案的最终确定提供决策依据。

**表 5-4 P650 境界的最佳生产计划**（现时精矿价格=650元/t）

| 时间/a | 开采体序号 | 矿石产量/t | 废石剥离量/t | 精矿产量/t | 精矿销售额/元 | 生产成本/元 | 净现值/元 |
|---|---|---|---|---|---|---|---|
| 0 | | | | | | | −382400.0×10⁴ |
| 1 | 6 | 881.7×10⁴ | 3322.5×10⁴ | 326.1×10⁴ | 211964.6×10⁴ | 204406.0×10⁴ | 8195.9×10⁴ |
| 2 | 12 | 903.8×10⁴ | 836.9×10⁴ | 326.7×10⁴ | 212323.5×10⁴ | 163288.3×10⁴ | 46455.8×10⁴ |
| 3 | 18 | 903.8×10⁴ | 927.6×10⁴ | 331.1×10⁴ | 215234.6×10⁴ | 164914.9×10⁴ | 46345.4×10⁴ |
| 4 | 24 | 905.1×10⁴ | 1329.2×10⁴ | 331.1×10⁴ | 215223.3×10⁴ | 172355.3×10⁴ | 38910.2×10⁴ |

续表 5-4

| 时间 /a | 开采体序号 | 矿石产量 /t | 废石剥离量 /t | 精矿产量 /t | 精矿销售额 /元 | 生产成本 /元 | 净现值 /元 |
|---|---|---|---|---|---|---|---|
| 5 | 30 | $903.7\times10^4$ | $1582.4\times10^4$ | $328.5\times10^4$ | $213504.1\times10^4$ | $176698.5\times10^4$ | $33133.1\times10^4$ |
| 6 | 36 | $901.0\times10^4$ | $2173.7\times10^4$ | $327.5\times10^4$ | $212843.5\times10^4$ | $186888.8\times10^4$ | $24232.3\times10^4$ |
| 7 | 42 | $904.3\times10^4$ | $1839.2\times10^4$ | $334.4\times10^4$ | $217370.6\times10^4$ | $181409.0\times10^4$ | $31139.6\times10^4$ |
| 8 | 48 | $904.1\times10^4$ | $1622.3\times10^4$ | $329.1\times10^4$ | $213909.4\times10^4$ | $177477.6\times10^4$ | $30662.9\times10^4$ |
| 9 | 54 | $905.0\times10^4$ | $2040.8\times10^4$ | $326.5\times10^4$ | $212241.2\times10^4$ | $185159.3\times10^4$ | $23812.1\times10^4$ |
| 10 | 60 | $903.1\times10^4$ | $1883.8\times10^4$ | $323.7\times10^4$ | $210420.3\times10^4$ | $182011.4\times10^4$ | $24138.9\times10^4$ |
| 11 | 66 | $903.0\times10^4$ | $1594.0\times10^4$ | $324.7\times10^4$ | $211038.2\times10^4$ | $176788.1\times10^4$ | $27121.4\times10^4$ |
| 12 | 72 | $902.5\times10^4$ | $1425.9\times10^4$ | $324.9\times10^4$ | $211153.9\times10^4$ | $173673.4\times10^4$ | $28291.8\times10^4$ |
| 13 | 78 | $904.7\times10^4$ | $1298.3\times10^4$ | $326.2\times10^4$ | $212034.8\times10^4$ | $171736.4\times10^4$ | $29102.7\times10^4$ |
| 14 | 84 | $902.6\times10^4$ | $1238.1\times10^4$ | $325.6\times10^4$ | $211643.9\times10^4$ | $170316.7\times10^4$ | $28821.8\times10^4$ |
| 15 | 90 | $903.6\times10^4$ | $1247.7\times10^4$ | $326.1\times10^4$ | $211934.0\times10^4$ | $170652.4\times10^4$ | $28005.5\times10^4$ |
| 16 | 96 | $903.8\times10^4$ | $1230.7\times10^4$ | $326.0\times10^4$ | $211924.2\times10^4$ | $170380.5\times10^4$ | $27338.1\times10^4$ |
| 17 | 102 | $905.5\times10^4$ | $1143.8\times10^4$ | $326.1\times10^4$ | $211986.4\times10^4$ | $169093.6\times10^4$ | $27159.1\times10^4$ |
| 18 | 108 | $903.6\times10^4$ | $1043.7\times10^4$ | $325.7\times10^4$ | $211689.7\times10^4$ | $166972.3\times10^4$ | $27126.6\times10^4$ |
| 19 | 114 | $904.2\times10^4$ | $970.9\times10^4$ | $326.8\times10^4$ | $212406.2\times10^4$ | $165765.4\times10^4$ | $27118.4\times10^4$ |
| 20 | 120 | $903.5\times10^4$ | $846.0\times10^4$ | $327.0\times10^4$ | $212571.0\times10^4$ | $163395.5\times10^4$ | $27269.7\times10^4$ |
| 21 | 126 | $904.7\times10^4$ | $813.9\times10^4$ | $326.9\times10^4$ | $212477.8\times10^4$ | $163012.6\times10^4$ | $26518.4\times10^4$ |
| 22 | 132 | $904.7\times10^4$ | $770.1\times10^4$ | $327.4\times10^4$ | $212816.6\times10^4$ | $162227.3\times10^4$ | $26087.6\times10^4$ |
| 23 | 138 | $903.9\times10^4$ | $660.2\times10^4$ | $326.8\times10^4$ | $212423.2\times10^4$ | $160116.8\times10^4$ | $25810.7\times10^4$ |
| 24 | 144 | $902.7\times10^4$ | $543.4\times10^4$ | $325.2\times10^4$ | $211369.3\times10^4$ | $157826.4\times10^4$ | $25324.5\times10^4$ |
| 25 | 150 | $905.2\times10^4$ | $429.3\times10^4$ | $325.8\times10^4$ | $211781.5\times10^4$ | $156187.6\times10^4$ | $25129.5\times10^4$ |
| 26 | 156 | $904.4\times10^4$ | $708.5\times10^4$ | $324.5\times10^4$ | $210938.6\times10^4$ | $161080.1\times10^4$ | $22607.7\times10^4$ |
| 27 | 162 | $903.4\times10^4$ | $992.3\times10^4$ | $323.5\times10^4$ | $210277.5\times10^4$ | $166012.8\times10^4$ | $20311.6\times10^4$ |
| 28 | 168 | $902.7\times10^4$ | $1396.5\times10^4$ | $327.2\times10^4$ | $212684.5\times10^4$ | $173180.5\times10^4$ | $18516.3\times10^4$ |
| 29 | 174 | $904.5\times10^4$ | $1150.2\times10^4$ | $325.6\times10^4$ | $211657.9\times10^4$ | $169039.5\times10^4$ | $18687.9\times10^4$ |
| 30 | 180 | $905.2\times10^4$ | $593.4\times10^4$ | $328.8\times10^4$ | $213735.0\times10^4$ | $159136.8\times10^4$ | $21027.9\times10^4$ |
| 31 | 186 | $905.6\times10^4$ | $418.0\times10^4$ | $329.3\times10^4$ | $214051.5\times10^4$ | $156048.5\times10^4$ | $21104.5\times10^4$ |
| 32 | 188 | $302.0\times10^4$ | $176.5\times10^4$ | $110.9\times10^4$ | $72098.9\times10^4$ | $52699.3\times10^4$ | $6835.7\times10^4$ |
| 合计 |  | $28301.5\times10^4$ | $38250.4\times10^4$ | $10245.7\times10^4$ | $6659729.5\times10^4$ | $5329951.5\times10^4$ | $459943.6\times10^4$ |

当精矿价格较高时，一般而言，露天矿的生产规模也相应增加。为了验证这一点，我们把现时精矿价格从 750 元/t 提升到 850 元/t，其他参数保持表 5-1 中的取值不变，对生产计划进行重新优化。基于上述分析，现时精矿价格为 850 元/t 时的最终境界应是这一精矿价格下的最佳境界，即第 4 章 4.6.4 节的 P850 境界。在较高的精矿价格下，最佳年矿石生产能力有可能超过 2000 万吨，因此在优化中，把矿石年生产能力范围的上限 $q_{max}$ 设定为 2500 万吨。P850 境界的最佳生产计划如表 5-5 所示。比较表 5-3 和表 5-5 可以看出，现时精矿价格从 750 元/t 提高到 850 元/t 后，在其他条件不变的情况下，优化结果的变化方向确实符合预期：生产规模从年开采 1800 万吨矿石增加到了 2400 万吨，总净现值也大幅增加了 1 倍多。

以上就现时精矿价格的变化对最佳生产计划的影响分析表明，优化结果的变化方向与预期相符，验证了优化理论的合理性和优化模型与算法的正确性。同时也表明，就这一案例而言，露天开采方案（最终境界与生产计划）对于矿产品价格的变化具有高灵敏度。这一结论也适用于大部分金属露天矿。

对精矿价格的未来变化率、现时生产成本（现时采矿成本、剥岩成本和选矿成本）及其未来变化率等参数的可能变化，以及不同参数的组合式（同时）变化，也可作类似分析，分析结果可以为最终开采方案的决策提供科学的依据。

**表 5-5 P850 境界的最佳生产计划**（现时精矿价格 = 850 元/t）

| 时间 /a | 开采体序号 | 矿石产量 /t | 废石剥离量 /t | 精矿产量 /t | 精矿销售额 /元 | 生产成本 /元 | 净现值 /元 |
|---|---|---|---|---|---|---|---|
| 0 | | | | | | | $-985200.0\times10^4$ |
| 1 | 16 | $2373.1\times10^4$ | $9965.0\times10^4$ | $860.2\times10^4$ | $731201.7\times10^4$ | $568565.0\times10^4$ | $158453.7\times10^4$ |
| 2 | 32 | $2412.1\times10^4$ | $15174.7\times10^4$ | $890.3\times10^4$ | $756774.8\times10^4$ | $668733.0\times10^4$ | $86764.5\times10^4$ |
| 3 | 48 | $2409.4\times10^4$ | $19172.2\times10^4$ | $871.2\times10^4$ | $740487.1\times10^4$ | $740240.0\times10^4$ | $9693.5\times10^4$ |
| 4 | 64 | $2407.3\times10^4$ | $21476.5\times10^4$ | $864.6\times10^4$ | $734887.8\times10^4$ | $781368.2\times10^4$ | $-26395.8\times10^4$ |
| 5 | 80 | $2407.2\times10^4$ | $15331.5\times10^4$ | $868.5\times10^4$ | $738223.9\times10^4$ | $670743.0\times10^4$ | $67504.2\times10^4$ |
| 6 | 96 | $2411.5\times10^4$ | $11663.4\times10^4$ | $870.4\times10^4$ | $739901.9\times10^4$ | $605432.0\times10^4$ | $117439.2\times10^4$ |
| 7 | 112 | $2407.1\times10^4$ | $9853.6\times10^4$ | $870.6\times10^4$ | $740044.9\times10^4$ | $572135.8\times10^4$ | $138547.2\times10^4$ |
| 8 | 128 | $2406.1\times10^4$ | $9054.6\times10^4$ | $871.2\times10^4$ | $740486.3\times10^4$ | $557577.6\times10^4$ | $144873.5\times10^4$ |
| 9 | 144 | $2408.5\times10^4$ | $8493.6\times10^4$ | $870.8\times10^4$ | $740203.3\times10^4$ | $547874.1\times10^4$ | $146673.0\times10^4$ |
| 10 | 160 | $2410.3\times10^4$ | $7684.3\times10^4$ | $870.6\times10^4$ | $740038.6\times10^4$ | $533609.4\times10^4$ | $150901.0\times10^4$ |
| 11 | 176 | $2410.7\times10^4$ | $7432.9\times10^4$ | $871.9\times10^4$ | $741076.5\times10^4$ | $529147.7\times10^4$ | $149382.5\times10^4$ |
| 12 | 192 | $2407.3\times10^4$ | $7543.3\times10^4$ | $870.8\times10^4$ | $740145.6\times10^4$ | $530576.1\times10^4$ | $143200.4\times10^4$ |
| 13 | 208 | $2408.6\times10^4$ | $6889.0\times10^4$ | $869.8\times10^4$ | $739294.4\times10^4$ | $519017.3\times10^4$ | $144291.9\times10^4$ |

续表 5-5

| 时间/a | 开采体序号 | 矿石产量/t | 废石剥离量/t | 精矿产量/t | 精矿销售额/元 | 生产成本/元 | 净现值/元 |
|---|---|---|---|---|---|---|---|
| 14 | 224 | $2410.2\times10^4$ | $6328.0\times10^4$ | $869.9\times10^4$ | $739421.1\times10^4$ | $509170.8\times10^4$ | $144633.5\times10^4$ |
| 15 | 240 | $2411.2\times10^4$ | $5652.9\times10^4$ | $870.4\times10^4$ | $739799.1\times10^4$ | $497194.9\times10^4$ | $145808.7\times10^4$ |
| 16 | 256 | $2410.6\times10^4$ | $5231.9\times10^4$ | $871.0\times10^4$ | $740330.3\times10^4$ | $489521.0\times10^4$ | $144645.5\times10^4$ |
| 17 | 272 | $2410.3\times10^4$ | $4832.1\times10^4$ | $871.1\times10^4$ | $740441.2\times10^4$ | $482263.1\times10^4$ | $142896.7\times10^4$ |
| 18 | 288 | $2412.1\times10^4$ | $4821.7\times10^4$ | $870.2\times10^4$ | $739645.9\times10^4$ | $482373.5\times10^4$ | $137472.3\times10^4$ |
| 19 | 304 | $2412.1\times10^4$ | $4536.5\times10^4$ | $869.5\times10^4$ | $739069.0\times10^4$ | $477248.0\times10^4$ | $134452.9\times10^4$ |
| 20 | 320 | $2413.0\times10^4$ | $4206.1\times10^4$ | $869.0\times10^4$ | $738689.5\times10^4$ | $471442.2\times10^4$ | $131765.4\times10^4$ |
| 21 | 336 | $2409.8\times10^4$ | $5271.5\times10^4$ | $869.8\times10^4$ | $739342.6\times10^4$ | $490094.6\times10^4$ | $120507.0\times10^4$ |
| 22 | 352 | $2410.7\times10^4$ | $5667.8\times10^4$ | $865.0\times10^4$ | $735252.8\times10^4$ | $497379.4\times10^4$ | $112146.0\times10^4$ |
| 23 | 368 | $2411.8\times10^4$ | $3486.4\times10^4$ | $873.9\times10^4$ | $742801.7\times10^4$ | $458283.0\times10^4$ | $124055.7\times10^4$ |
| 24 | 378 | $1507.2\times10^4$ | $1003.2\times10^4$ | $546.9\times10^4$ | $464871.3\times10^4$ | $265243.0\times10^4$ | $81657.8\times10^4$ |
| 合计 | | $56898.3\times10^4$ | $200772.6\times10^4$ | $20567.6\times10^4$ | $17482431.2\times10^4$ | $12945232.6\times10^4$ | $1866170.1\times10^4$ |

# 6 开采方案四要素整体优化

露天矿开采方案由四个基本要素组成，即最终境界、生产能力、开采顺序和开采寿命，后三个要素构成露天矿的生产计划。应用第 4 章的方法优化最终境界，而后对于已经确定的境界，应用第 5 章的方法对生产计划三要素进行优化，就可得到开采方案的四要素。这种优化属于分步优化。对于绝大多数矿床而言，分步优化得不到整体最佳开采方案。原因之一是境界优化与生产计划优化的目标指标不同，优化境界时，由于还没有开采计划，无法以净现值（NPV）最大为目标函数进行优化，只能以总利润最大作为评价指标；而在生产计划的优化中是以 NPV 最大为目标函数，这样就存在一个问题，即总盈利最大的境界不一定是（而且一般都不是）NPV 最大的境界。原因之二是，对于分步优化结果，我们只能说：所得境界是不考虑生产计划时的最优境界，所得生产计划也只是对于已确定的那个境界的最优计划；很可能（而且一般情况下也确实）存在另外一个境界和生产计划的组合，其 NPV 显著高于分步优化结果。因此，需要对境界和生产计划进行整体（也称“同时”）优化，才能求得整体最佳开采方案，即得到开采方案四要素的整体最优解。

## 6.1 优化方法

欲实现开采方案四要素的整体优化，就必须把最终境界也作为决策变量与生产计划三要素一起进行优化。如果以矿床块状模型中的模块作为优化的决策单元，这一优化问题就是决定模型中每一模块是否开采（即是否属于境界内）和（如果开采的话）何时开采，以使总 NPV 最大。由于开采寿命也是决策变量，这一问题的数学模型难以建立；即使建立了数学模型，由于模块数量大（大中型矿床的模块数一般有数十万乃至超百万），变量和约束条件数目巨大，也无法在可接受的时间内完成模型的求解。实现开采方案四要素整体优化的一个最直接而简单的方法是：先设计一系列候选境界，然后在每个候选境界中优化生产计划三要素，得出其最佳计划和 NPV，NPV 最大的那个境界及其最佳生产计划就是整体最佳方案。

那么，什么样的境界可以作为候选境界呢？显然，我们无法考虑所有可能的境界，因为对于给定的矿床模型和最终帮坡角，存在无穷多个大小、形状、位置各异的境界。不过，也没有必要考虑所有可能的境界。假设我们考虑的候选境界之一，是一个采剥总量为 $T$、矿石量为 $Q$ 的境界，不难想象，对于这一给定的量，也存在许多个位置、形状、大小不同的境界可供考虑；然而，即使不进行经济核算，也自然会想到：在所有采剥总量为 $T$、矿石量为 $Q$ 的境界中，含金属量最大的那个境界比其他具有相同采剥总量和矿石量的境界都好，这一境界即为第 4 章 4.5.1 节中定义的对于 $T$ 和 $Q$ 的地质最优境界。

因此，可以把一系列地质最优境界作为候选境界，而不必考虑其他所有境界。从理论上讲，为了不遗漏最佳开采方案，这一境界系列中的最小境界必须足够小、最大境界足够大，且相邻境界之间的增量足够小，所以，也是无穷多个境界。但对于一个现实问题，只考虑有限数量的地质最优境界就可以了。

首先，可以依据矿床探明储量预先设定序列中的最小和最大地质最优境界。比如，假设矿床的探明矿石储量 $Q_T$ 为 5 亿吨，最佳开采方案的境界的矿石量一般不会小于储量的 1/3～1/2，因此，系列中最小境界的矿石量可设定为（1/3～1/2）$Q_T$。系列中的最大境界可以基于一个比当前技术经济条件下的经济合理剥采比高许多的经济合理剥采比，进行境界优化求得，比如，当前技术经济条件下的经济合理剥采比 $R_b$ 为 5 左右，以 $R_b=10$ 优化得到的境界可作为系列中的最大境界，最佳开采方案的境界不太可能比此境界更大。

其次，相邻两个地质最优境界之间的增量也不必太小。假如最大地质最优境界内的矿量为 4.5 亿吨，那么可以估计出其合理开采寿命在 30 年左右、合理年矿石生产能力为 1500 万吨左右。如果两个地质最优境界的矿量差别仅为 100 万吨（比如一个是 3.50 亿吨，另一个是 3.51 亿吨），可以预见，二者的 NPV 之间的差别很小，不会达到影响开采方案决策的程度。所以，相邻两个地质最优境界之间的矿石量增量取估计的合理年矿石生产能力的 1/2～1，就可满足现实需要。这样，假设最大境界的矿量为 4.5 亿吨，最小境界的矿量为 2.0 亿吨，相邻境界间的矿石量增量取 1000 万吨，系列中的境界总数约为 26。

综上所述，开采方案四要素的整体优化方法是：首先产生一个地质最优境界序列 $\{V^*\}_N=\{V_1^*, V_2^*, \cdots, V_N^*\}$，序列中的境界由小到大排序，$V_1^*$ 为最小地质最优境界，$V_N^*$ 为最大地质最优境界；其次对序列中的每一境界进行生产计划三要素整体优化，得出其最佳计划和 NPV；最后选出 NPV 最大的那个境界及其最佳生产计划，就得到了最佳整体开采方案。

## 6.2　优化算法

基于上述优化方法，开采方案四要素整体优化算法如下：

第 1 步：设置拟产生的地质最优境界序列中最小境界的矿量、相邻境界之间的矿量增量和最大境界的经济合理剥采比，以及最终帮坡角等其他相关技术参数；应用第 4 章 4.5.2 节所述的地质最优境界序列产生算法，产生地质最优境界序列 $\{V^*\}_N$。

第 2 步：置境界序号 $j = 1$，即取地质最优境界序列 $\{V^*\}_N$ 中的第 1 个境界 $V_1^*$。

第 3 步：设置相邻开采体之间的矿量增量和工作帮坡角，应用第 5 章 5.4.1 节中的地质最优开采体序列产生算法，在境界 $V_j^*$ 内产生地质最优开采体序列。

第 4 步：依据境界 $V_j^*$ 的可采储量，设定年矿石生产能力优化范围 $[q_{min}, q_{max}]$，设置生产计划优化中用到的相关技术经济参数；应用第 5 章 5.4.5 节所述的移动产能域算法，优化境界 $V_j^*$ 的生产计划，保存或输出境界 $V_j^*$ 的最佳生产计划。

第 5 步：如果 $j < N$，置 $j = j + 1$，即取序列 $\{V^*\}_N$ 中的下一个境界，返回到第 3 步；否则，执行下一步。

第 6 步：所有候选境界的生产计划优化完毕，从保存或输出的结果中确定整体最佳开采方案，算法结束。

如果发现结果中的最佳境界是序列 $\{V^*\}_N$ 中的最大境界 $V_N^*$，表明最优开采方案的境界可能是一个比 $V_N^*$ 更大的境界。这种情况下，需要对比境界 $V_N^*$ 和矿床块状模型，如果在境界 $V_N^*$ 之外还有较大的储量，就应该提高最大境界的经济合理剥采比以扩大 $V_N^*$，重新产生地质最优境界序列，重新优化。如果在原最大境界 $V_N^*$ 之外矿量很少，表明整体最佳方案就是把矿床模型的全部（或几乎全部）矿量采出，就没有必要考虑更大的境界了。

如果发现结果中的最佳境界是序列 $\{V^*\}_N$ 中的最小境界 $V_1^*$，表明最优开采方案的境界可能是一个比 $V_1^*$ 更小的境界。这种情况下，就设定一个更小的最小境界矿石量，重新优化。

不过，出现上述情形之一，也有可能是输入数据有误（比如误输入）所致，或是取值很不合理。所以，应该首先仔细检查输入数据，而后采取相应的措施。

## 6.3 案例应用与分析

本节对第 4 章 4.6 节的案例矿山进行开采方案整体优化，并就分步优化和整体优化的结果作对比分析。

### 6.3.1 优化结果

在第 4 章 4.6.3 节中，已经求得案例矿山的地质最优境界序列（见表 4-4）。

基于这一境界序列，应用上述算法就可对开采方案四要素作整体优化。优化中，在每一境界内产生地质最优开采体序列时，相邻开采体之间的矿量增量取150万吨，工作帮坡角取17°；经济评价中用到的相关技术经济参数同第5章的表5-1，基建投资函数同第5章式（5-47）。对于所有境界，年矿石生产能力优化范围［$q_{min}$，$q_{max}$］设定为［600万吨，2000万吨］。优化结果汇总于表6-1。由于相邻开采体之间的实际矿量增量与设定值有微小差别，年矿石生产能力不恰好是这一增量（150万吨）的整数倍，表中第四列的“最佳矿石生产能力”是取整到50万吨的数值。

**表6-1 各境界优化结果主要指标汇总**

| 境界序号 | 矿石量/t | 废石量/t | 最佳矿石生产能力/$t \cdot a^{-1}$ | 净现值/元 |
|---|---|---|---|---|
| 1 | $19269.7\times10^4$ | $14530.1\times10^4$ | $1050\times10^4$ | $87.6\times10^8$ |
| 2 | $20774.1\times10^4$ | $17437.4\times10^4$ | $1050\times10^4$ | $92.4\times10^8$ |
| 3 | $22282.7\times10^4$ | $20910.2\times10^4$ | $1050\times10^4$ | $95.9\times10^8$ |
| 4 | $23787.2\times10^4$ | $24721.1\times10^4$ | $1200\times10^4$ | $99.2\times10^8$ |
| 5 | $25295.4\times10^4$ | $28777.5\times10^4$ | $1200\times10^4$ | $102.2\times10^8$ |
| 6 | $26798.7\times10^4$ | $33425.4\times10^4$ | $1350\times10^4$ | $105.2\times10^8$ |
| 7 | $28301.5\times10^4$ | $38250.4\times10^4$ | $1350\times10^4$ | $107.5\times10^8$ |
| 8 | $29804.3\times10^4$ | $44215.0\times10^4$ | $1350\times10^4$ | $108.3\times10^8$ |
| 9 | $31304.9\times10^4$ | $50605.0\times10^4$ | $1500\times10^4$ | $108.3\times10^8$ |
| 10 | $32819.1\times10^4$ | $57231.3\times10^4$ | $1500\times10^4$ | $108.0\times10^8$ |
| 11 | $34324.3\times10^4$ | $64959.6\times10^4$ | $1500\times10^4$ | $105.9\times10^8$ |
| 12 | $35832.8\times10^4$ | $72601.4\times10^4$ | $1650\times10^4$ | $103.3\times10^8$ |
| 13 | $37346.7\times10^4$ | $80192.4\times10^4$ | $1650\times10^4$ | $101.6\times10^8$ |
| 14 | $38854.1\times10^4$ | $87677.2\times10^4$ | $1650\times10^4$ | $100.1\times10^8$ |
| 15 | $40356.8\times10^4$ | $95481.7\times10^4$ | $1650\times10^4$ | $107.6\times10^8$ |
| 16 | $41859.8\times10^4$ | $102770.2\times10^4$ | $1650\times10^4$ | $109.0\times10^8$ |
| 17 | $43365.0\times10^4$ | $110699.5\times10^4$ | $1800\times10^4$ | $95.7\times10^8$ |
| 18 | $44866.1\times10^4$ | $118810.0\times10^4$ | $1800\times10^4$ | $94.3\times10^8$ |
| 19 | $46368.4\times10^4$ | $127317.5\times10^4$ | $1800\times10^4$ | $92.0\times10^8$ |
| 20 | $47873.1\times10^4$ | $135647.9\times10^4$ | $1800\times10^4$ | $90.0\times10^8$ |
| 21 | $49374.1\times10^4$ | $145322.8\times10^4$ | $1950\times10^4$ | $85.7\times10^8$ |
| 22 | $50875.4\times10^4$ | $156393.5\times10^4$ | $1950\times10^4$ | $80.5\times10^8$ |
| 23 | $52382.3\times10^4$ | $166733.7\times10^4$ | $1950\times10^4$ | $76.5\times10^4$ |
| 24 | $53887.6\times10^4$ | $178448.4\times10^4$ | $1950\times10^4$ | $71.5\times10^8$ |

续表 6-1

| 境界序号 | 矿石量/t | 废石量/t | 最佳矿石生产能力/t · $a^{-1}$ | 净现值/元 |
|---|---|---|---|---|
| 25 | $55387.6\times10^4$ | $189191.8\times10^4$ | $1950\times10^4$ | $67.4\times10^8$ |
| 26 | $56898.3\times10^4$ | $200772.6\times10^4$ | $1950\times10^4$ | $63.2\times10^8$ |
| 27 | $58399.0\times10^4$ | $213100.3\times10^4$ | $1800\times10^4$ | $58.8\times10^8$ |
| 28 | $59905.0\times10^4$ | $225481.1\times10^4$ | $1950\times10^4$ | $54.8\times10^8$ |
| 29 | $61408.3\times10^4$ | $239089.1\times10^4$ | $1800\times10^4$ | $49.3\times10^8$ |
| 30 | $62912.9\times10^4$ | $252822.6\times10^4$ | $1800\times10^4$ | $45.9\times10^4$ |
| 31 | $64414.1\times10^4$ | $266938.4\times10^4$ | $1800\times10^4$ | $41.3\times10^4$ |
| 32 | $65918.6\times10^4$ | $280479.4\times10^4$ | $1650\times10^4$ | $36.2\times10^4$ |

可见，境界 16 的 NPV 最高，该境界及其最佳生产计划构成了案例矿山在给定技术经济条件下的整体最佳开采方案。该方案的最终境界等高线如图 6-1 所示，生产计划如表 6-2 所示。

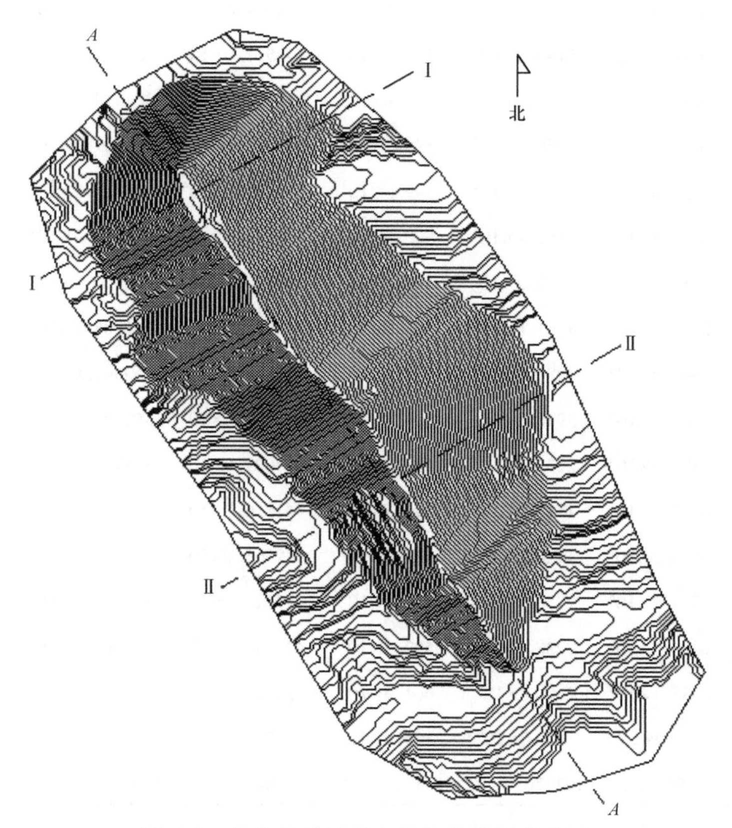


图 6-1 整体最佳开采方案的境界等高线图

**表 6-2 整体最佳开采方案的生产计划**

| 时间 /a | 开采体序号 | 矿石产量 /t | 废石剥离量 /t | 精矿产量 /t | 精矿销售额 /元 | 生产成本 /元 | 净现值 /元 |
|---|---|---|---|---|---|---|---|
| 0 | | | | | | | $-684000\times10^4$ |
| 1 | 11 | $1640.0\times10^4$ | $7000.6\times10^4$ | $590.6\times10^4$ | $442925.2\times10^4$ | $394978.0\times10^4$ | $47776.4\times10^4$ |
| 2 | 22 | $1655.7\times10^4$ | $3441.4\times10^4$ | $603.7\times10^4$ | $452795.2\times10^4$ | $333476.0\times10^4$ | $112472.3\times10^4$ |
| 3 | 33 | $1657.8\times10^4$ | $3258.1\times10^4$ | $603.8\times10^4$ | $452856.4\times10^4$ | $330529.8\times10^4$ | $111764.2\times10^4$ |
| 4 | 44 | $1657.6\times10^4$ | $3857.8\times10^4$ | $605.7\times10^4$ | $454266.8\times10^4$ | $341284.1\times10^4$ | $100708.8\times10^4$ |
| 5 | 55 | $1657.7\times10^4$ | $4467.9\times10^4$ | $604.5\times10^4$ | $453401.2\times10^4$ | $352291.8\times10^4$ | $88426.9\times10^4$ |
| 6 | 66 | $1659.3\times10^4$ | $4752.8\times10^4$ | $601.9\times10^4$ | $451453.2\times10^4$ | $357673.4\times10^4$ | $80460.2\times10^4$ |
| 7 | 77 | $1656.8\times10^4$ | $5024.1\times10^4$ | $597.9\times10^4$ | $448451.1\times10^4$ | $362147.9\times10^4$ | $72907.3\times10^4$ |
| 8 | 88 | $1656.3\times10^4$ | $5012.1\times10^4$ | $597.7\times10^4$ | $448239.6\times10^4$ | $361843.6\times10^4$ | $71109.2\times10^4$ |
| 9 | 99 | $1660.0\times10^4$ | $5138.1\times10^4$ | $598.8\times10^4$ | $449091.8\times10^4$ | $364733.0\times10^4$ | $67972.4\times10^4$ |
| 10 | 110 | $1656.2\times10^4$ | $5120.7\times10^4$ | $597.6\times10^4$ | $448194.4\times10^4$ | $363792.6\times10^4$ | $66220.4\times10^4$ |
| 11 | 121 | $1658.5\times10^4$ | $5144.5\times10^4$ | $599.4\times10^4$ | $449517.0\times10^4$ | $364592.6\times10^4$ | $64840.8\times10^4$ |
| 12 | 132 | $1656.6\times10^4$ | $5151.4\times10^4$ | $598.6\times10^4$ | $448921.0\times10^4$ | $364414.5\times10^4$ | $62864.6\times10^4$ |
| 13 | 143 | $1657.8\times10^4$ | $5056.7\times10^4$ | $599.7\times10^4$ | $449763.2\times10^4$ | $362901.7\times10^4$ | $62473.5\times10^4$ |
| 14 | 154 | $1657.0\times10^4$ | $5069.0\times10^4$ | $599.5\times10^4$ | $449627.6\times10^4$ | $362984.2\times10^4$ | $60639.9\times10^4$ |
| 15 | 165 | $1655.8\times10^4$ | $5551.4\times10^4$ | $600.2\times10^4$ | $450159.7\times10^4$ | $371478.7\times10^4$ | $55093.3\times10^4$ |
| 16 | 176 | $1658.1\times10^4$ | $5442.5\times10^4$ | $599.5\times10^4$ | $449596.6\times10^4$ | $369899.1\times10^4$ | $54074.4\times10^4$ |
| 17 | 187 | $1658.9\times10^4$ | $4951.6\times10^4$ | $598.6\times10^4$ | $448984.0\times10^4$ | $361188.3\times10^4$ | $56170.2\times10^4$ |
| 18 | 198 | $1656.4\times10^4$ | $4886.2\times10^4$ | $595.5\times10^4$ | $446628.1\times10^4$ | $359601.6\times10^4$ | $54139.5\times10^4$ |
| 19 | 209 | $1653.4\times10^4$ | $3940.9\times10^4$ | $596.3\times10^4$ | $447216.4\times10^4$ | $342101.7\times10^4$ | $59882.0\times10^4$ |
| 20 | 220 | $1654.9\times10^4$ | $2632.7\times10^4$ | $596.8\times10^4$ | $447629.9\times10^4$ | $318789.3\times10^4$ | $67134.6\times10^4$ |
| 21 | 231 | $1657.9\times10^4$ | $1317.6\times10^4$ | $596.7\times10^4$ | $447516.0\times10^4$ | $295619.0\times10^4$ | $73318.5\times10^4$ |
| 22 | 242 | $1655.2\times10^4$ | $753.1\times10^4$ | $599.4\times10^4$ | $449565.0\times10^4$ | $285002.0\times10^4$ | $75241.7\times10^4$ |
| 23 | 253 | $1657.2\times10^4$ | $2230.7\times10^4$ | $597.0\times10^4$ | $447748.9\times10^4$ | $311935.1\times10^4$ | $62906.9\times10^4$ |
| 24 | 264 | $1656.5\times10^4$ | $2238.7\times10^4$ | $597.3\times10^4$ | $447954.0\times10^4$ | $311967.5\times10^4$ | $60809.1\times10^4$ |
| 25 | 275 | $1655.1\times10^4$ | $938.8\times10^4$ | $601.7\times10^4$ | $451298.9\times10^4$ | $288329.0\times10^4$ | $67002.0\times10^4$ |
| 26 | 278 | $453.0\times10^4$ | $390.8\times10^4$ | $165.7\times10^4$ | $124273.8\times10^4$ | $81318.6\times10^4$ | $17232.7\times10^4$ |
| 合计 | | $41859.8\times10^4$ | $102770.2\times10^4$ | $15144.1\times10^4$ | $11358074.9\times10^4$ | $8714872.9\times10^4$ | $1089641.9\times10^4$ |

从表6-1还可以看出，在境界27之前，最佳生产能力随着境界的增大呈阶梯式增加。一般地，在给定的技术经济条件下，最佳生产能力随境界储量的增加而呈增加趋势。所以，最佳生产能力的这种变化是符合预期的。然而，在境界27之后，最佳生产能力却随着境界的增大而下降，这是因为，境界扩大到如此大之后，前期生产剥采比增大到出现负现金流的程度，在这种情况下，降低生产能力既可以降低基建投资，又可以降低前期负现金流（使之分散到较晚的年份），有利于提高增NPV，所以是完全合理的。另外，NPV随境界的增大出现两个峰值（见表6-1最后一行），第一个峰值出现在境界8~9，第二个出现在境界16，前者的NPV比后者仅低不到1%，可以认为二者在给定技术经济条件下具有相同的投资收益。从充分利用资源的角度，应取境界16。但从尽量降低投资风险的角度，可以考虑先按境界8或境界9设计；若干年后，依据更准确的矿体揭露数据、当时的技术经济条件以及对一些技术经济参数的更好预测，对开采方案进行重新优化和设计，这样，既降低了投资风险，又不丢掉随技术经济环境变化的经济储量。

### 6.3.2 整体优化与分步优化比较

对开采方案进行分步优化，就是应用第4章的境界优化方法先优化境界，而后对于所得境界应用第5章的优化方法优化生产计划。对于案例矿山，第4章4.6.3节给出了境界优化结果，第5章5.5.1节给出了这一境界的生产计划优化结果（见表5-2）。

表6-3是开采方案整体优化结果与分步优化结果的对比。可见，在完全相同的技术经济条件下，整体最佳方案的NPV比分步最佳方案提高了约19亿元，增幅为21%。这一不小的效益增加说明，对于追求经济效益最大化的目标，整体优化比分步优化有明显的优势。

整体优化得到的最佳境界比分步优化缩小了，从地质最优境界序列中的境界20缩小到境界16，境界矿石量减少了约6000万吨，降幅约13%，剥岩量减少了约3.3亿吨，降幅约24%。分步优化得出的最佳境界是总利润最大的境界，整体优化得出的最佳境界是总NPV最大的境界。结果表明，总NPV最大的境界小于总利润最大的境界。这一结论并不是只对本案例成立；相关理论和应用研究证明了一个一般规律：总利润最大的境界是总NPV最大的境界的上限，即后者不可能大于前者。本案例优化结果符合这一规律，又一次验证了我们提出的优化方法及其模型和算法是正确的。

**表 6-3 开采方案分步优化结果与整体优化结果对比**

| | 分步优化最佳方案 | | | 整体优化最佳方案 | | |
|---|---|---|---|---|---|---|
| | 境界=境界 20 | | | 境界=境界 16 | | |
| 时间 /a | 矿石产量 /t | 废石剥离量 /t | 净现值 /元 | 矿石产量 /t | 废石剥离量 /t | 净现值 /元 |
| 0 | | | $-744400.0\times10^4$ | | | $-684000\times10^4$ |
| 1 | $1778.9\times10^4$ | $12295.3\times10^4$ | $-26139.5\times10^4$ | $1640.0\times10^4$ | $7000.6\times10^4$ | $47776.4\times10^4$ |
| 2 | $1808.2\times10^4$ | $4938.3\times10^4$ | $102335.8\times10^4$ | $1655.7\times10^4$ | $3441.4\times10^4$ | $112472.3\times10^4$ |
| 3 | $1807.8\times10^4$ | $5059.7\times10^4$ | $100955.9\times10^4$ | $1657.8\times10^4$ | $3258.1\times10^4$ | $111764.2\times10^4$ |
| 4 | $1810.2\times10^4$ | $6921.7\times10^4$ | $71498.0\times10^4$ | $1657.6\times10^4$ | $3857.8\times10^4$ | $100708.8\times10^4$ |
| 5 | $1808.1\times10^4$ | $8487.3\times10^4$ | $46551.6\times10^4$ | $1657.7\times10^4$ | $4467.9\times10^4$ | $88426.9\times10^4$ |
| 6 | $1808.9\times10^4$ | $10640.8\times10^4$ | $13409.2\times10^4$ | $1659.3\times10^4$ | $4752.8\times10^4$ | $80460.2\times10^4$ |
| 7 | $1810.5\times10^4$ | $12388.1\times10^4$ | $-10244.9\times10^4$ | $1656.8\times10^4$ | $5024.1\times10^4$ | $72907.3\times10^4$ |
| 8 | $1806.8\times10^4$ | $10791.2\times10^4$ | $10453.8\times10^4$ | $1656.3\times10^4$ | $5012.1\times10^4$ | $71109.2\times10^4$ |
| 9 | $1806.6\times10^4$ | $8003.7\times10^4$ | $45423.4\times10^4$ | $1660.0\times10^4$ | $5138.1\times10^4$ | $67972.4\times10^4$ |
| 10 | $1809.0\times10^4$ | $6495.6\times10^4$ | $61865.3\times10^4$ | $1656.2\times10^4$ | $5120.7\times10^4$ | $66220.4\times10^4$ |
| 11 | $1804.1\times10^4$ | $5377.5\times10^4$ | $71959.0\times10^4$ | $1658.5\times10^4$ | $5144.5\times10^4$ | $64840.8\times10^4$ |
| 12 | $1807.1\times10^4$ | $4865.3\times10^4$ | $75246.1\times10^4$ | $1656.6\times10^4$ | $5151.4\times10^4$ | $62864.6\times10^4$ |
| 13 | $1808.0\times10^4$ | $4499.7\times10^4$ | $76936.2\times10^4$ | $1657.8\times10^4$ | $5056.7\times10^4$ | $62473.5\times10^4$ |
| 14 | $1806.0\times10^4$ | $4234.6\times10^4$ | $77405.1\times10^4$ | $1657.0\times10^4$ | $5069.0\times10^4$ | $60639.9\times10^4$ |
| 15 | $1805.4\times10^4$ | $4121.4\times10^4$ | $76960.1\times10^4$ | $1655.8\times10^4$ | $5551.4\times10^4$ | $55093.3\times10^4$ |
| 16 | $1807.6\times10^4$ | $3914.5\times10^4$ | $75346.6\times10^4$ | $1658.1\times10^4$ | $5442.5\times10^4$ | $54074.4\times10^4$ |
| 17 | $1806.6\times10^4$ | $3470.2\times10^4$ | $76697.3\times10^4$ | $1658.9\times10^4$ | $4951.6\times10^4$ | $56170.2\times10^4$ |
| 18 | $1807.5\times10^4$ | $2870.9\times10^4$ | $78780.0\times10^4$ | $1656.4\times10^4$ | $4886.2\times10^4$ | $54139.5\times10^4$ |
| 19 | $1806.0\times10^4$ | $2427.8\times10^4$ | $79163.6\times10^4$ | $1653.4\times10^4$ | $3940.9\times10^4$ | $59882.0\times10^4$ |
| 20 | $1809.6\times10^4$ | $2231.3\times10^4$ | $78140.9\times10^4$ | $1654.9\times10^4$ | $2632.7\times10^4$ | $67134.6\times10^4$ |
| 21 | $1806.1\times10^4$ | $1883.8\times10^4$ | $77635.1\times10^4$ | $1657.9\times10^4$ | $1317.6\times10^4$ | $73318.5\times10^4$ |
| 22 | $1807.2\times10^4$ | $1616.0\times10^4$ | $76442.4\times10^4$ | $1655.2\times10^4$ | $753.1\times10^4$ | $75241.7\times10^4$ |
| 23 | $1808.1\times10^4$ | $1249.1\times10^4$ | $75694.1\times10^4$ | $1657.2\times10^4$ | $2230.7\times10^4$ | $62906.9\times10^4$ |
| 24 | $1806.4\times10^4$ | $1642.1\times10^4$ | $70434.1\times10^4$ | $1656.5\times10^4$ | $2238.7\times10^4$ | $60809.1\times10^4$ |
| 25 | $1807.8\times10^4$ | $3178.9\times10^4$ | $60598.1\times10^4$ | $1655.1\times10^4$ | $938.8\times10^4$ | $67002.0\times10^4$ |

续表 6-3

| 时间 /a | 分步优化最佳方案 境界=境界 20 矿石产量 /t | 废石剥离量 /t | 净现值 /元 | 整体优化最佳方案 境界=境界 16 矿石产量 /t | 废石剥离量 /t | 净现值 /元 |
|---|---|---|---|---|---|---|
| 26 | $1810.4\times10^4$ | $1553.7\times10^4$ | $67127.7\times10^4$ | $453.0\times10^4$ | $390.8\times10^4$ | $17232.7\times10^4$ |
| 27 | $904.1\times10^4$ | $489.3\times10^4$ | $34151.6\times10^4$ | | | |
| 合计 | $47873.1\times10^4$ | $135647.9\times10^4$ | $900426.7\times10^4$ | $41859.8\times10^4$ | $102770.2\times10^4$ | $1089641.9\times10^4$ |

图 6-2 所示是整体优化与分步优化得出的最佳境界在两个横剖面上的对比（剖面线位置如图 6-1 中Ⅰ—Ⅰ和Ⅱ—Ⅱ所示）。两个境界在剖面Ⅰ—Ⅰ上（境界西北部）的区别不大；在剖面Ⅱ—Ⅱ上（境界东南部）的差异较明显，整体最佳境界的采深比分步最佳境界减小 60m，上盘剥离量大大降低。图 6-3 所示是这两个境界在一个纵剖面上的对比（剖面线位置如图 6-1 中 *A*—*A* 所示），二者的差异主要在境界中部偏东南的部位。

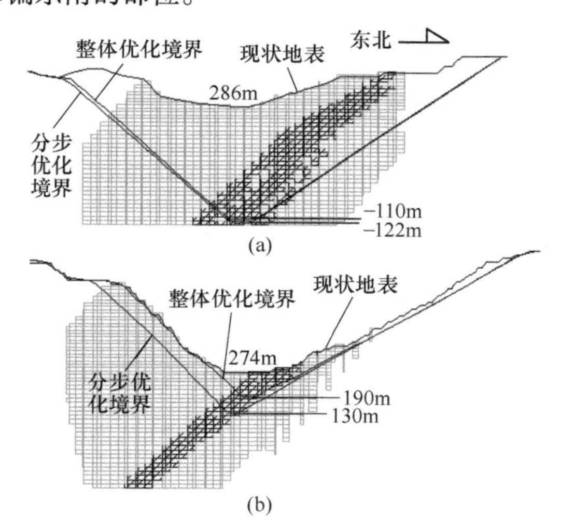


图 6-2 横剖面上整体优化与分步优化境界对比
（a）剖面Ⅰ—Ⅰ；（b）剖面Ⅱ—Ⅱ

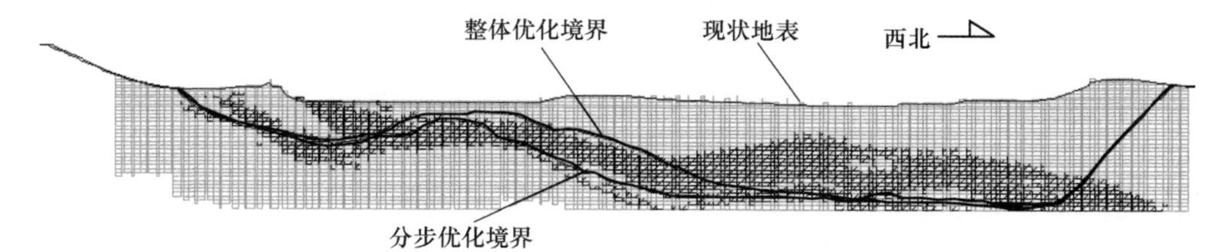


图 6-3 纵剖面 *A*—*A* 上整体优化与分步优化境界对比

从表 6-3 可以看出，整体优化与分步优化得出的开采方案在生产计划上也有明显差异，前者的矿石年生产能力比后者降低了 150 万吨，从 1800 万吨/a 降到了 1650 万吨/a；境界的缩小和生产能力的降低当然也会引起开采顺序的变化。

整体优化与分步优化一样，对于给定的矿床模型，其优化结果取决于相关技术经济参数。大中型露天矿的开采寿命一般都在 20 年以上，且投资巨大，技术经济环境在这么长的时间段是注定会发生显著变化的。为了最大限度地降低投资风险和提高投资收益，一方面需要对相关技术经济数据进行广泛调研和深入细致的分析和预测，使其取值尽可能符合矿山的实际情况。另一方面，需要针对不确定性较高的参数，进行系统的灵敏度分析和风险分析，在综合分析结果的基础上确定最终开采方案。本章提出的整体优化方法可以为露天矿开采方案的科学决策提供有力的技术支持。

# 7 设备配置与开采方案协同优化

大型露天矿的主体开采设备价格昂贵，投资巨大。比如，斗容 $20m^3$ 左右的电铲单价超亿元，载重 200t 级的露天矿用卡车的单价约为 1000 万～2000 万元。主体开采设备的运营成本和作业效率，在很大程度上决定了整个矿山的生产成本和生产效率。定性而言，价格昂贵的设备应“物尽其用”，即尽量使之满负荷运行并尽量延长其工作寿命，以使高额的投资获得尽可能多的作业总量。然而，从作业效率和经济性的角度，一台开采设备并不是服役时间越长越好，而是存在一个最佳的服役时间长度和设备的更新策略。

另外，露天矿生产中的成本和作业量都具有非线性和离散特征。这一特征来源于开采设备的整体性以及设备作业效率与运营成本随役龄的变化。对作业量而言，一台新设备的投入和一台旧设备的退役或更新都会引起所完成的作业量的跳跃式变化；一台设备能够完成的作业量也不是作业时间的简单线性函数，因为其作业效率随役龄变化。对生产成本而言，一台新设备的投入，无论是扩大现有设备阵容还是更换旧设备，总是伴随着一次性的支出现金流，在矿山的开采寿命期，这种支出发生在离散的时间点上；一台设备的运营成本既不是其作业时间的简单线性函数，也不是其作业量的简单线性函数，因为其作业效率和运营成本都随役龄变化。因此，本书前三章中基于单位生产成本对露天矿进行开采方案优化，是对现实情况的简化——把具有非线性和离散性的成本流简化为作业量的线性函数（某一时段的成本＝该时段作业量×单位生产成本），与成本流的实际分布有较大的差异，依此对矿山开采方案进行优化很可能不是真正的最佳方案。

在实践中，开采设备的选型和数量配置与开采方案设计是分步完成的：先在不考虑具体设备配置的条件下确定开采方案，而后依据开采方案的生产计划（每年的采矿量和剥岩量）配置合适的设备规格和数量，来完成既定生产计划。然而，设备配置对生产计划具有“反作用力”：设备配置影响到生产成本（设备投资与运营成本）的大小和发生时间，进而影响到最佳生产计划。因此，需要对开采设备的配置和开采方案进行协同优化，才有可能获得最佳开采方案及其设备配置方案。同时，在优化中不仅要考虑设备的规格和数量，而且要考虑每台设备的更新策略。

本章充分考虑露天矿生产中成本和作业量流的非线性和离散特征，从单台设备的服役寿命和更新策略入手，逐步深入到开采设备配置与开采方案的协同优化问题，提出优化方法和算法。

# 7.1　单台设备的经济寿命

一台设备累计服役的时间长度称为该设备的役龄，从投入使用到退役的时间长度称为其使用寿命，二者都以年为单位；使用寿命等于退役时的役龄。一台设备在服役期间，其生产效率和生产成本都随役龄的增加而变化。这种变化决定了设备的最佳（最经济的）使用寿命，称之为经济寿命。本节基于单台设备的支出现金流及其生产效率，建立经济寿命的计算模型以及更新策略优化模型。

## 7.1.1　设备的支出现金流及其综合生产效率

一台设备投入使用时，首先发生的现金流是购买设备的支出，即设备投资，包括到场价格和安装调试费用等。投入使用后，每年都需要在这台设备身上花费必要的费用，以维持设备的运行，这些费用总称为设备的运营成本，主要包括：能耗支出、备品备件支出、维护与保养支出（机修与保养人员的工资与福利、机修设施的维护、相关耗材等）、设备操作员的工资与福利等，设备运营成本按年支出额计量。

某些运营成本的发生具有一定的偶然性，致使同一台设备在其服役期内各年的运营成本（即使在相同的作业条件下）会有一定的波动，但总的趋势是一台设备的年运营成本随着其役龄的增加而增加。一台新设备在其头几年的运营里，运营成本很可能变化不大；但达到一定役龄后，其年运营成本开始明显上升，甚至呈加速上升趋势。设备运营成本的这种变化趋势是显而易见的，因为随着设备的老化和磨损，一些零件或系统开始出现故障而需要修理或更换，故障率随之上升，维修费用增加；设备整体状况下降也导致能耗随役龄上升。

用 $I$ 表示一台设备的投资，$C(t)$ 表示其年运营成本，$t$ 表示役龄。根据定义，刚投入使用的新设备的役龄为 0。若把投资看作发生在设备投入使用之时，即时间 0 点，运营成本发生在每年的年末。那么，一台设备的支出现金流在时间轴上的分布如图 7-1 所示。

一台设备在一年中能够完成的作业量定义为该设备的综合生产效率，简称生产效率。如前所述，设备随着役龄的增加，故障率上升，花在维修保养上的时间呈增加趋势，其有效作业时间呈下降趋势；老旧设备在作业过程中的作业效率与新设备比也会有一定程度的下降，例如一台老旧卡车重载（尤其是上坡）运行的速度比新车低，致使运行周期增长。因此，设备的生产效率随役龄的增加在总体上呈下降趋势，而且这一趋势具有非线性特征：新设备投入使用的最初两、三年，其生产效率变化不大（由于对设备的熟悉和熟练操作需要时间，第二年的生产效率在同等作业条件下可能比第一年还高一点）；达到一定役龄后，生产效率会

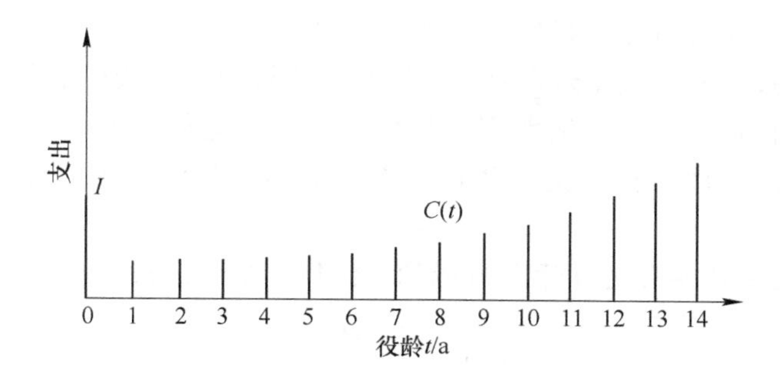


图 7-1 单台设备的支出现金流在时间轴上的分布示意图

明显下降，甚至呈加速下降趋势。设备的生产效率 $Q(t)$ 随役龄 $t$ 的变化如图 7-2 所示。

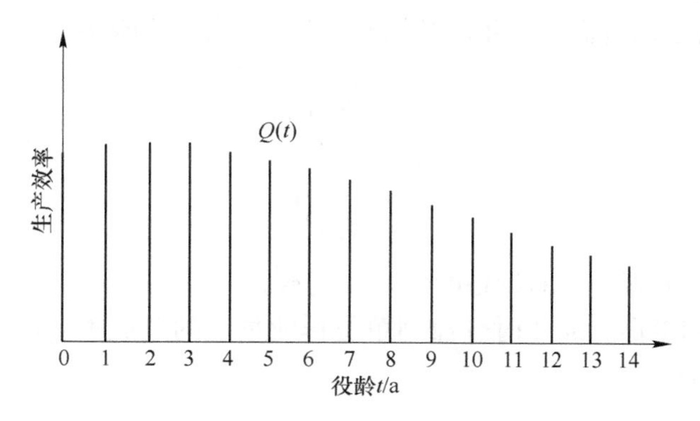


图 7-2 单台设备的生产效率随役龄变化示意图

### 7.1.2 设备的静态经济寿命

用 $n$ 表示设备的使用寿命。根据设备退役的原因不同，使用寿命可以分为：自然寿命、技术寿命和经济寿命。一台设备的自然寿命是从投入使用一直到不能使用时为止的时间长度。从理论上讲，一台设备的自然寿命可以是相当长的（甚至是无限长的），因为总可以不断地修理或更换部件和系统（包括其主体结构和主系统）。但从技术上讲，当设备的主体结构（如卡车的发动机、底盘和车厢）不进行整体更换就无法继续工作、而整体更换主体结构难以实现或在成本上无异于换一台新设备时，就可以被视为到寿命了，这就是技术寿命。对于实用目的，一台设备达到其技术寿命后可以被视为不可修复，所以技术寿命是实践中设备可以服役的最长时间。从经济角度讲，当一台设备使用到继续使用就不再经济时就应该退役，这就是经济寿命；换言之，经济寿命是取得最佳经济效益的使用寿命。在正常环境中，矿山生产的主要目标是使经济效益最大化，所以设备的使用寿命似乎应该取经济寿命。显然，经济寿命<技术寿命。

从设备的投资看，使用寿命越长，同样的投资可以完成的总作业量越多，那么分摊到单位作业量上的投资费用就越低。从设备运营成本看，使用寿命越长，年运营成本越高，而年作业量（生产效率）越低，导致分摊到单位作业量上的运营成本越高。

令 $i(n)$ 为使用寿命为 $n$ 年时分摊到单位作业量上的投资费用，即

$$i(n) = \frac{I}{\sum_{t=0}^{n-1} Q(t)} \tag{7-1}$$

式中　$I$——设备投资；

$Q(t)$——役龄为 $t$ 的设备的生产效率，即年作业量。

令 $c(n)$ 为使用寿命为 $n$ 年时分摊到单位作业量上的运营成本，即

$$c(n) = \frac{\sum_{i=0}^{n-1} C(t)}{\sum_{t=0}^{n-1} Q(t)} \tag{7-2}$$

式中　$C(t)$——役龄为 $t$ 的设备的年运营成本。

那么，使用寿命为 $n$ 年时分摊到单位作业量上的总成本 $c_q(n)$（简称为单位作业量成本）为：

$$c_{\mathrm{q}}(n) = i(n) + c(n) = \frac{I + \sum_{t=0}^{n-1} C(t)}{\sum_{t=0}^{n-1} Q(t)} \tag{7-3}$$

根据上述讨论，$i(n)$、$c(n)$ 和 $c_{\mathrm{q}}(n)$ 随使用寿命 $n$ 的变化如图 7-3 所示。单位作业量成本 $c_{\mathrm{q}}(n)$ 在使用寿命 $n$ 很短时很高，这是因为总作业量很低，分摊到单位作业量上的投资费用 $i(n)$ 很高；$c_{\mathrm{q}}(n)$ 在使用寿命 $n$ 很长时也很高，这是因为分摊到单位作业量上的运营成本 $c(n)$ 很高。在这两端之间，$c_{\mathrm{q}}(n)$ 随使用寿命 $n$ 的增加一般呈先下降后上升的趋势。因此，存在一个使 $c_{\mathrm{q}}(n)$ 最小的使用寿命 $n^*$，即经济寿命：

$$n^* = \min_{1 \leqslant n \leqslant N} \{c_{\mathrm{q}}(n)\} = \min_{1 \leqslant n \leqslant N} \left\{ \frac{I + \sum_{t=0}^{n-1} C(t)}{\sum_{t=0}^{n-1} Q(t)} \right\} \tag{7-4}$$

式中 $N$——设备的技术寿命。

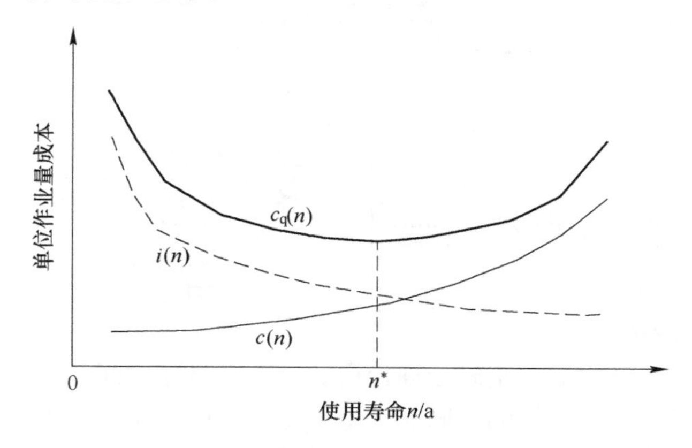


图 7-3 单台设备的单位作业量成本随使用寿命的变化示意图

如果假设一台设备退役后立即作为二手设备或是拆分后作为零件和废金属出售，那么旧设备的处置能带来收益，称为设备残值。显然，设备残值随使用寿命的增加而降低。用 $S(n)$ 表示使用寿命为 $n$ 的设备残值，那么考虑设备残值时单位作业量成本 $c_q(n)$ 和经济寿命 $n^*$ 为：

$$c_q(n) = \frac{I - S(n) + \sum_{t=0}^{n-1} C(t)}{\sum_{t=0}^{n-1} Q(t)} \tag{7-5}$$

$$n^* = \min_{1 \leqslant n \leqslant N} \{c_q(n)\} = \min_{1 \leqslant n \leqslant N} \left\{ \frac{I - S(n) + \sum_{t=0}^{n-1} C(t)}{\sum_{t=0}^{n-1} Q(t)} \right\} \tag{7-6}$$

上述对一台设备的经济寿命的计算中，没有考虑资金的时间价值，是使设备在其服役期达到静态经济效益最大的使用寿命，故称之为静态经济寿命。

### 7.1.3 设备的动态经济寿命

由于资金的时间价值，对于任何项目的经济效益评价一般都采用动态评价指标，矿山项目也不例外。对于一台设备而言，动态评价指标是其使用寿命期内分摊到单位作业量上的费用现值，称之为单位作业量折现成本，它随使用寿命 $n$ 的变化函数记为 $c_{qd}(n)$；$c_{qd}(n)$ 达到最小时的使用寿命称为动态经济寿命，记为 $n_d^*$。$c_{qd}(n)$ 和 $n_d^*$ 的计算如下：

$$c_{\mathrm{qd}}(n) = \frac{I + \sum_{t=0}^{n-1} \frac{C(t)}{(1+d)^{t+1}} - \frac{S(n)}{(1+d)^{n}}}{\sum_{t=0}^{n-1} Q(t)} \tag{7-7}$$

$$n_{\mathrm{d}}^{*} = \min_{1 \leqslant n \leqslant N} \{c_{\mathrm{qd}}(n)\} = \min_{1 \leqslant n \leqslant N} \left\{ \frac{I + \sum_{t=0}^{n-1} \frac{C(t)}{(1+d)^{t+1}} - \frac{S(n)}{(1+d)^{n}}}{\sum_{t=0}^{n-1} Q(t)} \right\} \tag{7-8}$$

式中 $d$——折现率。

在动态经济计算中需要正确处理价格和成本本身随时间的变化。这种变化不是指成本随役龄或作业条件的不同而发生的变化，而是指相同役龄的同一台设备在相同的作业条件下，当前的运营成本与若干年后的运营成本之间的差异，也就是通常所说的涨价或降价，燃料价格、备品备件价格和工资的变化是引起这种变化的主要因素。在正常的经济状态下和对于较长的时间跨度而言，运营成本总体上是上涨的，但也可能存在下降的时段。因此，需要对计算期的成本变化进行预测。一般是就整个计算期预测一个年均成本上升率。上式中没有包含成本上升率，等于假设成本上升率为零。当计算期的成本上升率不为零时，单位作业量折现成本和动态经济寿命的计算变为：

$$c_{\mathrm{qd}}(n) = \frac{I + \sum_{t=0}^{n-1} \frac{(1+r)^{t+1} C(t)}{(1+d)^{t+1}} - \frac{(1+r)^{n} S(n)}{(1+d)^{n}}}{\sum_{t=0}^{n-1} Q(t)} \tag{7-9}$$

$$n_{\mathrm{d}}^{*} = \min_{1 \leqslant n \leqslant N} \{c_{\mathrm{qd}}(n)\} = \min_{1 \leqslant n \leqslant N} \left\{ \frac{I + \sum_{t=0}^{n-1} \frac{(1+r)^{t+1} C(t)}{(1+d)^{t+1}} - \frac{(1+r)^{n} S(n)}{(1+d)^{n}}}{\sum_{t=0}^{n-1} Q(t)} \right\} \tag{7-10}$$

式中 $r$——成本年上升率。

在正常经济环境中,折现率总是高于成本上升率,所以系数 $(1+r)^{t+1}/(1+d)^{t+1}$ 总是小于 1，且随着役龄 $t$ 的增加而变得越来越小。这样，相同役龄的运营成本的现值，即 $C(t)(1+r)^{t+1}/(1+d)^{t+1}$，总是小于其未折现的静态值 $C(t)$，而且役龄越长这一差别越大。这样，图 7-3 中分摊到单位作业量上的运营成本 $c(n)$ 随使用寿命的上升，在运营成本折现后会变缓，使单位作业量成本的最低点右移。因此，一台设备的动态经济寿命大于其静态经济寿命。

### 7.1.4 算例

一台载重为 210t 的矿用卡车的新车投资 $I$ = 1950 万元。运输距离 5.0～5.5km，新车的运输效率 $Q(0)$ = 650 万(t · km)/a，运营成本 $C(0)$ = 1100 万元/a。卡车的技术寿命 $N$=20 年。折现率取 6.8%，年均成本上升率取 1.5%。该卡车的运输效率和年运营成本随役龄 $t$ 的变化函数 $Q(t)$ 和 $C(t)$、残值随使用寿命 $n$ 的变化函数 $S(n)$，以及计算得到的单位作业量成本和单位作业量折现成本随使用寿命 $n$ 的变化函数 $c_q(n)$ 和 $c_{qd}(n)$，见表 7-1。

根据定义，单位作业量成本 $c_q(n)$ 最小时的使用寿命 $n$ 即为静态经济寿命，从表中计算结果可知，该卡车的静态经济寿命为 6 年；单位作业量折现成本 $c_{qd}(n)$ 最小时的使用寿命 $n$ 为动态经济寿命，可见，该卡车的动态经济寿命为 10 年。

**表 7-1 卡车的经济技术参数及其经济寿命计算**

| 役龄 $t$ /a | 运输效率 $Q(t)$ /(t · km) · $a^{-1}$ | 运营成本 $C(t)$ /元 · $a^{-1}$ | 残值 $S(n)$ /元 | 单位作业量成本 $c_q(n)$ /元 · $(t · km)^{-1}$ | 单位作业量折现成本 $c_{qd}(n)$ /元 · $(t · km)^{-1}$ | 使用寿命 $n$/a |
|---|---|---|---|---|---|---|
| 0 | 650×10⁴ | 1100×10⁴ | | | | |
| 1 | 650×10⁴ | 1100×10⁴ | 975×10⁴ | 3.1923 | 3.1828 | 1 |
| 2 | 637×10⁴ | 1115×10⁴ | 875×10⁴ | 2.5192 | 2.4605 | 2 |
| 3 | 624×10⁴ | 1135×10⁴ | 795×10⁴ | 2.3077 | 2.2012 | 3 |
| 4 | 605×10⁴ | 1165×10⁴ | 725×10⁴ | 2.2159 | 2.0619 | 4 |
| 5 | 585×10⁴ | 1200×10⁴ | 665×10⁴ | 2.1794 | 1.9771 | 5 |
| 6 | 565×10⁴ | 1250×10⁴ | 605×10⁴ | 2.1754 | 1.9231 | 6 |
| 7 | 545×10⁴ | 1300×10⁴ | 525×10⁴ | 2.1988 | 1.8923 | 7 |
| 8 | 520×10⁴ | 1350×10⁴ | 465×10⁴ | 2.2321 | 1.8701 | 8 |
| 9 | 490×10⁴ | 1400×10⁴ | 410×10⁴ | 2.2775 | 1.8574 | 9 |
| 10 | 455×10⁴ | 1470×10⁴ | 330×10⁴ | 2.3395 | 1.8561 | 10 |
| 11 | 420×10⁴ | 1550×10⁴ | 230×10⁴ | 2.4194 | 1.8659 | 11 |
| 12 | 390×10⁴ | 1650×10⁴ | 120×10⁴ | 2.5148 | 1.8843 | 12 |
| 13 | 355×10⁴ | 1750×10⁴ | 50×10⁴ | 2.6184 | 1.9061 | 13 |
| 14 | 320×10⁴ | 1850×10⁴ | 20×10⁴ | 2.7319 | 1.9325 | 14 |
| 15 | 285×10⁴ | 2000×10⁴ | 0×10⁴ | 2.8594 | 1.9650 | 15 |
| 16 | 250×10⁴ | 2175×10⁴ | 0×10⁴ | 3.0058 | 2.0052 | 16 |
| 17 | 215×10⁴ | 2375×10⁴ | 0×10⁴ | 3.1764 | 2.0548 | 17 |
| 18 | 180×10⁴ | 2600×10⁴ | 0×10⁴ | 3.3740 | 2.1142 | 18 |
| 19 | 145×10⁴ | 2850×10⁴ | 0×10⁴ | 3.6020 | 2.1838 | 19 |
| 20 | 100×10⁴ | 3150×10⁴ | 0×10⁴ | 3.8639 | 2.2640 | 20 |

## 7.2　单台设备次序更新策略优化

大中型露天矿的设计开采寿命一般都较长，生产前期投入的设备一般都不会服役到矿山开采结束，均存在一次或多次的更新问题。例如，一个新矿山的设计寿命为24年，卡车的动态经济寿命为10年。如果按动态经济寿命更新，开始开采时（时间0）购买的卡车需要更新两次，总存在一台卡车只使用4年就退役的情况，这样就有三种更新策略：

（1）第10年末（11年初）更新，第20年末（21年初）再更新，用4年后矿山开采结束；

（2）第10年末（11年初）更新，用4年后第14年末（15年初）再更新，用10年后矿山开采结束；

（3）第4年末（5年初）更新，第14年末（15年初）再更新，用10年后矿山开采结束。

如果不按照动态经济寿命进行更新，以下两种策略也许更好：

（4）第10年末（11年初）更新，一直用到开采结束（用14年）；

（5）每8年更新一次，即分别在8年末和16年末更新，每次更新后都使用8年，因为8年与动态经济寿命10年相差不大，这样也许更经济。

显然，以上五种不同的更新策略具有不同的现金流（设备投资、运营成本和残值）分布，完成的作业量（一年的运输量）在时间轴上的分布也不同；而且，策略（4）和策略（5）在矿山开采寿命期内完成的总作业量不同，也不同于策略（1）~（3）的总作业量。当然，还存在许多不同的更新策略，它们在给定的矿山开采寿命期具有不同的现金流分布和总作业量。

另外，当矿山开采寿命恰好等于设备动态经济寿命的整数倍（包括1倍）时，乍看起来，按照设备动态经济寿命进行更新应该是最佳的更新策略。下面将证明这一点是否正确。

对于给定的矿山开采寿命，单台生产设备的次序更新策略问题可以表述为：确定设备的更新次数和每次更新的时间，使其在矿山开采寿命期内分摊到单位作业量上的成本总现值（即在矿山开采寿命期内的单位作业量折现成本）最小。这一问题可以用动态规划方法求解。

### 7.2.1　动态规划模型

对于上述单台生产设备的次序更新问题，动态规划的阶段变量定义为时间：初始阶段为阶段0，对应于项目起点（第1年年初）；之后每个阶段对应于矿山开采寿命期内每年的年末，即阶段1为第一年年末，阶段2为第二年年末，以此类推，最后一个阶段（阶段 $L$）为矿山开采寿命 $L$ 年的年末。每一个阶段有不同的状态，用状态变量表示；本问题中的状态变量定义为设备役龄。假设在矿山开始开采时购买的是一台新（役龄为 0 的）设备，求解这一问题的顺序动态规划网络图如图 7-4 所示。

图 7-4 中，$S_{i,j}$表示第 $i$ 个阶段的第 $j$ 个状态。初始阶段（阶段 0）只有一个状态 $S_{0,0}$，由于矿山开始开采时投入的是一台新设备，所以在该状态上设备的役龄为 0。这台设备在项目第一年服役 1 年后，可以继续使用（图中用“K”表示），也可以被更新（图中用“R”表示）：如果继续使用，状态 $S_{0,0}$就沿着标有“K”的箭线转移到下一阶段（阶段 1）上的状态 $S_{1,1}$，设备役龄变为 1；如果被更新，状态 $S_{0,0}$就沿着标有“R”的箭线转移到下一阶段（阶段 1）上的状态 $S_{1,0}$，设备变为一台新设备，其役龄为 0。因此，在阶段 1 上只有两个状态 $S_{1,0}$ 和 $S_{1,1}$。

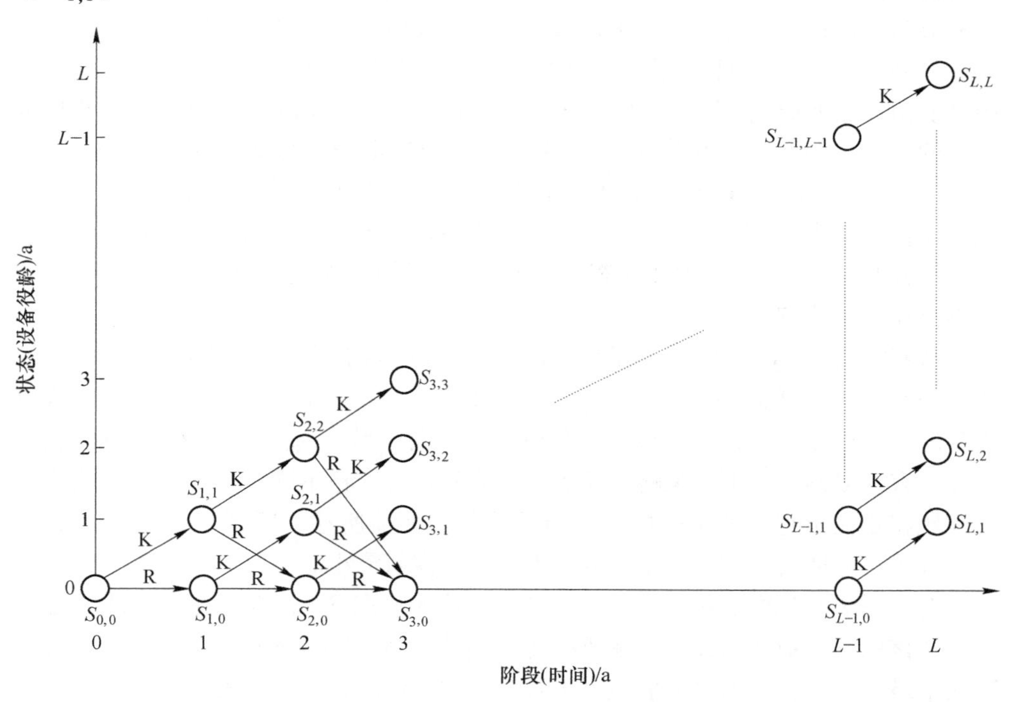


图 7-4　给定矿山开采寿命时单台新设备的次序更新策略优化动态规划图

同理，对于阶段 1 上状态 $S_{1,0}$对应的设备（其役龄为 0），在第二年使用后可以继续留用，从而转移到阶段 2 上的状态 $S_{2,1}$（其役龄变为 1），也可以被更新而转移到阶段 2 上的状态 $S_{2,0}$（其役龄变为 0）。对于阶段 1 上状态 $S_{1,1}$对应的设备（其役龄为 1），在第二年使用后可以继续留用，从而转移到阶段 2 上的状态 $S_{2,2}$

(其役龄变为 2)，也可以被更新，转移到阶段 2 上的状态 $S_{2,0}$（其役龄变为 0)。因此，在阶段 2 上有三个状态 $S_{2,0}$、$S_{2,1}$ 和 $S_{2,2}$。

逐阶段重复上述过程，就可以得到所有阶段上的所有状态。每个状态上的设备役龄是确定的。对于一个给定阶段 $i$，其上的不同状态代表了开采进行到第 $i$ 年年末（亦即第 $i$+1 年的年初）时，设备所处的不同役龄。以阶段 2 为例，该阶段上的三个状态 $S_{2,0}$、$S_{2,1}$ 和 $S_{2,2}$ 表示：矿山开采到第二年年末（亦即第三年的年初）时，设备的役龄分别是 0、1 和 2 年。图中的每一条箭线称为一次状态转移。可以看出，状态名称“$S_{i,j}$”中的第二个下标 $j$ 既是状态序号又等于该状态所对应的设备役龄；第 $i(i=1, 2, \cdots, L-1)$ 个阶段上有$(i+1)$ 个状态，其状态序号 $j=0, 1, 2, \cdots, i$。

最后一个阶段（阶段 $L$）比较特殊。因为矿山开采已经结束，所以不再需要更新设备，也就不存在状态 $S_{L,0}$；该阶段的每个状态是由前一个阶段（阶段 $L$−1）的相应状态通过设备的继续留用转移而来，转移中设备的役龄增加了 1 年。

另外，从图 7-4 可以看出，当矿山开采寿命 $L$ 大于设备的技术寿命 $N$ 时（大中型矿山一般如此)，在临近矿山寿命的若干年，会出现设备役龄大于设备技术寿命的状态。例如，矿山寿命为 24 年、设备的技术寿命为 20 年时，在第 21 年末到 24 年末（阶段 21~阶段 24）会出现役龄大于 20 的状态（如状态 $S_{24,24}$ 所对应的设备役龄为 24 年)。由于技术寿命是实践中设备可以服役的最长时间，所以设备役龄大于技术寿命的那些状态可以被看作是不可行状态而不予考虑，即图 7-4 中不出现这些状态。

从初始状态 $S_{0,0}$ 开始，逐阶段沿着某条选定的箭线一直转移到最后一个阶段(阶段 $L$) 上的任何一个状态 $S_{L,j}(j=1, 2, \cdots, L)$ 所形成的一条路径，就构成设备的一个可能更新策略。显然，阶段 $L$ 上的每个状态都可以从多条路径到达。因此，有许多不同的更新策略，而每个策略的经济效益不同。这样，更新策略优化问题就是在所有这些路径中找出最佳路径。如前所述，所谓“最佳”就是在矿山开采寿命期内分摊到单位作业量上的成本现值最小。

对于图 7-4 中的任意一个除初始状态之外的状态 $S_{i,j}$，都存在一条从初始状态到达该状态的最佳路径，它是所有能够到达状态 $S_{i,j}$ 的路径中，单位作业量折现成本最小的路径。不失一般性，设我们正在评价的状态为阶段 $i$ 的状态 $S_{i,j}$。

如果阶段 $i$ 的状态 $S_{i,j}$ 可以从前一个阶段$(i-1)$ 的状态 $S_{i-1,k}$ 转移而来，状态 $S_{i-1,k}$ 称为 $S_{i,j}$ 的前置状态。例如在图 7-4 中，状态 $S_{3,0}$ 有三个前置状态，即 $S_{2,0}$、$S_{2,1}$ 和 $S_{2,2}$；状态 $S_{3,1}$ 只有一个前置状态，即 $S_{2,0}$。

当状态 $S_{i,j}$ 从它的一个前置状态 $S_{i-1,k}$ 转移而来时，在这一状态转移发生的年度(第 $i$ 年) 所使用的是一台役龄为 $k$ 的设备，它能够完成的作业量记为 $q_{i,j}(i-1, k)$，那么

$$q_{i,j}(i-1,\ k)=Q(k) \tag{7-11}$$

式中 $Q(k)$——设备役龄为 $k$ 时的生产效率（即年作业量）。

这一状态转移产生的当年支出额记为 $C_{i,j}(i-1,\ k)$。该状态转移所对应的决策可能是保留，也可能是更新。如果是保留，该年的支出就只有设备的年运营成本 $C(k)$；如果是更新，该年的支出就等于该设备的年运营成本 $C(k)$，加上买一台新设备的投资 $I$，再减去被更新设备的残值 $S(k+1)$（处理时其役龄为 $k+1$）。所以，对于 $i=1,\ 2,\ \cdots,\ L-1$ 有

$$C_{i,j}(i-1,\ k)=\begin{cases}C(k)\ (1+r)^i & \text{如果该状态转移的决策是保留}\\ [\,C(k)\ +I-S(k+1)\,]\ (1+r)^i & \text{如果该状态转移的决策是更新}\end{cases} \tag{7-12}$$

对于最后一个阶段（即 $i=L$ 时），由于矿山开采已经结束，所以不存在设备更新，每个状态都是把其前置状态的设备使用 1 年后处理掉。因此有

$$C_{L,j}(L-1,\ k)=[\,C(k)\ -S(k+1)\,](1+r)^L \tag{7-13}$$

式中 $r$——成本年上升率。

当状态 $S_{i,j}$ 从 $S_{i-1,k}$ 转移而来时，从初始状态到达 $S_{i,j}$ 的累计作业量记为 $Q_{i,j}(i-1,\ k)$，则

$$Q_{i,j}(i-1,\ k)=Q_{i-1,k}+q_{i,j}(i-1,\ k) \tag{7-14}$$

式中 $Q_{i-1,k}$——从初始状态沿最佳路径到达状态 $S_{i-1,k}$ 的累计作业量，$Q_{i-1,k}$ 在评价前一个阶段（阶段 $i-1$）的状态 $S_{i-1,k}$ 时已经求出，是已知的。

按这一状态转移到达 $S_{i,j}$ 的设备支出的现值总额（称之为累计折现成本）记为 $C^{\Sigma}_{i,j}(i-1,\ k)$，则

$$C^{\Sigma}_{i,j}(i-1,\ k)=C_{i-1,k}+\frac{C_{i,j}(i-1,\ k)}{(1+d)^i} \tag{7-15}$$

式中 $C_{i-1,k}$——从初始状态沿最佳路径到达状态 $S_{i-1,k}$ 的累计折现成本，$C_{i-1,k}$ 在评价前一个阶段（阶段 $i-1$）的状态 $S_{i-1,k}$ 时已经求出，是已知的；

$d$——折现率。

按这一状态转移到达 $S_{i,j}$ 的单位作业量折现成本记为 $c_{i,j}(i-1,\ k)$，则

$$c_{i,j}(i-1,\ k)=\frac{C^{\Sigma}_{i,j}(i-1,\ k)}{Q_{i,j}(i-1,\ k)}=\frac{C_{i-1,k}+\dfrac{C_{i,j}(i-1,\ k)}{(1+d)^i}}{Q_{i-1,k}+q_{i,j}(i-1,\ k)} \tag{7-16}$$

设状态 $S_{i,j}$ 有 $m$ 个前置状态，即它可以从前一个阶段（阶段 $i-1$）的 $m$ 个状态转移而来。显然，从不同的前置状态转移来（$k$ 取不同的值）时，设备所完成的累计作业量不同，累计折现成本也不同，从而到达 $S_{i,j}$ 的单位作业量折现成本

$c_{i,j}(i-1,\ k)$ 不同。那么，在 $S_{i,j}$ 的 $m$ 个前置状态中，存在一个最佳前置状态，从该状态转移至 $S_{i,j}$ 的 $c_{i,j}(i-1,\ k)$ 最小，这一转移称为最佳状态转移或最佳决策。所以有如下递推目标函数：

$$c_{i,j}=\min_{k\in m}\{c_{i,j}(i-1,\ k)\}=\min_{k\in m}\left\{\frac{C_{i-1,k}+\dfrac{C_{i,j}(i-1,\ k)}{(1+d)^{i}}}{Q_{i-1,k}+q_{i,j}(i-1,\ k)}\right\} \tag{7-17}$$

式中　$c_{i,j}$——从初始状态沿最佳路径到达状态 $S_{i,j}$的单位作业量折现成本。

在初始状态 $S_{0,0}$处的初始条件为

$$\begin{cases}Q_{0,0}=0\\C_{0,0}=I\end{cases} \tag{7-18}$$

从阶段 1 开始，应用上述模型逐阶段评价所有状态，就得出了从初始状态沿最佳路径到达所有阶段上的所有状态的单位作业量折现成本 $c_{i,j}$，以及每一状态的最佳前置状态。然后，从最后阶段 $L$ 上的所有状态中，找出 $c_{L,j}$ 最小的那个状态，从这一状态开始反向搜索最佳前置状态，直到初始状态，就得到了最佳路径，即最佳更新策略。可见，这是一个开端的顺序动态规划模型。

以上是设备的初始役龄为 0 时（即在矿山开始开采时投入的是一台新设备时），在给定矿山开采寿命 $L$ 的条件下，求单台设备的最佳次序更新策略的动态规划模型。更一般的情况是：矿山不一定是新矿山；所研究的设备也不一定是新设备，而是一台役龄为 $T$ 的设备（可能是新购买一台役龄为 $T$ 的旧设备，也可能是在优化其更新策略时设备已经服役了 $T$ 年）。这种一般情况可以表述为：在优化一台设备的更新策略时（这一时点定义为时间 0 点），该设备的役龄为 $T$，矿山剩余寿命为 $L$。适用于一般情况的单台设备次序更新策略优化的动态规划图如图 7-5 所示。

可以看出，图 7-4 是图 7-5 的一个特例，即设备初始役龄 $T=0$ 时，图 7-5 变为图 7-4。适用于一般情况的动态规划数学模型与上述模型之间只有两点不同：

（1）当状态 $S_{i,j}$ 的一个前置状态 $S_{i-1,k}$ 是前一阶段$(i-1)$的最后一个状态时，即当$k=i-1$时，所使用的设备役龄为$T+i-1$(而不是$i-1$)，设备的年作业量、年运营成本相应地取役龄为 $T+i-1$ 的数据，残值取使用寿命为 $T+i$ 的残值。

（2）初始条件式（7-18）根据以下不同情况确定：

1）如果是在进行更新优化时（时间 0）新购买的一台设备，无论是新设备还是旧设备，设其投资为 $I$，那么式（7-18）仍然适用；

2）如果是一台若干年前购买的设备，在对它进行更新优化时（时间 0）已经在本矿服役了 $T$ 年，式（7-18）中的 $Q_{0,0}$应等于该设备在之前完成的累计工作量，$C_{0,0}$应等于设备投资及之前的各年运营成本折算到当前（时间 0 点）的总和。

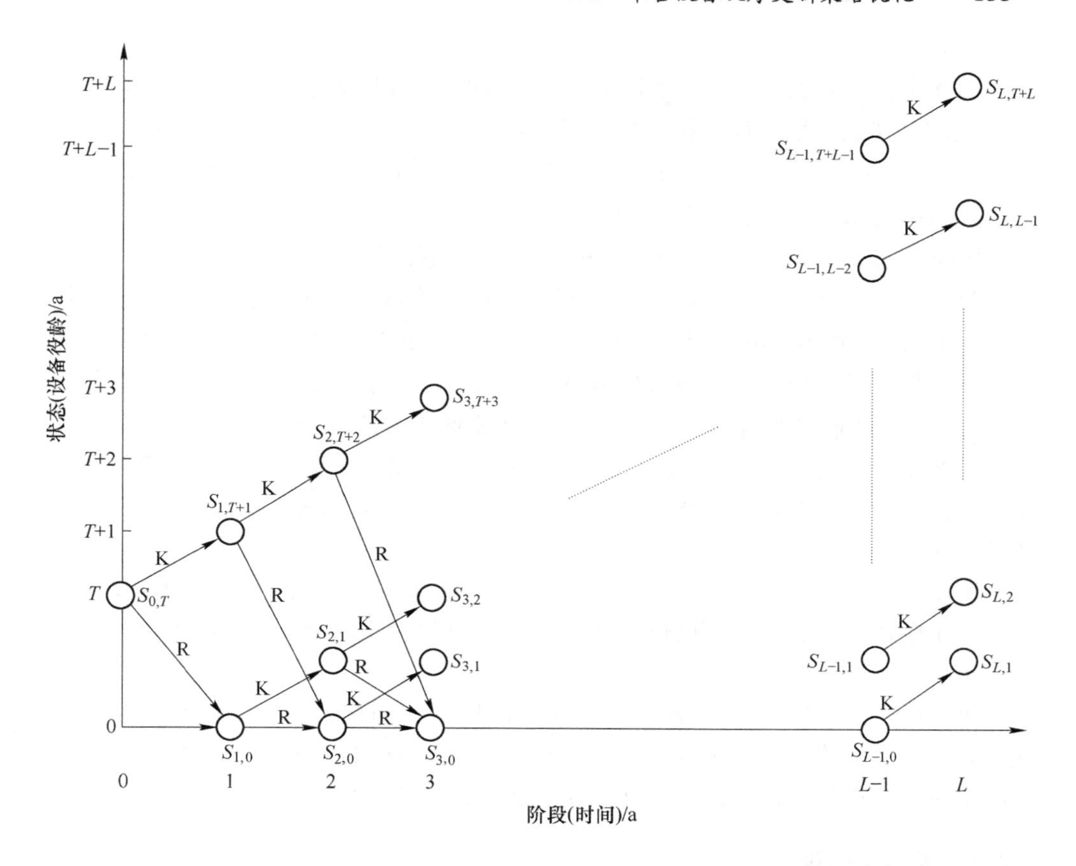


图 7-5　给定矿山剩余寿命时单台设备次序更新策略优化的一般动态规划图

### 7.2.2　动态规划算法

求解上述动态规划模型的算法如下：

第 1 步：读入模型需要的相关参数数据，包括：新矿山设计开采寿命（或生产矿山剩余寿命）$L$；一台新设备的投资 $I$；设备对应于一系列不同役龄的年运营成本 $C(t)$、生产效率（即年作业量）$Q(t)$，以及不同使用寿命的残值 $S(n)$；折现率 $d$ 和成本上升率 $r$；初始状态值 $Q_{0,0}$、$C_{0,0}$。

第 2 步：根据上述原理，产生动态规划网络图。

第 3 步：置阶段序号 $i=1$，即从阶段 1 开始。

第 4 步：如果 $i<L$，置状态序号 $j=0$；如果 $i=L$，置状态序号 $j=1$，即从阶段 $i$ 的最低状态开始。

第 5 步：置前一阶段（$i-1$）的状态序号 $k=0$；置到达当前状态 $S_{i,j}$ 的单位作业量折现成本 $c_{i,j}=1\times10^{30}$（一个不可能被超越的大数），置 $S_{i,j}$ 的最佳前置状态

$S^* = \text{NULL}$(空)。

第 6 步：如果状态 $S_{i-1,k}$ 是状态 $S_{i,j}$ 的前置状态(即 $S_{i,j}$ 可以从 $S_{i-1,k}$ 转移而来),应用上述数学模型计算相关量的值。若 $c_{i,j}(i-1,k) < c_{i,j}$,令 $c_{i,j} = c_{i,j}(i-1,k)$，$S^* = S_{i-1,k}$，$Q_{i,j} = Q_{i,j}(i-1,k)$，$C_{i,j} = C_{i,j}^{\Sigma}(i-1,k)$，执行下一步；否则($c_{i,j}(i-1,k) \geqslant c_{i,j}$)，直接转入下一步。

如果状态 $S_{i-1,k}$ 不是状态 $S_{i,j}$ 的前置状态，直接转入下一步。

第 7 步：如果 $k < i-1$(即还没有遍历前一阶段($i-1$)的所有状态)，置 $k = k+1$，返回到第 6 步；否则($k = i-1$)，从 $S_{i,j}$ 的所有前置状态的转移都已评价完毕，得到了从初始状态沿最佳路径到达 $S_{i,j}$ 的累计作业量 $Q_{i,j}$、累计折现成本 $C_{i,j}$、单位作业量折现成本 $c_{i,j}$，以及最佳前置状态 $S^*$，执行下一步。

第 8 步：如果 $j < i$(即阶段 $i$ 上还有未评价的状态)，置 $j = j+1$，返回到第 5 步，评价阶段 $i$ 上的下一个状态；否则($j = i$)，阶段 $i$ 上的所有状态已评价完毕，执行下一步。

第 9 步：如果 $i < L$(即还有未评价的阶段)，置 $i = i+1$，返回到第 4 步，评价下一个阶段上的状态；否则($i = L$)，完成了所有阶段的所有状态的评价，执行下一步。

第 10 步：从最后一个阶段（阶段 $L$）的所有状态中，找出单位作业量折现成本 $c_{L,j}$ 为最小的状态，从这个状态开始，逐阶段反向搜索最佳前置状态，直到初始状态，就得到了最佳路径，即最佳更新策略。算法结束。

### 7.2.3　算例与比较

应用前面 7.1.4 节算例中卡车的技术经济数据，假设所研究的是一台新购置的新车且矿山剩余寿命为 24 年，用上述动态规划模型和算法对该卡车的更新策略进行优化，并与前述 5 种更新策略作比较，结果列于表 7-2。表中最后一列为应用动态规划求得的最优更新策略。

表 7-2　矿山剩余寿命为 24 年时卡车的几种更新策略比较

| 年份 | 策略 1 | 策略 2 | 策略 3 | 策略 4 | 策略 5 | 最优策略 |
|---|---|---|---|---|---|---|
| 0 | New | New | New | New | New | New |
| 1 | K | K | K | K | K | K |
| 2 | K | K | K | K | K | K |
| 3 | K | K | K | K | K | K |
| 4 | K | K | R | K | K | K |
| 5 | K | K | K | K | K | K |
| 6 | K | K | K | K | K | R |
| 7 | K | K | K | K | K | K |

续表 7-2

| 年份 | 策略 1 | 策略 2 | 策略 3 | 策略 4 | 策略 5 | 最优策略 |
|---|---|---|---|---|---|---|
| 8 | K | K | K | K | R | K |
| 9 | K | K | K | K | K | K |
| 10 | R | R | K | R | K | K |
| 11 | K | K | K | K | K | K |
| 12 | K | K | K | K | K | R |
| 13 | K | K | K | K | K | K |
| 14 | K | R | R | K | K | K |
| 15 | K | K | K | K | K | K |
| 16 | K | K | K | K | R | K |
| 17 | K | K | K | K | K | K |
| 18 | K | K | K | K | K | R |
| 19 | K | K | K | K | K | K |
| 20 | R | K | K | K | K | K |
| 21 | K | K | K | K | K | K |
| 22 | K | K | K | K | K | K |
| 23 | K | K | K | K | K | K |
| 24 | S | S | S | S | S | S |
| 总作业量 /t·km | $14303\times10^4$ | $14303\times10^4$ | $14303\times10^4$ | $13362\times10^4$ | $14583\times10^4$ | $15004\times10^4$ |
| 总折现成本/元 | $19355\times10^4$ | $19415\times10^4$ | $19514\times10^4$ | $19599\times10^4$ | $19167\times10^4$ | $19331\times10^4$ |
| 单位作业量折现成本/元·$(t\cdot km)^{-1}$ | 1.353 | 1.357 | 1.364 | 1.467 | 1.314 | 1.288 |

表中，“New”表示在时间 0 点投入一台新车；“R”表示在所在年份的年末更新，例如在策略 1 中，分别在第 10 年末和第 20 年末更新；“K”表示在所在年份的年末继续留用；“S”表示在矿山寿命（24 年）末把卡车处理掉。从本例的计算结果可知：按照动态经济寿命（本例中卡车的动态经济寿命为 10 年）更新设备（策略 1、策略 2 和策略 3）并不是最优策略；本例的最优更新策略为每 6 年更新一次，这恰好等于按静态经济寿命更新，但这只是巧合，绝不是一般规律。从单位作业量折现成本可以看出，应用动态规划模型得出的最优策略确实优于其他几个策略。

以上算例中的矿山剩余寿命不等于设备的动态经济寿命的整数倍，其最优更新策略不是按设备的动态经济寿命更新是容易理解的，也是预料之中的。按照对动态经济寿命的定义，使用寿命等于动态经济寿命时该设备在其服役期的单位作业量折现成本最低，对于在时间 0 点投入的新设备是如此，对于在设备的动态寿命期末投入的新设备（用于更新旧设备）也是如此。那么，当矿山的剩余寿命等于设备的动态经济寿命的整数倍时，是否就意味着按动态经济寿命更新是最优策略呢？例如，上述算例中卡车的动态经济寿命是 10 年，如果把算例中的矿山剩余寿命 $L$ 改为 30 年，其他所有条件和数据保持不变，那么在时间 0 投入的一台新卡车的最优更新策略是否就是在 10 年末更新一次、在 20 年末再更新一次呢？对于 $L$ 为 30 年，重新应用动态规划进行优化的结果表明，最优更新策略仍然不是按动态经济寿命更新，而是每 6 年更新一次；最优更新策略的单位作业量折现成本为 1.144 元/(t · km)；若按动态经济寿命每 10 年更新一次，其单位作业量折现成本为 1.214 元/(t · km)，比最优策略高出 6.12%，这是一个不小的差别，因为露天矿投入一套卡车调度系统的效果，如果能使运输成本降低（或运输效率提高）6%，也算是很不错了。

再进一步，如果矿山的剩余寿命恰好等于设备的动态经济寿命，按一般理解，矿山开采结束时该设备也正好达到其动态经济寿命，所以一直服役到矿山开采结束应该是最佳选择。为验证这一点，把上述算例中的矿山剩余寿命 $L$ 改为 10 年，其他所有条件和数据保持不变，重新应用动态规划优化。结果表明，卡车的最优更新策略仍然不是按动态经济寿命使用，而是每 5 年更新一次（不再是静态经济寿命），最优更新策略的单位作业量折现成本为 1.755 元/(t · km)；按动态经济寿命使用 10 年的单位作业量折现成本为 1.856 元/(t · km)，比最优策略高出 5.75%。

当矿山的剩余寿命等于设备的动态经济寿命的整数倍（尤其是等于其动态经济寿命）时，最优更新策略并不是按动态经济寿命更新，这似乎难以理解甚至是矛盾的。动态经济寿命是单位作业量折现成本最低的使用寿命，使用期限比它短或长都会导致单位作业量折现成本上升（见表 7-1）；动态规划的优化目标同样是单位作业量折现成本最低，为什么优化得到的设备最佳使用期限不等于动态经济寿命（上述算例中都是小于动态经济寿命），却能获得更低的单位作业量折现成本呢？深入研究发现，这一问题的根源在于：

在确定设备的动态经济寿命和设备的最优更新策略中，二者的比较对象不同。对动态经济寿命的评价是比较同一台设备使用不同期限的单位作业量折现成本，动态经济寿命之所以是最经济（单位作业量折现成本最低）的使用期限，是与同一台设备使用更长和更短的期限相比较得出的；而在优化更新策略的设备更新评价中，比较的是这样两个单位作业量折现成本：一个是一台设备一直使用 $n$ 年的单位作业量折现成本，另一个是一台设备使用 $n-k$ 年加上更新后的另一台新设备使用 $k$ 年的单位作业量折现成本。例如，就上述矿山剩余寿命和卡车动态经济寿命都等于 10 年的情况而言，卡车是使用 5 年好还是使用 10 年好，比较的是这台卡车使用 5 年的单位作业量折现成本和同一台卡车使用 10 年的单位作业量折现成本，这就是动态经济寿命中的经济评价；而在优化更新策略的评价中，比较的是这同一台卡车一直使用10年的单位作业量折现成本和使用5年后由另一台新车接替使用5年（共10年）的单位作业量折现成本。由于比较对象不同，得出的结果也不同。

上述几种情况（矿山的剩余寿命为10年、24年和30年）下的最佳更新策略中，卡车都是每5年或6年更新一次（即使用寿命为5年或6年最好），这比卡车的动态经济寿命短了不少。就算例中的卡车而言，有没有使用寿命接近动态经济寿命是最佳选择的情况呢？把矿山剩余寿命变为8年时，由动态规划求得的新卡车的服役期限就是8年，即一直服役到矿山开采结束（不更新）为最好选择。

以上分析了矿山剩余寿命为8年、10年、24年和30年时，卡车的最优更新策略。结果发现，这几种情况的最优更新策略中卡车的最佳服役期限均小于其动态经济寿命。表7-3列出了七个不同的矿山剩余寿命（包括上述四个）条件下卡车的最优更新策略。可以看出，所有七个最优更新策略中的卡车服役期限都小于其动态经济寿命。实际上，对矿山剩余寿命小于等于30年的所有情况进行优化的结果均是如此。

在一些研究矿山设备配置与更新的文献中，以设备的动态经济寿命作为设备更新或退役的标准，即当一台设备达到其动态经济寿命时，若生产能力需要就更新为一台新设备，若生产能力不需要就让设备退役而不再购买新设备。上述几个算例表明，这样做并不是使经济效益最佳的设备配置与更新策略。因此，在本章拟解决的露天开采方案与设备配置的协同优化问题中，不把动态经济寿命作为设备配置中的更新标准。

**表7-3　不同矿山剩余寿命 $L$ 条件下卡车的最优更新策略比较**

| 年份 | $L=8$年<br>最优策略 | $L=10$年<br>最优策略 | $L=14$年<br>最优策略 | $L=20$年<br>最优策略 | $L=24$年<br>最优策略 | $L=29$年<br>最优策略 | $L=30$年<br>最优策略 |
|---|---|---|---|---|---|---|---|
| 0 | New | New | New | New | New | New | New |
| 1 | K | K | K | K | K | K | K |
| 2 | K | K | K | K | K | K | K |
| 3 | K | K | K | K | K | K | K |
| 4 | K | K | K | K | K | K | K |
| 5 | K | R | R | K | K | K | K |
| 6 | K | K | K | R | R | R | R |
| 7 | K | K | K | K | K | K | K |
| 8 | S | K | K | K | K | K | K |
| 9 |  | K | K | K | K | K | K |

续表 7-3

| 年份 | $L$=8 年最优策略 | $L$=10 年最优策略 | $L$=14 年最优策略 | $L$=20 年最优策略 | $L$=24 年最优策略 | $L$=29 年最优策略 | $L$=30 年最优策略 |
|---|---|---|---|---|---|---|---|
| 10 | | S | R | K | K | K | K |
| 11 | | | K | R | K | K | K |
| 12 | | | K | K | R | R | R |
| 13 | | | K | K | K | K | K |
| 14 | | | S | K | K | K | K |
| 15 | | | | K | K | K | K |
| 16 | | | | R | K | K | K |
| 17 | | | | K | K | K | K |
| 18 | | | | K | R | R | R |
| 19 | | | | K | K | K | K |
| 20 | | | | S | K | K | K |
| 21 | | | | | K | K | K |
| 22 | | | | | K | K | K |
| 23 | | | | | K | K | K |
| 24 | | | | | S | R | R |
| 25 | | | | | | K | K |
| 26 | | | | | | K | K |
| 27 | | | | | | K | K |
| 28 | | | | | | K | K |
| 29 | | | | | | S | K |
| 30 | | | | | | | S |
| 最优更新策略中卡车的使用寿命/a | 8 | 5 | 5 和 4 | 6、5 和 4 | 6 | 6 和 5 | 6 |

## 7.3 设备配置与剥离计划协同优化

金属露天矿的平均剥采比一般都大于 2，许多矿山的废石剥离量是矿石开采量的数倍，所以剥离计划的优劣对矿山整体经济效益的影响尤为突出。本节集中论述设备配置与剥离计划的协同优化问题。

假设一个露天矿的年矿石产量已定，那么就需要每年剥离不少于一定量的废石，以便揭露足够的矿石来完成每年的矿石产量目标。如果需要剥离多少就剥离多少，那么年剥离量一般会有很大的波动，出现在剥离高峰期投入大量设备，高峰过后又有多台服役时间不长的设备不得不退役的情形，造成设备投资的浪费。因此，在满足矿石生产目标的前提下，每年存在一个最佳剥离量，所有年份的最佳剥离量组成最佳剥离计划。本节首先建立设备配置与作业量计划协同优化的一般数学模型，然后根据露天矿的剥离特点把这一模型应用于设备配置与剥离计划优化，并提出具有实用价值的优化算法。

### 7.3.1 设备配置与作业量计划协同优化的一般数学模型

这里的作业量是一个一般概念，对于露天矿而言，可以是采矿量、剥离量或二者之和（即采剥量）。矿山寿命期内每年的作业量组成“作业量计划”。优化作业量计划就是找出使总经济效益最大的每年的作业量。作业量是由一定数量和型号的设备来完成的，因此，最佳作业量计划必须通过最佳的设备配置来求得，而求最佳设备配置就是确定每年应该使用的设备台数、每台设备的型号以及役龄。首先给出以下定义和假设：

**定义 1** 更新指的是一台旧设备被一台同型号的新设备替代，旧设备退役并被处理。更新一台设备同时产生两个现金流量：一个是购置同型号的新设备的投资支出，一个是处理旧设备获得的收入（即设备残值）。

**定义 2** 退役指的是把一台旧设备退役并处理（并没有用同型号的新设备替代它）。退役一台设备产生一个现金流量，即设备残值。

**定义 3** 增添新设备是指购置一台某种型号的新设备，加入已有设备队伍中（如果有的话），它不用于替代任何已有设备。增添一台新设备产生一个现金流量，即设备投资。

根据以上定义，如果退役了一台型号为 $m_1$ 的旧设备，又购置了一台型号为 $m_2$ 的新设备，就不构成一个“更新”事件，而是“退役”和“增添新设备”两个事件。

**假设 1** 任何设备配置中，所有设备都以其正常作业效率满负荷运行，即不存在设备能力的闲置。

**假设 2** 被更新或退役的旧设备都能即时处理，回收其残值。

为叙述方便，定义以下变量：

$M$：优化中考虑的设备型号数。例如，如果当前优化的设备是卡车，可根据矿山的规模选定 $M$ 个卡车型号。若 $M=3$，对于中型矿山，可能选择载重量分别为 60t、100t 和 154t 的 3 个型号；对于大型矿山可能选择 172t、186t 和 236t 的 3 个型号。

$L$：矿山开采寿命，a。

$t$：年份。

$F_{t,i}$：设备在第 $t$ 年的第 $i$ 个可行设备配置，它是由 $n_{t,i}$ 台不同役龄的设备组成的集合，每台设备的年初役龄为 $a_{t,k}(k=1,2,\cdots,n_{t,i})$，这些设备可以是不同型号，其型号序号为 $m_{t,k}(1 \leqslant m_{t,k} \leqslant M)$。$F_{t,i}$ 可以具体表示为 $F_{t,i} = \{m_{t,1}, m_{t,2}, \cdots, m_{t,n_{t,i}}; a_{t,1}, a_{t,2}, \cdots, a_{t,n_{t,i}}\}$。

$I_{t,i}$：对应于设备配置 $F_{t,i}$ 的新设备投资。$F_{t,i}$ 中的新设备用于更新旧设备或是增添的新设备；如果 $F_{t,i}$ 中没有新(役龄为0的)设备，$I_{t,i}=0$。

$C_{t,i}$：对应于设备配置 $F_{t,i}$ 的当年设备运营成本，等于 $F_{t,i}$ 中所以设备的年运营成本之和，即

$$C_{t,i}=\sum_{k=1}^{n_{t,i}} C(m_{t,k},\ a_{t,k}) \tag{7-19}$$

式中　$C(m_{t,k},a_{t,k})$—— $F_{t,i}$ 中的第 $k$ 台设备(其型号为 $m_{t,k}$、$t$ 年初的役龄为 $a_{t,k}$)的年运营成本。

$Q_{t,i}$：对应于设备配置 $F_{t,i}$ 的设备在当年可完成的作业量，称为该配置的生产能力，它等于 $F_{t,i}$ 中所有设备的生产效率之和，即

$$Q_{t,i}=\sum_{k=1}^{n_{t,i}} Q(m_{t,k},\ a_{t,k}) \tag{7-20}$$

式中　$Q(m_{t,k},a_{t,k})$—— $F_{t,i}$ 中第 $k$ 台设备(其型号为 $m_{t,k}$、$t$ 年初的役龄为 $a_{t,k}$)的生产效率，即一台设备一年可完成的作业量。

$S_{t,\max}$、$S_{t,\min}$：分别为问题的“求解域”在 $t$ 年末的累计作业量的上、下限，如果所配置的设备到 $t$ 年末累计完成的作业量低于 $S_{t,\min}$，这样的配置是不可行的；如果所配置的设备到 $t$ 年末累计完成的作业量高于 $S_{t,\max}$，这样的配置不会是最优的。求解域的具体定义取决于优化对象（如：单优化剥离量、单优化矿石开采量、采剥量合并优化等），后续将进一步论述。

以时间为阶段变量，一个阶段为一年。以累计完成的作业量为状态变量，一个阶段有多个可能的状态，用 $S_{t,i}$ 表示第 $t$ 阶段的第 $i$ 个状态。必须注意：状态变量 $S_{t,i}$ 在阶段 $t$ 的不同取值不是预先确定的拟考虑的一系列不同的累计作业量值，而是与当年 $t$ 的不同设备配置 $F_{t,i}$ 以及过度到该配置之前的各年的设备配置相对应，也就是说，$S_{t,i}$ 是从第1年开始经过一个设备配置系列到达第 $t$ 年末时，这一系列设备配置完成的累计作业量。

令 $F_0$ 为问题0点的初始已有设备配置，由 $n_0$ 台不同役龄和型号的设备组成，每台设备的役龄为 $a_{0,k}$、型号序号为 $m_{0,k}(k=1,\ 2,\ \cdots,\ n_0)$。从这一初始设备配置中更新某些设备、退役某些设备、增添某些新设备，可以为第1年产生不同的设备配置及其对应的状态，即第1年每个状态的设备配置，对应于基于 $F_0$ 的一个“更新-退役-增添新设备”组合，只要一个组合所形成的设备配置的生产能力使第1年末的累计作业量落在区间 $[S_{1,\min},\ S_{1,\max}]$ 中，它就是第1年的一个可行配置，其对应的状态 $S_{1,i}$ 是第1年的一个可行状态。如此产生的第1年的可行状态(配置)总数 $n_1$，取决于初始配置 $F_0$ 的组成(设备数量、型号和役龄)、所考虑的每种设备型号的生产效率及其随役龄的变化关系以及求解域区间 $[S_{1,\min},\ S_{1,\max}]$。

同理，基于已经产生的第 1 年的每一个可行状态的设备配置，通过不同的更新–退役–增添新设备组合，可以为第 2 年产生不同的可行配置及其对应的可行状态。如此继续下去，就形成了如图 7-6 所示的设备配置网络图。

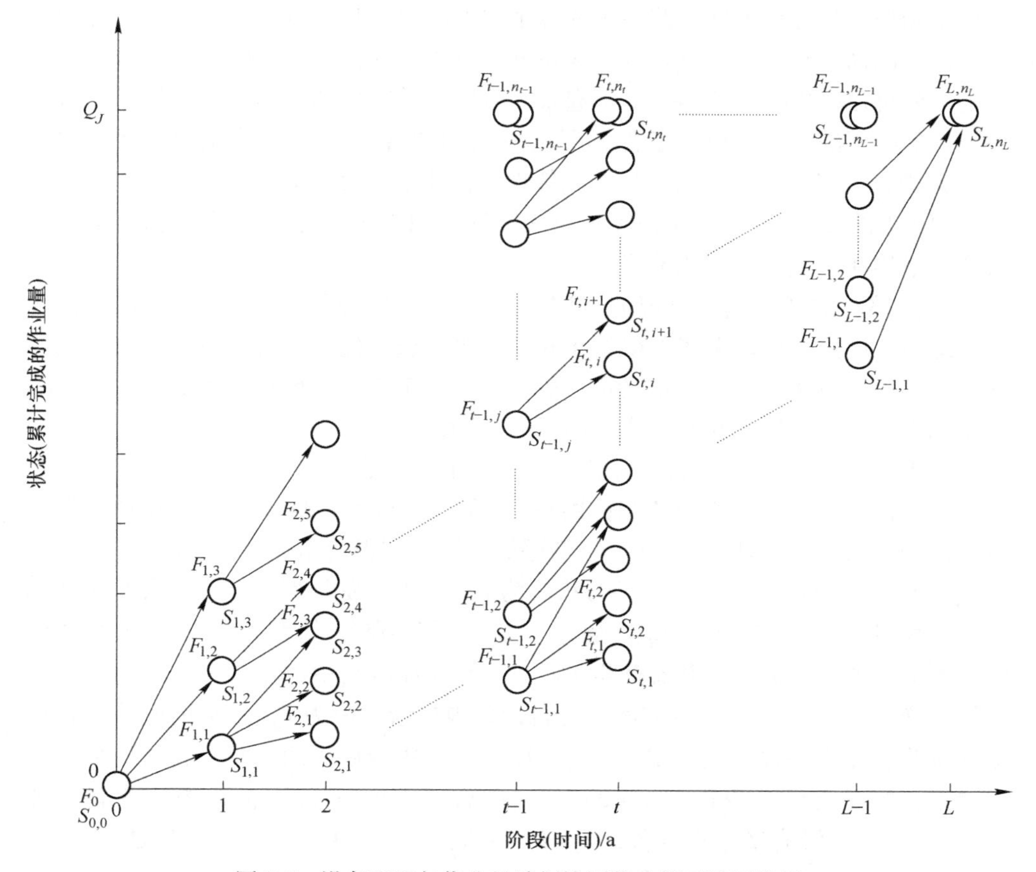


图 7-6 设备配置与作业量计划协同优化模型的网络图

经过若干年后，一些状态的累计作业量达到或刚刚超过了境界内的总量 $Q_J$，说明矿山开采在这些状态上结束了，称它们为结束状态，如图中最高一行的圆圈所示。“刚刚超过”的意思是：该状态的累计作业量大于 $Q_J$，但是如果退役配置中的任意一台设备，累计作业量就变为小于 $Q_J$。某一年的结束状态可能由前一年的不同状态到达，也可能从前一年的某一个状态通过不同的设备配置决策（即不同的更新-退役-增添新设备组合）到达，它们的累计作业量都等于或刚刚超过 $Q_J$，所以某一年的结束状态可能有多个（图 7-6 中用两个圆圈表示可能有多个）。计划不可能超越最终境界，所以对于那些刚刚超过 $Q_J$ 的结束状态，通过让某台设备只工作一年的部分时间迫使其累计作业量等于 $Q_J$；或者使整个配置运营一年的部分时间迫使其累计作业量等于 $Q_J$，相应地把最后一年处理为0.×年。这样处理后，所有结束状态的累计作业量（状态变量值）都等于 $Q_J$。

图7-6中每一条从原点0到达任意一个结束状态的路径，都是一个可行的设备配置和作业量计划方案，路径上的每个状态给出了状态所在年份的设备配置及其在该年的作业量（等于其设备配置的年生产能力）。对所有可行路径进行经济评价，就可以得出最佳路径。乍看起来，可以用动态规划求解这一网络图的最佳路径，但它不满足无后效应条件，所以只能用“枚举法”评价全部路径。“最佳”是指目标函数达到极值，目标函数根据优化条件可以取以下二者之一：

（1）路径的总净现值（NPV）最大。这一目标函数适用于废石剥离量和矿石开采量均属于优化变量的情形。

（2）路径的开采成本总现值（PVC）最小。这一目标函数适用于矿山的选厂处理能力已定，要求采场的矿石年开采量等于选厂处理能力而只优化废石剥离的情形。由于每年的矿石产量已定，矿山每年的销售收入也随之而定，所以PVC最小相当于对于给定的年矿石产量的NPV最大。

以下是以PVC最小为目标函数的任意一条路径的评价模型。

正在被评价的路径称为“当前路径”。不失一般性，假设对当前路径的评价过程已到达第 $t$ 年，即 $1\sim(t-1)$ 年已评价完毕。在当前路径上，$t-1$ 年的状态为 $S_{t-1,j}$，其设备配置为 $F_{t-1,j}$；$t$ 年的状态为 $S_{t,i}$，其设备配置为 $F_{t,i}$。从上述状态产生过程可知，$F_{t,i}$ 是基于 $F_{t-1,j}$ 通过一个“更新-退役-增添新设备”组合产生的。不失一般性，假设在状态产生过程中，$F_{t-1,j}$ 和 $F_{t,i}$ 中的设备依据这一组合进行了这样的排序：$F_{t-1,j}$ 中最前面的 $r_n$ 台设备被更新，成为 $F_{t,i}$ 中最前面的 $r_n$ 台设备（如果该组合中没有设备更新，$r_n=0$）；$F_{t-1,j}$ 中最后面的 $s_n$ 台设备被退役（如果该组合中没有设备退役，$s_n=0$）；$F_{t,i}$ 中最后面的 $p_n$ 台设备是增添的新设备（如果该组合中没有增添新设备，$p_n=0$）。这样，$F_{t,i}$ 中：$1\sim r_n$ 台设备是新设备；$(r_n+1)\sim(n_{t-1,j}-s_n)$ 台设备为继承来的旧设备（$n_{t-1,j}$ 为 $F_{t-1,j}$ 中的设备总台数）；$(n_{t-1,j}-s_n+1)\sim(n_{t,i})$ 为新设备（$n_{t,i}$ 为 $F_{t,i}$ 中的设备总台数）。如果 $r_n$、$s_n$ 和 $p_n$ 同时为0，则 $F_{t,i}$ 是 $F_{t-1,j}$ 的完全继承。这样，从状态 $S_{t-1,j}$ 到状态 $S_{t,i}$ 的转移由以下状态转移方程描述：

$$n_{t,i}=n_{t-1,j}-s_n+p_n \tag{7-21}$$

$$a_{t,k}=0 \quad 对于 1\leqslant k\leqslant r_n;\ n_{t-1,j}-s_n+1\leqslant k\leqslant n_{t,i} \tag{7-22}$$

$$a_{t,k}=a_{t-1,k}+1 \quad 对于 r_n+1\leqslant k\leqslant n_{t-1,j}-s_n \tag{7-23}$$

$$S_{t,i}=S_{t-1,j}+Q_{t,i} \tag{7-24}$$

式中 $S_{t,i}$——当前路径上年 $t$ 末的累计完成作业量；

$S_{t-1,j}$——当前路径上年 $t-1$ 末的累计完成作业量，在评价年 $t-1$ 时已经求得；

$Q_{t,i}$——设备配置 $F_{t,i}$ 在当年 $t$ 完成的作业量，由式（7-20）计算。

当前路径上 $t$ 年初用于更新旧设备和增添新设备所发生的设备投资 $I_{t,i}$ 为

$$I_{t,i} = \sum_{k=1}^{r_n} I(m_{t,k}) + \sum_{k=n_{t-1,j}-s_n+1}^{n_{t,i}} I(m_{t,k}) \tag{7-25}$$

式中 $I(m_{t,k})$——型号为 $m_{t,k}$ 的一台新设备的投资。

当前路径上 $t$ 年初被更新的旧设备和退役的旧设备的残值 $V_{t,i}$ 为

$$V_{t,i} = \sum_{k=1}^{r_n} V(m_{t-1,k},\ a_{t-1,k}+1) + \sum_{k=n_{t-1,j}-s_n+1}^{n_{t-1,j}} V(m_{t-1,k},\ a_{t-1,k}+1) \tag{7-26}$$

式中 $V(m, a)$——型号为 $m$、役龄为 $a$ 的一台旧设备的残值。

当前路径上第 $t$ 年发生的设备运营成本 $C_{t,i}$ 由式（17-19）计算。

新设备投资 $I_{t,i}$ 和旧设备的残值 $V_{t,i}$ 均发生在 $t$ 年初，把设备运营成本 $C_{t,i}$ 看作是发生在 $t$ 年末。那么，当前路径到达状态 $S_{t,i}$（$t$ 年末）的成本现值 $\text{PVC}_{t,i}$ 为

$$\text{PVC}_{t,i} = \text{PVC}_{t-1,j} + \frac{I_{t,i} - V_{t,i}}{(1+d)^{t-1}} + \frac{C_{t,i}}{(1+d)^{t}} \tag{7-27}$$

式中 $\text{PVC}_{t-1,j}$——当前路径到达状态 $S_{t-1,j}$（$t-1$ 年末）的成本现值，在评价年 $t-1$ 时已经求得。

初始条件：

$$\begin{cases} \text{PVC}_{0,0} = 0 \\ S_{0,0} = 0 \\ F_{0,0} = F_0 \end{cases} \tag{7-28}$$

$F_0$ 是优化时矿山已有的设备。如果 $F_0$ 不存在，那么第一年的各个状态的设备配置全由增添的新设备组成。

应用上述模型对图 7-6 中的所有从 0 点到达任意一个结束状态的路径进行评价，就得到了所有路径的总 PVC，总 PVC 最小的那条路径即为最优设备配置和作业量计划。从模型可知，最优计划不仅给出了每年应完成的作业量，而且给出了每年的设备配置（即设备台数、每台设备的型号和役龄），从设备配置随时间的演变，就可以知道每台新设备的购置时间、每台设备的更新或退役时间以及每台设备的服役时间长度。因此，这一模型实现了作业量计划、设备配置以及设备更新-退役-购置策略的协同优化。

不幸的是，这一模型是一个典型的求最佳组合的模型，可行状态数目和可行路径数目十分巨大，即使是当今配置最高的 PC 机，在可接受的时间内求解也是不可能的。假如，从每年的 1 个设备配置，通过不同的“更新-退役-增添新设备”组合，为下一年只产生 5 个可行配置，那么到第 15 年就能产生 $5^{15}$ 个可行配置，即超过 300 亿个状态。就卡车配置而言，即使对于一个小型矿山，其每年所

需要的设备台数假设在 10 台左右，考虑 3 种不同载重的卡车型号的话，基于一个卡车配置能够产生的可行配置数量也远超过 5 个。因此，直接求解这一模型是不可行的，必须寻求近似算法，在可接受的时间内得出一个好的计划。通过查阅大量相关文献和深入研究，我们提出了“临近域离散搜索法”。

### 7.3.2　设备配置与剥离计划协同优化的临近域离散搜索算法

这里假设矿石年生产能力已定，以设备配置与剥离计划的协同优化为例，阐述临近域离散搜索法。

#### 7.3.2.1　*露天矿剥离问题及其求解域*

在矿石年生产能力已定的条件下，露天矿每年必须剥离足够的废石以揭露足够的矿石来满足矿石生产目标。对于倾斜矿体的露天矿山，废石剥离与矿石开采之间的关系如图 7-7 所示。可以看出，为开采出矿石 $q$（图中斜线充填部分），必须同时剥离废石 $w$（图中点充填部分）。对于给定的年矿石产量而言，需要剥离的废石量在矿山寿命期可能变化非常大，这种变化取决于矿体形态、最终境界、地表地形和工作帮坡角 $\alpha$，废石的年需剥离量随时间的变化可能如图 7-8 中的实线所示。对于给定的矿体形态、最终境界和地表地形，这一废石剥离曲线取决于工作帮坡角 $\alpha$，$\alpha$ 又主要取决于工作平盘宽度 $b$。$b$ 越小，$\alpha$ 约大，那么在绝大多数情况下废石剥离就越被推迟。给定台阶高度和坡面角时，最陡的工作帮坡角 $\alpha$ 对应于最小的工作平盘宽度 b，即满足开采设备正常作业所需的最小平盘宽度。用需求剥离量表示当 $b$ 为最小（$\alpha$ 为最大）时，为满足既定的矿石产量而需要剥离的废石量。

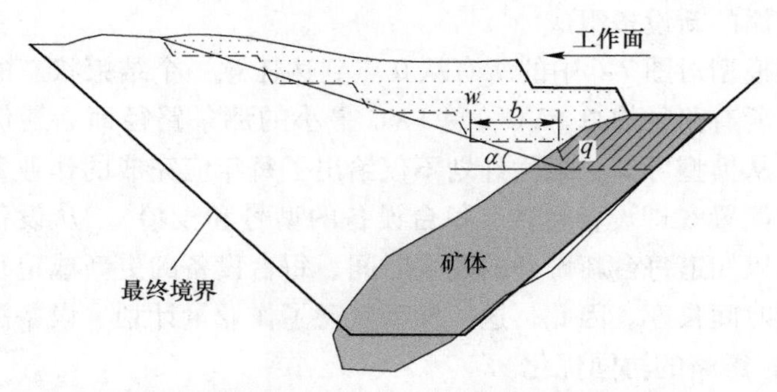


图 7-7　废石剥离与矿石开采之间的关系示意图

图 7-8 中的实线是需求剥离量随时间的变化示意图。乍看起来，在矿山寿命期的每年恰好完成其需求剥离量应该是最佳方案，因为按照上述定义，该方案的废石剥离已经被尽可能地推迟了，亦即尽可能地推迟了剥岩成本，因而可以获得

最小的成本现值。然而，这一“按需求剥离”方案通常会导致短期设备数量的大量增加，以满足剥离高峰时的需求，而在高峰年份过后，许多设备就不再需要了；考虑到开采设备昂贵的投资费用，这显然不是最佳方案。如果每年都剥离同样的废石量（图 7-8 中的虚线），这样的缺陷就被完全克服了。但是，这一“恒定剥离”方案意味着头若干年的剥离量很高，从而前期设备投资和运营费用支出很高，成本现值也高，同样不可能是最佳方案。

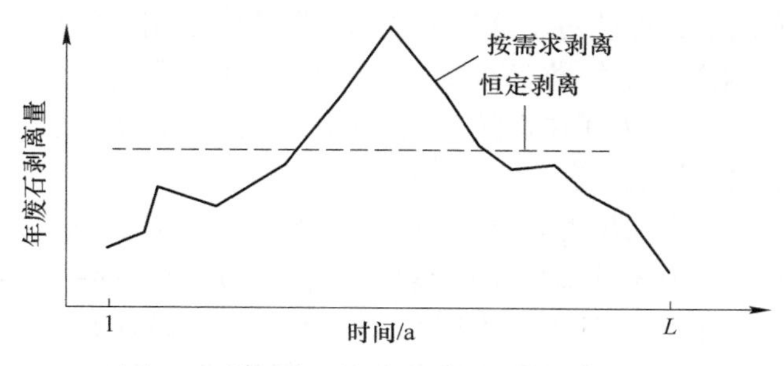


图 7-8 按需求剥离与恒定剥离方案示意图

图 7-9 给出了当矿石年产量在矿山寿命期为常数时，以上两个方案的累计废石剥离量曲线示意图。任何位于图 7-9 中按需求剥离曲线以下的剥离计划都是不可行的，因为它不能揭露满足矿石产量所要求的足够矿石量；另一方面，任何位于恒定剥离曲线或以上的计划，由于其过高的前期成本，都不会是最佳计划。因此，最佳剥离计划应在按需求剥离曲线与恒定剥离曲线之间的域内寻求，该域即为上述模型中的“求解域”。

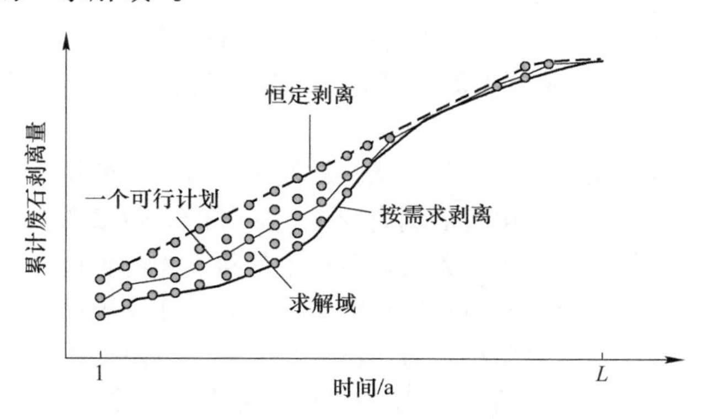


图 7-9 废石剥离计划的求解域示意图

#### 7.3.2.2 临近域离散搜索算法

在图 7-9 所示的求解域中，按前述模型产生和评价所有可行的设备配置路径，相当于在求解域中画出所有的非下降曲线，并为每条曲线上的每一年配置设备，使配置的设备生产能力等于或最接近于曲线对应的年剥离量。从理论上讲，这样的曲线有无穷多条。但是，考虑到设备台数的整数性和满负荷运行假设，求解域中每年的累计废石剥离量是有限数目的离散值，如图 7-9 中的离散点所示（这些点实际上较密集，为图示清晰起见只画了少数点）。任意一条通过每年的离散点中的一点的非下降曲线（如图 7-9 中细实线所示），都是一个可行的废石剥离计划。不幸的是，即使对于这样一个由有限离散点组成的离散求解域（简称“DSD”），可行剥离计划的数目也太大，难以实现穷尽式评价。因此，用一种“临近域离散搜索法”，达到在可接受的时间内找到一个好计划的目的。以下是临近域离散搜索法的算法简述。

第 1 步：定义一个初始搜索域（简称“ISD”）。离散求解域 DSD 的上限对应于恒定剥离方案，由于其前期费用很高，它也许是最差的一个可行计划方案。除了最后一年（此年 DSD 的上、下限总是相等）外，最佳剥离计划不太可能到达这一上限。因此，可以通过降低 DSD 的上限定义一个比 DSD 窄的 ISD。令 $W_{t,\mathrm{U}}$和 $W_{t,\mathrm{L}}$分别为 DSD 在第 $t$ 年的累计剥离量上限和下限，那么，ISD 的下限等于 $W_{t,\mathrm{L}}$，ISD 的上限 $W_{t,\mathrm{IU}}$设定为

$$W_{t,\mathrm{IU}} = W_{t,\mathrm{U}} - p(W_{t,\mathrm{U}} - W_{t,\mathrm{L}}) \tag{7-29}$$

式中　$p$——域减系数，$p \in (0,\ 1)$；$p$ 值的确定在后面的算例中加以解释。

第 2 步：把 ISD 在第 $t$ 年（最后一年除外）的范围 $[W_{t,\mathrm{L}},\ W_{t,\mathrm{IU}}]$ 分为 $n$ 等份，得到覆盖这一范围的 $n+1$ 个搜索点。每一等份的大小为

$$\Delta = (W_{t,\mathrm{IU}} - W_{t,\mathrm{L}})/n \tag{7-30}$$

例如，$n$ 为4时，$\Delta = (W_{t,\mathrm{IU}} - W_{t,\mathrm{L}})/4$，得到的 5 个搜索点所对应的累计剥离量为：$W_{t,\mathrm{L}}$，$W_{t,\mathrm{L}} + \Delta$，$W_{t,\mathrm{L}} + 2\Delta$，$W_{t,\mathrm{L}} + 3\Delta$ 和 $W_{t,\mathrm{IU}}$。为叙述方便，称 $n+1$ 为搜索密度，记为 $n_\rho$。

第 3 步：任意一条通过以上所定义的初始搜索域 ISD 的每年的搜索点中的一点的非下降路径，形成一个可行的剥离计划。路径的总数量取决于搜索密度 $n_\rho$和矿山寿命。从第 1 年开始，为每条可行路径上的每一年配置设备（如何配置，见后面的设备配置算法），使每年的累计剥离量不小于且最接近路径上同年的搜索点处的累计剥离量，然后对路径进行经济评价，得到其总成本现值 PVC。完成所有路径的评价后，选出 PVC 最小的那条路径作为当前最佳计划。

第 4 步：以当前最佳计划为中心，定义一个临近搜索域（简称“NSD”）。这个 NSD 在每一年（最后一年除外）也由 $n_\rho$个搜索点组成，其中间点的累计剥离量与当前最佳计划在该年完成的累计剥离量相等。例如，$n_\rho = 5$ 时，临近搜索域 NSD 在第 $t$ 年的 5 个搜索点为：$W_{t,\mathrm{O}} - 2\delta$，$W_{t,\mathrm{O}} - \delta$，$W_{t,\mathrm{O}}$，$W_{t,\mathrm{O}} + \delta$ 和 $W_{t,\mathrm{O}} + 2\delta$；其中，$W_{t,\mathrm{O}}$是当前最佳计划在 $t$ 年末完成的累计剥离量；$\delta$ 称为临近域增量。

当然，如此定义的 NSD 不应超出求解域 DSD。可见，要使当前最佳计划成为临近搜索域 NSD 的中心路径，即 $W_{t,0}$ 成为第 $t$ 年临近搜索点的中间点，$n_{p}$ 须是奇数。

第 5 步：为临近搜索域 NSD 上的所有可行路径配置设备（如何配置，见后面的设备配置算法）并计算其 PVC，选出最佳路径。如果这一最佳路径比当前最佳计划更好，此路径变为当前最佳计划；否则，当前最佳计划不变。

第 6 步：取一个更小的临近域增量 $\delta$，重复第 4 步和第 5 步，直到所有预设的 $\delta$ 值考虑完毕，所保留的当前最佳计划即为最终计划，算法结束。合理的 $\delta$ 取值在后面的算例中加以解释。

### 7.3.3 设备配置规则与配置算法

在上述算法的第 3 步和第 5 步中，需要分别为初始搜索域和临近搜索域内的所有可行路径配置设备，并进行经济评价。对于任意一条这样的路径，设备配置和评价过程是从第 1 年开始逐年推进，直到矿山寿命的最后一年或到境界内全部废石被剥离完为止。为一条路径上的任何一年配置设备，就是基于前一年的已有设备配置，考虑继续使用、更新、退役、增添新设备等各种可能组合，使该年的设备配置既满足生产能力需求又尽量降低成本。显然，考虑所有可能的组合是不现实的。所以，提出以下具有实用性的设备配置规则和配置算法。

#### 7.3.3.1 设备配置规则

A 设备退役与闲置规则

（1）对每一型号的设备设置“最长服役年限”，一台设备的役龄达到其最长服役年限时立即退役。最长服役年限有三种选择：动态经济寿命、静态经济寿命、指定年限，由用户选择。对于不同的矿山和设备运营数据，最好的最长服役年限可能不同，用户可以试运行不同的选择，确定经济效益最好者。一般而言，选择略大于静态经济寿命且小于动态经济寿命最好。

（2）在任何一年不需要的设备，如果其役龄未达到其最长服役年限，就暂时闲置起来以备后用；只有当一台设备一直闲置到开采结束也未被重新启用时，该台设备才在最后一次进入闲置状态的时点退役。

（3）当需要闲置若干台设备时（即设备配置的总生产能力高于目标作业量时），总是闲置当年单位作业量运营成本最高的设备。闲置的设备发生闲置成本（保存与保养费用），该成本参与计划路径的经济评价。

B 设备运营规则

如果在某一年初，从上一年“继承”下来的既有运营设备又有闲置设备，那么，从继承来的所有设备中，优先选择当年单位作业量运营成本最低的那些设备作为该年的运营设备。

C　新设备选型规则

如果在某一年初，把从上一年继承下来的所有运营设备和闲置设备都投入该年的运营，仍不足以完成该年的目标作业量，就需购置若干台新设备投入运营。新设备的选型规则可以是以下三者之一（由用户选择）：

（1）当年总成本最低者优先。当年总成本等于新设备投资及其一年的运营成本之和；

（2）静态经济寿命期的单位作业量成本最低者优先；

（3）动态经济寿命期的单位作业量折现成本最低者优先。

对于不同的矿山和设备运营数据，最好的新设备选型规则可能不同，用户可以试运行不同的选择，确定经济效益最好者。一般而言，选择（2）最好。

#### 7.3.3.2　设备配置算法

依据以上设备配置规则，设计了为任意一条计划路径配置设备的算法。为表述方便，把由若干台设备组成的集合称为“车队”。令 $M$ 表示优化中考虑的备选设备型号数。每一型号设备的输入数据包括对应于一系列役龄的生产效率、年运营成本和残值，以及最长服役年限和年闲置成本。

令 $F_t$ 表示第 $t$ 年运营的设备车队，称之为运营车队，它是一个由运营设备台数以及每台设备的型号和年初役龄组成的集合变量；$X_t$ 表示第 $t$ 年处于闲置状态的设备车队，称之为闲置车队，它是一个由闲置设备台数以及每台设备的型号和役龄组成的集合变量。

不失一般性，设正在配置设备的年度为第 $t$ 年，路径上 $t$ 年之前各年的设备配置已经应用本算法完成，即 1～$(t-1)$ 年的运营车队和闲置车队都是已知的。

第 1 步：把路径上前一年的运营车队 $F_{t-1}$ 和闲置车队 $X_{t-1}$ “继承到”本年度 $t$。分两种情况：

① $t = 1$（即正在为第 1 年配置设备，年初为项目 0 点）。如果所优化的矿山有一个初始车队 $F_0$ 并决定投入使用，那么就把 $F_0$ 中那些役龄尚未达到其最长服役年限的设备继承到 $F_t$，并把那些役龄达到或超过其最长服役年限的设备退役，退役设备的残值计为时间 0 点的负成本现金流；如果所优化的矿山没有初始车队，$F_t$ 暂时为“空”（即没有任何运营设备），闲置车队 $X_t$ 也暂时为空。

② $t > 1$。把前一年 $(t-1)$ 的运营车队 $F_{t-1}$ 中每台设备的役龄增加 1（由于运营车队里的设备的役龄均为年初役龄，经过上一年的运营，役龄都增加了 1 岁）；把那些役龄尚未达到其最长服役年限的设备继承到 $F_t$，并把那些役龄达到其最长服役年限的设备退役，退役设备的残值计为 $t$ 年初的负成本现金流。如果 $(t-1)$ 年的闲置车队 $X_{t-1}$ 不为空，把它继承到本年度的闲置车队 $X_t$；否则，$X_t$ 暂

时为空。

第 2 步：如果从前一年继承来的运营车队 $F_t$ 和闲置车队 $X_t$ 均不为空，把 $F_t$ 中当年单位作业量运营成本高于 $X_t$ 中当年单位作业量运营成本的设备相互置换。这样，运营的都是现有设备中最经济的那些，而闲置的都是现有设备中最不经济的那些，能够最大限度地降低年度总成本。

第 3 步：计算运营车队 $F_t$ 的年生产能力 $Q_{Ft}$，它是 $F_t$ 中各台设备的生产效率（根据其型号和役龄从输入的数据表中查得）之和；计算计划路径上本年度 $t$ 需要完成的作业量 $W_t$。

第 4 步：如果 $Q_{Ft} = W_t$，运营车队 $F_t$ 的生产能力恰好满足产量需求（这种情况几乎不存在），$F_t$ 即为第 $t$ 年的运营车队、$X_t$ 为第 $t$ 年的闲置车队，转到第 7 步；否则，执行下一步。

第 5 步：如果 $Q_{Ft} > W_t$，运营车队 $F_t$ 有多余的生产能力，考虑把某台或某几台设备退出运营车队，置于闲置车队。$F_t$ 中当年单位作业量运营成本最高的设备优先退出。具体做法是：先将 $F_t$ 里的各台设备按当年单位作业量运营成本从低到高排序，然后采用末位淘汰制逐个退出，直到退出某台设备后剩余的生产能力小于 $W_t$ 为止，那么，排在该台设备之后的所有设备均从运营车队 $F_t$ 中退出，加入到闲置车队 $X_t$。一个特殊情况是：如果排在最后（当年单位作业量运营成本最高）的那台设备退出后，车队的剩余生产能力就不能满足需求（即小于 $W_t$），那么就不退出任何设备。这种情形下的车队配置完毕，转到第 7 步。如果 $Q_{Ft} < W_t$，执行下一步。

第 6 步：$Q_{Ft} < W_t$，运营车队 $F_t$ 的生产能力不满足作业量需求，需要增加运营车队的生产能力。如果闲置车队 $X_t$ 里有设备，优先采用闲置设备，把一台或多台闲置设备从 $X_t$ 中取出，加入到运营车队 $F_t$。具体做法是：先将 $X_t$ 里的各台设备按当年单位作业量运营成本从高到低排序，然后从末位开始逐台取出，加入到 $F_t$，直到扩容后的 $F_t$ 的生产能力第一次满足 $Q_{Ft} \geqslant W_t$ 或 $X_t$ 里的设备全部取出为止。

如果把 $X_t$ 里的设备全部加入到 $F_t$ 后的生产能力仍然不满足作业量需求，就从输入的 $M$ 个型号中选择一台或多台新设备加入到 $F_t$，补足生产能力。新设备的选型规则如上所述。

这种情形下的车队配置完毕，执行下一步。

第 7 步：本年度 $t$ 的车队配置完毕。把新设备的投资（如果有新设备投入的话）计入本年初的成本现金流，把运营车队的运营成本计入本年末的成本现金流。

如果 $t < L$（$L$ 为正在配置设备的计划路径的开采寿命），本年度的设备配置和相关的现金流计算已经完成，算法结束；如果 $t = L$，继续下一步。

第 8 步：本年度 $t$ 是计划路径的最后一年 $L$，其运营车队为 $F_L$、闲置车队为 $X_L$。需要做以下几项工作：

① 把运营车队 $F_L$ 中各台设备的役龄增加 1 后全部退役，其残值计为该年末的负成本现金流。

② 如果闲置车队 $X_L$ 里有设备，那么这些设备从最后一次退出运营一直闲置到本计划路径开采结束，就没有再次被启用过。所以，$X_L$ 里的每台设备在最后一次退出运营时就应该退役，而且应从之后每年的闲置车队中删除。具体做法是：取 $X_L$ 里的一台设备，沿计划路径反向搜索，直到在某年 $j$ 的闲置车队中不存在该台设备，说明该台设备是 $j$+1 年初退出运营，一直闲置到开采结束的；把该台设备在 $j$+1 年初退役，其残值计为该年初的负成本现金流，并把该台设备从（$j$+1）~$L$ 年的闲置车队中删除。对 $X_L$ 里的每台设备都如此处理，直到 $X_L$ 为空（即所有闲置到最后的设备处理完毕）。

③ 从计划路径的第 1 年到最后一年 $L$，逐年检查闲置车队 $X_t$（$t$ = 1，2，…，$L$），如果年 $t$ 有闲置设备（$X_t$ 不为空），计算该年闲置设备的闲置成本，并计入该年末的成本现金流。这项工作必须在②完成后进行。

④ 至此，计划路径上每年的年初和年末成本现金流都已计算出来，把它们折现到时间 0 点，就可计算出为计划路径配置的设备的成本现值总额 PVC。算法结束。

对于一条可行计划路径上的每一年重复应用这一算法，就完成了该路径的设备配置和经济评价。

上述设备配置算法中，似乎没有发生"更新"事件。实际上，如果 $t$ 年有一台设备退役，而且新增添了一台与之型号相同的新设备，就发生了一个更新事件。

算法中的设备可以是任何一种主体开采设备（如卡车、挖掘机或钻机）。如果要为计划路径同时配置多于一个种类的设备，就在计划路径的每一年重复应用这一算法，每次配置一种。比如，先配置卡车，再配置电铲。无论是哪种设备，只要输入每年的需求作业量和拟考虑的设备的备选型号，每个型号的新设备的投资和最长服役年限，每个型号设备的生产效率、运营成本和残值随役龄的变化数据，以及每个型号设备的闲置费用等，就可进行优化。算法可以单独为废石剥离配置设备，也可以把废石剥离和矿石开采作为整体进行设备配置优化，只要把剥离需求作业量和既定的矿石开采作业量加起来作为需求作业量，就可以进行采剥设备配置优化。如果矿石开采设备和剥离设备在规格上相差较大（如个别矿山用较小的电铲和卡车采运矿石，用较大的电铲和卡车采运废石），那么就需要对矿石开采设备和剥离设备分别应用算法进行配置优化：先优化矿石开采的设备配置，在一些设备配置能力高于矿石产量目标的年份（由于设备台数的整数性，二者恰好相等的概率很低），把多余的设备能力用于剥岩；而后优化剥岩设备配置，优化时把采矿设备的多余能力从相应年份的剥离需求作业量中减去即可。

### 7.3.4 应用算例

应用上述临近域离散搜索算法（其中包含了设备配置算法），对一案例矿山的剥离卡车配置和剥离计划进行协同优化，同时对算法中相关参数的设定作进一步解释，对结果进行简要分析和评价。

#### 7.3.4.1 *矿山和设备数据与搜索参数设置*

本算例中，用一个实际露天铁矿的地质模型产生废石需求剥离量。该矿拥有自己的选厂，其处理能力为每年400万吨，这也是露天采场的计划年矿石生产能力。最小工作平盘宽度为40m，台阶高度为15m，台阶坡面角为60°，据此得出最大工作帮坡角为17°。首先优化出最终境界，并在最终境界中应用增量排除法产生一系列具有最大工作帮坡角、矿石增量为20万吨的地质最优开采体，然后对这些开采体进行动态排序，得出满足年产400万吨矿石的每年的废石需求剥离量。矿山寿命为近17年。年矿石产量、年需求剥离量以及累计需求剥离量见表7-4中2~4列。可见，年需求剥离量起伏很大，剥离最高峰出现在第10年，为2000多万吨；大多数年份的需求剥离量不到峰值的一半。

本算例配置的设备是卡车，目标是实现剥离卡车配置和废石剥离量计划的协同优化。因为在给定时间内以其固有的载重和工作效率作业，一台卡车能够运输的吨位是运输距离的函数，所以卡车的生产效率用一年完成的运输功表示，其单位为（t·km)/a。因此，对卡车而言，矿山对其运输能力的需求量也应以运输功表示。为此，年需求剥离量和累计需求剥离量被换算为相应的运输功需求量，如表7-4中最后两列所示。在换算中，假设废石运输距离随采深增加从开始时的3.0km增加到结束时的4.2km，用分段线性插值进行换算：剥离吨位每增加20万吨，距离增加一次。

**表7-4 案例矿山的废石需求剥离量和需求运输功**

| 年 | 年矿石产量/Mt | 年需求剥离量/Mt | 累计需求剥离量/Mt | 年需求运输功/Mt·km | 累计需求运输功/Mt·km |
|---|---|---|---|---|---|
| 1 | 4.000 | 5.340 | 5.340 | 16.126 | 16.126 |
| 2 | 4.000 | 6.779 | 12.119 | 20.789 | 36.915 |
| 3 | 4.000 | 8.742 | 20.861 | 27.334 | 64.249 |
| 4 | 4.000 | 11.357 | 32.218 | 36.393 | 100.642 |

续表 7-4

| 年 | 年矿石产量/Mt | 年需求剥离量/Mt | 累计需求剥离量/Mt | 年需求运输功/Mt·km | 累计需求运输功/Mt·km |
|---|---|---|---|---|---|
| 5 | 4.000 | 9.099 | 41.317 | 29.877 | 130.519 |
| 6 | 4.000 | 9.173 | 50.490 | 30.768 | 161.287 |
| 7 | 4.000 | 10.152 | 60.642 | 34.811 | 196.098 |
| 8 | 4.000 | 11.032 | 71.674 | 38.732 | 234.830 |
| 9 | 4.000 | 14.252 | 85.926 | 51.430 | 286.260 |
| 10 | 4.000 | 20.467 | 106.393 | 76.606 | 362.866 |
| 11 | 4.000 | 9.940 | 116.333 | 38.373 | 401.239 |
| 12 | 4.000 | 8.382 | 124.715 | 32.952 | 434.191 |
| 13 | 4.000 | 8.311 | 133.025 | 33.210 | 467.401 |
| 14 | 4.000 | 7.688 | 140.714 | 31.196 | 498.597 |
| 15 | 4.000 | 6.407 | 147.121 | 26.347 | 524.944 |
| 16 | 4.000 | 5.293 | 152.414 | 22.005 | 546.949 |
| 17 | 2.621 | 2.953 | 155.367 | 12.371 | 559.320 |

本例中考虑三个卡车型号，载重分别为60t、100t 和 154t，分别命名为型号 M60、M100 和 M154。基于对所收集数据的分析，构造出每一型号卡车的生产效率和运营成本随其役龄变化的离散数据，见表 7-5。型号 M60、M100 和 M154 的最长寿命（即技术寿命）分别定为10年、12年和15年。卡车残值基于一个5年降值计划计算：一台卡车役龄为1~5年的残值，分别等于其新车价格的65%、45%、30%、15%和5%，役龄超过5年的残值为0。新车的价格也在表 7-5 中列出。

为使算例更具普遍性，假设有一个由 7 台卡车组成的已有起始车队 $F_0$，如表 7-6 所示。在 PVC 计算中使用的年折现率为8%、年成本上升率为2%。

根据本章7.2节的研究结果，设备的最佳服役年限一般在其静态经济寿命和动态经济寿命之间。基于表 7-5 中的数据和8%的折现率、2%的成本上升率，计算出 M60、M100 和 M154 型卡车的静态经济寿命分别为4年、4年和5年，动态经济寿命分别为7年、7年和9年。所以，M60、M100 和 M154 卡车的最长服役年限分别设置为6年、6年和7年。一台卡车闲置一年的成本，等于按5年和7%的年利率计算的新车投资的年金加上年保管和维护费用，一台 M60、M100 和 M154 卡车的年保管和维护费用分别设置为12万元、20万元和25万元，如此计算的 M60、M100 和 M154 卡车的年闲置成本分别为125万元、215万元和366万元。优化中，新车选型规则为“静态经济寿命期的单位作业量成本最低者优先”。

**表 7-5 三种型号卡车的相关数据**

| 役龄 | M60<br>新车价格：4.5×10⁶元<br>年闲置成本：1.25×10⁶元 | | | M100<br>新车价格：8.0×10⁶元<br>年闲置成本：2.15×10⁶元 | | | M154<br>新车价格：14.0×10⁶元<br>年闲置成本：3.66×10⁶元 | | |
|---|---|---|---|---|---|---|---|---|---|
| | 生产效率 /(Mt·km)·$a^{-1}$ | 运营成本 /元·$a^{-1}$ | 残值 /元 | 生产效率 /(Mt·km)·$a^{-1}$ | 运营成本 /元·$a^{-1}$ | 残值 /元 | 生产效率 /(Mt·km)·$a^{-1}$ | 运营成本 /元·$a^{-1}$ | 残值 /元 |
| 0 | 1.60 | $3.36\times10^6$ | | 3.00 | $5.85\times10^6$ | | 4.50 | $8.10\times10^6$ | |
| 1 | 1.57 | $3.45\times10^6$ | $2.92\times10^6$ | 2.94 | $6.01\times10^6$ | $5.20\times10^6$ | 4.40 | $8.17\times10^6$ | $9.10\times10^6$ |
| 2 | 1.51 | $3.47\times10^6$ | $2.02\times10^6$ | 2.84 | $6.03\times10^6$ | $3.60\times10^6$ | 4.26 | $8.36\times10^6$ | $6.30\times10^6$ |
| 3 | 1.46 | $3.50\times10^6$ | $1.35\times10^6$ | 2.74 | $6.10\times10^6$ | $2.40\times10^6$ | 4.12 | $8.52\times10^6$ | $4.20\times10^6$ |
| 4 | 1.38 | $3.62\times10^6$ | $0.68\times10^6$ | 2.61 | $6.37\times10^6$ | $1.20\times10^6$ | 3.88 | $8.65\times10^6$ | $2.10\times10^6$ |
| 5 | 1.28 | $3.75\times10^6$ | $0.23\times10^6$ | 2.42 | $6.75\times10^6$ | $0.40\times10^6$ | 3.64 | $8.84\times10^6$ | $0.70\times10^6$ |
| 6 | 1.19 | $4.38\times10^6$ | 0.00 | 2.26 | $7.18\times10^6$ | 0.00 | 3.40 | $9.18\times10^6$ | 0.00 |
| 7 | 1.11 | $4.76\times10^6$ | 0.00 | 2.10 | $7.69\times10^6$ | 0.00 | 3.21 | $9.53\times10^6$ | 0.00 |
| 8 | 1.02 | $5.04\times10^6$ | 0.00 | 1.94 | $8.19\times10^6$ | 0.00 | 3.02 | $10.31\times10^6$ | 0.00 |
| 9 | 0.94 | $5.31\times10^6$ | 0.00 | 1.81 | $8.70\times10^6$ | 0.00 | 2.82 | $11.03\times10^6$ | 0.00 |
| 10 | 0.85 | $5.36\times10^6$ | 0.00 | 1.68 | $8.83\times10^6$ | 0.00 | 2.59 | $11.63\times10^6$ | 0.00 |
| 11 | | | | 1.58 | $8.94\times10^6$ | 0.00 | 2.44 | $12.09\times10^6$ | 0.00 |
| 12 | | | | 1.52 | $9.17\times10^6$ | 0.00 | 2.35 | $12.67\times10^6$ | 0.00 |
| 13 | | | | | | | 2.25 | $13.57\times10^6$ | 0.00 |
| 14 | | | | | | | 2.20 | $14.47\times10^6$ | 0.00 |
| 15 | | | | | | | 2.11 | $15.17\times10^6$ | 0.00 |

**表 7-6 已有起始车队**

| 型号 | M60 | | | M100 | M154 |
|---|---|---|---|---|---|
| 役龄/a | 2 | 7 | 4 | 2 | 4 |
| 台数 | 2 | 1 | 2 | 1 | 1 |

算法中用到一个域减系数 $p$ 来定义初始搜索域。由于使 PVC 最小化总是试图尽可能推迟废石剥离，所以有理由认为最优计划在大多数年份会落入图 7-9 所示求解域的下半部分。因此，大多数情况下 $p$ 取 0.5 左右就可以。对于不同 $p$ 值的试运行表明，用范围［0.35，0.55］内的 $p$ 值得出的计划好于其他 $p$ 值，而且这个范围内的不同 $p$ 值对应的最佳计划的 PVC 的差别很小。本例中取 $p=0.5$。需要说明的是，$p$ 取 0.5 并不意味着全部搜索被限制在求解域的下半部分，而是

只有初始搜索域受到这样的限制；以当前最佳计划为中心的临近搜索域可能超出此范围。

算法中用到一系列的 $\delta$ 值（即临近域增量）来定义不同的临近搜索域。合适的 $\delta$ 值包括：

（1）旧卡车若是在其役龄达到其静态经济寿命被更新，可获得的生产效率的增加值，即新车的生产效率减去同型号车达到其静态经济寿命时的生产效率。

（2）所考虑的那些型号的新卡车的生产效率。

（3）在前二者中选取某一组合。

本例中选用了四个 $\delta$ 值：1.60Mt · km、0.86Mt · km、0.39Mt · km 和 0.22Mt · km，其中 1.60Mt · km 是型号为 M60 的一台新车的年生产效率；0.86Mt · km、0.39Mt · km 和 0.22Mt · km 分别对应于型号为 M154、M100 和 M60 的一台旧车，若是在其役龄达到对应的静态经济寿命（分别为 5 年、4 年和 4 年）时被更新的话，表示其生产效率的增加值。

搜索密度 $n_\rho$ 规定了在搜索域中每年考虑的离散搜索点数。显然，$n_\rho$ 越大，得到的计划越是接近于未知的最优计划。但是，需要评价的计划数目随 $n_\rho$ 的增加爆炸式增长。本例中取 $n_\rho=3$。

#### 7.3.4.2　优化结果

基于上述输入数据和搜索参数设置，应用临近域离散搜索算法（其中包含了设备配置算法），对剥离卡车配置和剥离量计划进行了协同优化。共评价了 1583540 条求解域中的路径，在 CPU 为 3GHz 的 Dell 笔记本上的运行时间不到 1 分钟。优化所得剥离计划的年剥离量和累计剥离量以及运输功见表 7-7，卡车配置计划如图 7-10 所示（图中虚线表示卡车闲置时段）。优化所得剥离计划的运输成本现值为 9.42 亿元。如果以相同的车队配置逻辑为“按需求剥离”和“恒定剥离”方案配置车队，其运输成本现值分别比优化计划高约 5% 和 15%。优化计划的年运输功峰值为 59.09Mt · km、年剥离量峰值为 16.19Mt，按需求剥离的年运输功峰值为 76.61Mt · km、年剥离量峰值为 20.47Mt（见表 7-4）。可见，优化计划的剥离峰值比需求峰值有所削平。

本算法优化结果的最优性主要取决于两个搜索参数：临近域增量 $\delta$ 和搜索密度 $n_\rho$。设定越多的 $\delta$ 值，相邻 $\delta$ 值之间的差值越小，搜索密度 $n_\rho$ 越大，所得结果计划越接近于真正最优解，但会使需要评价的计划数目和运行时间爆炸性增长。不过，$\delta$ 的数量和 $n_\rho$ 只需要取低端数值，就能得到很好的结果。灵敏性检验表明：取 3~4 个 $\delta$ 值（1~2 个型号的新设备的生产效率加上 1~2 个型号旧设备在达到其静态经济寿命时更新的生产效率增量），并把 $n_\rho$ 设定为其最小值 3，就可以保证所得结果具有满意的最优性。本算例中，取了 4 个 $\delta$ 值，当取 5 个或更多时，结果的成本现值 PVC 只比取 4 个减小了不到 1%，运算时间基本上成比例增长；当取 $n_\rho=5$ 时，结果的 PVC 只比 $n_\rho=3$ 时降低了不到 0.5%，运行时间长达数小时。这证明，取 4 个合理的 $\delta$ 值和 $n_\rho=3$ 时获得的结果已经逼近真正最优解。

PVC 最小的那个计划，其设备配置不一定在所有年份都是合理的。例如，在图 7-10 中，有两台新购置的卡车只用了两年：在第 15 年初购置的一台 M60 新车在第 16 年末退役；在第 16 年初购置的一台 M154 新车在第 17 年末退役。所以，软件的设计应考虑到这一点，允许用户在界面上输入一个“保留的最佳计划数目”，输出多个最佳方案。在输出的最佳方案中，某些方案的 PVC 与最低 PVC 之间相差无几，可以认为具有同等的经济效益，用户可以从这些方案中选择被认为是最合理的方案。在本算例中，保留了 10 个最佳方案作为输出结果，这 10 个方案的 PVC 几乎相等：最高的 PVC 比最低的 PVC 只高出不到 0.3%，所以，就经济效益而言，它们具有相同的最优性，可以认为全是最佳方案，但有的方案在某一方面比其他方案更为合理。

**表 7-7 设备配置与剥离计划协同优化结果——最佳剥离计划**

| 年 | 年剥离量 /Mt | 累计剥离量 /Mt | 年运输功 /Mt · km | 累计运输功 /Mt · km |
|---|---|---|---|---|
| 1 | 7.011 | 7.011 | 21.217 | 21.217 |
| 2 | 7.499 | 14.510 | 23.114 | 44.331 |
| 3 | 6.352 | 20.862 | 19.919 | 64.250 |
| 4 | 11.357 | 32.219 | 36.393 | 100.643 |
| 5 | 9.099 | 41.318 | 29.877 | 130.520 |
| 6 | 9.898 | 51.216 | 33.228 | 163.748 |
| 7 | 13.928 | 65.144 | 48.039 | 211.787 |
| 8 | 10.735 | 75.879 | 38.051 | 249.838 |
| 9 | 16.194 | 92.073 | 59.086 | 308.924 |
| 10 | 14.321 | 106.394 | 53.943 | 362.867 |
| 11 | 9.940 | 116.334 | 38.373 | 401.240 |
| 12 | 8.786 | 125.120 | 34.552 | 435.792 |
| 13 | 7.907 | 133.027 | 31.610 | 467.402 |
| 14 | 7.688 | 140.715 | 31.196 | 498.598 |
| 15 | 7.371 | 148.086 | 30.339 | 528.937 |
| 16 | 4.329 | 152.415 | 18.014 | 546.951 |
| 17 | 2.953 | 155.367 | 12.371 | 559.320 |

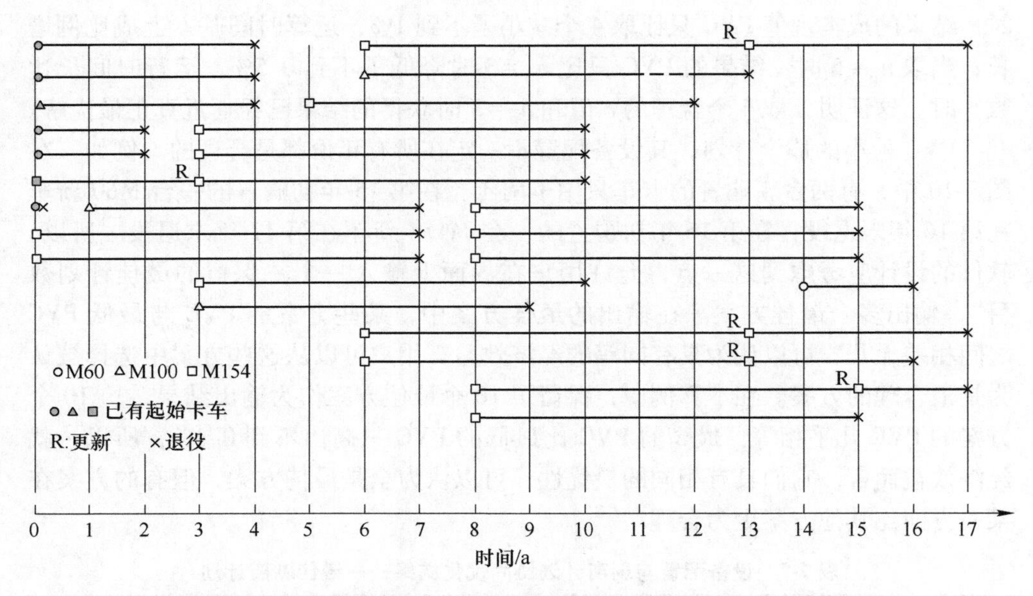


图 7-10　设备配置与剥离计划协同优化结果——最佳剥离车队配置计划

## 7.4　设备配置与生产计划三要素协同优化

如第 5 章所述，对于给定的最终境界，露天矿生产计划包括三个基本要素：生产能力（每年的采矿量和剥岩量）、开采顺序（每年的采剥区域或每年末工作帮推进到的位置）和开采寿命。本节论述设备配置与生产计划三要素的协同优化原理和算法。

### 7.4.1　优化原理和算法

在第 5 章中已经论述了露天矿生产计划三要素的整体优化方法，建立了优化模型并提出了优化算法。这一优化方法的基本原理是：首先在境界内产生一个地质最优开采体序列，该序列的任何一个以境界结尾的子序列构成一个可能的生产计划，这样一个子序列也称为一个计划路径；然后对所有可行计划路径进行经济评价，NPV 最大的路径即为最佳生产计划。如果在可行计划路径的构建过程中，应用 7.3.3 节的设备配置算法，为每一可行计划路径的每一年配置主体开采设备，并依据设备配置计算路径的相关成本和 NPV，那么就实现了设备配置与生产计划的协同优化，优化结果不仅给出了生产计划三要素，而且给出了相应的设备配置。这就是设备配置与生产计划协同优化的基本原理。

由于在同时考虑设备配置和基建投资的条件下，可行计划路径的评价和决策不符合动态规划的无后效应要求，所以，设备配置与生产计划的协同优化只能用枚举法。另外，在可行计划路径的构建和评价过程中加入设备配置后，运算量大大增加，直接用枚举法构建和评价所有可行计划路径的时间会很长，所以用移动产能域算法求解。

令 $k$ 表示产能域的序数，用 $[q_L^k, q_U^k]$ 表示第 $k$ 个产能域。设备配置与生产计划协同优化的算法框架如下：

第 1 步：依据境界中的矿石储量估算一个合理的年矿石生产能力，据此设置年矿石生产能力优化范围 $[q_{\min}, q_{\max}]$，并确定相邻地质最优开采体之间的矿石增量 $\Delta Q$；输入优化所需的相关技术经济参数和设备数据。

第 2 步：应用第 5 章 5.4.1 节所述的地质最优开采体序列产生算法，在境界中产生地质最优开采体序列 $\{P^*\}_N$，$N$ 为序列中的开采体个数，序列中最后一个开采体为境界。

第 3 步：置 $k=1$，并置波尔变量 $B_P=\text{false}$。在地质最优开采体序列 $\{P^*\}_N$ 中，找出矿石量不小于且最接近于 $q_{\min}$ 的开采体，其在序列 $\{P^*\}_N$ 中的序号为 $L$，即开采体 $P_L^*$。

第 4 步：计算产能域 $[q_L^k, q_U^k]$ 的下界 $q_L^k$ 和上界 $q_U^k$。下界 $q_L^k$ 为：

$$q_L^k = Q_L^* - \Delta Q_{\max}/2 \tag{7-31}$$

式中 $Q_L^*$——开采体 $P_L^*$ 的矿石量；

$\Delta Q_{\max}$——序列 $\{P^*\}_N$ 中相邻开采体之间矿石增量的最大值。

最终境界内的矿石总量为 $Q_N^*$。按式（7-32）和式（7-33）计算产能域 $[q_L^k, q_U^k]$ 的上界 $q_U^k$：

$$\begin{cases} Q_N^*/q_L^k > 27 \text{ 时，令 } U = L \\ 20 < Q_N^*/q_L^k \leqslant 27 \text{ 时，令 } U = L + 1 \\ 16 < Q_N^*/q_L^k \leqslant 20 \text{ 时，令 } U = L + 2 \\ Q_N^*/q_L^k \leqslant 16 \text{ 时，令 } U = L + 3 \end{cases} \tag{7-32}$$

如果按上式得到的 $U>N$，令 $U=N$。则：

$$q_U^k = Q_U^* + \Delta Q_{\max}/2 \tag{7-33}$$

式中 $Q_U^*$——序列 $\{P^*\}_N$ 中第 $U$ 个开采体（即 $P_U^*$）的矿石量。

如果 $q_U^k>q_{\max}$，置 $B_P=\text{true}$。

第 5 步：在产能域 $[q_L^k, q_U^k]$ 内，应用第 5 章 5.4.4 节所述枚举算法求满足这一产能约束的最佳生产计划和设备配置方案并保存。对这一枚举算法需要做如下改变：

① 在正在构建的计划路径上，每确定一个年末可行采场状态（即开采

体)，就基于该年的采剥作业量以及路径上已经为前一年配置好的设备，应用7.3.3节的设备配置算法，为该年配置设备，且必须同时为矿石开采和废石剥离配置设备。

② 在计划路径上任何一年的生产成本计算中，矿石开采成本和废石剥离成本不再用单位采矿成本和单位剥离成本计算，而是依据设备配置的相关成本（新设备投资、运营设备的运营成本、闲置设备的闲置成本、退役设备的残值）计算。

③ 基建投资不再包括所配置的设备投资。比如，为计划路径同时配置卡车、电铲和钻机时，基建投资函数代表的是除卡车、电铲和钻机外其他与生产能力相关的基建项目的投资与生产能力之间的关系。

第6步：如果 $B_P$=false，执行下一步；否则（$B_P$=true），转到第8步。

第7步：置 $k=k+1$、$L=L+1$，返回到第4步。

第8步：产能域已经遍历设定的整个矿石年生产能力范围［$q_{min}$，$q_{max}$］。在保存的所有产能域的最佳方案中找出NPV最大的那个，就得到了全局最佳生产计划和设备配置方案。输出全局最佳方案；也可以输出所有产能域的局部最佳方案，这样可以看出NPV以及设备配置随生产能力的变化情况。算法结束。

### 7.4.2 应用算例

将上述算法应用于一个采用露天开采的实际铁矿床，对该矿的设备配置和生产计划进行协同优化。本算例只配置卡车和电铲这两种主体开采设备。

#### 7.4.2.1 矿山与设备数据

算例矿山的矿区地表地形等高线如图7-11所示，据此建立了地表标高模型，模块为边长等于15m的正方形。基于矿岩界线分层平面图，建立了品位块状模型，模块的水平边长为15m，垂直边长等于该矿采用的台阶高度，也为15m；75m水平的品位块状模型如图7-12所示，充填的模块为矿体模块；该矿矿体的平均品位约25%，边界品位取20%。

基于地表标高模型和品位块状模型，优化出一个最终境界，其三维视图和等高线图分别如图7-13和图7-14所示。境界的采出矿石量和废石量分别为7101.3万吨和12505.7万吨（矿石开采损失率取5%、废石混入率取6%）。

该矿的实际生产能力设计为年开采矿石400万吨，因此取相邻开采体之间的采出矿石增量为50万吨。工作帮坡角为17°。在上述算法的第2步，共产生了140个地质最优开采体（包括境界）。运输功计算中，设定矿石运输距离为2.5~3.5km，废石运输距离为3.0~4.2km；假设运距随着采场的延深和扩大分段线性增加，每增加20万吨的量，运距增加一次。

图 7-11 矿区地表地形等高线

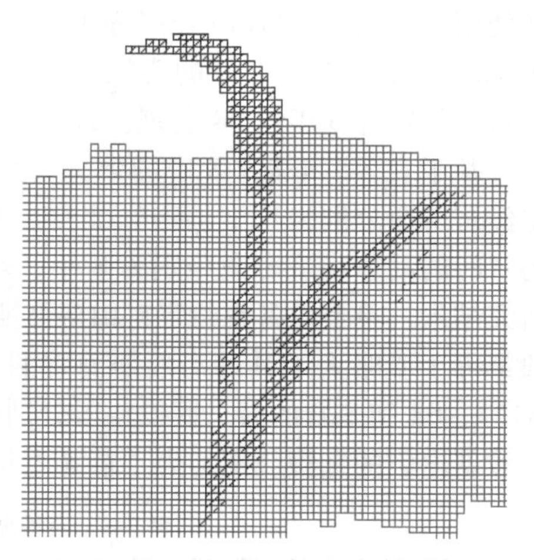

图 7-12 75m 水平的块状矿床模型

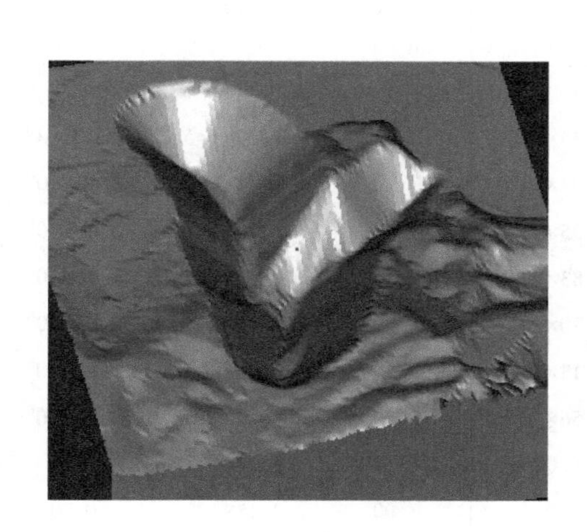

图 7-13 最终境界三维视图

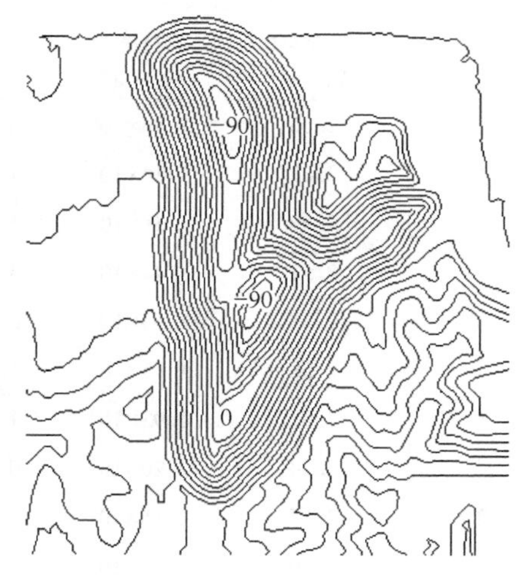


图 7-14 最终境界等高线图

本例中考虑了载重量分别为 60t、100t 和 154t 的三个卡车型号，分别记为 M60、M100 和 M154，其数据与 7.3.4.1 节中相同，见表 7-5；假设矿山有 7 台旧卡车组成的初始卡车车队，其型号、役龄和数量同 7.3.4.1 节中的表 7-6。

本例中考虑的电铲有两个型号，分别记为 S8 和 S10，铲斗容积分别为 $8m^3$ 和 $10m^3$，其新铲价格、年闲置成本、不同役龄下的生产效率和运营成本以及残值如表 7-8 所示。一台电铲的年闲置成本等于按 5 年和 7%利息计算的新铲投资的年金加上年保管和维护费用，S8 和 S10 的年管护费用分别取 20 万元和 25 万元。电铲使用 1~7 年后的残值分别等于其新铲价格的 65%、45%、35%、25%、15%、10%和 5%，役龄超 7 年的残值为 0。假设矿山已有 2 台旧电铲组成的初始铲队，一台是役龄为 6 年的 S8 电铲，另一台是役龄为 10 年的 S10 电铲。

基于表 7-5 和表 7-8 中的数据，计算出 M60、M100、M154、S8 和 S10 的静态经济寿命分别为 4 年、4 年、5 年、10 年和 11 年，折现率为 8%、成本上升率为 0 时的动态经济寿命分别为 8 年、9 年、12 年、20 年和 20 年。根据 7.2 节的研究结果，单台设备在给定矿山寿命期的最佳顺序更新策略中，最佳服役时间一般都等于或略大于其静态经济寿命且小于其动态经济寿命，所以 M60、M100、M154、S8 和 S10 的最长服役年限分别取 6 年、6 年、7 年、13 年和 14 年。新卡车和新电铲的选型规则均为“静态经济寿命期的单位作业量成本最低者优先”。

**表 7-8 两种型号电铲的相关数据**

| 役龄 | S8<br>新铲价格：11.3×10^6元<br>年闲置成本：2.96×10^6元 | | | S10<br>新铲价格：18.85×10^6元<br>年闲置成本：4.85×10^6元 | | |
|---|---|---|---|---|---|---|
| | 生产效率 /Mt·a$^{-1}$ | 运营成本 /元·a$^{-1}$ | 残值 /元 | 生产效率 /Mt·a$^{-1}$ | 运营成本 /元·a$^{-1}$ | 残值 /元 |
| 0 | 2.66 | $1.36\times10^6$ | | 3.80 | $1.70\times10^6$ | |
| 1 | 2.63 | $1.36\times10^6$ | $7.35\times10^6$ | 3.75 | $1.70\times10^6$ | $12.25\times10^6$ |
| 2 | 2.59 | $1.39\times10^6$ | $5.08\times10^6$ | 3.70 | $1.74\times10^6$ | $8.48\times10^6$ |
| 3 | 2.52 | $1.44\times10^6$ | $3.95\times10^6$ | 3.60 | $1.80\times10^6$ | $6.60\times10^6$ |
| 4 | 2.45 | $1.54\times10^6$ | $2.83\times10^6$ | 3.50 | $1.92\times10^6$ | $4.71\times10^6$ |
| 5 | 2.38 | $1.71\times10^6$ | $1.70\times10^6$ | 3.40 | $2.14\times10^6$ | $2.83\times10^6$ |
| 6 | 2.31 | $1.93\times10^6$ | $1.13\times10^6$ | 3.30 | $2.41\times10^6$ | $1.88\times10^6$ |
| 7 | 2.24 | $2.20\times10^6$ | $0.56\times10^6$ | 3.20 | $2.75\times10^6$ | $0.94\times10^6$ |
| 8 | 2.17 | $2.35\times10^6$ | 0.00 | 3.10 | $2.94\times10^6$ | 0.00 |
| 9 | 2.10 | $2.52\times10^6$ | 0.00 | 3.00 | $3.15\times10^6$ | 0.00 |
| 10 | 2.02 | $2.65\times10^6$ | 0.00 | 2.88 | $3.31\times10^6$ | 0.00 |
| 11 | 1.93 | $2.75\times10^6$ | 0.00 | 2.75 | $3.44\times10^6$ | 0.00 |
| 12 | 1.82 | $2.83\times10^6$ | 0.00 | 2.60 | $3.54\times10^6$ | 0.00 |
| 13 | 1.70 | $2.90\times10^6$ | 0.00 | 2.43 | $3.62\times10^6$ | 0.00 |
| 14 | 1.58 | $2.96\times10^6$ | 0.00 | 2.25 | $3.70\times10^6$ | 0.00 |
| 15 | 1.44 | $3.02\times10^6$ | 0.00 | 2.05 | $3.77\times10^6$ | 0.00 |
| 16 | 1.31 | $3.08\times10^6$ | 0.00 | 1.87 | $3.85\times10^6$ | 0.00 |
| 17 | 1.19 | $3.20\times10^6$ | 0.00 | 1.70 | $4.00\times10^6$ | 0.00 |
| 18 | 1.09 | $3.32\times10^6$ | 0.00 | 1.55 | $4.15\times10^6$ | 0.00 |

续表7-8

| 役龄 | S8<br>新铲价格：11.3×10^6元<br>年闲置成本：2.96×10^6元 | | | S10<br>新铲价格：18.85×10^6元<br>年闲置成本：4.85×10^6元 | | |
|---|---|---|---|---|---|---|
| | 生产效率/$Mt \cdot a^{-1}$ | 运营成本/元 $\cdot a^{-1}$ | 残值/元 | 生产效率/$Mt \cdot a^{-1}$ | 运营成本/元 $\cdot a^{-1}$ | 残值/元 |
| 19 | 0.95 | $3.44\times10^6$ | 0.00 | 1.35 | $4.30\times10^6$ | 0.00 |
| 20 | 0.80 | $3.60\times10^6$ | 0.00 | 1.10 | $4.50\times10^6$ | 0.00 |

本算例的基建投资只考虑了选矿厂，其投资函数为：投资额（万元）= 20000 + 250×处理能力（万吨/a），处理能力为计划路径上最高年矿石产量。选厂完全闲置一年的闲置成本，等于按15年和7%利息计算的选厂投资的年金，它占基建投资的比例等于年金系数，为0.1098；在选厂“吃不饱”的年份，若实际处理原矿量小于其处理能力的90%就发生闲置成本，该年的闲置成本等于选厂完全闲置一年的成本乘以该年闲置能力占处理能力的比例。优化中用到的其他技术经济参数见表7-9，精矿价格和成本的年上升率均为0。

**表7-9 技术经济参数**

| 参数 | 矿石回采率/% | 废石混入率/% | 混入废石品位/% | 选矿金属回收率/% |
|---|---|---|---|---|
| 取值 | 95 | 6 | 0 | 84 |
| 参数 | 精矿品位/% | 选矿成本/元 $\cdot t^{-1}$ | 精矿售价/元 $\cdot t^{-1}$ | 折现率/% |
| 取值 | 65 | 100 | 700 | 8 |

#### 7.4.2.2 优化结果

基于上述矿山和设备数据，应用7.4.1节中的算法对该矿的设备（卡车和电铲）配置与生产计划进行协同优化。优化中假设同一型号的设备既可以用于矿石开采也可以用于岩石剥离。优化中保留并输出了10个最佳方案，这些方案的总NPV都非常接近，最低者与最高者之间的差别不到0.3%。最佳方案每年的采剥量和现金流如表7-10所示。表中的“年初成本”等于购买新卡车和新电铲的投资减去在这一时点退役的旧卡车和旧电铲的残值，第一年的年初成本包括选厂的基建投资（134250万元）；“年末成本”等于卡车和电铲的当年运营成本和选矿成本，再加上闲置卡车和电铲的闲置成本（若该年有闲置设备）以及选厂闲置能力的闲置成本（若选厂处理量小于其能力的90%），最后一年的年末成本还减去了把所有运营卡车和电铲处理掉的残值。

**表 7-10　最佳方案的采剥量与现金流**

| 年 | 开采体序号 | 采出矿量/t | 剥离废石量/t | 精矿产量/t | 精矿销售额/元 | 年初成本/元 | 年末成本/元 | 当年净现值/元 |
|---|---|---|---|---|---|---|---|---|
| 1 | 9 | $450.8\times10^4$ | $581.1\times10^4$ | $136.9\times10^4$ | $95830.5\times10^4$ | $143620.0\times10^4$ | $51942.6\times10^4$ | $-102983.0\times10^4$ |
| 2 | 18 | $456.4\times10^4$ | $643.3\times10^4$ | $138.6\times10^4$ | $97020.9\times10^4$ | $800.0\times10^4$ | $53233.5\times10^4$ | $36799.9\times10^4$ |
| 3 | 27 | $457.3\times10^4$ | $786.2\times10^4$ | $138.9\times10^4$ | $97207.8\times10^4$ | $3330.0\times10^4$ | $54802.7\times10^4$ | $30807.6\times10^4$ |
| 4 | 36 | $457.4\times10^4$ | $899.4\times10^4$ | $138.9\times10^4$ | $97238.2\times10^4$ | $3250.0\times10^4$ | $55567.9\times10^4$ | $28049.0\times10^4$ |
| 5 | 45 | $456.9\times10^4$ | $794.1\times10^4$ | $138.8\times10^4$ | $97137.4\times10^4$ | $2530.0\times10^4$ | $54794.4\times10^4$ | $26958.3\times10^4$ |
| 6 | 54 | $456.5\times10^4$ | $960.8\times10^4$ | $138.6\times10^4$ | $97040.7\times10^4$ | $3330.0\times10^4$ | $56646.7\times10^4$ | $23188.7\times10^4$ |
| 7 | 63 | $456.9\times10^4$ | $816.4\times10^4$ | $138.8\times10^4$ | $97128.2\times10^4$ | 0.0 | $56783.5\times10^4$ | $23540.8\times10^4$ |
| 8 | 72 | $456.9\times10^4$ | $1002.3\times10^4$ | $138.8\times10^4$ | $97127.6\times10^4$ | $7450.0\times10^4$ | $57104.6\times10^4$ | $17276.2\times10^4$ |
| 9 | 80 | $406.0\times10^4$ | $1310.7\times10^4$ | $123.3\times10^4$ | $86302.8\times10^4$ | $6535.0\times10^4$ | $55942.9\times10^4$ | $11656.8\times10^4$ |
| 10 | 88 | $406.1\times10^4$ | $1233.7\times10^4$ | $123.3\times10^4$ | $86321.3\times10^4$ | $1850.0\times10^4$ | $56138.2\times10^4$ | $13055.1\times10^4$ |
| 11 | 97 | $456.9\times10^4$ | $729.4\times10^4$ | $138.8\times10^4$ | $97140.0\times10^4$ | 0.0 | $57024.8\times10^4$ | $17204.7\times10^4$ |
| 12 | 106 | $457.2\times10^4$ | $662.7\times10^4$ | $138.9\times10^4$ | $97196.3\times10^4$ | 0.0 | $57255.5\times10^4$ | $15861.0\times10^4$ |
| 13 | 115 | $456.6\times10^4$ | $644.1\times10^4$ | $138.7\times10^4$ | $97059.0\times10^4$ | 0.0 | $57397.4\times10^4$ | $14583.5\times10^4$ |
| 14 | 124 | $456.6\times10^4$ | $693.1\times10^4$ | $138.7\times10^4$ | $97065.1\times10^4$ | $2800.0\times10^4$ | $58141.1\times10^4$ | $12222.5\times10^4$ |
| 15 | 133 | $457.3\times10^4$ | $509.3\times10^4$ | $138.9\times10^4$ | $97217.0\times10^4$ | $4200.0\times10^4$ | $54814.2\times10^4$ | $11937.2\times10^4$ |
| 16 | 140 | $355.6\times10^4$ | $239.1\times10^4$ | $108.0\times10^4$ | $75592.2\times10^4$ | 0.0 | $37996.9\times10^4$ | $11066.3\times10^4$ |
| 合计 | | $7101.3\times10^4$ | $12505.7\times10^4$ | $2156.6\times10^4$ | $1509624.8\times10^4$ | $179695.0\times10^4$ | $875586.9\times10^4$ | $191224.7\times10^4$ |

该方案的开采寿命为近 16 年。年采矿量绝大多数年份为约 450 万吨。由于选厂的基建投资，第一年净现金流为负，净现值也为负；其他各年净现金流和净现值均为正。累计净现值在第五年末变为正数，说明在给定的技术经济条件下，五年就可回收选厂、卡车和电铲的投资并获得 8%的收益率。该方案的总净现值约 19 亿元；对于给定的技术经济条件，实际收益要比这一数值低，因为优化中没有考虑钻机和辅助设备的投资和运营成本，以及除选厂、卡车和电铲外的其他基建投资。

最佳方案的卡车配置如图 7-15 所示。可以看出以下主要特点：

（1）在开采寿命期内新购置的卡车中，绝大多数是 M154。这是因为在优化中选择了“静态经济寿命期的单位作业量成本最低者优先”作为新车的选型规则，而在三个备选型号中，M154 的这一成本最低。在一些年份也购置了 M60 或 M100，这是因为在这些年份全部购置 M154 会导致较高的剩余能力。

（2）卡车闲置的情况很少，只出现了三次，一年内同时闲置的卡车数量只有一台或两台，同一台卡车闲置的时间也只有一两年。因为卡车闲置一年有较高

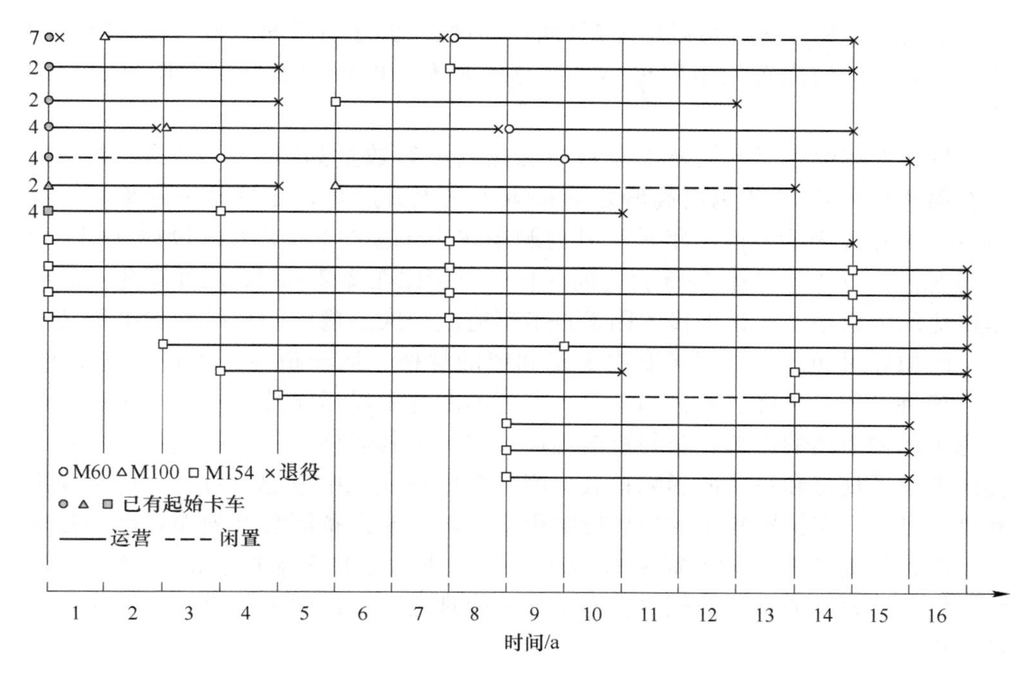


图 7-15 最佳方案的卡车配置计划

的成本，产生多台卡车同时闲置或同一台车长时间闲置的情形被尽可能避免。这说明优化算法是正确和合理的。

最佳方案的电铲配置如图 7-16 所示。虽然新铲的选型规则也是“静态经济寿命期的单位作业量成本最低者优先”，且 S10 的这一成本最低，但购置的新铲中 S8 和 S10 的数量各占一半，并没有更多地选择 S10。这是因为购置 S10 会导致较高的剩余能力。这一结果也说明，对于像本例中这样规模不很大的矿山应考虑

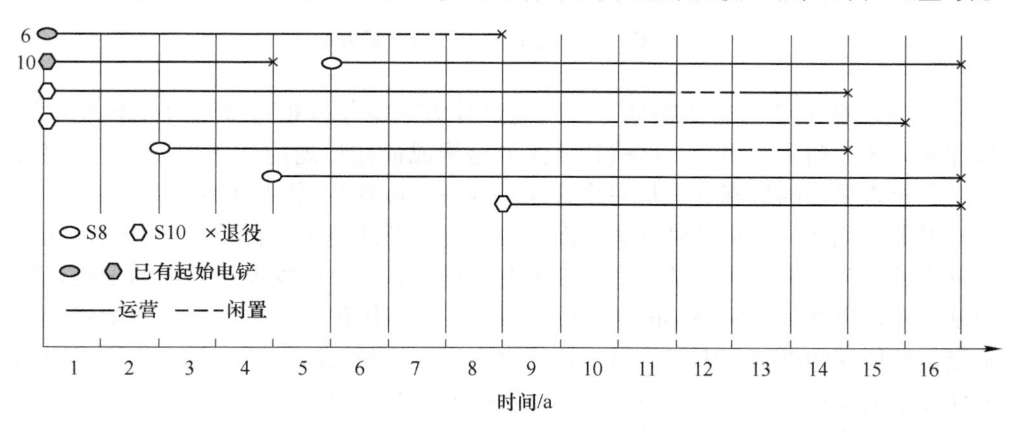


图 7-16 最佳方案的电铲配置计划

较小的备选电铲，这样可以增加配置的灵活性，更好地匹配能力需求，降低闲置能力。电铲的闲置发生率也不高。总的来看，电铲的配置没有明显不合理之处。

最佳方案中各年的运营卡车数量和运营电铲数量如图 7-17 所示。设备数量在第 9 年和第 10 年剥离高峰之前基本上呈上升趋势，之后呈下降趋势。除最后一年外（因为最后一年是境界内剩余多少采多少），卡车数量在 9~17 台之间变化，电铲数量在 4~6 台之间变化；车铲比在 2. 2~2. 83 之间变化。影响车铲比的因素很多，最直接的因素是卡车完成一次运输的循环时间和电铲装完一车的循环时间，而它们又取决于车和铲的规格、运输距离、车和铲的役龄、排队等待、作业条件、随机因素等。卡车的配置中以运输功度量作业量，间接考虑了运输距离的影响；车与铲的生产效率均是其规格和役龄的函数，也就间接地考虑了规格和役龄的影响；其他因素难以在优化中考虑。可见，优化模型和算法考虑了车铲配置中的主要影响因素，对长期设备配置计划而言已经足够了，因为长期计划一般不需要（很多情况下也无法）考虑所有的“微观”因素。优化结果中的车铲匹配也没有明显不合理之处，证明优化模型和算法是合理和正确的。

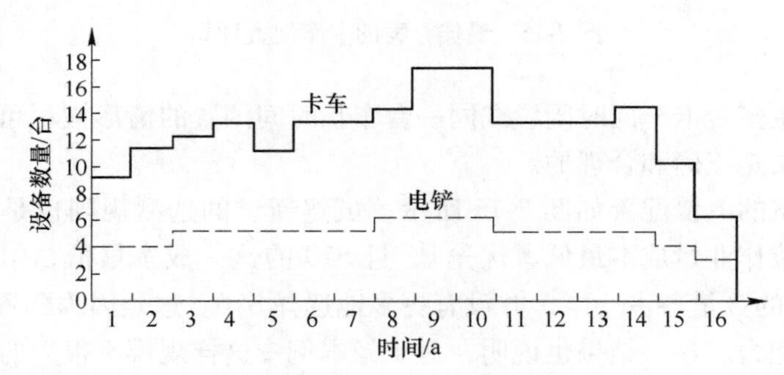


图 7-17　最佳方案的卡车与电铲数量

表 7-10 中的“开采体序号”一列是最佳方案每年末推进到的开采体在地质最优开采体序列中的序号，这些开采体就是构成最佳计划的“子序列”，它们给出了各年末采场的形态（最后一个开采体为最终境界），指明了开采顺序。

以上优化结果不是最终方案，而是为最终采剥计划编制和设备选型配置提供有价值的参考。参照优化结果中各年末的采场形态，就可以进行详细的采剥计划编制，设计出各个台阶每年的年末推进线，并参照优化结果中的车、铲配置最终确定每年使用的电铲和卡车。另外，优化中用到的相关输入参数的变化可能引起最佳方案的变化。所以，针对一些不确定性较高的参数进行灵敏度分析，可以为最终方案的确定提供更充分的决策支持。

## 7.5 设备配置与开采方案四要素协同优化

如第6章所述，露天开采方案由四个基本要素组成，即最终境界、生产能力、开采顺序和开采寿命，后三个要素构成露天矿的生产计划。上一节论述了在已知最终境界的条件下，对设备配置和生产计划三要素进行协同优化的问题。然而，最终境界与生产计划及其设备配置是相互作用的，不同的境界有其自己的最佳生产计划和相应的设备配置方案，所以，很可能存在另外一个境界，对该境界进行设备配置和生产计划协同优化的结果，要好于那个预先设计好的境界。因此，需要将最终境界也作为变量，对设备配置和开采方案四要素实行协同优化。

### 7.5.1 优化算法

在第6章中，已经给出了在不考虑设备配置的情况下实现开采方案四要素整体优化的算法。把这一算法中的生产计划三要素整体优化算法改为7.4.1节中的设备配置与生产计划协同优化算法，就可实现设备配置与开采方案四要素的协同优化，算法框架如下：

第1步：设置拟产生的地质最优境界序列中最小境界的矿量、相邻境界之间的矿量增量和最大境界的经济合理剥采比，以及最终帮坡角和其他相关技术参数；应用第4章4.5.2节所述的地质最优境界序列产生算法，产生地质最优境界序列 $\{V^*\}_N$。

第2步：置境界序号 $j=1$，即取地质最优境界序列 $\{V^*\}_N$ 中的第1个境界 $V_1^*$。

第3步：应用7.4.1节中的算法，对境界 $V_j^*$ 的设备配置和生产计划进行协同优化，求得最佳方案及其NPV，保存或输出这一境界的最佳方案。

第4步：如果 $j<N$，置 $j=j+1$（即取序列 $\{V^*\}_N$ 中的下一个境界），返回到第3步；否则，执行下一步。

第5步：所有候选境界的生产计划及其设备配置优化完毕，从保存或输出的结果中确定整体最佳开采方案，算法结束。

对于一个给定境界，一般存在多个生产计划与设备配置方案，它们的NPV与最大NPV之间差异非常小，可以认为具有同等的经济效益；而就生产能力随时间的变化和设备配置的某些方面而言，这些方案中有的方案比其他方案更为合理。因此，为了给决策者提供更多的决策支持信息，在算法的第3步可以就同一境界保存并输出多个最佳方案，具体数量由用户在软件的界面上输入。

### 7.5.2 应用算例

本算例的矿床和所有设备数据及技术经济参数与 7.4.2 节的算例相同。

在算法第 1 步产生地质最优境界序列时，序列中最小境界的矿石量设定为 4500 万吨，相邻境界之间的矿石量增量取 500 万吨，最大境界的经济合理剥采比取 10，最终帮坡角在所有方向上均为 45°。共产生了 10 个境界，其矿岩量如表 7-11 所示，表中数据是计入开采中矿石损失和废石混入后的矿岩量。

表 7-11 地质最优境界序列的矿岩量

| 境界序号 | 矿石量/t | 废石量/t | 境界平均剥采比/t·t$^{-1}$ | 矿石增量/t | 废石增量/t | 增量剥采比/t·t$^{-1}$ |
|---|---|---|---|---|---|---|
| 1 | 4570.5×10$^4$ | 4968.7×10$^4$ | 1.087 | | | |
| 2 | 5076.9×10$^4$ | 6051.5×10$^4$ | 1.192 | 506.4×10$^4$ | 1082.8×10$^4$ | 2.138 |
| 3 | 5584.3×10$^4$ | 7313.5×10$^4$ | 1.310 | 507.4×10$^4$ | 1262.0×10$^4$ | 2.487 |
| 4 | 6093.8×10$^4$ | 8794.3×10$^4$ | 1.443 | 509.5×10$^4$ | 1480.8×10$^4$ | 2.906 |
| 5 | 6599.1×10$^4$ | 10367.3×10$^4$ | 1.571 | 505.3×10$^4$ | 1573.0×10$^4$ | 3.113 |
| 6 | 7105.5×10$^4$ | 12251.2×10$^4$ | 1.724 | 506.4×10$^4$ | 1883.9×10$^4$ | 3.720 |
| 7 | 7611.7×10$^4$ | 14399.4×10$^4$ | 1.892 | 506.2×10$^4$ | 2148.2×10$^4$ | 4.244 |
| 8 | 8118.1×10$^4$ | 17056.4×10$^4$ | 2.101 | 506.4×10$^4$ | 2657.0×10$^4$ | 5.247 |
| 9 | 8624.5×10$^4$ | 21033.7×10$^4$ | 2.439 | 506.4×10$^4$ | 3977.3×10$^4$ | 7.854 |
| 10 | 9134.5×10$^4$ | 25660.2×10$^4$ | 2.809 | 510.0×10$^4$ | 4626.5×10$^4$ | 9.072 |

优化结果汇总于表 7-12。表中的“矿石生产能力”是除最后一年外的年矿石产量，因为最后一年是境界中剩余多少矿石就采多少，所以一般都比通常年份小；由于相邻地质最优开采体之间的增量设置为 50 万吨，所以矿石生产能力是取整到 50 万吨的数值。

表 7-12 各境界优化结果主要指标汇总

| 境界序号 | 矿石生产能力/t·a$^{-1}$ | 开采寿命/a | 总净现值/元 | 总净现值比前一境界变化/% | 总净现值比最佳境界变化/% |
|---|---|---|---|---|---|
| 1 | 400×10$^4$ | 11.7 | 139518.7×10$^4$ | | −34.18 |
| 2 | 400×10$^4$ | 12.8 | 154815.1×10$^4$ | 10.96 | −26.96 |
| 3 | 450×10$^4$ | 12.6 | 168344.2×10$^4$ | 8.74 | −20.58 |
| 4 | 500×10$^4$ | 12.5 | 172566.4×10$^4$ | 2.51 | −18.59 |
| 5 | 500×10$^4$ | 13.5 | 185211.7×10$^4$ | 7.33 | −12.62 |

续表 7-12

| 境界序号 | 矿石生产能力/t·a$^{-1}$ | 开采寿命/a | 总净现值/元 | 总净现值比前一境界变化/% | 总净现值比最佳境界变化/% |
|---|---|---|---|---|---|
| 6 | $500\times10^4$ | 14.0 | $200362.5\times10^4$ | 8.18 | -5.47 |
| 7 | $600\times10^4$ | 12.9 | $208406.0\times10^4$ | 4.01 | -1.68 |
| 8 | $650\times10^4$ | 12.8 | $211966.9\times10^4$ | 1.71 | 0.00 |
| 9 | $700\times10^4$ | 12.7 | $202627.8\times10^4$ | -4.41 | -4.41 |
| 10 | $750\times10^4$ | 12.9 | $196598.6\times10^4$ | -2.98 | -7.25 |

可见，在给定的技术经济条件下，该矿的整体最佳开采方案由境界 8 及其最佳生产计划和设备配置组成，其最佳生产计划见表 7-13。最佳方案的年矿石生产能力，除第 5 年为约 600 万吨外，其他各年（最后一年除外）均为约 650 万吨/a。最佳方案的开采寿命为约 13 年。根据这一优化结果，该矿可以考虑按 650 万吨/a 的矿石生产能力设计。表中第 11、12、13 年的年初成本为负值，是因为这三年均没有新设备投入，并且退役了若干台具有残值的旧设备，负值即处理旧设备获得的残值收入。

**表 7-13　最佳开采方案的生产计划与现金流**

| 年 | 开采体序号 | 采出矿石量/t | 剥离废石量/t | 精矿产量/t | 精矿销售额/元 | 年初成本/元 | 年末成本/元 | 当年净现值/元 |
|---|---|---|---|---|---|---|---|---|
| 1 | 13 | $655.2\times10^4$ | $876.7\times10^4$ | $199.0\times10^4$ | $139288.5\times10^4$ | $200705.0\times10^4$① | $75042.6\times10^4$ | $-141218.1\times10^4$ |
| 2 | 26 | $660.1\times10^4$ | $1050.4\times10^4$ | $200.5\times10^4$ | $140329.0\times10^4$ | $3330.0\times10^4$ | $77308.0\times10^4$ | $50947.0\times10^4$ |
| 3 | 39 | $660.6\times10^4$ | $1491.6\times10^4$ | $200.6\times10^4$ | $140432.3\times10^4$ | $8285.0\times10^4$ | $80640.1\times10^4$ | $40361.9\times10^4$ |
| 4 | 52 | $659.5\times10^4$ | $1557.9\times10^4$ | $200.3\times10^4$ | $140191.1\times10^4$ | $3930.0\times10^4$ | $81820.1\times10^4$ | $39784.7\times10^4$ |
| 5 | 64 | $609.1\times10^4$ | $2021.1\times10^4$ | $185.0\times10^4$ | $129477.9\times10^4$ | $10465.0\times10^4$ | $79985.4\times10^4$ | $25991.6\times10^4$ |
| 6 | 77 | $660.3\times10^4$ | $1619.7\times10^4$ | $200.5\times10^4$ | $140379.0\times10^4$ | $0.0\times10^4$ | $84500.2\times10^4$ | $35213.1\times10^4$ |
| 7 | 90 | $659.8\times10^4$ | $1311.1\times10^4$ | $200.4\times10^4$ | $140254.7\times10^4$ | $0.0\times10^4$ | $84229.9\times10^4$ | $32690.0\times10^4$ |
| 8 | 103 | $659.8\times10^4$ | $1470.8\times10^4$ | $200.4\times10^4$ | $140268.5\times10^4$ | $3250.0\times10^4$ | $85381.0\times10^4$ | $27757.7\times10^4$ |
| 9 | 116 | $659.6\times10^4$ | $2009.9\times10^4$ | $200.3\times10^4$ | $140210.2\times10^4$ | $16685.0\times10^4$ | $88577.7\times10^4$ | $16814.7\times10^4$ |
| 10 | 129 | $659.9\times10^4$ | $1950.6\times10^4$ | $200.4\times10^4$ | $140291.5\times10^4$ | $5577.0\times10^4$ | $88442.5\times10^4$ | $21226.2\times10^4$ |
| 11 | 142 | $660.3\times10^4$ | $872.0\times10^4$ | $200.5\times10^4$ | $140378.9\times10^4$ | $-1335.0\times10^4$ | $78984.4\times10^4$ | $26949.4\times10^4$ |
| 12 | 155 | $660.5\times10^4$ | $631.5\times10^4$ | $200.6\times10^4$ | $140412.8\times10^4$ | $-420.0\times10^4$ | $77713.5\times10^4$ | $25078.9\times10^4$ |
| 13 | 160 | $253.4\times10^4$ | $193.2\times10^4$ | $76.9\times10^4$ | $53861.9\times10^4$ | $-1680.0\times10^4$ | $27834.0\times10^4$ | $10369.6\times10^4$ |
| 合计 | | $8118.1\times10^4$ | $17056.4\times10^4$ | $2465.4\times10^4$ | $1725776.5\times10^4$ | $248792.0\times10^4$ | $1010459.4\times10^4$ | $211966.9\times10^4$ |

① 包括选厂投资 185250 万元。

最佳开采方案的卡车和电铲配置计划分别如图 7-18 和图 7-19 所示，各年的运营卡车台数和运营电铲台数如图 7-20 所示，车铲比在 2.33～2.89 之间。总体来看，设备配置无明显不合理之处。

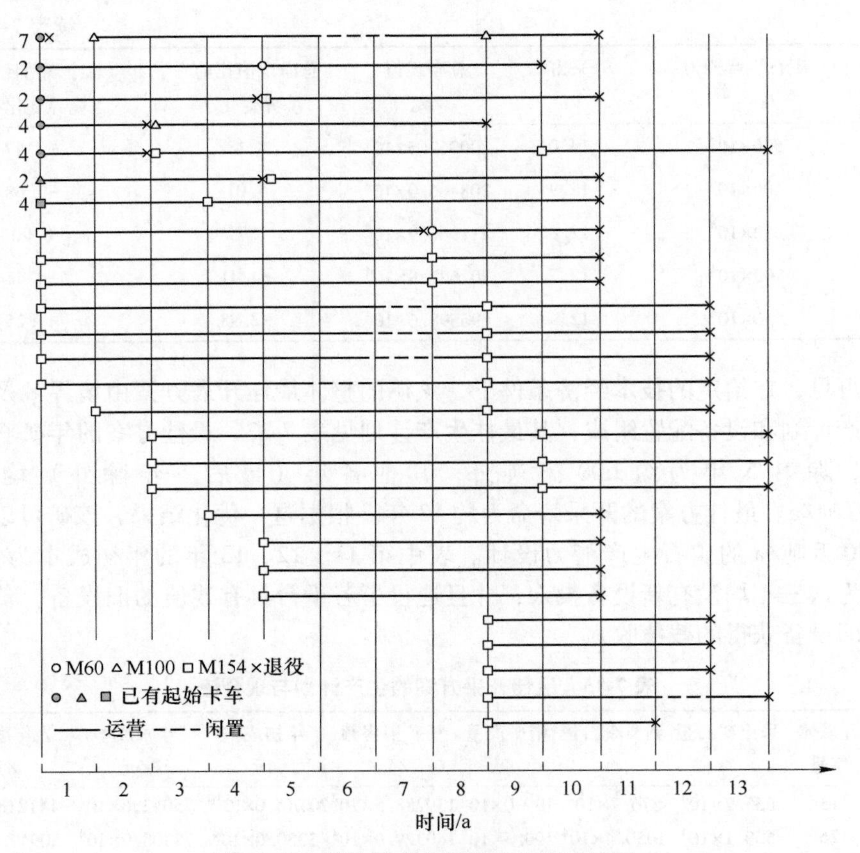


图 7-18　最佳开采方案的卡车配置计划

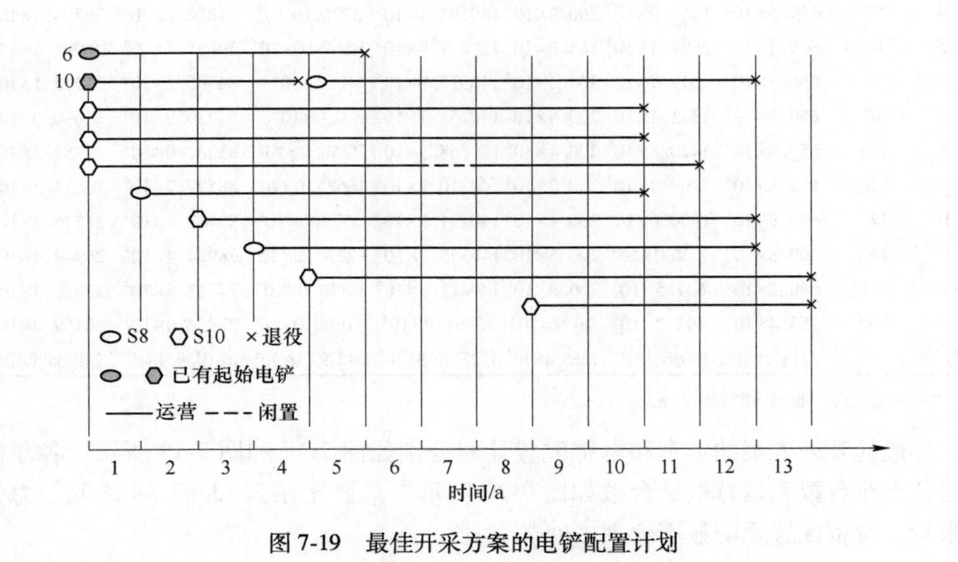


图 7-19　最佳开采方案的电铲配置计划

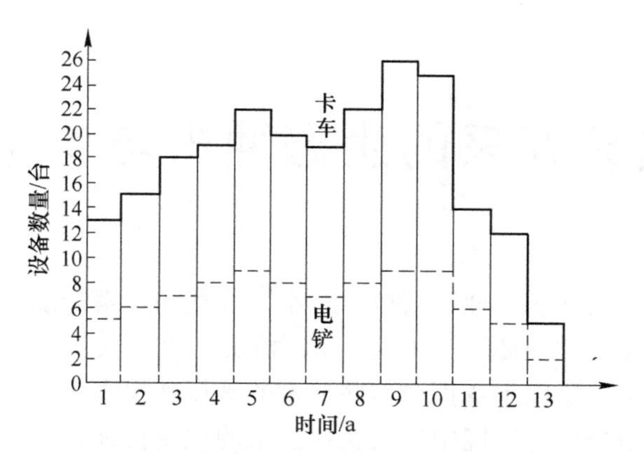


图 7-20 最佳开采方案的运营卡车与电铲数量

# 8　露天开采的生态冲击与生态成本

露天开采损毁大面积土地和植被，对水、大气和土壤造成污染，温室气体的排放对气候变化做出“贡献”。由于土地、植被、水、大气和气候是构成自然生态系统的基本要素，所以本章把对这些要素的破坏和损害统称为生态冲击。

经济收益是市场经济环境中矿山企业追求的主要目标，也一直是矿山开采方案设计和投资决策的主要依据。到目前为止，在开采方案设计实践中，只考虑相关的技术和经济因素，不考虑矿山生产造成的生态冲击；第 4 章~第 7 章论述的露天矿开采方案要素优化方法，就都是以经济效益最大化为目标函数的。虽然相关法规要求对矿山项目进行环境评价，但这种评价是事后评价，并不在开采方案的优化设计中直接发挥作用。生态化矿山设计就是在开采方案的优化设计中纳入生态冲击，使之与技术和经济因素一样，直接作用于方案的优选或优化。然而，生态冲击和经济收益的度量量纲不同，不同类型的生态冲击的量纲也不同。所以，最方便的方法是把各类生态冲击转化为生态成本，使之与生产成本一样参与开采方案的评价和优化，从而对开采方案直接发挥作用。

本章论述生态冲击和生态成本的定量估算方法，并结合相关数据的可得性建立估算模型；通过这些模型在生态冲击和生态成本与开采方案要素之间建立联系，为开采方案的生态化优化奠定基础。

## 8.1　生态冲击分类

不同类型的生态冲击的作用对象和所造成的损害性质不同，所对应的生态成本的估算方法也不同。所以需要对生态冲击进行合理分类。根据露天矿生产所造成的各种生态冲击的作用对象和损害性质，把生态冲击归纳、划分为以下三大类：

（1）土地及其所承载的生态系统损毁。露天开采挖损大面积土地，废石排弃、尾矿排弃、表土堆存和各种地面设施等压占大面积土地。这些土地上的植被被破坏，土地所承载的生态系统也随之遭到损毁，丧失了为人类提供各种生态服务的功能。这类冲击还造成景观破坏以及当地生物多样性的大幅下降。此类冲击在后文中简称为土地损毁。

（2）温室气体排放。矿山在生产过程中消耗大量能源和炸药，能源主要是柴油和电力，炸药主要有铵油炸药、乳化炸药和硝铵炸药等。柴油和炸药的消耗直接向大气排放 $CO_2$、$N_2O$、$CH_4$ 等温室气体，电力消耗不直接在矿山而是在电力生产过程中产生温室气体。这些温室气体产生温室效应，为气候变化做出“贡献”。

（3）环境污染。矿山在生产中产生的各种废气，除产生温室效应外，还造成空气污染，作业中产生的粉尘也使空气质量下降；酸性物质的揭露和排弃可能形成酸水，造成水体和土壤的酸化；疏干采场抽排的地下水可能有较高的酸性并含有有害元素，对水体和土壤造成污染。此外，还可能造成水体和土壤的重金属污染。这些环境污染对矿区及周边区域的生态系统和居民的健康造成不利影响。

## 8.2 生态冲击核算

上述三类生态冲击中，土地损毁和温室气体排放占主导地位，而且它们与开采方案之间的关系也比较清晰。所以本节只针对这两类冲击，结合露天开采方案（境界和生产计划）建立其核算模型。对于环境污染，各种污染的量化指标比较复杂，指标值对于优化设计中的新建矿山难以获得，与开采方案之间的关系也难以建立，所以不对环境污染进行核算。

需要指出的是，矿山生产中所使用的各种设备和消耗的各种辅助材料，在其生产链的各个环节都损毁土地、产生温室气体、造成环境污染。从理论上讲，这些生态冲击也应计算在内。然而，计算这些生态冲击的相关数据不易获得，而且其量值在矿山生产的生态冲击总量中占比很小。所以本节不对这些生态冲击进行核算。

### 8.2.1 土地损毁

土地损毁的核算量纲为面积，度量单位为公顷（$hm^2$）。本小节把土地损毁分为露天采场、排土场、尾矿库、地面设施和表土堆场五个单元，分别估算其土地损毁面积及其随时间的变化关系。

#### 8.2.1.1 露天采场的土地损毁面积

露天采场挖损的土地总面积等于开采方案中最终境界的地表面积。不同开采方案可能有不同的最终境界，一个开采方案的采场挖损总面积可以依据其最终境界的地表周界线（闭合多边形）上的顶点坐标直接计算：

$$A_{\mathrm{M}} = \frac{1}{20000}\left|\sum_{i=1}^{n}(x_{i+1}y_i - x_iy_{i+1})\right| \tag{8-1}$$

式中 $A_{\mathrm{M}}$——露天采场挖损的土地总面积，$hm^2$；

$n$——最终境界地表周界多边形上的顶点总数；

$x_i$，$y_i$——第 $i$ 个顶点在水平面上的东西向和南北向坐标值，m，当 $i=n$ 时，$i+1=1$。

在开采过程中，采场不断扩大和延深，挖损的地表面积也随时间变化。用 $A_{M,t}$表示第 $t$ 年末采场挖损的累计地表面积。$A_{M,t}$随时间 $t$ 的变化关系取决于开采方案的生产计划。$A_{M,t}$的值可以依据生产计划中每年末采场的地表周界线计算，计算公式同上。如果一个开采方案的开采寿命为 $L$ 年（即在第 $L$ 年末采到方案的最终境界），显然有 $A_{M,L}=A_M$。

#### 8.2.1.2 排土场的土地损毁面积

排土场压占的土地总面积取决于废石排弃总量、排土场地形、堆置高度和边坡角等。在开采方案的优化设计阶段，一般没有排土场的完整设计，只能按容量需求对排土场的占地总面积进行估算。排土场的总容量需求为：

$$V_D = \frac{Wk_w}{\gamma_w} \tag{8-2}$$

式中 $V_D$——排土场的总容量需求，$10^4 m^3$；

$W$——废石排弃总量（即境界中的废石总量），$10^4 t$；

$\gamma_w$——废石的原地（实体）容重，$t/m^3$；

$k_w$——排土场沉降稳定后废石的碎胀系数，一般为 1.10~1.35。

矿山只设一个排土场时，排土场的占地总面积可用下式估算：

$$A_D = \frac{V_D}{H_D} f_D(V_D, \alpha_D) \tag{8-3}$$

式中 $A_D$——排土场占地总面积，$hm^2$；

$H_D$——排土场平均堆置高度，m；

$f_D(V_D, \alpha_D)$——排土场的形态系数；

$\alpha_D$——排土场总体平均边坡角，(°)。

排土场的形态基本上是不规则的台体，在给定高度 $H_D$ 的条件下，顶面积与底面积的比值随容量 $V_D$和边坡角 $\alpha_D$变化，$V_D$和 $\alpha_D$越小，这一比值越小，排土场的形态越接近锥体，$f_D$（$V_D$，$\alpha_D$）的取值越接近 3；反之，排土场的形态越接近柱体，$f_D$（$V_D$，$\alpha_D$）的取值越接近 1。

排土场损毁的土地面积随时间的变化关系比较复杂。总体来看，在开采过程中随着排弃量的积累，排土场的占地面积逐步扩大。但排土场在某一时点的土地损毁面积并不是到达这一时点的累计排弃量的简单线性函数。原因之一是在开始排土之前，建设排土场需要对场地进行某些作业，造成植被和土壤的破坏，而准备的面积往往要满足不止一年的排土需要。所以，可能是大面积的土地在接纳排土之前就被损毁了。原因之二是排土场的平面扩展和升高随时间的变化，取决于地形、排土工艺、排土线布置、阶段高度等因素，占地面积并不是随排弃量的增加而线性增加，而是呈不规则的阶梯式增加。因此，在矿山生产过程中，第 $t$ 年末排土场损毁土地的累计面积，记为 $A_{D,t}$，不能依据这时的累计排弃量应用上述公式进行估算。

为了在没有排土场详细设计的条件下，在开采方案优化中尽可能反映其损毁土地面积随时间变化的主导趋势，并使估算模型具有实用性，作如下简化处理：

（1）假设排土场的初始建设面积等于容纳前 $n_0$ 年的排弃量所需的面积，这一初始面积记为 $A_{D,0}$，在开采方案的前 $n_0$ 年里，排土场的土地损毁面积保持 $A_{D,0}$ 不变；

（2）$n_0$ 年后，排土场的土地损毁面积逐年扩大，并假设随排弃量线性增加。

如此简化后，在整个开采寿命期，排土场损毁土地的累计面积 $A_{D,t}$ 随时间 $t$ 的变化关系可以简化为二段线性函数：

$$A_{D,t} = A_{D,0} = \frac{V_{D,0}}{H_D} f_D(V_{D,0}, \alpha_D) \quad 对于\ t=0, 1, 2, \cdots, n_0 \tag{8-4}$$

$$A_{D,t} = A_{D,0} + \frac{A_D - A_{D,0}}{W - W_0} \sum_{i=n_0+1}^{t} w_i \quad 对于\ t = n_0+1, n_0+2, \cdots, L \tag{8-5}$$

式中 $V_{D,0}$——开采方案中前 $n_0$ 年的排土容量需求（即排土场初始建设容量），$10^4 m^3$；

$W_0$——开采方案中前 $n_0$ 年的废石排弃总量，$10^4 t$；

$w_i$——开采方案中第 $i$ 年的废石排弃量，$10^4 t$；

$L$——开采方案的开采寿命（从基建期结束、生产开始的时点算起），a。

$W_0$ 和 $V_{D,0}$ 为：

$$W_0 = \sum_{i=0}^{n_0} w_i \tag{8-6}$$

$$V_{D,0} = \frac{W_0 k_w}{\gamma_w} \tag{8-7}$$

式（8-6）中，$i=0$ 时，$w_0$ 表示基建期的废石排弃量。

如果所设计的矿山拟设置多个排土场，可以根据各个排土场的预计容量和相关参数分别估算每个排土场的占地总面积，并基于开采方案的累计剥离量随时间的变化关系和排土场的使用顺序安排，参照上述方法估算每个排土场的投入使用时间和排土场的土地损毁面积随时间的变化关系。

#### 8.2.1.3 尾矿库的土地损毁面积

开采方案的尾矿产生总量等于入选矿石总量减去精矿总量，即：

$$T = Q\left(1 - \frac{g_o}{g_p} r_p\right) \tag{8-8}$$

式中　$T$——尾矿总量，$10^4$t；

$Q$——入选矿石总量（即境界中的采出矿石总量），$10^4$t；

$g_o$——入选矿石的平均品位；

$g_p$——精矿的平均品位；

$r_p$——选矿金属回收率。

尾矿库的总容量需求为：

$$V_T = \frac{T}{\gamma_T} \tag{8-9}$$

式中　$V_T$——尾矿库的总容量需求，$10^4 m^3$；

$\gamma_T$——尾矿在库内的堆积容重，$t/m^3$。

矿山只设置一个尾矿库时，尾矿库的占地总面积可用下式估算：

$$A_T = \frac{V_T}{H_T} f_T(V_T, \alpha_T) \tag{8-10}$$

式中　$A_T$——尾矿库占地总面积，$hm^2$；

$H_T$——尾矿库总高（深）度，即库底到库面的平均高度，m；

$f_T(V_T, \alpha_T)$——尾矿库的形态系数；

$\alpha_T$——尾矿库总体平均边坡角，(°)。

由于尾矿是以一定浓度的砂浆流体排放，所以一个尾矿库一般需要一次性建成。因此，矿山只设置一个尾矿库时，可以认为其损毁土地面积在整个开采寿命期都等于其占地总面积，即第 $t$ 年末尾矿库的累计占地面积 $A_{T,t}$ 等于 $A_T$。如果所设计矿山拟建多个尾矿库，可以根据各个尾矿库的最大容量和相关参数，分别估算每个尾矿库的占地总面积，并基于开采方案的累计入选矿量随时间的变化关系和各个尾矿库的使用顺序安排，估算每个尾矿库的投入使用时间和尾矿库的土地损毁面积随时间的变化关系。

#### 8.2.1.4　地面设施的土地损毁面积

地面设施包括矿山专用道路和厂房、仓储、办公、供电、供水、排水等设施。地面设施的占地面积与开采方案的生产能力有一定的关系。例如，生产能力较高的方案，使用的设备规格较大、道路的宽度和设备维修设施的面积都较大。然而，地面设施的占地面积与生产能力之间不是线性关系。在一定的生产能力范围内这一面积变化不大，可以看作常数；当生产能力的变化足以引起这一面积变化时，二者之间的函数关系也难以确定。而且这一面积与采场、排土场和尾矿库的占地总面积相比小得多，没有必要在开采方案优化中详细考虑其随开采方案的变化。此外，绝大多数地面设施的建设在矿山投产时已经完成。地面设施的土地损毁总面积记为 $A_B$，第 $t$ 年末的累计土地损毁面积记为 $A_{B,t}$。基于上述讨论，可以假设 $A_{B,t}$在开采方案的寿命期是一常数（即对于所有年份 $t$，$A_{B,t}=A_B$）。在新矿山的开采方案优化阶段一般还没有矿山的总图布置，$A_B$的数值可以根据条件类似的矿山的该项面积估算。

#### 8.2.1.5 表土堆放场的土地损毁面积

按照矿山土地复垦的相关规定，需要对生产中将要损毁的土地上的表土进行剥离并妥善保存，以备复垦时使用。表土堆放场自身的表土一般不需要剥离，因为表土堆放不会造成被压占土壤的破坏，堆存的表土移走后，对原表土进行翻松即可在表土场的复垦中就地使用。所以，需要堆存的表土来自露天采场、排土场、尾矿库和地面设施区的表土剥离。根据场地条件，表土可以集中堆存（全矿只设一个表土场）或就近分散堆存。后者是在露天采场、排土场、尾矿库等附近分别设置表土场，把剥离的表土就近堆存在各自的表土场中，这样可以最大限度地缩短表土搬运距离。

表土场的总容量需求为：

$$V_S = (A_M h_M + A_D h_D + A_T h_T + A_B h_B)\, k_S \tag{8-11}$$

式中 $V_S$——表土场总容量需求，$10^4 m^3$；

$k_S$——表土在堆场的松散系数；

$h_M$，$h_D$，$h_T$，$h_B$——露天采场、排土场、尾矿库和地面设施区的表土平均剥离厚度，m。

只设置一个表土场时，表土场的占地总面积用下式估算：

$$A_S = \frac{V_S}{H_S} f_S(V_S,\ \alpha_S) \tag{8-12}$$

式中 $A_S$——表土场的占地总面积，$hm^2$；

$H_S$——表土平均堆置高度，m，一般为 10~30m；

$f_S(V_S,\ \alpha_S)$——表土堆的形态系数；

$\alpha_S$——表土堆的平均坡面角，(°)。

表土堆置压占土地的面积随时间的变化关系，总体上是随着表土剥离面积的扩大（即表土堆置量的增加）而扩大。由于表土剥离区域的表土厚度不均匀、表土堆置形态的变化以及表土场地形等因素，表土堆占地面积随时间的变化关系很复杂。考虑到与采场、排土场和尾矿库的占地总面积相比，表土堆的占地面积很小，所以为便于计算作如下简化处理：

(1) 假设表土剥离与土地损毁在时间上同步。例如，排土场在第 $t$ 年末的累计损毁土地面积为 $A_{D,t}$，那么，第 $t$ 年末在排土场的累计表土剥离面积也是 $A_{D,t}$；

对于其他土地损毁单元，也是如此。

(2) 对于露天采场、排土场、尾矿库和地面设施区，无论在这些场地内剥离到什么位置，剥离的表土量均按各自的平均表土厚度计算。

(3) 在给定堆置高度的条件下，假设表土堆压占土地的面积随表土堆置量的增加而线性增加。

基于以上简化，表土堆放场的累计占地面积随时间的变化关系为：

$$A_{S,t}=\frac{A_S}{V_S}(A_{M,t}h_M+A_{D,t}h_D+A_{T,t}h_T+A_{B,t}h_B)k_S \tag{8-13}$$

式中　$A_{S,t}$——第 $t$ 年末表土场的累计占地面积。

对表土实行多堆场分散堆存时，可以应用上述估算方法，依据各个堆场的服务对象，分别计算各个堆场的容量需求和占地面积，并依据各自服务对象的土地损毁面积随时间的变化关系，估算各个表土堆场的占地面积随时间的变化关系。

## 8.2.2　温室气体排放

矿山生产中的温室气体排放来自能源和炸药消耗，其中能源主要是柴油和电力。下面就柴油、电力和炸药消耗的温室气体排放量建立核算模型。

### 8.2.2.1　增温潜势与二氧化碳当量

多种气体具有温室效应。在有关温室气体的研究文献中，考虑的气体一般包括 $CO_2$、$N_2O$ 和 $CH_4$，这也是化石能源的消耗中产生的主要废气。因此本节中的温室气体只考虑这些气体。另外，由于 $CO_2$ 在工业生产排放的温室气体中占主导地位，所以为比较和数据处理的方便，通常都把 $N_2O$ 和 $CH_4$ 的量根据其“增温潜势（Global Warming Potential，GWP）”换算为 $CO_2$ 当量。某种气体的增温潜势可以理解为该种气体的潜在增温效应与 $CO_2$ 的潜在增温效应的比值。政府间气候变化委员会（Intergovernmental Panel on Climate Change，IPCC）提供了 $N_2O$ 和 $CH_4$ 的 GWP 值，见表 8-1。不同的温室气体具有不同的生命周期，在不同的时间跨度的 GWP 值不同。表 8-1 中给出了时间跨度为 20 年和 100 年的 GWP 值。对于矿山应用，可取 20 年的 GWP 值。

**表 8-1　温室气体的增温潜势**

| 温室气体 | GWP（20 年） | GWP（100 年） |
|---|---|---|
| $CO_2$ | 1 | 1 |
| $CH_4$ | 84 | 28 |
| $N_2O$ | 264 | 265 |

某种气体排放量的 $CO_2$ 当量等于其排放量与其 GWP 值的乘积。在后续的章节中，温室气体排放量均指 $CO_2$ 当量，度量单位为 t。

#### 8.2.2.2 温室气体排放因子

柴油消耗所产生的温室气体排放包括两部分：一是直接排放，即内燃机的尾气，直接排放量主要取决于柴油的热值和内燃机的单位热值排放量；二是间接排放，即从石油开采到加工成柴油的各个生产环节所产生的温室气体排放，在一些文献中也称为携带排放。后者虽然不是由矿山生产直接产生的，但只要矿山消耗柴油，就会连带产生这一排放，所以也应该计算在内。单位重量的柴油消耗所产生的温室气体排放量定义为柴油的温室气体排放因子，记为 $\eta_d$，是直接排放因子与间接排放因子之和。综合有关研究成果中的数据，柴油的相关参数和排放因子列于表 8-2。

**表 8-2 柴油的温室气体排放因子**

| 单位热值排放量 / $t \cdot TJ^{-1}$ | | | 热值 | 直接排放因子 | 间接排放因子 | 排放因子 $\eta_d$ |
|---|---|---|---|---|---|---|
| $CO_2$ | $N_2O$ | $CH_4$ | $/TJ \cdot t^{-1}$ | $/t \cdot t^{-1}$ | $/t \cdot t^{-1}$ | $/ t \cdot t^{-1}$ |
| 74.100 | 0.0286 | 0.00415 | 0.045575 | 3.7371 | 0.7038 | 4.4409 |

电力消耗的温室气体排放因子定义为电网提供单位电量所产生的温室气体排放量，用 $\eta_e$ 表示。生态环境部应对气候变化司提供了我国各个区域电网的电量排放因子在 2013~2015 年的加权平均值，见表 8-3。电力消耗的温室气体排放不是在矿山生产过程中直接产生的，而是在发电和输送中产生的。从这个意义上讲，电力消耗的温室气体排放对矿山而言属于间接排放。但矿山只要消耗电能，就会连带产生这一排放，所以必须计算在内。

**表 8-3 我国各区域电网的温室气体排放因子 $\eta_e$** t/(MW · h)

| 区域电网名称 | 华北 | 东北 | 华东 | 华中 | 西北 | 南方 |
|---|---|---|---|---|---|---|
| 排放因子 | 0.9680 | 1.1082 | 0.8046 | 0.9014 | 0.9155 | 0.8367 |

炸药的温室气体排放包括炸药爆炸产生的直接排放和炸药组分在其生产过程中产生的排放（即间接排放）。单位重量的炸药消耗所产生的温室气体排放量定义为炸药的温室气体排放因子，记为 $\eta_x$，是直接排放因子与间接排放因子之和。矿山常用炸药的温室气体排放因子见表 8-4。表中的间接排放因子只考虑了炸药的主要成分硝酸铵和柴油在其生产中的温室气体排放量。

表 8-4 一些工业炸药的温室气体排放因子 t/t

| 炸药名称 | 炸药型号 | 直接排放因子 | 间接排放因子 | 排放因子 $\eta_x$ |
|---|---|---|---|---|
| 乳化炸药 | SB 系列 | 0.0000 | 1.4251 | 1.4251 |
| | 岩石型 | 0.0846 | 1.5102 | 1.5948 |
| | WR 系列 | 0.1008 | 1.4848 | 1.5856 |
| 铵油炸药 | 1 号（粉状） | 0.1768 | 1.7244 | 1.9012 |
| | 2 号（粉状） | 0.1696 | 1.7090 | 1.8786 |
| | 3 号（粒状） | 0.1729 | 1.7811 | 1.9540 |
| | 膨化铵油 | 0.2000 | 1.7027 | 1.9027 |
| 铵梯炸药 | 1 号岩石 | 0.2629 | 1.5119 | 1.7748 |
| | 2 号岩石 | 0.2222 | 1.5672 | 1.7894 |
| | 2 号抗水岩石 | 0.2335 | 1.5672 | 1.8007 |
| | 3 号抗水岩石 | 0.2588 | 1.5119 | 1.7707 |
| | 1 号露天 | 0.2276 | 1.5119 | 1.7395 |
| | 2 号露天 | 0.2319 | 1.5857 | 1.8176 |
| | 2 号抗水露天 | 0.2370 | 1.5857 | 1.8227 |

#### 8.2.2.3 单位作业量的温室气体排放

有了上述排放因子，就可基于能耗与炸药的消耗数据，计算矿山生产的温室气体排放量。为了便于在开采方案优化中应用，把露天矿生产的各种作业归纳为废石剥离、矿石开采和选矿三大类，分别计算其单位作业量的温室气体排放量。

金属露天矿的废石剥离包括穿孔、爆破、采装、运输和排弃等工艺环节，使用的主体设备通常是钻机、单斗挖掘机、卡车、排土机和推土机等；有些设备是柴油驱动，有些是电力驱动。所以剥离中消耗的能源是柴油和电力，爆破消耗炸药。单位剥离量的温室气体排放量为：

$$\varepsilon_w = \frac{d_w \eta_d}{1000} + \frac{e_w \eta_e}{1000} + \frac{x_w \eta_x}{1000\gamma_w} \tag{8-14}$$

式中 $\varepsilon_w$——单位剥离量的温室气体排放量，t/t；

$d_w$——单位剥离量的柴油消耗，kg/t；

$\eta_d$——柴油的温室气体排放因子，t/t；

$e_w$——单位剥离量的电力消耗，kW·h/t；

$\eta_e$——电力的温室气体排放因子，t/(MW·h)；

$x_w$——废石爆破的炸药单耗，kg/m³；

$\eta_x$——炸药的温室气体排放因子，t/t；

$\gamma_w$——废石的原地容重，t/m$^3$。

矿石开采的工艺环节和使用的设备与废石剥离类似。单位采矿量的温室气体排放量为：

$$\varepsilon_m = \frac{d_m \eta_d}{1000} + \frac{e_m \eta_e}{1000} + \frac{x_m \eta_x}{1000\gamma_o} \tag{8-15}$$

式中 $\varepsilon_m$——单位采矿量的温室气体排放量，t/t；

$d_m$——单位采矿量的柴油消耗，kg/t；

$e_m$——单位采矿量的电力消耗，kW·h/t；

$x_m$——矿石爆破的炸药单耗，kg/m$^3$；

$\gamma_o$——矿石的原地容重，t/m$^3$。

选矿厂的设备都是电力驱动，单位入选矿量的温室气体排放量为：

$$\varepsilon_p = \frac{e_p \eta_e}{1000} \tag{8-16}$$

式中 $\varepsilon_p$——选矿厂单位入选矿量的温室气体排放量，t/t；

$e_p$——选矿厂单位入选矿量的电力消耗，kW·h/t。

对于一个正在优化设计中的新矿山，上述计算模型在应用中的一个难点是确定剥离、采矿和选矿的单位能耗。比较实用的方法是对条件相近的生产矿山进行调研，对其能耗的统计数据进行收集和归纳，估算其剥离、采矿和选矿的单位能耗，再依据调研矿山与所设计矿山之间在某些主要条件上的差异进行调整。

## 8.3 生态成本估算

不同类型生态冲击的作用对象和所造成的损害性质不同，所对应的生态成本的估算方法也不同。所以需要针对前面对生态冲击的分类，分别估算每一类的生态成本。本节只针对土地损毁和温室气体排放这两大类生态冲击，建立生态成本的估算模型。对于环境污染，各种污染本身的量化以及它们对生态环境所造成的损害的量化，都很困难，难以建立较实用的成本估算模型。所以本节不对环境污染的生态成本作估算。在实际应用中，可以考虑把矿山的环境治理成本看作环境污染的生态成本，从条件相近的生产矿山获得环境治理成本数据，分摊到矿山的单位生产成本之中，或归入固定成本。

### 8.3.1 土地损毁的生态成本

从生态的角度讲，土地有两大功能：一是提供生存空间；二是提供生态服务。生存空间与我们所研究的问题无关，因为损毁与否，土地所提供的空间不会消失。所以，土地损毁的生态成本的估算需要从土地的生态服务功能着手。土地的生态服务功能可分为两大类：一是为人类提供生活所需要的生物质，如粮食、肉、奶、蛋、木材等；二是为人类的生活和各种生物的生存提供适宜稳定的生态环境。在矿山生产所损毁的土地上，这两类生态服务功能基本损失殆尽。因此，土地损毁的生态成本可以看作是土地的生态服务功能的丧失；从经济的角度看，这一生态成本等于土地能够提供的各种生态服务的价值的损失。这样，就可以通过估算与损毁土地相关的各种生态服务的价值，来量化土地损毁的生态成本。

土地及其承载的植被（简称土地生态系统）所提供的生态服务多种多样，迄今为止已经明确的主要包括：生物质生产、光合固碳、氧气释放、空气净化、土壤保持（侵蚀控制）、水源涵养、养分循环、气候调节、防风固沙、废物降解与养分归还、维持生物多样性、景观等。这些生态服务都直接或间接地影响人类的生活质量，都有价值。除生物质生产外，其他生态服务价值的估算本身就是一个很大的研究课题，尚不存在得到广泛接受的、较定型的成熟方法和计算模型；看问题的角度不同，估算方法也不同，对同一对象的估算结果就会有较大的差别。在综合相关研究成果的基础上，结合相关数据的可获得性，这里只对上述前七项生态服务的价值建立估算模型。另外，矿山企业对损毁的土地必须进行生态重建，恢复其生态功能。因此，生态恢复成本也应纳入土地损毁的生态成本中。

金属矿山一般地处山区，损毁的土地类型大都为林地和草地，耕地较少。另外，耕种对土地的生态服务功能的影响很复杂，难以度量。所以，这里对土地的生态服务价值的估算是针对林地和草地生态系统，只有对生物质生产价值的估算同时适用于耕地。

#### 8.3.1.1　生物质生产价值

人类利用土地生产不同种类的生物质，如粮食、牧草、肉、蛋、奶和木材等，其中肉、蛋和奶是土地生产的间接生物产物。这些生物质都是可以在市场上交易的商品，都有价格。所以，土地的生物质生产价值就是在特定的市场条件下所生产的生物质能够带来的净收益。矿山征用土地的征地价格是这一价值的综合体现，因此，可用征地价格度量土地的生物质生产价值，记为 $v_{\text{yield}}$，单位为元/$\text{hm}^2$。

#### 8.3.1.2　固碳价值

土地生态系统的固碳作用体现在两方面：一是土地上生长的植物通过光合和呼吸作用吸收大气中的 $CO_2$ 并固定在植物体中，称之为植物固碳；二是土壤碳库中蓄积的碳，称之为土壤固碳。

植物固碳量与土地的植物净初级生产力（Net Primary Productivity，NPP）成正比，其固碳价值可用下式估算：

$$v_{C_{plant}} = y_{npp} f_{CO_2} c_{CO_2} \tag{8-17}$$

式中 $v_{C_{plant}}$——土地生态系统的植物固碳价值，元/(hm$^2$ · a)；

$y_{npp}$——土地的净初级生产力，t/(hm$^2$ · a)；

$f_{CO_2}$——$CO_2$ 固定系数，即单位净初级生产量固定的 $CO_2$ 量，根据光合作用反应式，$f_{CO_2}=1.62$；

$c_{CO_2}$——去除排放的 1t $CO_2$ 的成本，元/t。

林地生态系统中的碳蓄积主体是植物固碳。虽然林木枝叶在腐烂过程中会释放 $CO_2$、$CH_4$ 等温室气体，但在总体上林地发挥着不可替代的碳汇和缓减温室效应的作用。所以，对于林地一般只计算植物固碳量。我国主要类型林地的净初级生产力见表 8-5[148]。

草地生态系统中的碳蓄积主要分布在土壤碳库中，草地一旦遭到破坏，土壤碳库中存储的碳将重新回到大气中。所以，对于草地一般只计算土壤固碳量。可以根据土壤的有机质含量和有机质的含碳比例，估算土壤的碳蓄积量，进而估算土壤固碳价值：

$$v_{C_{soil}} = 10000 h_s \gamma_s r_{so} r_{oc} \varphi c_{CO_2} \tag{8-18}$$

式中 $v_{C_{soil}}$——土地生态系统的土壤固碳价值，元/hm$^2$；

$h_s$——估算地块的平均土壤厚度，m；

$\gamma_s$——估算地块的平均土壤容重，t/m$^3$；

$r_{so}$——土壤的有机质含量比例，可以通过测定或参照土壤调查的有机质分布资料选取；

$r_{oc}$——有机质的含碳比例，0.58；

$\varphi$——C 到 $CO_2$ 的转换系数，3.6667。

**表 8-5 我国主要类型林地生态系统的年净初级生产总量及其 NPP**

| 森林类型 | 寒温带落叶松林 | 温带常绿针叶林 | 温带、亚热带落叶阔叶林 | 温带落叶小叶疏林 | 亚热带常绿落叶阔叶混交林 |
|---|---|---|---|---|---|
| 面积/hm$^2$ | $0.125\times10^8$ | $0.043\times10^8$ | $0.295\times10^8$ | $0.117\times10^8$ | $0.238\times10^8$ |
| 净生产量/t · a$^{-1}$ | $1.04\times10^8$ | $0.318\times10^8$ | $1.691\times10^8$ | $0.901\times10^8$ | $0.884\times10^8$ |
| NPP/t · (hm$^2$ · a)$^{-1}$ | 8.320 | 7.395 | 5.732 | 7.701 | 3.714 |

| 森林类型 | 亚热带常绿阔叶林 | 亚热带、热带常绿针叶林 | 亚热带竹林 | 热带雨林、季雨林 | 红树林 |
|---|---|---|---|---|---|
| 面积/hm$^2$ | $0.108\times10^8$ | $0.537\times10^8$ | $0.009\times10^8$ | $0.09\times10^8$ | $0.001\times10^8$ |

续表 8-5

| 森林类型 | 亚热带常绿阔叶林 | 亚热带、热带常绿针叶林 | 亚热带竹林 | 热带雨林、季雨林 | 红树林 |
|---|---|---|---|---|---|
| 净生产量 $/t \cdot a^{-1}$ | $1.865\times10^8$ | $5.309\times10^8$ | $0.255\times10^8$ | $1.765\times10^8$ | $0.026\times10^8$ |
| NPP $/t \cdot (hm^2 \cdot a)^{-1}$ | 17.269 | 9.886 | 28.333 | 19.611 | 26.000 |

$c_{CO_2}$是去除 1t 大气中的 $CO_2$ 需要的费用，对 $c_{CO_2}$有不同的估算方法。有的研究者从虚拟造林吸收 $CO_2$ 的角度，取固定每吨 $CO_2$ 所需的造林成本作为 $c_{CO_2}$；有的从企业碳排放需要付出的代价的角度，依据碳税确定 $c_{CO_2}$；有的从捕捉大气中的碳并永久贮存的角度，取 $CO_2$ 的捕捉与贮存（Carbon Capture and Storage, CCS）成本作为 $c_{CO_2}$。一些国家正在进行火电厂的 CCS 实验，国际能源署也对 CCS 的成本和效率进行了评估。从本质上讲，完全解决 $CO_2$ 排放问题，或者是不排放（几乎是不可能的），或者是把排放的 $CO_2$ 以某种方式捕捉并永久贮存。从这个角度看，$c_{CO_2}$取捕捉与贮存成本最为合理。

#### 8.3.1.3 释氧价值

土地上生长的植物通过光合和呼吸作用与大气进行 $CO_2$ 和 $O_2$ 交换，释放 $O_2$。释氧量与土地的植物净初级生产力成正比。释氧价值的估算式为：

$$v_{O_2} = y_{npp} f_{O_2} c_{O_2} \tag{8-19}$$

式中 $v_{O_2}$——土地生态系统的释氧价值，元/(hm² · a)；

$f_{O_2}$——释氧系数，即单位净初级生产量释放的 $O_2$ 量，根据光合作用反应式，$f_{O_2}=1.20$；

$c_{O_2}$——氧气的获取成本，可以取氧气的工业制造成本或氧气的市场价格，元/t。

林地的净初级生产力见表 8-5。我国各类草地生态系统的净初级生产力见表 8-6[149]。

**表 8-6 我国各类草地生态系统的净初级生产力（NPP）**

| 草地生态系统类型 | 单位面积干草产量（地上 NPP）$/kg \cdot (hm^2 \cdot a)^{-1}$ | 地下 NPP 与地上 NPP 比值 |
|---|---|---|
| 温性草甸草原 | 1293 | 2.46 |
| 温性草原 | 831 | 2.46 |
| 温性荒漠草原 | 482 | 2.47 |

续表 8-6

| 草地生态系统类型 | 单位面积干草产量（地上 NPP）/kg·$(hm^2 \cdot a)^{-1}$ | 地下 NPP 与地上 NPP 比值 |
| --- | --- | --- |
| 温性草原化荒漠 | 404 | 2.48 |
| 温性荒漠 | 318 | 2.46 |
| 高寒草甸 | 1342 | 2.31 |
| 高寒草甸草原 | 427 | 2.31 |
| 高寒草原 | 301 | 2.31 |
| 高寒荒漠草原 | 187 | 2.31 |
| 高寒荒漠 | 128 | 2.31 |
| 暖性灌草丛 | 1554 | 2.46 |
| 暖性草丛 | 1991 | 2.46 |
| 热性草丛 | 2824 | 2.46 |
| 热性灌草丛 | 2088 | 2.46 |
| 干热稀树灌草丛 | 2283 | 2.52 |
| 山地草甸 | 1643 | 2.46 |
| 低地草甸 | 2066 | 2.46 |
| 沼泽 | 2170 | 2.47 |
| 未划分的零星草地 | 2793 | 2.45 |

#### 8.3.1.4 空气净化价值

依存于土地的生态系统（主要是植物群落）除了具有吸收 $CO_2$ 的功能外，还具有吸收其他大气污染物和抑滞沙尘的功能。鉴于相关数据的限制，这里只考虑吸收 $SO_2$ 和滞尘两项空气净化功能。空气净化价值的估算式为：

$$v_{air} = a_{SO_2}c_{SO_2} + a_D c_D \tag{8-20}$$

式中 $v_{air}$——土地生态系统的空气净化价值，元/$(hm^2 \cdot a)$；

$a_{SO_2}$，$a_D$——土地生态系统的 $SO_2$ 吸收能力和滞尘能力，t/$(hm^2 \cdot a)$；

$c_{SO_2}$，$c_D$——$SO_2$ 处理成本和除尘成本，可以取燃煤发电厂的去硫和除尘成本，元/t。

不同类型的土地生态系统，具有不同的 $SO_2$ 吸收和滞尘能力。据测定，林地生态系统的 $SO_2$ 吸收能力为：阔叶林约 0.08865t/$(hm^2 \cdot a)$、柏类林约 0.4116t/$(hm^2 \cdot a)$、杉类林和松林约 0.1176t/$(hm^2 \cdot a)$、针叶林（柏、杉、松）平均约 0.2156t/$(hm^2 \cdot a)$；草地生态系统的 $SO_2$ 吸收能力：高寒草原的牧草生长期按每年 100 天算，每 1kg 干草叶的产量（约等于草地的地上 NPP）每年可吸收约100g的$SO_2$，高寒草原的地上NPP约300kg/(hm² · a)，所以该类草原的$SO_2$吸收能力约为0.03t/(hm² · a)。林地生态系统的滞尘能力：松林约36t/(hm² · a)、杉林约30t/(hm² · a)、栎类林约67.5t/(hm² · a)、针叶林平均约33.2t/(hm² · a)、阔叶林平均约10.11t/(hm² · a)；草地生态系统的滞尘能力约为0.5~1.2t/(hm² · a)。

#### 8.3.1.5 土壤保持价值

土地生态系统（主要是地表植被及其根系）具有抵御土壤侵蚀的功能，主要体现于抵御风力和水力侵蚀。抵御风力（水力）侵蚀的土壤保持量等于潜在的风力（水力）土壤侵蚀量与现实风力（水力）土壤侵蚀量之差。潜在的土壤侵蚀量取土壤侵蚀等级分类中的相应强度等级所对应的风蚀模数和水蚀模数，现实土壤侵蚀量可参照全国土壤侵蚀普查数据。

由于土壤不是经常和大量交易的商品，没有市场价格，所以土壤保持的经济价值用机会成本法估算，即假设利用因土地生态系统破坏而被侵蚀的土壤进行某种经济性生产，把这种生产能够获得的经济效益作为土壤保持价值。例如，把土壤保持量换算为农田面积，再根据农田收益计算其价值。因此，土地生态系统的土壤保持价值可用下式估算：

$$v_{soil} = \frac{s_r}{10000\gamma_s h_s} y_s \tag{8-21}$$

式中 $v_{soil}$——土地生态系统的土壤保持价值，元/(hm² · a)；

$s_r$——土地生态系统的土壤保持能力，t/(hm² · a)；

$\gamma_s$——土壤容重，t/m³，农田的土壤容重一般为1.1~1.4；

$h_s$——假设把保持的土壤转换为某种生产用地所要求的土壤厚度，m，农田的土壤厚度一般取0.5~0.8m；

$y_s$——假设把保持的土壤转换为某种生产用地的单位面积收益，元/hm²。

我国主要类型的林地和草地生态系统的土壤保持能力分别见表8-7和表8-8。

**表8-7 我国主要类型林地生态系统的土壤保持能力** t/(hm² · a)

| 森林类型 | 寒温带落叶松林 | 温带常绿针叶林 | 温带、亚热带落叶阔叶林 | 亚热带常绿落叶阔叶混交林 |
|---|---|---|---|---|
| 抵御水蚀土壤保持能力 | 25.021 | 51.982 | 56.158 | 61.226 |
| 抵御风蚀土壤保持能力 | 0.127 | 7.186 | 5.257 | 0.013 |
| 土壤保持能力合计 | 25.148 | 59.168 | 61.415 | 61.239 |

续表 8-7

| 森林类型 | 亚热带常绿阔叶林 | 亚热带、热带常绿针叶林 | 亚热带竹林 | 热带雨林、季雨林 |
|---|---|---|---|---|
| 抵御水蚀土壤保持能力 | 76.594 | 61.221 | 73.913 | 66.480 |
| 抵御风蚀土壤保持能力 | 0.284 | 0.191 | 0.000 | 0.035 |
| 土壤保持能力合计 | 76.878 | 61.412 | 73.913 | 66.515 |

**表 8-8 我国各类草地生态系统的土壤保持能力** $t/(hm^2 \cdot a)$

| 草地生态系统类型 | 抵御风蚀土壤保持能力 | 抵御水蚀土壤保持能力 | 土壤保持能力合计 |
|---|---|---|---|
| 温性草甸草原 | 16.654 | 47.226 | 63.880 |
| 温性草原 | 40.647 | 22.547 | 63.194 |
| 温性荒漠草原 | 42.224 | 18.586 | 60.810 |
| 温性草原化荒漠 | 9.095 | 39.673 | 48.768 |
| 温性荒漠 | 3.159 | 22.917 | 26.076 |
| 高寒草甸 | 1.283 | 25.443 | 26.726 |
| 高寒草甸草原 | 0.769 | 3.251 | 4.020 |
| 高寒草原 | 3.612 | 4.901 | 8.513 |
| 高寒荒漠草原 | 8.749 | 2.617 | 11.366 |
| 高寒荒漠 | 0.610 | 3.819 | 4.428 |
| 暖性灌草丛 | 0.010 | 51.765 | 51.775 |
| 暖性草丛 | 0.027 | 32.847 | 32.874 |
| 热性草丛 | 0.016 | 71.239 | 71.256 |
| 热性灌草丛 | 0.011 | 54.270 | 54.280 |
| 干热稀树灌草丛 | 0.060 | 2.404 | 2.464 |
| 山地草甸 | 2.562 | 53.333 | 55.894 |
| 低地草甸 | 36.380 | 39.030 | 75.410 |
| 沼泽 | 16.231 | 35.879 | 52.110 |

土壤保持的价值还体现在减少泥沙在地表水体的淤积，降低清淤成本。如果因矿山土地损毁造成的土壤侵蚀的主要危害是附近水体的泥沙淤积，这一价值也可用清淤成本估算。

#### 8.3.1.6 水源涵养价值

土地生态系统具有减少径流、涵养水分的功能。例如，完好的天然草地不仅具有截留降水的功能，而且比裸地有较高的渗透性和保水能力，在相同的气候条件下，草地土壤含水量较裸地高出90%以上。这一价值可用下式估算：

$$v_{H_2O} = 10pk_r f_p c_{H_2O} \tag{8-22}$$

式中 $v_{H_2O}$——土地生态系统的水源涵养价值，元/(hm²·a)；

$p$——矿山所在区域的年均降雨量，mm/a；

$k_r$——矿山所在区域产生径流的降雨量占降雨总量的比例，北方约0.4、南方约0.6；

$f_p$——土地生态系统与裸地（或皆伐迹地）相比的径流减少系数；

$c_{H_2O}$——水源单价，可用替代工程法估价（如取水库蓄水成本），或取用水价格，元/m³。

根据相关研究成果，我国主要类型的林地和草地生态系统的径流减少系数分别见表8-9和表8-10。

**表8-9 我国主要类型林地生态系统的径流减少系数**

| 森林类型 | 寒温带落叶松林 | 温带常绿针叶林 | 温带、亚热带落叶阔叶林 | 温带落叶小叶疏林 | 亚热带常绿落叶阔叶混交林 |
|---|---|---|---|---|---|
| 径流减少系数 | 0.21 | 0.24 | 0.28 | 0.16 | 0.34 |
| 森林类型 | 亚热带常绿阔叶林 | 亚热带、热带常绿针叶林 | 亚热带竹林 | 热带雨林、季雨林 | |
| 径流减少系数 | 0.39 | 0.36 | 0.22 | 0.55 | |

**表8-10 我国主要类型草地生态系统的径流减少系数**

| 草地类型 | 温性草原 | 温性草甸草原 | 暖性草丛 | 暖性灌草丛 | 热性草丛 |
|---|---|---|---|---|---|
| 径流减少系数 | 0.15 | 0.18 | 0.20 | 0.20 | 0.35 |
| 草地类型 | 热性灌草丛 | 山地草甸 | 低地草甸 | 沼泽 | |
| 径流减少系数 | 0.35 | 0.25 | 0.20 | 0.40 | |

#### 8.3.1.7 养分循环价值

土地生态系统中的植物群落在土壤表层下面具有稠密的根系，残遗大量的有机质。这些物质在土壤微生物的作用下，促进土壤团粒结构的形成，改良土壤结构，增加土壤肥力。根据生态系统养分循环功能的服务机制，可以认为构成土地净初级生产力的营养元素量即为参与循环的养分量。参与生态系统养分循环的元素种类有很多，含量较大的营养元素是氮（N）、磷（P）、钾（K）。所以这里只估算这三种营养元素量，其价值可用化肥价格计算。养分循环价值的估算式为：

$$v_{neut} = y_{npp}(k_N p_N + k_P f_{P_2O_5} p_P + k_K p_K) \tag{8-23}$$

式中 $v_{neut}$——土地生态系统的养分循环价值，元/(hm²·a)；

$y_{npp}$——土地的净初级生产力，$t/(hm^2 \cdot a)$；
$k_N$，$k_P$，$k_K$——净初级生产量中的N、P和K元素的含量比例；
$f_{P_2O_5}$——P到$P_2O_5$的转换系数，2.2903；
$p_N$，$p_P$，$p_K$——氮肥、磷肥（$P_2O_5$）和钾肥的价格，元/t。

我国主要类型的林地和草地生态系统净初级生产量的主要营养元素含量比例，分别见表8-11和表8-12。

**表8-11 我国主要类型林地生态系统植物体的氮、磷、钾元素含量比例**

| 森林类型 | 寒温带落叶松林 | 温带常绿针叶林 | 温带、亚热带落叶阔叶林 | 亚热带常绿落叶阔叶混交林 |
|---|---|---|---|---|
| N含量/% | 0.400 | 0.330 | 0.531 | 0.456 |
| P含量/% | 0.085 | 0.036 | 0.042 | 0.032 |
| K含量/% | 0.227 | 0.231 | 0.201 | 0.221 |

| 森林类型 | 亚热带常绿阔叶林 | 亚热带、热带常绿针叶林 | 亚热带竹林 | 热带雨林、季雨林 | 红树木 |
|---|---|---|---|---|---|
| N含量/% | 0.826 | 0.420 | 0.651 | 1.020 | 0.750 |
| P含量/% | 0.035 | 0.075 | 0.079 | 0.108 | 0.450 |
| K含量/% | 0.633 | 0.213 | 0.550 | 0.538 | 0.410 |

**表8-12 我国各类草地生态系统净初级生产量的磷、氮含量**

| 草地生态系统类型 | 单位面积P、N含量/$kg \cdot hm^{-2}$ | | 净初级生产量的含P、N比例/% | |
|---|---|---|---|---|
| | P | N | P | N |
| 温性草甸草原 | 6.713 | 65.343 | 0.150 | 1.461 |
| 温性草原 | 8.329 | 50.045 | 0.290 | 1.742 |
| 温性荒漠草原 | 4.180 | 31.874 | 0.250 | 1.907 |
| 温性草原化荒漠 | 3.382 | 29.456 | 0.240 | 2.093 |
| 温性荒漠 | 1.651 | 19.691 | 0.150 | 1.789 |
| 高寒草甸 | 9.772 | 90.831 | 0.220 | 2.045 |
| 高寒草甸草原 | 4.093 | 26.916 | 0.290 | 1.904 |
| 高寒草原 | 1.792 | 20.325 | 0.180 | 2.040 |
| 高寒荒漠草原 | 0.930 | 15.210 | 0.150 | 2.457 |
| 高寒荒漠 | 0.717 | 10.614 | 0.169 | 2.505 |
| 暖性灌草丛 | 10.219 | 70.455 | 0.190 | 1.310 |
| 暖性草丛 | 8.958 | 67.396 | 0.130 | 0.978 |
| 热性草丛 | 11.709 | 92.911 | 0.120 | 0.952 |
| 热性灌草丛 | 8.660 | 38.681 | 0.120 | 0.536 |

续表 8-12

| 草地生态系统类型 | 单位面积 P、N 含量/kg·hm$^{-2}$ | | 净初级生产量的含 P、N 比例/% | |
| --- | --- | --- | --- | --- |
| | P | N | P | N |
| 干热稀树灌草丛 | 2.433 | 65.344 | 0.030 | 0.813 |
| 山地草甸 | 8.523 | 96.340 | 0.150 | 1.696 |
| 低地草甸 | 9.279 | 121.519 | 0.130 | 1.702 |
| 沼泽 | 15.067 | 134.492 | 0.200 | 1.784 |
| 未划分的零星草地 | 16.398 | 159.283 | 0.170 | 1.651 |

#### 8.3.1.8　生态恢复成本

恢复矿山损毁土地的生态功能的基本措施是复垦。因此，土地的生态恢复成本取复垦成本，单位面积的复垦成本记为 $c_{rec}$，单位为元/hm$^2$。复垦工程完成后，需要一段时间（一般为 3~5 年）的养护，以保障生态恢复质量（如植物成活率、植被覆盖率等）符合要求。所以，复垦成本应包含养护成本。由于在开采方案确定之前，不可能有土地复垦计划和预算，所以在新矿山的开采方案优化中，$c_{rec}$的取值只能参照条件类似的矿山的复垦成本估算。

### 8.3.2　温室气体排放的生态成本

温室气体导致全球变暖和气候变化，致使极端气候发生的频次增加，自然灾害频发，造成巨大的直接经济损失。气候变化也对人类的健康和生物的生存环境造成各种损害，对人类的生存构成潜在的威胁，由此诱发的间接损失（或社会成本）也许比直接经济损失更大、更令人担忧。从理论上讲，对于温室气体排放的生态成本（以下简称排放生态成本）的最合理的度量，应该是全球变暖和气候变化所造成的各种直接和间接经济损失。然而，对这些损失的估算十分困难，是许多科学家致力研究的重大课题。而且，全球变暖和气候变化发生在宏观层面，具有全球（至少是大区域）尺度，对于像矿山这样的微观体而言，要通过全球变暖和气候变化所造成的损失来估算其排放生态成本是完全不可行的。

因此，我们从“抵消”的角度来看待排放生态成本。也就是说，要想使矿山生产不为全球变暖和气候变化做“贡献”，就得把矿山生产所排放的温室气体“抵消”掉，把抵消需要付出的成本作为矿山的排放生态成本。这样，排放生态成本的估算就与前述固碳价值类似，可以基于排放量和 $CO_2$ 去除成本计算。

为了便于在开采方案优化中应用，对废石剥离、矿石开采和选矿分别计算其单位作业量的排放生态成本，计算式为：

$$c_{gw} = \varepsilon_w c_{CO_2} \tag{8-24}$$

$$c_{gm} = \varepsilon_m c_{CO_2} \tag{8-25}$$

$$c_{gp} = \varepsilon_p c_{CO_2} \tag{8-26}$$

式中 $c_{gw}$，$c_{gm}$，$c_{gp}$——单位剥离量、单位采矿量和单位选矿量的排放生态成本，元/t；

$\varepsilon_w$，$\varepsilon_m$，$\varepsilon_p$——单位剥离量、单位采矿量和单位选矿量的温室气体排放量（均为 $CO_2$ 当量），t/t；

$c_{CO_2}$——去除排放的 1t $CO_2$ 的成本，元/t。

# 9 开采方案生态化优化

本书中，开采方案的生态化优化指的是把露天矿生产对生态环境的冲击通过生态成本纳入开采方案的优化模型和算法，使生态成本像生产成本一样在最佳方案的求解中直接发挥作用，从而使求得的最佳方案在经济效益最大化和生态冲击最小化之间达到最佳平衡。本书的第 4 章~第 7 章论述了以纯经济效益最大化为目标（即不考虑生态成本）的开采方案优化问题，为了区别和表述方便起见，以下把这种优化称为纯经济优化。本章基于第 4 章~第 6 章的优化方法和第 8 章的生态冲击与生态成本计算模型，论述露天矿开采方案的生态化优化方法，建立相关模型和算法，并就案例矿山的优化结果与纯经济优化结果进行对比分析。

## 9.1 最终境界生态化优化

在纯经济优化中，最终境界优化的目标是总利润最大。第 4 章论述了三种求最大利润境界的优化算法，即浮锥法（包括正锥开采法和负锥排除法）、图论法和地质最优境界序列评价法。本节把生态成本与地质最优境界序列评价法和浮锥法中的负锥排除法相结合，提出最终境界的生态化优化算法。

### 9.1.1 地质最优境界序列评价算法

在第 4 章 4.5 节中，论述了用地质最优境界序列评价法优化最终境界的基本原理，并给出了地质最优境界序列的产生算法。在对境界序列中的各境界进行经济评价的过程中纳入生态成本，就可实现境界的生态化优化。算法如下：

第 1 步：依据矿床的矿石储量估算一个较合理的年矿石生产能力，据此设定地质最优境界序列中最小境界的矿石量和相邻境界之间的矿石量增量；读入境界最终帮坡角、相关技术经济参数和生态成本计算所需参数等数据。

第 2 步：应用第 4 章 4.5.2 节中地质最优境界序列产生算法，产生地质最优境界序列。

第 3 步：基于相关技术经济参数，计算地质最优境界序列中每一境界的纯经济利润。假设矿山出售的是精矿，境界的纯经济利润为：

$$P = Q_{\mathrm{p}}p - Q(c_{\mathrm{m}} + c_{\mathrm{p}}) - Wc_{\mathrm{w}} \tag{9-1}$$

式中 $P$——境界的纯经济利润，$10^4$元；

$Q_p$——境界的采出矿石能够生产的精矿量，$10^4$t；

$p$——精矿价格，元/t；

$Q$——考虑了矿石回采率和废石混入率后，从境界中采出的矿石量，$10^4$t；

$W$——考虑了矿石回采率和废石混入率后，从境界中采出的废石量，$10^4$t；

$c_m, c_p, c_w$——只考虑生产成本（即不考虑生态成本）的单位采矿、选矿和剥岩成本，元/t。

第 4 步：应用第 8 章的计算模型，对于地质最优境界序列中的每一境界，计算：土地损毁面积，包括采场（即境界）挖损土地总面积 $A_M$、排土场占地总面积 $A_D$、尾矿库占地总面积 $A_T$、地面设施的土地损毁总面积 $A_B$、表土场占地总面积 $A_S$；单位作业量的温室气体排放量和排放生态成本。进而对于每一境界，应用式（9-2）~式（9-6），计算开采完境界产生的土地损毁总面积、土地损毁生态成本、温室气体排放总量、温室气体排放生态成本和总生态成本。

土地损毁总面积 $A$ 为：

$$A = A_M + A_D + A_T + A_B + A_S \tag{9-2}$$

土地损毁的生态成本为：

$$C_{Land} = \frac{A(v_{yield} + v_{C_{soil}} + c_{rec}) + A(v_{C_{plant}} + v_{O_2} + v_{air} + v_{soil} + v_{H_2O} + v_{neut})Ff_t}{10000} \tag{9-3}$$

式中 $C_{Land}$——土地损毁的生态成本，$10^4$元；

$v_{yield}$——土地的生物质生产价值（取征地价格），元/$hm^2$；

$v_{C_{soil}}$——土地生态系统的土壤固碳价值，元/$hm^2$；

$c_{rec}$——土地复垦和养护成本，元/$hm^2$；

$v_{C_{plant}}$，$v_{O_2}$，$v_{air}$，$v_{soil}$，$v_{H_2O}$，$v_{neut}$——土地生态系统的植物固碳、释氧、空气净化、土壤保持、水源涵养、养分循环价值，元/($hm^2 \cdot a$)；

$F$——从开始开采到开采结束并恢复土地生态功能的时间长度，a；

$f_t$——时间系数。

上式中，土地生态系统的植物固碳、释氧、空气净化、土壤保持、水源涵养和养分循环价值的损失是持续性的，从土地被损毁开始一直到完成复垦并恢复生态功能的时间跨度内，每年都发生这些价值的损失。比如，对于第 1 年损毁的土地，这些价值损失持续的时间跨度为 1 ~ $F$ 年；对于第 2 年损毁的土地，这些价值损失持续的时间跨度为 2 ~ $F$ 年；依此类推。所以，上式中这几项生态成本的数额不仅与土地损毁面积有关，而且与土地处于损毁状态的持续时间有关。由于在境界的最终设计确定之前没有生产计划，无法估算各个土地损毁单元的面积随时间的变化关系，也就无法估算其处于损毁状态的持续时间。土地处于损毁状态的持续时间最长为 $F$ 年，最短为复垦与养护时间，用一个时间系数 $f_t$ 估算其平均持续时间（即 $Ff_t$ 年）。考虑到矿山生产初期损毁的土地面积大于后期，如果假设绝大部分被毁土地是在矿山开采结束后复垦的，时间系数 $f_t$ 一般为 0.7 左右。对于 $F$，在没有生产计划的条件下，可按境界中的可采矿量估算一个合理的年矿石生产能力，并据此计算境界的开采寿命 $n$；$F$ 等于 $n$ 加上复垦和养护时间，后者一般为 3~5 年。另外，如果各土地损毁单元的生态系统类型不同，土地损毁的生态成本应依据每一单元的面积及其生态类型所对应的相关参数进行分别计算，然后加总。

温室气体排放总量为：

$$Q_g = Q(\varepsilon_m + \varepsilon_p) + W\varepsilon_w \tag{9-4}$$

式中 $Q_g$——温室气体排放总量，$10^4$t；

$\varepsilon_m$，$\varepsilon_p$，$\varepsilon_w$——单位采矿量、单位选矿量和单位剥离量的温室气体排放量（其计算见第 8 章），t/t。

温室气体排放的生态成本为：

$$C_g = Q_g c_{CO_2} = Q(c_{gm} + c_{gp}) + Wc_{gw} \tag{9-5}$$

式中 $C_g$——温室气体排放的生态成本，$10^4$元；

$c_{gm}$，$c_{gp}$，$c_{gw}$——单位采矿量、单位选矿量和单位剥离量的温室气体排放生态成本（其计算见第 8 章），元/t；

$c_{CO_2}$——去除排放的 1t $CO_2$ 的成本，元/t。

生态成本总额为：

$$C_{Eco} = C_{Land} + C_g \tag{9-6}$$

式中 $C_{Eco}$——生态成本总额，$10^4$元。

第 5 步：基于在上两步中得出的各境界的纯经济利润和生态成本总额，计算地质最优境界序列中每一境界的综合利润，即境界的纯经济利润减去同一境界的生态成本总额（$P-C_{Eco}$）。

第 6 步：在所有地质最优境界中选出综合利润最大者，即为最佳境界；输出最佳境界（或全部境界）的相关指标值，算法结束。

### 9.1.2 迭代算法

本算法是第 4 章 4.3 节所述负锥排除算法的迭代式应用。

#### 9.1.2.1 剥离、采矿和选矿的单位生态成本

在境界优化的负锥排除算法中，每次排除的锥体是价值（即利润）为负的锥

体。锥体的价值依据锥体中的废石量和矿石量以及废石剥离、矿石开采和选矿的单位成本等参数计算。为了便于把生态成本纳入锥体价值的计算，需要把各项生态成本进行归纳和分摊，得出废石剥离、矿石开采和选矿的单位生态成本，分别称之为单位剥离生态成本、单位采矿生态成本和单位选矿生态成本。为此，需要把各个土地损毁单元的面积依据它们与废石剥离、矿石开采和选矿之间的关系，进行归纳和分摊，分别得出由废石剥离、矿石开采和选矿造成的土地损毁面积。

排土场对土地的损毁完全源于废石剥离，所以排土场的占地面积全部归入废石剥离的土地损毁面积。尾矿库对土地的损毁完全源于选矿，所以尾矿库的占地面积全部归入选矿的土地损毁面积。

采场（境界）的土地挖损面积是由岩石剥离和矿石开采共同造成的，所以按境界内的废石体积和矿石体积分摊到废石剥离和矿石开采：

$$A_{\mathrm{M}}^{\mathrm{w}} = \frac{\gamma_{\mathrm{o}} W}{\gamma_{\mathrm{o}} W + \gamma_{\mathrm{w}} Q} A_{\mathrm{M}} \tag{9-7}$$

$$A_{\mathrm{M}}^{\mathrm{m}} = A_{\mathrm{M}} - A_{\mathrm{M}}^{\mathrm{w}} = \frac{\gamma_{\mathrm{w}} Q}{\gamma_{\mathrm{o}} W + \gamma_{\mathrm{w}} Q} A_{\mathrm{M}} \tag{9-8}$$

式中 $A_{\mathrm{M}}^{\mathrm{w}}$，$A_{\mathrm{M}}^{\mathrm{m}}$——分摊到废石剥离和矿石开采的境界挖损土地面积，$\mathrm{hm}^2$；

$\gamma_{\mathrm{w}}$，$\gamma_{\mathrm{o}}$——废石和矿石的原地容重，$\mathrm{t/m}^3$；

其他符号的定义同前。

地面设施（矿山专用道路和厂房、仓储、办公、供电、排水等设施）中，有的服务于岩石剥离（如采场到排土场的专用运输道路），有的同时服务于矿石开采和选矿（如采场到选矿厂的专用运输道路），有的服务于选矿（如选矿厂占地），有的服务于全矿（如办公设施）。在最终开采方案和总图布置确定之前，难以确定每项设施的面积及其服务对象，而且地面设施的占地面积占矿山土地损毁总面积的比例不大，所以不作详细分摊，而是粗略确定其分摊比例。比如，考虑到选矿专用设施的体量占全部地面设施的比例较小，而废石量一般大于矿石量，可以把地面设施的占地总面积分别按约 0.45、0.35 和 0.20 的比例分摊到废石剥离、矿石开采和选矿。为使算式具有普适性，在下面的算式中分别用 $f_{\mathrm{Bw}}$、$f_{\mathrm{Bm}}$ 和 $f_{\mathrm{Bp}}$ 表示这三个比例系数。

表土源于排土场、采场、尾矿库和地面设施的用地。假设表土场占地面积与土量成正比，按这些用地分摊到废石剥离、矿石开采和选矿的面积上的表土量占总表土量的比例，把表土场占地总面积分摊到废石剥离、矿石开采和选矿：

$$A_{\mathrm{S}}^{\mathrm{w}} = \frac{A_{\mathrm{D}} h_{\mathrm{D}} + A_{\mathrm{M}}^{\mathrm{w}} h_{\mathrm{M}} + f_{\mathrm{Bw}} A_{\mathrm{B}} h_{\mathrm{B}}}{A_{\mathrm{D}} h_{\mathrm{D}} + A_{\mathrm{M}} h_{\mathrm{M}} + A_{\mathrm{T}} h_{\mathrm{T}} + A_{\mathrm{B}} h_{\mathrm{B}}} A_{\mathrm{S}} \tag{9-9}$$

$$A_{\mathrm{S}}^{\mathrm{m}} = \frac{A_{\mathrm{M}}^{\mathrm{m}} h_{\mathrm{M}} + f_{\mathrm{Bm}} A_{\mathrm{B}} h_{\mathrm{B}}}{A_{\mathrm{D}} h_{\mathrm{D}} + A_{\mathrm{M}} h_{\mathrm{M}} + A_{\mathrm{T}} h_{\mathrm{T}} + A_{\mathrm{B}} h_{\mathrm{B}}} A_{\mathrm{S}} \tag{9-10}$$

$$A_S^p = \frac{A_T h_T + f_{Bp} A_B h_B}{A_D h_D + A_M h_M + A_T h_T + A_B h_B} A_S \tag{9-11}$$

式中 $A_S^w$，$A_S^m$，$A_S^p$——分摊到废石剥离、矿石开采和选矿的表土场占地面积，$hm^2$；

$h_M$，$h_D$，$h_T$，$h_B$——采场、排土场、尾矿库和地面设施区的表土平均剥离厚度，m；

其他符号的定义同前。

综合上述对各项土地损毁面积的归纳和分摊，分别得出由废石剥离、矿石开采和选矿造成的土地损毁面积为：

$$A_w = A_D + A_M^w + f_{Bw} A_B + A_S^w \tag{9-12}$$

$$A_m = A_M^m + f_{Bm} A_B + A_S^m \tag{9-13}$$

$$A_p = A_T + f_{Bp} A_B + A_S^p \tag{9-14}$$

式中 $A_w$，$A_m$，$A_p$——分别为由废石剥离、矿石开采和选矿造成的土地损毁面积，$hm^2$。

由废石剥离造成的生态成本包括废石剥离的土地损毁生态成本和温室气体排放生态成本，单位剥离生态成本为：

$$c_{ew} = \frac{A_w(v_{yield} + v_{C_{soil}} + c_{rec}) + A_w(v_{C_{plant}} + v_{O_2} + v_{air} + v_{soil} + v_{H_2O} + v_{neut})Ff_t}{10000W} + c_{gw} \tag{9-15}$$

式中 $c_{ew}$——单位剥离生态成本，元/t。

同理，单位采矿生态成本和单位选矿生态成本为：

$$c_{em} = \frac{A_m(v_{yield} + v_{C_{soil}} + c_{rec}) + A_m(v_{C_{plant}} + v_{O_2} + v_{air} + v_{soil} + v_{H_2O} + v_{neut})Ff_t}{10000Q} + c_{gm} \tag{9-16}$$

$$c_{ep} = \frac{A_p(v_{yield} + v_{C_{soil}} + c_{rec}) + A_p(v_{C_{plant}} + v_{O_2} + v_{air} + v_{soil} + v_{H_2O} + v_{neut})Ff_t}{10000Q} + c_{gp} \tag{9-17}$$

式中 $c_{em}$，$c_{ep}$——单位采矿生态成本和单位选矿生态成本，元/t；

其他符号的定义同前。

#### 9.1.2.2 迭代算法

在优化境界的负锥排除算法中考虑生态成本时，出现一个矛盾：土地损毁的生态成本与土地损毁面积有关；而在境界确定之前，土地损毁面积是未知的，无法计算生态成本。解决这一矛盾最简便的方法是迭代法。

令：$c_w$、$c_m$、$c_p$分别表示只考虑生产成本（即不考虑生态成本）的单位剥岩、采矿和选矿成本，$c_{w,i}$、$c_{m,i}$和$c_{p,i}$分别表示第$i$次迭代中加入生态成本后的单位剥岩、采矿和选矿成本。最终境界的生态化优化迭代算法如下：

第1步：令$i = 0$；$c_{w,i} = c_w$，$c_{m,i} = c_m$，$c_{p,i} = c_p$，即不考虑生态成本。

第2步：应用第4章4.3节中的负锥排除法优化境界。在锥体的排除过程中，以$c_{w,i}$、$c_{m,i}$和$c_{p,i}$为成本参数计算锥体的利润，排除那些利润为负的锥体。得到的境界为当前境界，记为$V_i$。

第3步：如果$i = 0$，转到第5步；如果$i > 0$，执行下一步。

第4步：比较当前境界$V_i$和上一次迭代得到的境界$V_{i-1}$的矿岩总量。如果二者相等或足够接近，算法收敛，迭代结束，当前境界$V_i$即为最佳境界；否则，执行下一步。

第5步：依据境界$V_i$的地表周界和境界中的采出废石总量和矿石总量，估算对应于境界$V_i$的各项土地损毁总面积，即$A_D$、$A_M$、$A_T$、$A_B$、$A_S$；基于境界中的矿石总量估算合理年矿石生产能力，进而计算该境界的开采寿命；应用上述模型计算境界$V_i$的单位剥离生态成本$c_{ew}$、单位采矿生态成本$c_{em}$和单位选矿生态成本$c_{ep}$。

第6步：令$i = i + 1$；$c_{w,i} = c_w + c_{ew}$，$c_{m,i} = c_m + c_{em}$，$c_{p,i} = c_p + c_{ep}$，返回到第2步。

### 9.1.3 案例应用与分析

案例矿山以及相关技术经济参数的设置同第4章4.6节。进行最终境界的生态化优化还需输入计算生态成本所需的参数，这些参数如表9-1所示。案例矿山地处我国东北地区南部，矿区的主导土地生态类型为温带阔叶针叶混交林，所以表中“净初级生产力”行及以下7行的数据为这一土地生态类型的参数值。本案例假设所有土地损毁单元的征地价格和复垦成本都相等（等于矿区的平均值），如果有不同土地损毁单元的数据且差别较大，应对不同土地损毁单元取不同的数值。时间系数$f_t$取0.7。

**表9-1 生态成本计算中的相关参数**

| 参数类别 | 参　　数 | 取　值 |
|---|---|---|
| 能源与炸药单耗 | 剥岩柴油单耗/$kg \cdot t^{-1}$ | 0.56636 |
| | 剥岩电力单耗/$kW \cdot h \cdot t^{-1}$ | 1.2 |
| | 剥岩炸药单耗/$kg \cdot m^{-3}$ | 0.92 |
| | 采矿柴油单耗/$kg \cdot t^{-1}$ | 0.56636 |
| | 采矿电力单耗/$kW \cdot h \cdot t^{-1}$ | 1.2 |
| | 采矿炸药单耗/$kg \cdot m^{-3}$ | 0.92 |
| | 选矿电力单耗/$kW \cdot h \cdot t^{-1}$ | 28.5 |

续表 9-1

| 参数类别 | 参数 | 取值 |
|---|---|---|
| 温室气体排放因子 | 柴油排放因子/$t \cdot t^{-1}$ | 4.4409 |
| | 电力排放因子/$t \cdot (MW \cdot h)^{-1}$ | 1.1082 |
| | 炸药排放因子/$t \cdot t^{-1}$ | 1.84 |
| 土地生态系统的生态服务价值相关参数 | $CO_2$ 捕捉与贮存成本/元$\cdot t^{-1}$ | 220.00 |
| | 制氧成本/元$\cdot t^{-1}$ | 650.00 |
| | $SO_2$ 处理成本/元$\cdot t^{-1}$ | 3120.00 |
| | 除尘成本/元$\cdot t^{-1}$ | 400.00 |
| | N 肥价格/元$\cdot t^{-1}$ | 3400.00 |
| | P 肥价格/元$\cdot t^{-1}$ | 3000.00 |
| | K 肥价格/元$\cdot t^{-1}$ | 4000.00 |
| | 水源单价/元$\cdot m^{-3}$ | 6.00 |
| | 造农田土壤容重/$t \cdot m^{-3}$ | 1.35 |
| | 造农田土壤厚度/m | 0.5 |
| | 单位面积农田年净收益/元$\cdot (hm^2 \cdot a)^{-1}$ | 30000 |
| | 年均降雨量/mm | 800 |
| | 产生径流的降雨比例 | 0.4 |
| | 净初级生产力/$t \cdot (hm^2 \cdot a)^{-1}$ | 6.56 |
| | 径流减少系数 | 0.26 |
| | 土壤保持能力/$t \cdot (hm^2 \cdot a)^{-1}$ | 60.292 |
| | 植物体 N 元素含量/% | 0.430 |
| | 植物体 P 元素含量/% | 0.039 |
| | 植物体 K 元素含量/% | 0.216 |
| | $SO_2$ 吸收能力/$t \cdot (hm^2 \cdot a)^{-1}$ | 0.1521 |
| | 滞尘能力/$t \cdot (hm^2 \cdot a)^{-1}$ | 21.665 |
| | 征地价格/元$\cdot hm^{-2}$ | 2400000 |
| 排土场参数 | 堆置高度/m | 180 |
| | 边坡平均坡度/(°) | 22 |
| | 排弃岩土体平均实体容重/$t \cdot m^{-3}$ | 2.65 |
| | 排弃岩土体碎胀系数 | 1.3 |
| | 表土剥离平均厚度/m | 0.3 |
| | 土壤平均容重/$t \cdot m^{-3}$ | 1.35 |
| | 土壤有机质平均含量/% | 1.8 |

续表 9-1

| 参数类别 | 参数 | 取值 |
| --- | --- | --- |
| 尾矿库参数 | 堆置高度/m | 100 |
| | 边坡平均坡度/(°) | 22 |
| | 尾矿堆积容重/$t \cdot m^{-3}$ | 1.75 |
| | 表土剥离平均厚度/m | 0.3 |
| | 土壤平均容重/$t \cdot m^{-3}$ | 1.35 |
| | 土壤有机质平均含量/% | 1.8 |
| 地面生产设施参数 | 占地总面积/$hm^2$ | 100 |
| | 表土剥离平均厚度/m | 0.3 |
| | 土壤平均容重/$t \cdot m^{-3}$ | 1.35 |
| | 土壤有机质平均含量/% | 1.8 |
| 表土堆存参数 | 堆置高度/m | 25 |
| | 边坡平均坡度/(°) | 22 |
| | 表土在堆场的松散系数 | 1.05 |
| 采场 | 矿石平均实体容重/$t \cdot m^{-3}$ | 3.34 |
| | 表土剥离平均厚度/m | 0.3 |
| | 土壤平均容重/$t \cdot m^{-3}$ | 1.35 |
| | 土壤有机质平均含量/% | 1.8 |
| 复垦参数 | 复垦成本/元 · $hm^{-2}$ | 400000 |
| | 复垦与养护时间/a | 3 |

应用上述地质最优境界序列评价算法，对最终境界进行生态化优化。在第 4 章 4.6.3 节中已经得到了案例矿床的地质最优境界序列。对这一序列中的境界进行纯经济和生态化评价，结果如表 9-2 和图 9-1 所示。在生态成本计算中，各境界的开采寿命 $n$ 用泰勒公式估算；排土场、尾矿库和表土场的占地面积计算中，均假设矿山只有一个排土场、一个尾矿库和一个表土场；若分散堆放，它们的面积总和将大于表中结果。

**表 9-2 地质最优境界序列评价结果**

| 境界序号 | 矿石量/t | 废石量/t | 平均剥采比/$t \cdot t^{-1}$ | 纯经济利润/元 | 土地损毁总面积①/$hm^2$ | 温室气体产生总量②/t | 生态成本/元 | 综合利润/元 |
| --- | --- | --- | --- | --- | --- | --- | --- | --- |
| 1 | $19269.7\times10^4$ | $14530.1\times10^4$ | 0.754 | $181.47\times10^8$ | 512.79 | $768.0\times10^4$ | $33.18\times10^8$ | $148.29\times10^8$ |
| 2 | $20774.1\times10^4$ | $17437.4\times10^4$ | 0.839 | $192.28\times10^8$ | 547.86 | $836.0\times10^4$ | $35.82\times10^8$ | $156.46\times10^8$ |
| 3 | $22282.7\times10^4$ | $20910.2\times10^4$ | 0.938 | $202.13\times10^8$ | 586.68 | $906.8\times10^4$ | $38.65\times10^8$ | $163.48\times10^8$ |
| 4 | $23787.2\times10^4$ | $24721.1\times10^4$ | 1.039 | $211.45\times10^8$ | 623.82 | $978.9\times10^4$ | $41.46\times10^8$ | $170.00\times10^8$ |

续表 9-2

| 境界序号 | 矿石量/t | 废石量/t | 平均剥采比/t·t$^{-1}$ | 纯经济利润/元 | 土地损毁总面积①/hm$^2$ | 温室气体产生总量②/t | 生态成本/元 | 综合利润/元 |
|---|---|---|---|---|---|---|---|---|
| 5 | $25295.4\times10^4$ | $28777.5\times10^4$ | 1.138 | $220.26\times10^8$ | 665.92 | $1052.4\times10^4$ | $44.45\times10^8$ | $175.81\times10^8$ |
| 6 | $26798.7\times10^4$ | $33425.4\times10^4$ | 1.247 | $227.94\times10^8$ | 713.16 | $1128.4\times10^4$ | $47.67\times10^8$ | $180.27\times10^8$ |
| 7 | $28301.5\times10^4$ | $38250.4\times10^4$ | 1.352 | $235.44\times10^8$ | 765.32 | $1205.4\times10^4$ | $51.08\times10^8$ | $184.36\times10^8$ |
| 8 | $29804.3\times10^4$ | $44215.0\times10^4$ | 1.484 | $240.75\times10^8$ | 810.23 | $1287.4\times10^4$ | $54.36\times10^8$ | $186.39\times10^8$ |
| 9 | $31304.9\times10^4$ | $50605.0\times10^4$ | 1.617 | $245.18\times10^8$ | 858.23 | $1371.2\times10^4$ | $57.79\times10^8$ | $187.39\times10^8$ |
| 10 | $32819.1\times10^4$ | $57231.3\times10^4$ | 1.744 | $249.37\times10^8$ | 901.58 | $1456.6\times10^4$ | $61.10\times10^8$ | $188.27\times10^8$ |
| 11 | $34324.3\times10^4$ | $64959.6\times10^4$ | 1.893 | $251.55\times10^8$ | 950.01 | $1546.6\times10^4$ | $64.68\times10^8$ | $186.87\times10^8$ |
| 12 | $35832.8\times10^4$ | $72601.4\times10^4$ | 2.026 | $253.76\times10^8$ | 995.22 | $1636.4\times10^4$ | $68.16\times10^8$ | $185.61\times10^8$ |
| 13 | $37346.7\times10^4$ | $80192.4\times10^4$ | 2.147 | $256.34\times10^8$ | 1036.58 | $1726.0\times10^4$ | $71.51\times10^8$ | $184.84\times10^8$ |
| 14 | $38854.1\times10^4$ | $87677.2\times10^4$ | 2.257 | $258.98\times10^8$ | 1076.17 | $1814.9\times10^4$ | $74.78\times10^8$ | $184.19\times10^8$ |
| 15 | $40356.8\times10^4$ | $95481.7\times10^4$ | 2.366 | $261.21\times10^8$ | 1117.80 | $1905.1\times10^4$ | $78.16\times10^8$ | $183.05\times10^8$ |
| 16 | $41859.8\times10^4$ | $102770.2\times10^4$ | 2.455 | $264.32\times10^8$ | 1156.22 | $1992.9\times10^4$ | $81.38\times10^8$ | $182.94\times10^8$ |
| 17 | $43365.0\times10^4$ | $110699.5\times10^4$ | 2.553 | $266.22\times10^8$ | 1200.13 | $2083.9\times10^4$ | $84.85\times10^8$ | $181.37\times10^8$ |
| 18 | $44866.1\times10^4$ | $118810.0\times10^4$ | 2.648 | $267.53\times10^8$ | 1245.27 | $2175.5\times10^4$ | $88.38\times10^8$ | $179.15\times10^8$ |
| 19 | $46368.4\times10^4$ | $127317.5\times10^4$ | 2.746 | $268.17\times10^8$ | 1289.72 | $2269.0\times10^4$ | $91.92\times10^8$ | $176.25\times10^8$ |
| 20 | $47873.1\times10^4$ | $135647.9\times10^4$ | 2.833 | $269.16\times10^8$ | 1338.89 | $2361.8\times10^4$ | $95.61\times10^8$ | $173.54\times10^8$ |
| 21 | $49374.1\times10^4$ | $145322.8\times10^4$ | 2.943 | $267.98\times10^8$ | 1390.71 | $2460.7\times10^4$ | $99.52\times10^8$ | $168.46\times10^8$ |
| 22 | $50875.4\times10^4$ | $156393.5\times10^4$ | 3.074 | $264.03\times10^8$ | 1450.25 | $2566.0\times10^4$ | $103.83\times10^8$ | $160.20\times10^8$ |
| 23 | $52382.3\times10^4$ | $166733.7\times10^4$ | 3.183 | $261.53\times10^8$ | 1500.51 | $2668.0\times10^4$ | $107.76\times10^8$ | $153.76\times10^8$ |
| 24 | $53887.6\times10^4$ | $178448.4\times10^4$ | 3.311 | $256.32\times10^8$ | 1559.59 | $2776.4\times10^4$ | $112.13\times10^8$ | $144.19\times10^8$ |
| 25 | $55387.6\times10^4$ | $189191.8\times10^4$ | 3.416 | $252.87\times10^8$ | 1612.21 | $2880.1\times10^4$ | $116.18\times10^8$ | $136.69\times10^8$ |
| 26 | $56898.3\times10^4$ | $200772.6\times10^4$ | 3.529 | $248.04\times10^8$ | 1666.00 | $2988.0\times10^4$ | $120.36\times10^8$ | $127.68\times10^8$ |
| 27 | $58399.0\times10^4$ | $213100.3\times10^4$ | 3.649 | $241.73\times10^8$ | 1723.50 | $3098.9\times10^4$ | $124.74\times10^8$ | $116.99\times10^8$ |
| 28 | $59905.0\times10^4$ | $225481.1\times10^4$ | 3.764 | $235.32\times10^8$ | 1778.82 | $3210.2\times10^4$ | $129.05\times10^8$ | $106.26\times10^8$ |
| 29 | $61408.3\times10^4$ | $239089.1\times10^4$ | 3.893 | $226.48\times10^8$ | 1841.14 | $3327.2\times10^4$ | $133.72\times10^8$ | $92.76\times10^8$ |
| 30 | $62912.9\times10^4$ | $252822.6\times10^4$ | 4.019 | $217.49\times10^8$ | 1903.41 | $3444.8\times10^4$ | $138.41\times10^8$ | $79.08\times10^8$ |
| 31 | $64414.1\times10^4$ | $266938.4\times10^4$ | 4.144 | $207.75\times10^8$ | 1965.20 | $3563.9\times10^4$ | $143.11\times10^8$ | $64.64\times10^8$ |
| 32 | $65918.6\times10^4$ | $280479.4\times10^4$ | 4.255 | $199.16\times10^8$ | 2021.71 | $3680.5\times10^4$ | $147.60\times10^8$ | $51.56\times10^8$ |

① 包括：境界挖损土地总面积、排土场占地总面积、尾矿库占地总面积、地面设施的土地损毁总面积、表土场占地总面积；

② 包括：矿石开采、废石剥离和选矿的能耗与炸药消耗产生的温室气体排放量，以及土地生态系统损毁造成的 $CO_2$ 吸收的损失量，均以 $CO_2$ 当量计。

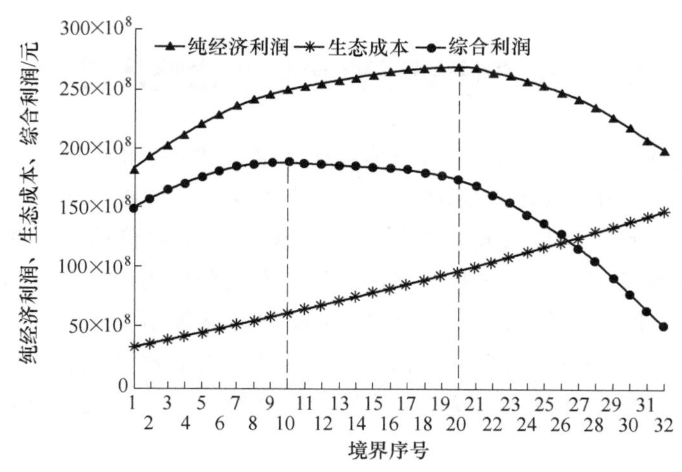


图 9-1 地质最优境界序列的纯经济和生态化评价结果

从图 9-1 可以看出：纯经济利润随境界的增大先是减速增加，达到峰值后加速下降；生态成本随境界的增大单调增加，由于境界平均剥采比随境界增大而升高，剥离能耗与排土场占地面积随之加速增加，所以生态成本的增加速率略高于线性速率；综合利润的变化趋势与纯经济利润类似，但增加速率更慢、下降速率更快。从表 9-2 和图 9-1 可知，不考虑生态成本进行纯经济优化的结果，是境界 20 的纯经济利润最大（269.16 亿元），该境界为纯经济最佳境界；考虑生态成本进行生态化优化的结果，是境界 10 的综合利润最大（188.27 亿元），该境界为生态化最佳境界。生态化最佳境界与纯经济最佳境界相比，发生了如下变化：

- 采出矿石量减少了 1.5 亿吨，降幅为 31.4%；
- 剥离废石量减少了 7.8 亿吨，降幅为 57.8%；
- 平均剥采比降低了 1.09，降幅为 38.4%；
- 纯经济利润降低了 19.79 亿元，降幅为 7.4%；
- 生态成本降低了 34.51 亿元，降幅为 36.1%；
- 综合利润提高了 14.73 亿元，升幅为 8.5%；
- 土地损毁总面积减少了 437hm$^2$，降幅为 32.7%；
- 温室气体排放总量减少了 905 万吨，降幅为 38.3%。

这一结果揭示了生态化优化的本质：是在给定的技术经济条件下，暂时放弃一部分资源的开采，牺牲部分纯经济利益，以换取更大的生态效益（即更大的生态成本减量）。在现有的技术经济条件下，被放弃的那部分资源在经济上是盈利能力低的“边际”资源，而在生态上是“高成本”资源，不开采这部分资源，既使大面积土地生态系统免受损毁、少排放大量温室气体，又为后代留下了宝贵的不可再生资源。生态化优化的这种结果与我国生态文明建设的保护优先思想高度契合，即不能以高昂的生态环境代价追求暂时的经济利益。

## 9.2　生产计划三要素生态化整体优化

第5章论述了生产计划三要素整体优化问题，建立了优化数学模型并提出了求解算法。5.4.5节的移动产能域算法（内嵌5.4.4节的枚举算法）具有适应性和实用性强的优点，所以实现生产计划三要素的生态化整体优化也采用这一算法，算法的逻辑步骤不变，只是每当构造出一条完整的可行计划路径 $L$ 时，需要计算路径上每年的生态成本和生态成本现值，从原算法中的纯经济净现值（$\mathrm{NPV}_L$）中减去生态成本现值，得出计划路径 $L$ 的综合净现值，以综合净现值最大为优化目标选出最佳计划。这里不再重复优化算法，只给出计划路径的生态成本及其现值计算模型。

### 9.2.1　生产计划的生态成本计算模型

设任意一条计划路径 $L$ 的开采寿命为 $n$ 年，令 $k(t)$ 表示路径 $L$ 上第 $t$ 年的开采体在地质最优开采体序列 $\{P^*\}_N$ 中的序号（$t \leqslant k(t) \leqslant N$；$t = 1, 2, \cdots, n$），换言之，按该路径开采，第 $t$ 年末的采场对应于序列 $\{P^*\}_N$ 中的开采体 $P_{k(t)}^*$，即第1年开采到 $P_{k(1)}^*$，第2年开采到 $P_{k(2)}^*$，依此类推；开采寿命末（$n$ 年末）必须开采到最终境界 $V$（即序列 $\{P^*\}_N$ 中的最后一个开采体 $P_N^*$），所以 $k(n) = N$。

为叙述方便，定义以下符号（本章前面已定义过的符号不再重复）：

$Q_i^* = \{P^*\}_N$ 中第 $i$ 个开采体 $P_i^*$ 的矿石量，$10^4\mathrm{t}$，$i = 1, 2, \cdots, N$；

$G_i^* = \{P^*\}_N$ 中第 $i$ 个开采体 $P_i^*$ 的矿石平均品位（即 $Q_i^*$ 的平均品位），$i = 1, 2, \cdots, N$；

$W_i^* = \{P^*\}_N$ 中第 $i$ 个开采体 $P_i^*$ 的废石量，$10^4\mathrm{t}$，$i = 1, 2, \cdots, N$；

$A_i^* = \{P^*\}_N$ 中第 $i$ 个开采体 $P_i^*$ 的地表面积，$\mathrm{hm}^2$，$i = 1, 2, \cdots, N$；

$q_t$ = 路径 $L$ 上第 $t$ 年的矿石产量（亦即选厂的入选矿量），$10^4\mathrm{t}$，$t = 1, 2, \cdots, n$；

$w_t$ = 路径 $L$ 上第 $t$ 年的废石剥离量，$10^4\mathrm{t}$，$t = 1, 2, \cdots, n$；

$d$ = 折现率。

在上述定义中，$Q_i^*$、$G_i^*$ 和 $W_i^*$ 均为考虑了矿石回采率和废石混入率后的数值，$Q_i^*$、$G_i^*$、$W_i^*$ 和 $A_i^*$ 均在地质最优开采体序列的产生过程中计算。

路径 $L$ 上第 $t$ 年的开采体为 $P_{k(t)}^*$，其矿石量为 $Q_{k(t)}^*$、矿石平均品位为 $G_{k(t)}^*$、废石量为 $W_{k(t)}^*$；路径 $L$ 上前一年（$t-1$）的开采体为 $P_{k(t-1)}^*$，其矿石量为 $Q_{k(t-1)}^*$、矿石平均品位为 $G_{k(t-1)}^*$、废石量为 $W_{k(t-1)}^*$。所以，路径 $L$ 上第 $t$ 年的矿

石产量为：

$$q_t = Q^*_{k(t)} - Q^*_{k(t-1)} \tag{9-18}$$

第 $t$ 年的废石剥离量为：

$$w_t = W^*_{k(t)} - W^*_{k(t-1)} \tag{9-19}$$

境界损毁土地的总面积 $A_M = A^*_N$，第 $t$ 年末采场累计损毁土地面积 $A_{M,t} = A^*_{k(t)}$。废石排弃总量 $W = W^*_N$，年 $t$（$t=0$，1，2…，$n$）的废石排弃量为 $w_t$，据此应用第 8 章的相关算式估算出排土场的占地总面积 $A_D$和第 $t$ 年末排土场累计损毁土地面积 $A_{D,t}$。入选矿石总量 $Q = Q^*_N$，其平均品位 $g_o = G^*_N$，据此应用第 8 章的相关算式估算出尾矿库的占地总面积 $A_T$和第 $t$ 年末尾矿库的累计占地面积 $A_{T,t}$。地面设施的占地总面积 $A_B$根据条件类似矿山的该项面积估计，并假设全部地面设施在基建期建成，之后保持不变，即 $A_{B,t} = A_B$。基于 $A_M$、$A_D$、$A_T$和 $A_B$，应用第 8 章的相关算式估算出表土场的占地总面积 $A_S$，并基于 $A_{M,t}$、$A_{D,t}$、$A_{T,t}$和 $A_{B,t}$，估算第 $t$ 年末表土场的累计占地面积 $A_{S,t}$。

用征地价格度量土地的生物质生产价值，且假设土地是随用随征。那么，第 $t$ 年的征地成本按当年新增土地损毁面积计算（基建期的土地损毁面积归入第 1 年）。第 $t$ 年的新增土地损毁面积 $\Delta A_t$为：

$$\Delta A_t = (A_{M,t} + A_{D,t} + A_{T,t} + A_{B,t} + A_{S,t}) - (A_{M,t-1} + A_{D,t-1} + A_{T,t-1} + A_{B,t-1} + A_{S,t-1}) \tag{9-20}$$

第 $t$ 年的征地成本 $C_{y,t}$（单位万元）为：

$$C_{y,t} = v_{yield}\,\Delta A_t / 10000 \tag{9-21}$$

假设第 $t$ 年占用的土地（面积为 $\Delta A_t$）在第 $t$ 年初征得，征地成本的现值 $PV_{C1}$（单位万元）为：

$$PV_{C1} = \sum_{t=1}^{n} \frac{C_{y,t}}{(1+d)^{t-1}} \tag{9-22}$$

土地生态系统的植物固碳、释氧、空气净化、土壤保持、水源涵养和养分循环价值的损失是持续性的。所以，第 $t$ 年的这 6 项生态成本总额 $C_{6,t}$，按第 $t$ 年末的累计损毁土地面积计算：

$$C_{6,t} = (v_{C_{plant}} + v_{O_2} + v_{air} + v_{soil} + v_{H_2O} + v_{neut})(A_{M,t} + A_{D,t} + A_{T,t} + A_{B,t} + A_{S,t}) \tag{9-23}$$

假设矿山所有被损毁的土地均在开采结束时开始复垦，复垦和养护时间为 $n_r$ 年，且每年的这些生态价值损失发生在年末。这些生态价值损失的现值 $PV_{C2}$（单位万元）为：

$$PV_{C2} = \frac{1}{10000}\sum_{t=1}^{n+n_r} \frac{C_{6,t}}{(1+d)^t} \tag{9-24}$$

对于土地生态系统的土壤固碳价值损失，如果假设被毁土壤碳库中碳的释放与土地的损毁发生在同一年，那么第 $t$ 年的该项生态成本 $C_{\mathrm{C},t}$ 按第 $t$ 年的新增土地损毁面积计算：

$$C_{\mathrm{C},t} = v_{\mathrm{C_{soil}}} \Delta A_t \tag{9-25}$$

假设每年损毁土地的土壤固碳价值损失发生在年末，土壤固碳价值损失的现值 $\mathrm{PV_{C3}}$（单位万元）为：

$$\mathrm{PV_{C3}} = \frac{1}{10000}\sum_{t=1}^{n}\frac{C_{\mathrm{C},t}}{(1+d)^t} \tag{9-26}$$

假设矿山所有被损毁的土地均在开采结束时开始复垦，那么复垦和养护成本的发生时间为 $(n+1) \sim (n+n_{\mathrm{r}})$ 年；进而假设复垦和养护总成本在 $n_{\mathrm{r}}$ 年间平均分配，且每年的成本发生在年末。复垦和养护成本的现值 $\mathrm{PV_{C4}}$（单位万元）为：

$$\mathrm{PV_{C4}} = \frac{1}{10000}\sum_{t=n+1}^{n+n_{\mathrm{r}}}\frac{c_{\mathrm{rec}}(A_{\mathrm{M}} + A_{\mathrm{D}} + A_{\mathrm{T}} + A_{\mathrm{B}} + A_{\mathrm{S}})}{n_{\mathrm{r}}(1+d)^t} \tag{9-27}$$

第 $t$ 年的温室气体排放生态成本基于当年的剥离量、采矿量以及单位剥离量、单位采矿量和单位选矿量的排放生态成本计算。假设每年的该项成本发生在年末，且忽略基建期和复垦养护期的温室气体排放。该项成本的现值 $\mathrm{PV_{C5}}$（单位万元）为：

$$\mathrm{PV_{C5}} = \sum_{t=1}^{n}\frac{q_t(c_{\mathrm{gm}} + c_{\mathrm{gp}}) + w_t c_{\mathrm{gw}}}{(1+d)^t} \tag{9-28}$$

综上，计划路径 $L$ 的生态成本现值总额 $\mathrm{PVEC}_L$ 为：

$$\mathrm{PVEC}_L = \mathrm{PV_{C1}} + \mathrm{PV_{C2}} + \mathrm{PV_{C3}} + \mathrm{PV_{C4}} + \mathrm{PV_{C5}} \tag{9-29}$$

计划路径 $L$ 的综合净现值等于其纯经济净现值 $\mathrm{NPV}_L$ 减去其生态成本现值总额 $\mathrm{PVEC}_L$。

### 9.2.2　案例应用与对比分析

案例矿山的生态化最佳境界已在 9.1.3 节求得，应用 5.4.5 节的移动产能域算法和上述生态成本计算模型，对这一境界的生产计划进行生态化优化，优化结果与生态化最佳境界一起构成该案例矿山的生态化最佳开采方案。优化中的相关技术经济参数设置同第 5 章 5.5.1 节，计算生态成本所需的相关参数值同表 9-1。对于任何一条计划路径，都假设：排土场基建初始容量等于容纳该计划前 5 年剥离量所需的容量；尾矿库和地面设施均在开采开始时已经建成；只设一个排土场、一个尾矿库和一个表土堆场；所有土地损毁单元均在开采结束后开始复垦，复垦与养护成本平摊到复垦与养护期的每一年。

优化结果如表 9-3 所示。表中，销售额、生产成本和生态成本是价格和成本上升与折现之前的数据；时间 0 的综合净现值是基建投资；基建期的生态成本计入了第 1 年，由于尾矿库、地面设施和容纳头 5 年剥离量的排土场均在基建期完成，损毁土地面积大，所以第 1 年的生态成本大大高于其他年份。最后一年的生态成本包括复垦与养护成本折现到该年末的值。可见，生态化最佳开采方案的矿石生产能力为 1350 万吨/a，开采寿命为 24 年多点；综合净现值为 68.1 亿元，纯经济净现值为 107.5 亿元（表中未列），生态成本现值为 39.4 亿元（等于前二者之差）。

第 4 章 4.6.3 节对该案例矿山的最终境界进行了纯经济优化，得出了纯经济最佳境界；第 5 章 5.5.1 节对该境界的生产计划进行了纯经济优化，得出了该境界的纯经济最佳生产计划（表 5-2），二者构成了案例矿山的纯经济最佳开采方案。为对比起见，以相同的参数设置和计算模型计算出纯经济最佳开采方案的相关生态指标，并把生态化最佳开采方案和纯经济最佳开采方案的主要指标及其生产计划并列于表 9-4。

**表 9-3 生态化最佳境界的生态化最佳生产计划**

| 时间 /a | 开采体序号 | 矿石产量 /t | 废石剥离量 /t | 精矿产量 /t | 精矿销售额 /元 | 生产成本 /元 | 生态成本 /元 | 综合净现值 /元 |
|---|---|---|---|---|---|---|---|---|
| 0 | | | | | | | | $-563600\times10^4$ |
| 1 | 9 | $1328.5\times10^4$ | $5622.9\times10^4$ | $485.1\times10^4$ | $363847.5\times10^4$ | $319081.8\times10^4$ | $138339.8\times10^4$ | $-87501.2\times10^4$ |
| 2 | 18 | $1354.8\times10^4$ | $1676.2\times10^4$ | $494.2\times10^4$ | $370658.5\times10^4$ | $252353.8\times10^4$ | $21973.7\times10^4$ | $90848.8\times10^4$ |
| 3 | 27 | $1358.4\times10^4$ | $2177.8\times10^4$ | $496.6\times10^4$ | $372477.4\times10^4$ | $261978.5\times10^4$ | $24052.3\times10^4$ | $79653.8\times10^4$ |
| 4 | 36 | $1357.9\times10^4$ | $2910.5\times10^4$ | $495.8\times10^4$ | $371880.1\times10^4$ | $275078.3\times10^4$ | $20951.4\times10^4$ | $68701.8\times10^4$ |
| 5 | 45 | $1354.7\times10^4$ | $3958.3\times10^4$ | $495.6\times10^4$ | $371689.0\times10^4$ | $293425.0\times10^4$ | $19536.9\times10^4$ | $53471.7\times10^4$ |
| 6 | 54 | $1356.6\times10^4$ | $3858.2\times10^4$ | $495.6\times10^4$ | $371736.6\times10^4$ | $291926.8\times10^4$ | $23578.4\times10^4$ | $50502.3\times10^4$ |
| 7 | 63 | $1356.4\times10^4$ | $4768.7\times10^4$ | $488.7\times10^4$ | $366537.3\times10^4$ | $308281.5\times10^4$ | $24292.4\times10^4$ | $33425.9\times10^4$ |
| 8 | 72 | $1356.6\times10^4$ | $4119.1\times10^4$ | $487.6\times10^4$ | $365719.5\times10^4$ | $296633.4\times10^4$ | $20667.3\times10^4$ | $42967.0\times10^4$ |
| 9 | 81 | $1353.8\times10^4$ | $3212.3\times10^4$ | $487.7\times10^4$ | $365810.5\times10^4$ | $279849.0\times10^4$ | $19676.7\times10^4$ | $53787.5\times10^4$ |
| 10 | 90 | $1357.5\times10^4$ | $2765.3\times10^4$ | $488.8\times10^4$ | $366614.3\times10^4$ | $272403.6\times10^4$ | $18121.4\times10^4$ | $58535.9\times10^4$ |
| 11 | 99 | $1353.1\times10^4$ | $2324.7\times10^4$ | $487.6\times10^4$ | $365712.2\times10^4$ | $263750.7\times10^4$ | $17381.3\times10^4$ | $61901.6\times10^4$ |
| 12 | 108 | $1356.8\times10^4$ | $1932.5\times10^4$ | $488.9\times10^4$ | $366706.5\times10^4$ | $257296.5\times10^4$ | $16565.7\times10^4$ | $64761.8\times10^4$ |
| 13 | 117 | $1357.0\times10^4$ | $1877.4\times10^4$ | $489.7\times10^4$ | $367272.3\times10^4$ | $256341.0\times10^4$ | $16989.4\times10^4$ | $63368.0\times10^4$ |
| 14 | 126 | $1355.0\times10^4$ | $1975.1\times10^4$ | $488.4\times10^4$ | $366326.2\times10^4$ | $257774.3\times10^4$ | $17080.8\times10^4$ | $60089.9\times10^4$ |
| 15 | 135 | $1356.3\times10^4$ | $2088.3\times10^4$ | $490.0\times10^4$ | $367529.8\times10^4$ | $260028.3\times10^4$ | $16858.9\times10^4$ | $57860.5\times10^4$ |
| 16 | 144 | $1355.3\times10^4$ | $1850.8\times10^4$ | $490.2\times10^4$ | $367648.6\times10^4$ | $255593.0\times10^4$ | $16780.6\times10^4$ | $58216.9\times10^4$ |

续表 9-3

| 时间 /a | 开采体序号 | 矿石产量 /t | 废石剥离量 /t | 精矿产量 /t | 精矿销售额 /元 | 生产成本 /元 | 生态成本 /元 | 综合净现值 /元 |
|---|---|---|---|---|---|---|---|---|
| 17 | 153 | 1357.2×10⁴ | 1663.9×10⁴ | 490.0×10⁴ | 367516.9×10⁴ | 252525.4×10⁴ | 15869.5×10⁴ | 58060.6×10⁴ |
| 18 | 162 | 1355.2×10⁴ | 1246.8×10⁴ | 488.3×10⁴ | 366210.5×10⁴ | 244697.0×10⁴ | 15613.5×10⁴ | 58988.1×10⁴ |
| 19 | 171 | 1353.2×10⁴ | 847.3×10⁴ | 487.2×10⁴ | 365416.4×10⁴ | 237183.1×10⁴ | 15131.2×10⁴ | 59891.4×10⁴ |
| 20 | 180 | 1357.1×10⁴ | 610.1×10⁴ | 488.5×10⁴ | 366357.8×10⁴ | 233544.7×10⁴ | 14994.1×10⁴ | 59695.9×10⁴ |
| 21 | 189 | 1354.1×10⁴ | 759.0×10⁴ | 488.9×10⁴ | 366701.7×10⁴ | 235740.0×10⁴ | 15985.2×10⁴ | 56604.4×10⁴ |
| 22 | 198 | 1354.8×10⁴ | 1886.2×10⁴ | 487.5×10⁴ | 365593.8×10⁴ | 256142.6×10⁴ | 24302.2×10⁴ | 44202.3×10⁴ |
| 23 | 207 | 1358.7×10⁴ | 1922.9×10⁴ | 490.3×10⁴ | 367709.1×10⁴ | 257442.6×10⁴ | 18598.3×10⁴ | 45052.9×10⁴ |
| 24 | 216 | 1357.8×10⁴ | 1026.2×10⁴ | 493.7×10⁴ | 370281.5×10⁴ | 241154.3×10⁴ | 15314.9×10⁴ | 50710.7×10⁴ |
| 25 | 218 | 302.2×10⁴ | 150.9×10⁴ | 109.7×10⁴ | 82266.4×10⁴ | 52274.6×10⁴ | 37463.5×10⁴ | 545.9×10⁴ |
| 合计 | | 32819.1×10⁴ | 57231.3×10⁴ | 11875.0×10⁴ | 8906220.5×10⁴ | 6412499.9×10⁴ | 606119.4×10⁴ | 680744.4×10⁴ |

生态化最佳开采方案与纯经济最佳开采方案相比，不仅最终境界有显著缩小，矿石生产能力也有显著降低（从 1800 万吨/a 降到 1350 万吨/a），这是境界缩小和生态成本共同作用的结果。一般而言，最佳生产能力随境界的缩小（即可采储量的减少）和成本的升高（生态成本的加入相当于增加了生产成本）呈降低趋势，这一结果再一次验证了优化模型和算法的正确性。

生态化最佳开采方案与纯经济最佳开采方案相比，生态成本现值降低了 34.5%（20.8 亿元），综合净现值提高了 128.5%（38.3 亿元），土地损毁总面积减少了 32.7%（437hm²），温室气体产生总量减少了 38.3%（905 万吨），可以说，生态化最佳开采方案的生态效益显著。

**表 9-4　生态化最佳开采方案与纯经济最佳开采方案对比**

| 纯经济最佳开采方案 | | | | 生态化最佳开采方案 | | |
|---|---|---|---|---|---|---|
| 纯经济净现值：900426.7 万元<br>综合净现值：297864.4 万元<br>生态成本现值：602562.3 万元<br>土地损毁总面积：1338.89hm²<br>温室气体产生总量：2361.8 万吨 | | | | 纯经济净现值：1075385.3 万元<br>综合净现值：680744.4 万元<br>生态成本现值：394640.9 万元<br>土地损毁总面积：901.58hm²<br>温室气体产生总量：1456.6 万吨 | | |
| 时间 /a | 矿石产量 /t | 废石剥离量 /t | 纯经济净现值 /元 | 矿石产量 /t | 废石剥离量 /t | 综合净现值 /元 |
| 0 | | | −744400.0×10⁴ | | | −563600×10⁴ |
| 1 | 1778.9×10⁴ | 12295.3×10⁴ | −26139.5×10⁴ | 1328.5×10⁴ | 5622.9×10⁴ | −87501.2×10⁴ |
| 2 | 1808.2×10⁴ | 4938.3×10⁴ | 102335.8×10⁴ | 1354.8×10⁴ | 1676.2×10⁴ | 90848.8×10⁴ |

续表 9-4

| 时间/a | 矿石产量/t | 废石剥离量/t | 纯经济净现值/元 | 矿石产量/t | 废石剥离量/t | 综合净现值/元 |
|---|---|---|---|---|---|---|
| 3 | $1807.8\times10^4$ | $5059.7\times10^4$ | $100955.9\times10^4$ | $1358.4\times10^4$ | $2177.8\times10^4$ | $79653.8\times10^4$ |
| 4 | $1810.2\times10^4$ | $6921.7\times10^4$ | $71498.0\times10^4$ | $1357.9\times10^4$ | $2910.5\times10^4$ | $68701.8\times10^4$ |
| 5 | $1808.1\times10^4$ | $8487.3\times10^4$ | $46551.6\times10^4$ | $1354.7\times10^4$ | $3958.3\times10^4$ | $53471.7\times10^4$ |
| 6 | $1808.9\times10^4$ | $10640.8\times10^4$ | $13409.2\times10^4$ | $1356.6\times10^4$ | $3858.2\times10^4$ | $50502.3\times10^4$ |
| 7 | $1810.5\times10^4$ | $12388.1\times10^4$ | $-10244.9\times10^4$ | $1356.4\times10^4$ | $4768.7\times10^4$ | $33425.9\times10^4$ |
| 8 | $1806.8\times10^4$ | $10791.2\times10^4$ | $10453.8\times10^4$ | $1356.6\times10^4$ | $4119.1\times10^4$ | $42967.0\times10^4$ |
| 9 | $1806.6\times10^4$ | $8003.7\times10^4$ | $45423.4\times10^4$ | $1353.8\times10^4$ | $3212.3\times10^4$ | $53787.5\times10^4$ |
| 10 | $1809.0\times10^4$ | $6495.6\times10^4$ | $61865.3\times10^4$ | $1357.5\times10^4$ | $2765.3\times10^4$ | $58535.9\times10^4$ |
| 11 | $1804.1\times10^4$ | $5377.5\times10^4$ | $71959.0\times10^4$ | $1353.1\times10^4$ | $2324.7\times10^4$ | $61901.6\times10^4$ |
| 12 | $1807.1\times10^4$ | $4865.3\times10^4$ | $75246.1\times10^4$ | $1356.8\times10^4$ | $1932.5\times10^4$ | $64761.8\times10^4$ |
| 13 | $1808.0\times10^4$ | $4499.7\times10^4$ | $76936.2\times10^4$ | $1357.0\times10^4$ | $1877.4\times10^4$ | $63368.0\times10^4$ |
| 14 | $1806.0\times10^4$ | $4234.6\times10^4$ | $77405.1\times10^4$ | $1355.0\times10^4$ | $1975.1\times10^4$ | $60089.9\times10^4$ |
| 15 | $1805.4\times10^4$ | $4121.4\times10^4$ | $76960.1\times10^4$ | $1356.3\times10^4$ | $2088.3\times10^4$ | $57860.5\times10^4$ |
| 16 | $1807.6\times10^4$ | $3914.5\times10^4$ | $75346.6\times10^4$ | $1355.3\times10^4$ | $1850.8\times10^4$ | $58216.9\times10^4$ |
| 17 | $1806.6\times10^4$ | $3470.2\times10^4$ | $76697.3\times10^4$ | $1357.2\times10^4$ | $1663.9\times10^4$ | $58060.6\times10^4$ |
| 18 | $1807.5\times10^4$ | $2870.9\times10^4$ | $78780.0\times10^4$ | $1355.2\times10^4$ | $1246.8\times10^4$ | $58988.1\times10^4$ |
| 19 | $1806.0\times10^4$ | $2427.8\times10^4$ | $79163.6\times10^4$ | $1353.2\times10^4$ | $847.3\times10^4$ | $59891.4\times10^4$ |
| 20 | $1809.6\times10^4$ | $2231.3\times10^4$ | $78140.9\times10^4$ | $1357.1\times10^4$ | $610.1\times10^4$ | $59695.9\times10^4$ |
| 21 | $1806.1\times10^4$ | $1883.8\times10^4$ | $77635.1\times10^4$ | $1354.1\times10^4$ | $759.0\times10^4$ | $56604.4\times10^4$ |
| 22 | $1807.2\times10^4$ | $1616.0\times10^4$ | $76442.4\times10^4$ | $1354.8\times10^4$ | $1886.2\times10^4$ | $44202.3\times10^4$ |
| 23 | $1808.1\times10^4$ | $1249.1\times10^4$ | $75694.1\times10^4$ | $1358.7\times10^4$ | $1922.9\times10^4$ | $45052.9\times10^4$ |
| 24 | $1806.4\times10^4$ | $1642.1\times10^4$ | $70434.1\times10^4$ | $1357.8\times10^4$ | $1026.2\times10^4$ | $50710.7\times10^4$ |
| 25 | $1807.8\times10^4$ | $3178.9\times10^4$ | $60598.1\times10^4$ | $302.2\times10^4$ | $150.9\times10^4$ | $545.9\times10^4$ |
| 26 | $1810.4\times10^4$ | $1553.7\times10^4$ | $67127.7\times10^4$ | | | |
| 27 | $904.1\times10^4$ | $489.3\times10^4$ | $34151.6\times10^4$ | | | |
| 合计 | $47873.1\times10^4$ | $135647.9\times10^4$ | $900426.7\times10^4$ | $32819.1\times10^4$ | $57231.3\times10^4$ | $680744.4\times10^4$ |

生态化优化取得的显著生态效益，并没有牺牲经济效益。从表 9-4 的第一行数据可知，生态化最佳开采方案的纯经济净现值比纯经济最佳开采方案还高。这是由于境界和生产计划是分步优化的，即先以总利润最大优化境界，然后对所得境界以净现值最大优化生产计划，而净现值最大的境界都小于（最多

等于）总利润最大的境界是数学上已证明的一般规律。本案例的生态化最佳境界比纯经济最佳境界小，其纯经济总利润比后者小（见表 9-2），但其纯经济净现值比后者大。这一结果验证了上述规律，同时也验证了优化模型和算法的正确性。

## 9.3　开采方案四要素生态化整体优化

第 6 章论述了在不考虑生态成本的条件下开采方案四要素的整体优化原理和算法，为区别起见，称之为纯经济整体优化，其优化结果称为纯经济整体最佳开采方案。开采方案四要素生态化整体优化（简称为生态化整体优化），在原理和算法上与纯经济整体优化相同，只是在对每一地质最优境界优化其生产计划时，需要应用 9. 2. 1 节所述的计算模型计算所有可行计划每年的生态成本和生态成本现值，并以综合净现值（纯经济净现值减去生态成本现值）最大为目标找出最佳计划。这里对优化模型和算法不再重复，只是给出对案例矿山的生态化整体优化结果，并分别与纯经济整体优化结果和生态化分步优化结果作对比。为表述方便，称生态化整体优化结果为生态化整体最佳开采方案。

### 9. 3. 1　生态化整体优化结果

案例矿山及其优化中用到的所有参数的设置与前两节相同。从生态化整体优化结果中整理出地质最优境界序列中全部 32 个境界方案的主要指标，与纯经济优化结果的相应指标（见第 6 章表 6-1）一起，列于表 9-5。由于在优化中，相邻地质最优开采体之间的矿石量增量设置为 150 万吨，所以表 9-5 中的矿石生产能力按 50 万吨取整。

可见，与纯经济优化结果相比，由于生态成本的作用，生态化优化得出的所有境界的最佳生产能力都降低了；对于境界 25 之后的那些大境界，综合净现值变为负值，也就是说，考虑了生态成本后，这些境界的投资收益率达不到折现率（7%）。

境界 7 的综合净现值最大，所以境界 7 及其最佳生产计划构成了案例矿山的生态化整体最佳开采方案，其生产计划如表 9-6 所示。表 9-6 中，销售额、生产成本和生态成本是价格和成本上升与折现之前的数据；时间 0 的综合净现值是基建投资；基建期的生态成本均计入了第 1 年；最后一年的生态成本包括复垦与养护成本折现到该年末的值。可见，生态化整体最佳开采方案的矿石生产能力为 1200 万吨/a，开采寿命为 23 年半；综合净现值为 73. 7 亿元，纯经济净现值为 106. 9 亿元（表中未列），生态成本现值为 33. 1 亿元（等于前二者之差）。

**表 9-5 各境界方案优化结果主要指标汇总**

| 境界序号 | 矿石量/t | 废石量/t | 纯经济优化 | | 生态化优化 | |
|---|---|---|---|---|---|---|
| | | | 最佳矿石生产能力/t·a$^{-1}$ | 纯经济净现值/元 | 最佳矿石生产能力/t·a$^{-1}$ | 综合净现值/元 |
| 1 | 19269.7×10$^4$ | 14530.1×10$^4$ | 1050×10$^4$ | 87.6×10$^8$ | 900×10$^4$ | 65.2×10$^8$ |
| 2 | 20774.1×10$^4$ | 17437.4×10$^4$ | 1050×10$^4$ | 92.4×10$^8$ | 900×10$^4$ | 68.2×10$^8$ |
| 3 | 22282.7×10$^4$ | 20910.2×10$^4$ | 1050×10$^4$ | 95.9×10$^8$ | 1050×10$^4$ | 70.1×10$^8$ |
| 4 | 23787.2×10$^4$ | 24721.1×10$^4$ | 1200×10$^4$ | 99.2×10$^8$ | 1050×10$^4$ | 71.5×10$^8$ |
| 5 | 25295.4×10$^4$ | 28777.5×10$^4$ | 1200×10$^4$ | 102.2×10$^8$ | 1050×10$^4$ | 72.4×10$^8$ |
| 6 | 26798.7×10$^4$ | 33425.4×10$^4$ | 1350×10$^4$ | 105.2×10$^8$ | 1200×10$^4$ | 73.6×10$^8$ |
| 7 | 28301.5×10$^4$ | 38250.4×10$^4$ | 1350×10$^4$ | 107.5×10$^8$ | 1200×10$^4$ | 73.7×10$^8$ |
| 8 | 29804.3×10$^4$ | 44215.0×10$^4$ | 1350×10$^4$ | 108.3×10$^8$ | 1200×10$^4$ | 72.6×10$^8$ |
| 9 | 31304.9×10$^4$ | 50605.0×10$^4$ | 1500×10$^4$ | 108.3×10$^8$ | 1200×10$^4$ | 70.4×10$^8$ |
| 10 | 32819.1×10$^4$ | 57231.3×10$^4$ | 1500×10$^4$ | 108.0×10$^8$ | 1350×10$^4$ | 68.1×10$^8$ |
| 11 | 34324.3×10$^4$ | 64959.6×10$^4$ | 1500×10$^4$ | 105.9×10$^8$ | 1350×10$^4$ | 63.9×10$^8$ |
| 12 | 35832.8×10$^4$ | 72601.4×10$^4$ | 1650×10$^4$ | 103.3×10$^8$ | 1350×10$^4$ | 59.3×10$^8$ |
| 13 | 37346.7×10$^4$ | 80192.4×10$^4$ | 1650×10$^4$ | 101.6×10$^8$ | 1350×10$^4$ | 55.6×10$^8$ |
| 14 | 38854.1×10$^4$ | 87677.2×10$^4$ | 1650×10$^4$ | 100.1×10$^8$ | 1350×10$^4$ | 52.1×10$^8$ |
| 15 | 40356.8×10$^4$ | 95481.7×10$^4$ | 1650×10$^4$ | 107.6×10$^8$ | 1350×10$^4$ | 60.1×10$^8$ |
| 16 | 41859.8×10$^4$ | 102770.2×10$^4$ | 1650×10$^4$ | 109.0×10$^8$ | 1350×10$^4$ | 60.2×10$^8$ |
| 17 | 43365.0×10$^4$ | 110699.5×10$^4$ | 1800×10$^4$ | 95.7×10$^8$ | 1500×10$^4$ | 42.1×10$^8$ |
| 18 | 44866.1×10$^4$ | 118810.0×10$^4$ | 1800×10$^4$ | 94.3×10$^8$ | 1500×10$^4$ | 39.0×10$^8$ |
| 19 | 46368.4×10$^4$ | 127317.5×10$^4$ | 1800×10$^4$ | 92.0×10$^8$ | 1500×10$^4$ | 34.8×10$^8$ |
| 20 | 47873.1×10$^4$ | 135647.9×10$^4$ | 1800×10$^4$ | 90.0×10$^8$ | 1500×10$^4$ | 31.1×10$^8$ |
| 21 | 49374.1×10$^4$ | 145322.8×10$^4$ | 1950×10$^4$ | 85.7×10$^8$ | 1500×10$^4$ | 24.8×10$^8$ |
| 22 | 50875.4×10$^4$ | 156393.5×10$^4$ | 1950×10$^4$ | 80.5×10$^8$ | 1500×10$^4$ | 17.4×10$^4$ |
| 23 | 52382.3×10$^4$ | 166733.7×10$^4$ | 1950×10$^4$ | 76.5×10$^8$ | 1500×10$^4$ | 12.6×10$^8$ |
| 24 | 53887.6×10$^4$ | 178448.4×10$^4$ | 1950×10$^4$ | 71.5×10$^8$ | 1500×10$^4$ | 6.2×10$^8$ |
| 25 | 55387.6×10$^4$ | 189191.8×10$^4$ | 1950×10$^4$ | 67.4×10$^8$ | 1500×10$^4$ | 0.5×10$^8$ |
| 26 | 56898.3×10$^4$ | 200772.6×10$^4$ | 1950×10$^4$ | 63.2×10$^8$ | 1350×10$^4$ | −4.9×10$^8$ |
| 27 | 58399.0×10$^4$ | 213100.3×10$^4$ | 1800×10$^4$ | 58.8×10$^8$ | 1350×10$^4$ | −11.4×10$^8$ |
| 28 | 59905.0×10$^4$ | 225481.1×10$^4$ | 1950×10$^4$ | 54.8×10$^8$ | 1350×10$^4$ | −14.7×10$^8$ |
| 29 | 61408.3×10$^4$ | 239089.1×10$^4$ | 1800×10$^4$ | 49.3×10$^8$ | 1200×10$^4$ | −20.6×10$^8$ |
| 30 | 62912.9×10$^4$ | 252822.6×10$^4$ | 1800×10$^4$ | 45.9×10$^8$ | 1050×10$^4$ | −24.0×10$^8$ |
| 31 | 64414.1×10$^4$ | 266938.4×10$^4$ | 1800×10$^4$ | 41.3×10$^8$ | 1050×10$^4$ | −28.2×10$^8$ |
| 32 | 65918.6×10$^4$ | 280479.4×10$^4$ | 1650×10$^4$ | 36.2×10$^8$ | 900×10$^4$ | −32.9×10$^8$ |

表 9-6 生态化整体最佳开采方案的生产计划

| 时间 /a | 开采体序号 | 矿石产量 /t | 废石剥离量 /t | 精矿产量 /t | 精矿销售额 /元 | 生产成本 /元 | 生态成本 /元 | 综合净现值/元 |
|---|---|---|---|---|---|---|---|---|
| 0 | | | | | | | | $-503200\times10^4$ |
| 1 | 8 | $1182.3\times10^4$ | $3630.6\times10^4$ | $435.9\times10^4$ | $326907.0\times10^4$ | $259250.4\times10^4$ | $119316.5\times10^4$ | $-47718.3\times10^4$ |
| 2 | 16 | $1206.2\times10^4$ | $1121.4\times10^4$ | $437.9\times10^4$ | $328400.1\times10^4$ | $218004.4\times10^4$ | $19309.8\times10^4$ | $85705.1\times10^4$ |
| 3 | 24 | $1205.8\times10^4$ | $1664.3\times10^4$ | $441.3\times10^4$ | $330938.2\times10^4$ | $227709.6\times10^4$ | $20820.7\times10^4$ | $75623.4\times10^4$ |
| 4 | 32 | $1203.8\times10^4$ | $2249.1\times10^4$ | $437.8\times10^4$ | $328374.7\times10^4$ | $237912.9\times10^4$ | $17102.1\times10^4$ | $65935.4\times10^4$ |
| 5 | 40 | $1202.4\times10^4$ | $2805.1\times10^4$ | $440.8\times10^4$ | $330622.2\times10^4$ | $247687.3\times10^4$ | $14798.1\times10^4$ | $60078.8\times10^4$ |
| 6 | 48 | $1206.9\times10^4$ | $2163.5\times10^4$ | $440.8\times10^4$ | $330573.4\times10^4$ | $236873.7\times10^4$ | $17798.5\times10^4$ | $64343.0\times10^4$ |
| 7 | 56 | $1206.5\times10^4$ | $2737.0\times10^4$ | $434.8\times10^4$ | $326082.0\times10^4$ | $247130.3\times10^4$ | $18146.3\times10^4$ | $51619.5\times10^4$ |
| 8 | 64 | $1202.9\times10^4$ | $2295.1\times10^4$ | $431.3\times10^4$ | $323456.8\times10^4$ | $238588.3\times10^4$ | $16071.1\times10^4$ | $55713.8\times10^4$ |
| 9 | 72 | $1204.2\times10^4$ | $1912.4\times10^4$ | $433.7\times10^4$ | $325292.1\times10^4$ | $231913.7\times10^4$ | $15878.8\times10^4$ | $59892.7\times10^4$ |
| 10 | 80 | $1205.5\times10^4$ | $1711.9\times10^4$ | $434.3\times10^4$ | $325693.4\times10^4$ | $228524.6\times10^4$ | $14991.8\times10^4$ | $61037.4\times10^4$ |
| 11 | 88 | $1204.1\times10^4$ | $1659.8\times10^4$ | $435.2\times10^4$ | $326418.3\times10^4$ | $227348.2\times10^4$ | $15005.8\times10^4$ | $60314.1\times10^4$ |
| 12 | 96 | $1205.1\times10^4$ | $1643.2\times10^4$ | $434.4\times10^4$ | $325815.6\times10^4$ | $227213.3\times10^4$ | $14587.4\times10^4$ | $58398.3\times10^4$ |
| 13 | 104 | $1205.9\times10^4$ | $1503.6\times10^4$ | $434.1\times10^4$ | $325590.2\times10^4$ | $224828.9\times10^4$ | $14470.5\times10^4$ | $57792.2\times10^4$ |
| 14 | 112 | $1206.2\times10^4$ | $1338.0\times10^4$ | $435.3\times10^4$ | $326470.0\times10^4$ | $221893.2\times10^4$ | $14235.6\times10^4$ | $58066.6\times10^4$ |
| 15 | 120 | $1204.7\times10^4$ | $1162.9\times10^4$ | $436.2\times10^4$ | $327155.2\times10^4$ | $218504.7\times10^4$ | $14275.3\times10^4$ | $58182.4\times10^4$ |
| 16 | 128 | $1206.8\times10^4$ | $1069.2\times10^4$ | $436.3\times10^4$ | $327202.5\times10^4$ | $217156.6\times10^4$ | $14308.0\times10^4$ | $56901.5\times10^4$ |
| 17 | 136 | $1206.2\times10^4$ | $959.0\times10^4$ | $436.2\times10^4$ | $327170.6\times10^4$ | $215084.7\times10^4$ | $14518.8\times10^4$ | $55821.1\times10^4$ |
| 18 | 144 | $1202.9\times10^4$ | $759.4\times10^4$ | $433.8\times10^4$ | $325342.5\times10^4$ | $210941.8\times10^4$ | $14206.9\times10^4$ | $54987.9\times10^4$ |
| 19 | 152 | $1207.1\times10^4$ | $578.4\times10^4$ | $434.1\times10^4$ | $325601.7\times10^4$ | $208378.4\times10^4$ | $13914.4\times10^4$ | $54384.9\times10^4$ |
| 20 | 160 | $1203.8\times10^4$ | $1171.6\times10^4$ | $431.6\times10^4$ | $323709.6\times10^4$ | $218514.5\times10^4$ | $18674.5\times10^4$ | $45994.8\times10^4$ |
| 21 | 168 | $1204.8\times10^4$ | $1776.6\times10^4$ | $435.3\times10^4$ | $326475.7\times10^4$ | $229568.0\times10^4$ | $21374.3\times10^4$ | $40573.7\times10^4$ |
| 22 | 176 | $1205.8\times10^4$ | $1476.2\times10^4$ | $432.5\times10^4$ | $324368.6\times10^4$ | $224319.5\times10^4$ | $14972.7\times10^4$ | $42543.0\times10^4$ |
| 23 | 184 | $1208.3\times10^4$ | $532.9\times10^4$ | $441.9\times10^4$ | $331455.8\times10^4$ | $207745.7\times10^4$ | $12301.1\times10^4$ | $50184.0\times10^4$ |
| 24 | 188 | $603.3\times10^4$ | $329.1\times10^4$ | $220.2\times10^4$ | $165187.1\times10^4$ | $104858.8\times10^4$ | $34953.2\times10^4$ | $14300.2\times10^4$ |
| 合计 | | $28301.5\times10^4$ | $38250.4\times10^4$ | $10245.7\times10^4$ | $7684303.3\times10^4$ | $5329951.5\times10^4$ | $506032.2\times10^4$ | $737475.6\times10^4$ |

## 9.3.2 生态化整体优化与分步优化对比

本章 9.1 节和 9.2 节分别对案例矿山的境界和生产计划进行了生态化优化，这种优化是分步优化，即先以综合利润最大为优化目标求得生态化最佳境界；而后以综合净现值最大为优化目标，对生态化最佳境界的生产计划进行生态化优化，得出该境界的生态化最佳生产计划。为区别起见，把分步优化得到的开采方案称为生态化分步最佳开采方案。表 9-7 是生态化整体最佳开采方案与生态化分步最佳开采方案的主要指标对比。

从表 9-7 可知，整体优化比分步优化有明显的优势。生态化整体最佳开采方案与生态化分步最佳开采方案相比：综合净现值升高了 8.3%（5.7 亿元），生态成本现值降低了 16.0%（6.3 亿元），土地损毁总面积减少了 15.1%（136hm²），温室气体产生总量减少了 17.2%（251 万吨）。可见，整体优化的生态效益和综合效益比分步优化均有明显增加；纯经济效益有微小下降，纯经济净现值微幅下降了 0.6%（0.6 亿元）。

**表 9-7　生态化整体最佳开采方案与生态化分步最佳开采方案对比**

| 生态化整体最佳开采方案 | | | | 生态化分步最佳开采方案 | | |
|---|---|---|---|---|---|---|
| 纯经济净现值：1068936.0 万元<br>综合净现值：737475.6 万元<br>生态成本现值：331460.4 万元<br>土地损毁总面积：765.32hm²<br>温室气体产生总量：1205.4 万吨 | | | | 纯经济净现值：1075385.3 万元<br>综合净现值：680744.4 万元<br>生态成本现值：394640.9 万元<br>土地损毁总面积：901.58hm²<br>温室气体产生总量：1456.6 万吨 | | |
| 时间 /a | 矿石产量 /t | 废石剥离量 /t | 综合净现值 /元 | 矿石产量 /t | 废石剥离量 /t | 综合净现值 /元 |
| 0 | | | $-503200\times10^4$ | | | $-563600\times10^4$ |
| 1 | $1182.3\times10^4$ | $3630.6\times10^4$ | $-47718.3\times10^4$ | $1328.5\times10^4$ | $5622.9\times10^4$ | $-87501.2\times10^4$ |
| 2 | $1206.2\times10^4$ | $1121.4\times10^4$ | $85705.1\times10^4$ | $1354.8\times10^4$ | $1676.2\times10^4$ | $90848.8\times10^4$ |
| 3 | $1205.8\times10^4$ | $1664.3\times10^4$ | $75623.4\times10^4$ | $1358.4\times10^4$ | $2177.8\times10^4$ | $79653.8\times10^4$ |
| 4 | $1203.8\times10^4$ | $2249.1\times10^4$ | $65935.4\times10^4$ | $1357.9\times10^4$ | $2910.5\times10^4$ | $68701.8\times10^4$ |
| 5 | $1202.4\times10^4$ | $2805.1\times10^4$ | $60078.8\times10^4$ | $1354.7\times10^4$ | $3958.3\times10^4$ | $53471.7\times10^4$ |
| 6 | $1206.9\times10^4$ | $2163.5\times10^4$ | $64343.0\times10^4$ | $1356.6\times10^4$ | $3858.2\times10^4$ | $50502.3\times10^4$ |
| 7 | $1206.5\times10^4$ | $2737.0\times10^4$ | $51619.5\times10^4$ | $1356.4\times10^4$ | $4768.7\times10^4$ | $33425.9\times10^4$ |
| 8 | $1202.9\times10^4$ | $2295.1\times10^4$ | $55713.8\times10^4$ | $1356.6\times10^4$ | $4119.1\times10^4$ | $42967.0\times10^4$ |
| 9 | $1204.2\times10^4$ | $1912.4\times10^4$ | $59892.7\times10^4$ | $1353.8\times10^4$ | $3212.3\times10^4$ | $53787.5\times10^4$ |
| 10 | $1205.5\times10^4$ | $1711.9\times10^4$ | $61037.4\times10^4$ | $1357.5\times10^4$ | $2765.3\times10^4$ | $58535.9\times10^4$ |
| 11 | $1204.1\times10^4$ | $1659.8\times10^4$ | $60314.1\times10^4$ | $1353.1\times10^4$ | $2324.7\times10^4$ | $61901.6\times10^4$ |
| 12 | $1205.1\times10^4$ | $1643.2\times10^4$ | $58398.3\times10^4$ | $1356.8\times10^4$ | $1932.5\times10^4$ | $64761.8\times10^4$ |
| 13 | $1205.9\times10^4$ | $1503.6\times10^4$ | $57792.2\times10^4$ | $1357.0\times10^4$ | $1877.4\times10^4$ | $63368.0\times10^4$ |
| 14 | $1206.2\times10^4$ | $1338.0\times10^4$ | $58066.6\times10^4$ | $1355.0\times10^4$ | $1975.1\times10^4$ | $60089.9\times10^4$ |

续表 9-7

| 时间 /a | 矿石产量 /t | 废石剥离量 /t | 综合净现值 /元 | 矿石产量 /t | 废石剥离量 /t | 综合净现值 /元 |
|---|---|---|---|---|---|---|
| 15 | $1204.7\times10^4$ | $1162.9\times10^4$ | $58182.4\times10^4$ | $1356.3\times10^4$ | $2088.3\times10^4$ | $57860.5\times10^4$ |
| 16 | $1206.8\times10^4$ | $1069.2\times10^4$ | $56901.5\times10^4$ | $1355.3\times10^4$ | $1850.8\times10^4$ | $58216.9\times10^4$ |
| 17 | $1206.2\times10^4$ | $959.0\times10^4$ | $55821.1\times10^4$ | $1357.2\times10^4$ | $1663.9\times10^4$ | $58060.6\times10^4$ |
| 18 | $1202.9\times10^4$ | $759.4\times10^4$ | $54987.9\times10^4$ | $1355.2\times10^4$ | $1246.8\times10^4$ | $58988.1\times10^4$ |
| 19 | $1207.1\times10^4$ | $578.4\times10^4$ | $54384.9\times10^4$ | $1353.2\times10^4$ | $847.3\times10^4$ | $59891.4\times10^4$ |
| 20 | $1203.8\times10^4$ | $1171.6\times10^4$ | $45994.8\times10^4$ | $1357.1\times10^4$ | $610.1\times10^4$ | $59695.9\times10^4$ |
| 21 | $1204.8\times10^4$ | $1776.6\times10^4$ | $40573.7\times10^4$ | $1354.1\times10^4$ | $759.0\times10^4$ | $56604.4\times10^4$ |
| 22 | $1205.8\times10^4$ | $1476.2\times10^4$ | $42543.0\times10^4$ | $1354.8\times10^4$ | $1886.2\times10^4$ | $44202.3\times10^4$ |
| 23 | $1208.3\times10^4$ | $532.9\times10^4$ | $50184.0\times10^4$ | $1358.7\times10^4$ | $1922.9\times10^4$ | $45052.9\times10^4$ |
| 24 | $603.3\times10^4$ | $329.1\times10^4$ | $14300.2\times10^4$ | $1357.8\times10^4$ | $1026.2\times10^4$ | $50710.7\times10^4$ |
| 25 | | | | $302.2\times10^4$ | $150.9\times10^4$ | $545.9\times10^4$ |
| 合计 | $28301.5\times10^4$ | $38250.4\times10^4$ | $737475.6\times10^4$ | $32819.1\times10^4$ | $57231.3\times10^4$ | $680744.4\times10^4$ |

生态化整体最佳方案的生产规模比生态化分步最佳方案有所缩小，境界矿石量缩小了约4500万吨（降幅13.8%），年矿石生产能力降低了150万吨（降幅11.1%）。这一结果符合“总利润最大的境界是总净现值最大的境界的上限”这一规律，再一次验证了优化模型和算法的正确性。

### 9.3.3　生态化整体优化与纯经济整体优化对比

第6章6.3.1节对案例矿山进行了纯经济整体优化，得出了纯经济整体最佳开采方案。为对比起见，以相同的参数设置和计算模型计算出这一方案的相关生态指标，与生态化整体最佳开采方案的主要指标及其生产计划并列于表9-8。

**表9-8　生态化整体最佳开采方案与纯经济整体最佳开采方案对比**

| 生态化整体最佳开采方案 | | | | 纯经济整体最佳开采方案 | | |
|---|---|---|---|---|---|---|
| 纯经济净现值：1068936.0万元<br>综合净现值：737475.6万元<br>生态成本现值：331460.4万元<br>土地损毁总面积：765.32hm$^2$<br>温室气体产生总量：1205.4万吨 | | | | 纯经济净现值：1089641.9万元<br>综合净现值：584335.7万元<br>生态成本现值：505306.2万元<br>土地损毁总面积：1156.22hm$^2$<br>温室气体产生总量：1992.9万吨 | | |
| 时间 /a | 矿石产量 /t | 废石剥离量 /t | 综合净现值 /元 | 矿石产量 /t | 废石剥离量 /t | 纯经济净现值 /元 |
| 0 | | | $-503200\times10^4$ | | | $-684000\times10^4$ |

续表 9-8

| 时间/a | 矿石产量/t | 废石剥离量/t | 综合净现值/元 | 矿石产量/t | 废石剥离量/t | 纯经济净现值/元 |
|---|---|---|---|---|---|---|
| 1 | $1182.3\times10^4$ | $3630.6\times10^4$ | $-47718.3\times10^4$ | $1640.0\times10^4$ | $7000.6\times10^4$ | $47776.4\times10^4$ |
| 2 | $1206.2\times10^4$ | $1121.4\times10^4$ | $85705.1\times10^4$ | $1655.7\times10^4$ | $3441.4\times10^4$ | $112472.3\times10^4$ |
| 3 | $1205.8\times10^4$ | $1664.3\times10^4$ | $75623.4\times10^4$ | $1657.8\times10^4$ | $3258.1\times10^4$ | $111764.2\times10^4$ |
| 4 | $1203.8\times10^4$ | $2249.1\times10^4$ | $65935.4\times10^4$ | $1657.6\times10^4$ | $3857.8\times10^4$ | $100708.8\times10^4$ |
| 5 | $1202.4\times10^4$ | $2805.1\times10^4$ | $60078.8\times10^4$ | $1657.7\times10^4$ | $4467.9\times10^4$ | $88426.9\times10^4$ |
| 6 | $1206.9\times10^4$ | $2163.5\times10^4$ | $64343.0\times10^4$ | $1659.3\times10^4$ | $4752.8\times10^4$ | $80460.2\times10^4$ |
| 7 | $1206.5\times10^4$ | $2737.0\times10^4$ | $51619.5\times10^4$ | $1656.8\times10^4$ | $5024.1\times10^4$ | $72907.3\times10^4$ |
| 8 | $1202.9\times10^4$ | $2295.1\times10^4$ | $55713.8\times10^4$ | $1656.3\times10^4$ | $5012.1\times10^4$ | $71109.2\times10^4$ |
| 9 | $1204.2\times10^4$ | $1912.4\times10^4$ | $59892.7\times10^4$ | $1660.0\times10^4$ | $5138.1\times10^4$ | $67972.4\times10^4$ |
| 10 | $1205.5\times10^4$ | $1711.9\times10^4$ | $61037.4\times10^4$ | $1656.2\times10^4$ | $5120.7\times10^4$ | $66220.4\times10^4$ |
| 11 | $1204.1\times10^4$ | $1659.8\times10^4$ | $60314.1\times10^4$ | $1658.5\times10^4$ | $5144.5\times10^4$ | $64840.8\times10^4$ |
| 12 | $1205.1\times10^4$ | $1643.2\times10^4$ | $58398.3\times10^4$ | $1656.6\times10^4$ | $5151.4\times10^4$ | $62864.6\times10^4$ |
| 13 | $1205.9\times10^4$ | $1503.6\times10^4$ | $57792.2\times10^4$ | $1657.8\times10^4$ | $5056.7\times10^4$ | $62473.5\times10^4$ |
| 14 | $1206.2\times10^4$ | $1338.0\times10^4$ | $58066.6\times10^4$ | $1657.0\times10^4$ | $5069.0\times10^4$ | $60639.9\times10^4$ |
| 15 | $1204.7\times10^4$ | $1162.9\times10^4$ | $58182.4\times10^4$ | $1655.8\times10^4$ | $5551.4\times10^4$ | $55093.3\times10^4$ |
| 16 | $1206.8\times10^4$ | $1069.2\times10^4$ | $56901.5\times10^4$ | $1658.1\times10^4$ | $5442.5\times10^4$ | $54074.4\times10^4$ |
| 17 | $1206.2\times10^4$ | $959.0\times10^4$ | $55821.1\times10^4$ | $1658.9\times10^4$ | $4951.6\times10^4$ | $56170.2\times10^4$ |
| 18 | $1202.9\times10^4$ | $759.4\times10^4$ | $54987.9\times10^4$ | $1656.4\times10^4$ | $4886.2\times10^4$ | $54139.5\times10^4$ |
| 19 | $1207.1\times10^4$ | $578.4\times10^4$ | $54384.9\times10^4$ | $1653.4\times10^4$ | $3940.9\times10^4$ | $59882.0\times10^4$ |
| 20 | $1203.8\times10^4$ | $1171.6\times10^4$ | $45994.8\times10^4$ | $1654.9\times10^4$ | $2632.7\times10^4$ | $67134.6\times10^4$ |
| 21 | $1204.8\times10^4$ | $1776.6\times10^4$ | $40573.7\times10^4$ | $1657.9\times10^4$ | $1317.6\times10^4$ | $73318.5\times10^4$ |
| 22 | $1205.8\times10^4$ | $1476.2\times10^4$ | $42543.0\times10^4$ | $1655.2\times10^4$ | $753.1\times10^4$ | $75241.7\times10^4$ |
| 23 | $1208.3\times10^4$ | $532.9\times10^4$ | $50184.0\times10^4$ | $1657.2\times10^4$ | $2230.7\times10^4$ | $62906.9\times10^4$ |
| 24 | $603.3\times10^4$ | $329.1\times10^4$ | $14300.2\times10^4$ | $1656.5\times10^4$ | $2238.7\times10^4$ | $60809.1\times10^4$ |
| 25 | | | | $1655.1\times10^4$ | $938.8\times10^4$ | $67002.0\times10^4$ |
| 26 | | | | $453.0\times10^4$ | $390.8\times10^4$ | $17232.7\times10^4$ |
| 合计 | $28301.5\times10^4$ | $38250.4\times10^4$ | $737475.6\times10^4$ | $41859.8\times10^4$ | $102770.2\times10^4$ | $1089641.9\times10^4$ |

从表 9-8 可知，生态化整体最佳开采方案与纯经济整体最佳开采方案相比：综合净现值升高了 26.2%（15.3 亿元），生态成本现值降低了 34.4%（17.4 亿元），土地损毁总面积减少了 33.8%（391$hm^2$），温室气体产生总量减少了

39.5%（787万吨），可见，生态化整体优化的生态效益和综合效益比纯经济整体优化均有显著增加；而纯经济净现值只微幅下降了1.9%（2.1亿元）。所以，微小的经济利益牺牲换取了显著的生态效益增加（生态成本与生态冲击减量）。

生态化整体最佳开采方案的生产规模比纯经济整体最佳开采方案显著缩小，境界矿石量缩小了1.356亿吨（降幅32.4%），年矿石生产能力降低了450万吨（降幅27.3%）。

结果再次表明，生态化优化的本质是在现有技术经济条件下放弃开采那部分低经济收益、高生态成本资源，从而既使大面积土地生态系统免受损毁、少排放大量温室气体，又为后代留下了宝贵的不可再生资源。

无论是整体优化还是分步优化，生态化优化结果与纯经济优化结果相比，二者之间的差异大小取决于相关参数的取值。一般规律是：所优化矿山的矿产品的市场越看好（如现时价格高、预测的未来价格增长率高），在其他条件基本不变的条件下，二者之间的差异越小，反之差异越大；生态成本越高（如矿区土地生态系统的生态价值高、排土场和尾矿库的堆置高度低致使其占地面积大等），在其他条件基本不变的条件下，二者之间的差异越大，反之差异越小。因此，有必要针对不确定性较高的参数的可能取值进行多次优化，对优化结果作灵敏度和风险分析，为开采方案的最终决策提供科学依据。

# 10 露天矿生产配矿优化

本书前几章论述了露天矿开采方案的优化方法，优化结果对一个矿山而言是“宏观”方案，为矿山项目的可行性评价和投资决策提供依据，也为矿山在整个开采寿命期的生产提供宏观指导。在执行宏观方案的实际生产中，也有诸多需要而且能够优化的具体的“微观”问题，解决这些问题可以进一步提高矿山的生产效率和生产效益。本章和下一章分别论述露天矿生产中的两个重要微观优化问题：配矿优化和卡车调度优化。

配矿就是对开采矿石的质量进行规划和管理，旨在提高所采有用矿物及其加工产品质量的均匀性和稳定性，达到充分利用矿产资源、提高选矿生产效率和产品质量、降低生产成本的目的。

配矿计划属于露天矿的短期生产计划，在构建配矿计划模型时，需要在生产条件的限制之下考虑出矿量及矿石质量，满足短期的生产计划指标。合理的配矿计划是矿山生产组织的依据，直接指导着矿山的采、运、卸等作业流程。有效的实施配矿计划也是保证中长期和短期进度计划顺利过渡与协同的关键。

## 10.1 露天矿配矿问题概述

露天矿的配矿计划是生产管控的根本依据，主要是依据不同采区的品位和资源量分布，以产量或品位为目标，制定详细的班计划或日计划，以更好地指导矿山的生产作业。

在全矿床范围内，各个采区的矿体赋存形态和原矿石的质量分布总是不均匀的，很多矿体具有薄、细、小等特点，这种不均匀性更为突出，致使采出矿石的品位等质量指标随采区的时空发展而波动。当供矿品位高于目标品位时，导致高品位矿石的“浪费”，降低了矿石利用率；当供矿品位低于目标品位时，降低了生产设备的利用效率和精矿产量。为了提高低品位矿石的利用率并满足选矿工艺要求，应控制矿石质量的波动范围。配矿主要是根据可用资源、各阶段的生产计划、矿石质量以及不同时空下的各个出矿点矿石的类型等条件，有计划地确定每个出矿点的出矿量，并按照不同的比例要求进行混匀，达到配矿要求。配矿计划原理如图 10-1 所示。

配矿计划优化是一个组合优化问题，大型露天矿一般含有多个采矿点、出矿点，在开采和运矿的过程中，矿山企业根据各个开采点的生产能力和卸载点的处理能力，按照生产指标，科学合理地将矿石进行混匀配矿，并制定合理的生产方案，以达到生产需求并尽量提高生产效益。矿石质量控制包括两个方面内容：一是短期作业质量计划，它是根据年度计划及采场条件和作业环境，按月、周或日规划矿石质量方案并组织实施；二是生产过程工序环节作业控制，它是根据资源产出情况及各工序环节作业特点，通过对开采与加工全过程的逐级控制来实现的。因此可以认为，矿石质量控制是配矿计划-配矿作业的综合实施过程。

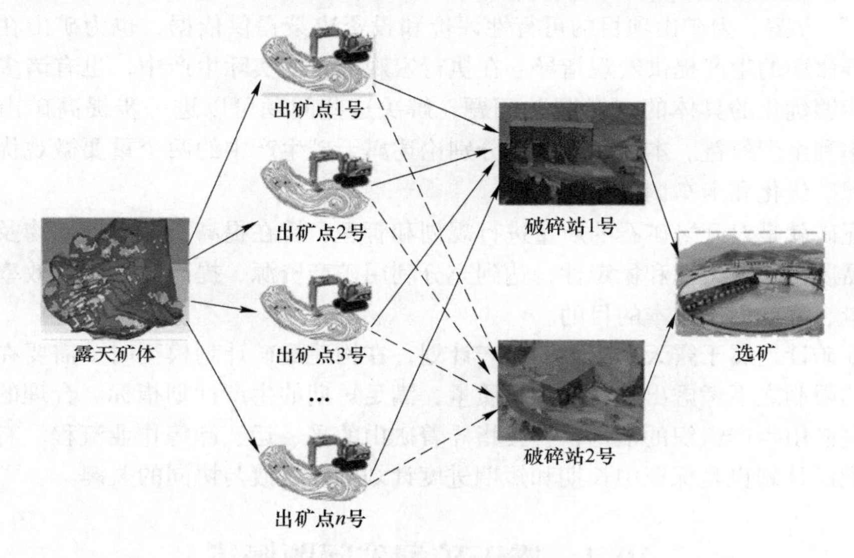


图 10-1　露天矿配矿计划原理图

## 10.2 多金属多目标配矿优化模型

露天矿的配矿计划优化是一个组合优化问题。围绕露天矿短期排产优化子问题，基于整体协同优化理论，构建配矿协同优化模型，是露天矿配矿计划的原则及依据。各类配矿优化方法都是基于矿石的混匀机理提出的，根据矿山企业不同生产周期设定不同的生产目标及约束条件构建配矿数学模型，采用各类数学方法、优化算法和计算机软件求解，并制定符合实际生产的配矿方案。

### 10.2.1 配矿要素

大型露天矿一般都有多个采区同时作业，其生产模式及生产计划具有多阶段、多目标、多变量的特点。综合考虑矿山经济及技术需求，在编制生产计划时，从生产成本、过程控制等方面考虑，构建多采区多目标协同优化模型，实现矿山多采区协同优化。短期配矿协同优化需要考虑的配矿要素一般包括：

（1）开采运输成本。卡车运输是露天矿开采的主要运输方式之一。在露天矿项目建设工程中，设备投资占比约50%，而车铲设备的费用占设备投资的比重约80%，矿山车铲匹配决定着产量及生产成本[150]。在配矿计划中，要因地制宜地选取开拓方式，针对多采区、多卸矿点的生产环境，合理安排采场到每个卸矿点的矿石量，并考虑卡车的运输功、运输成本，确定每条路径的运输车次，以有效降低生产成本。

（2）矿石品位。品位是衡量矿石质量的一个主要指标，同时也是衡量矿床经济价值的重要指标。矿石质量管理要做到开采前期的质量鉴定，计划、采出矿石的质量预计，以及开采过程中的矿石质量中和与输出矿石的质量检查。矿床既定的情况下，依据矿山设计、开采、运输以及装卸等环节，按比例搭配不同品位的矿石，使开采的矿石混合均匀，同时采取合理的措施和手段保证生产中矿石的有用物质平均含量在质量要求范围以内。许多金属矿床属于多金属伴生或者共生矿，且每个采区的矿石的品位高低不同，在生产的过程中需要对不同质量的矿石搭配开采。

（3）出矿量。每个班期内矿石的产量是矿山企业效益及持续生产的保障，在编制露天矿配矿计划时，应该有针对性地合理安排各个爆破区、各个采区的矿石出矿量比例，以利于矿石质量的中和，同时合理安排不同品位的矿石的爆破量，使得爆破出来的矿石能够按照比例搭配出矿。

（4）生产设备。在露天矿的采、运、卸作业流程中，生产计划是指挥者，设备是执行者，两者相互影响。挖掘机是露天矿的主要采装设备，其生产能力在很大程度上决定了一个生产周期的开采量，也是确定运输设备的基础；运输卡车的数量、作业效率在很大程度上决定了矿山的生产流程及效益[151]。因此，矿山设备是露天矿生产和组织管理需要考虑的重要因素。

（5）矿石回采率。回采率与资源利用率和废石排弃量有着直接关系。矿山存在大量的低品位矿产资源，如果不合理利用，将会造成有用资源的浪费，同时还会加剧与废石排弃相关的诸多问题。对于多种矿产资源共存的矿山，做到多种矿产资源协同优化，合理利用低品位资源，能够有效提升矿山的资源利用率。

（6）矿点协调发展以及空间约束。在露天矿长期计划制定过程中，对于空间约束和协调发展问题的考虑较全面，在短期配矿计划的编制中对这些问题的考虑不需要太过复杂。

### 10.2.2 配矿模型特点

从技术和模型的角度对国内外露天矿配矿技术进行总结，并系统地从单目标和多目标模型在现代配矿中的应用和功效方面进行分析，归纳出配矿计划模型的主要特点，如表 10-1 所示。

**表 10-1　配矿计划模型的主要特点**

| 类型 | 目标因素 | 特　点 | 约束条件 |
| --- | --- | --- | --- |
| 单目标模型 | 采掘和运输成本<br>净现值<br>综合利润<br>回采率<br>矿石产量<br>运输功<br>矿石品位波动<br>生产能力 | 单优化目标，涉及的约束条件较少，模型及因素比较简单，应用比较广泛，可以满足单一生产需求，但是不能够满足多样化的需求 | 资源量<br>开采顺序<br>作业空间<br>矿石品位<br>设备数量及生产力<br>综合回采率<br>处理能力<br>矿石岩性<br>有害物质含量 |
| 多目标模型 | 品位波动<br>矿石产量<br>经济效益<br>回收率 | 满足矿山生产中多样化的需求，能够符合现代矿山复杂的生产条件，减少资源浪费 | |

从配矿模型的目标函数看，大多数企业在制定矿山的生产计划时，需要考虑技术指标满足选矿等后续生产的需求，其次是降低生产成本，满足矿山企业的效益需求。所以可以将配矿模型的目标分为技术目标和经济目标。其中，经济目标有采掘运输成本、净现值、综合利润、资源利用率等；技术目标有运输功、矿石品位波动、生产能力等。

由于矿山的生产需求一般是多样化的，单一目标的配矿模型不能满足这种需求，所以在构建露天矿配矿模型时，需要综合考虑技术和经济目标，一是满足输出品位需求，保持选矿厂入选品位的稳定；二是降本增效以提高经济效益。此外，还需要考虑矿产资源的回收率。基于露天矿生产条件的多样性和复杂性，从矿山的实际生产需求出发，构建多目标配矿模型，实现矿石量及其质量的稳定输出并提高资源综合利用率，是露天开采需要解决的一个主要问题。

从配矿模型的约束条件看，露天矿的生产约束主要有空间、资源、矿石质量及资源利用率等；其他一些非常规性指标也需要被考虑到配矿计划之中，如氧化率、矿石岩性等。露天矿中长期生产计划更多地考虑空间、开采顺序约束，而短期配矿计划较多地考虑矿石品位、资源产量、资源利用率、设备利用等，这些约束能够在短期内根据矿山的实际生产情况进行及时调整。

### 10.2.3　短期配矿模型

多金属矿的配矿问题涉及的目标和约束条件比单金属矿复杂得多，传统方法往往是将多种金属的属性换算成单一金属的属性进行处理。但是由于不同矿产资源的属性差异较大，换算成单一金属后往往与现实存在着较大的差异。所以本文从多矿种的角度对矿产资源的开采进行约束，综合考虑多出矿点、多卸矿点的生产环境，建立多元素多目标的配矿计划模型，根据某一时间段的生产需求及约束，确定各出矿点向各受矿点运送的矿石量，作为最终配矿计划。矿山根据配矿计划，科学有序地调度运输，最终达到该时间段的配矿任务量。

#### 10.2.3.1 模型假设

由于生产环境及条件的多变性，无法构建出与实际生产情况完全相符的配矿优化模型，构建模型时需要做出一些必要的假设。

（1）设备的班有效工作时间与一班的工作时间相等；

（2）矿石在提炼的过程中不会与其他矿石产生化学反应；

（3）在混合配矿的过程中，矿石和金属的损失为0；

（4）在每个运输周期内，出矿点的供矿品位不变；

（5）卡车在同一运输周期内，在指定出矿点和卸载点之间运输矿石；

（6）不考虑路段路况的差异，卡车的单位运输成本恒定；

（7）经过一次混合配矿后进入下一生产流程，不考虑二次混矿；

（8）对于模型中涉及的所有出矿点，都处于正常生产状态。

#### 10.2.3.2 决策变量的选择

露天矿在生产过程中通常是多出矿点、多卸矿点同时作业，所以存在多采区协调开采的问题。随着开采作业的时空变化，不同时间段的出矿点的地质品位有所不同，导致供矿品位不均匀。而后续的选矿流程对入选矿石品位有较严格的要求，品位波动要在合理的范围之内。为了保证矿石质量及产量的需求，在生产过程中需要协调各个出矿点的出矿量，根据破碎站品位需求合理配矿，满足生产目标。

构建多采区协调作业的配矿模型，需将采场状态进行简化抽象。参与生产的出矿点和受矿点及其相应指标作为模型的已知条件，编制配矿计划就是依据已知条件，确定每个出矿点到指定卸矿点的矿石量，实现多采区多破碎站的协同优化，使配矿计划符合矿山的综合开采需求。

设露天矿出矿点总数为$m$、编号为$i$（$i=1$，2，…，$m$），卸矿点总数为$n$、编号为$j$($j=1$，2，…，$n$)，矿石种类数为$l$、编号为$k$($k=1$，2，…，$l$)。用变量$x_{ij}$表示在每一个班期内出矿点$i$到卸矿点$j$的矿石量(定义为损失贫化前的地质矿量)，$x_{ij}$即为模型的决策变量。根据各出矿点生产能力和开采矿石品位的不同向各受矿点有计划地运输矿石(即确定$x_{ij}$的最优值)，将品位高低不同的矿石进行混合，以满足受矿点矿量和矿石品位的要求。

#### 10.2.3.3 目标函数

在矿山现有生产设备和技术条件下，综合考虑技术目标和经济目标，确定目标函数，使配矿计划达到企业的生产效益及矿石质量需求。

（1）技术目标——品位偏差最小。在矿山生产的过程中，最主要的考虑之一是矿山输出产品的质量（即精矿品位）是否达标。配矿作为全流程的开端，其质量的好坏直接影响着后续磨矿、选矿流程是否能顺利进行。每个破碎站都有相应的矿石质量需求，制定的配矿计划方案尽可能达到矿石的品位目标，使多种矿石配矿后品位偏差总体上最小。

$$f_1(x) = \min \frac{\sum_{j=1}^{n} \sum_{i=1}^{m} \left| \sum_{k=1}^{l} (g_{ik} - G_{jk}) \cdot x_{ij} \right|}{\sum_{i=1}^{m} \sum_{j=1}^{n} x_{ij}} \tag{10-1}$$

式中 $g_{ik}$——第 $i$ 个出矿点 $k$ 类矿石的供矿品位；

$G_{jk}$——第 $j$ 个卸矿点 $k$ 类矿石的目标品位。

（2）经济目标——生产成本最小。由于每对出矿点与卸矿点之间的距离不同，所以不同路线的运输成本不同。合理安排每个出矿点到卸矿点的矿量，能够有效地控制整个生产作业的运输成本。

$$f_2(x) = \min \sum_{j=1}^{n} \sum_{i=1}^{m} \left[ (a + bL_{ij}) x_{ij} + \frac{x_{ij}}{d} cL_{ij} \right] \tag{10-2}$$

式中 $a$——单位铲装成本，元/t；

$b$——单位重载运输成本，元/(t·km)；

$d$——汽车载重量，t；

$c$——空载运行成本，元/km；

$L_{ij}$——出矿点 $i$ 到卸矿点 $j$ 的距离，km。

#### 10.2.3.4 约束条件

露天矿的配矿往往受到众多生产条件的限制，根据矿山自然环境和生产限制条件，在掌握矿山各采区品位分布等基本信息的基础上，确定配矿问题的目标后，需要从决策变量出发将其他生产条件抽象化为约束条件，尽可能使配矿计划满足矿山的生产实际。

（1）出矿点生产能力约束。为了避免超前开采，采场的出矿量必须小于或者等于其最大允许采掘量，同时为了保证矿山企业的收益，出矿量不能小于最小允许采掘量。

$$Q_{i\min} \leqslant \sum_{j=1}^{n} x_{ij} \leqslant Q_{i\max} \quad 对于 i = 1, 2, \cdots, m \tag{10-3}$$

式中 $Q_{i\min}$——出矿点 $i$ 的最小允许采掘量；

$Q_{i\max}$——出矿点 $i$ 的最大允许采掘量。

（2）作业期内矿石产量约束。短期生产作业计划量是根据年或月生产计划制定的，短期目标是矿山长期规划的具体实现，为了保证矿山的经济效益，必须保证作业期内所采的矿石量达到计划目标产量。

$$\sum_{j=1}^{n} \sum_{i=1}^{m} x_{ij} \geqslant B \tag{10-4}$$

式中 $B$——计划周期内的矿石量生产指标。

（3）矿石品位约束。由于每个出矿点的矿石品位不同，配矿的质量需满足选厂入选矿石的质量要求，尽可能让入选矿石的品位在目标范围内波动。

$$g_{k\min} \leqslant \frac{\sum_{i=1}^{m} \sum_{j=1}^{n} x_{ij} g_{ik}}{\sum_{i=1}^{m} \sum_{j=1}^{n} x_{ij}} \leqslant g_{k\max} \quad 对于 k = 1, 2, \cdots, l \tag{10-5}$$

式中 $g_{k\min}$——$k$ 类型矿石的最低品位标准；

$g_{k\max}$——$k$ 类型矿石的最高品位标准。

（4）出矿点出矿总量约束。在某一计划期内，露天矿的出矿总量是根据露天矿长期生产计划制定的，各出矿点的开采不仅要满足每个出矿点的采掘量要求（式（10-3）），同时要满足出矿总量要求，即不大于最大出矿总量。

$$\sum_{j=1}^{n} \sum_{i=1}^{m} x_{ij} \varphi_i \leqslant Q \tag{10-6}$$

式中 $Q$——某一计划期的最大出矿总量；

$\varphi_i$——第 $i$ 个出矿点的矿石回采率。

（5）综合回采率约束。矿产资源既定的情况下，矿石综合回采率影响着矿石资源的有效利用，同时也会给矿山的服务年限带来一定影响。

$$\theta_{\min} \leqslant \frac{\sum_{i=1}^{m} \sum_{j=1}^{n} x_{ij} \varphi_i}{\sum_{i=1}^{m} \sum_{j=1}^{n} x_{ij}} \leqslant \theta_{\max} \tag{10-7}$$

式中 $\theta_{\min}$——综合回采率下限；

$\theta_{\max}$——综合回采率上限。

（6）氧化率约束。对于多金属共存的矿山而言，氧化率对于矿石浮选的回收率有直接的影响，且呈现一定的负向关系。所以在生产的过程中要保证矿石的氧化率不大于卸矿点的氧化率指标。

$$\sum_{i=1}^{m} x_{ij} O_i \Big/ \sum_{i=1}^{m} x_{ij} \leqslant R_j \quad 对于 j = 1,2,\cdots,n \tag{10-8}$$

式中 $O_i$——出矿点 $i$ 的矿石氧化率；

$R_j$——卸矿点 $j$ 对矿石氧化率的最大限值。

（7）设备生产能力约束。在配矿过程中，设备的生产能力决定着一个作业期内的任务量及工作效率。出矿点铲装设备的能力决定着出矿点的矿石产量，破碎站设备的处理能力决定着矿石是否能被及时处理。因此，出矿点和卸矿点的矿石量都需要在设备的处理能力之内。

$$\sum_{j=1}^{n} x_{ij} \leqslant M_i \quad 对于 i = 1,2,\cdots,m \tag{10-9}$$

$$\sum_{i=1}^{m} x_{ij} \leqslant N_j \quad 对于 j = 1,2,\cdots,n \tag{10-10}$$

式中 $M_i$——第 $i$ 个出矿点的铲装能力；

$N_j$——第 $j$ 个卸矿点破碎设备的处理能力。

## 10.3 基于灰狼算法的配矿优化求解算法设计

现代采矿科学技术发展迅速，一些新的学术思想、理论以及智能化、信息化的技术不断涌现，极大地拓展了配矿优化技术的发展空间。配矿优化方法实现了从早期的经验配矿到数学规划和现代信息技术优化的转变。上一节构建了多金属露天矿多目标配矿优化的数学模型，由于模型具有高维、复杂、非线性的特点，数学规划方法等传统的方法在求解该类问题时有一定的局限性。相比数学规划方法，智能优化算法有一定的优势。本节结合粒子群优化算法（PSO）、灰狼算法（GWO）两种算法的优势，设计了一种求解多金属露天矿多目标配矿优化模型的混合算法。首先分析灰狼算法的优势及不足，对之进行改进，并结合 PSO 算法的优势，设计出融合 PSO 算法的自我学习记忆功能的 HPGWO 算法，并对算法的性能进行测试。然后，用单一受矿点的配矿数据验证配矿优化方法的有效性。露天矿实际生产中，采用任何的配矿优化方法和算法都无法找到完全满足实际生产的最优配矿优化方案。因此，在问题优化的过程中，在一组解中找到相对较优的解作为配矿方案，再根据实际需求指挥配矿生产。配矿优化模型及优化算法保证所得解分布在最优解周围的一定范围内。

### 10.3.1 基本灰狼算法

智能优化算法是一种新兴的以种群更新为基础的算法，利用种群之间的协作进行寻优，在处理高维复杂的问题的优化时有一定优势。近年来由于元启发式算法的发展，越来越多的算法被应用到工程优化问题当中。灰狼算法（GWO）是Mirgalili在2014年提出的，通过29个测试基准函数验证分析，GWO算法的求解速度和稳定性明显优于PSO算法和DE算法。灰狼优化算法作为一种较新的智能优化算法，其改进及应用方面的研究进一步表明了它在解决复杂高维的实际工程等问题上有一定优越性。Emary E等针对解决分类最佳特征子集的选择问题，提出了一种新的二进制灰狼优化算法，结果证明了无论初始化和使用的随机算子如何，灰狼优化的二进制版本都能在特征空间中搜索最优特征组合；Kamboj V K等针对求解具有非线性、非凸和不连续性的经济调度问题，提出了混合灰狼算法，提高了收敛速度、降低了成本。姚远远等提出用IGWO算法求解车间的组合优化问题，改进后的算法能够跳出局部最优解并有效地提出问题的解决方案。

灰狼优化算法是一种新兴的仿生物学的智能优化算法，主要是根据灰狼种群之间的等级制度和各个灰狼个体在捕食中的行为提出的。灰狼群体捕食猎物时主要有跟踪、包围、追捕、攻击等过程，在寻优过程中通过模拟灰狼种群间这一系列协作实现优化搜索的目的。灰狼群体遵循等级社会制度，社会等级如图10-2所示。

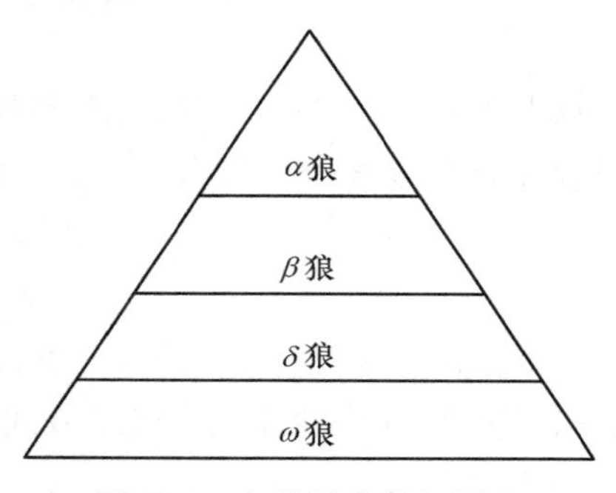

图10-2 灰狼社会等级制度

在图10-2中，灰狼群体的社会等级层级分为$\alpha$、$\beta$、$\delta$、$\omega$四个层次。第一层称为$\alpha$，又称头狼，是最具有管理能力的个体，领导整个灰狼群体并做出各种决策；第二层为$\beta$，是下属的灰狼，是$\alpha$的智囊团，协助$\alpha$做出管理决策；第三层为$\delta$，听从$\alpha$和$\beta$的指令，可以指挥其他的底层个体；底层为$\omega$，主要是平衡种群的内部关系，并且照看幼狼。灰狼种群间的协作如图10-3所示，$D_\alpha$、$D_\beta$和$D_\delta$分别表示$\alpha$、$\beta$和$\delta$到猎物的距离，而整个过程分为三个阶段：首先，灰狼群体根据气味进行团队模式的搜索、跟踪、靠近猎物；然后全方位地包围猎物；最后，当包围的范围足够小的时候，$\alpha$下令指挥，$\delta$和$\beta$展开进攻，在猎物要逃跑时，其余个体给予帮助，最终获取猎物。根据灰狼群体的等级关系，规定$\alpha$为群体的历史最优解，$\beta$为次优解，$\delta$为第三最优解，其他解为$\omega$。

在$d$维的搜索空间之中，假设一个群体中包含$N$个灰狼个体，第$i$只灰狼的位置为$X_i=(X_i^1, X_i^2, \cdots, X_i^d)$，其中$X_i^d$为第$i$只灰狼在$d$维空间上的位置。首先，灰狼群体逐渐接近猎物的过程中采用下式进行更新：

$$X_i^d(t+1)=X_p^d(t)-A_i^d\left|C_i^d X_p^d(t)-X_i^d(t)\right| \tag{10-11}$$

式中，$t$为当前的迭代次数；$X_p^d(t)$为猎物在$d$维空间上的位置；

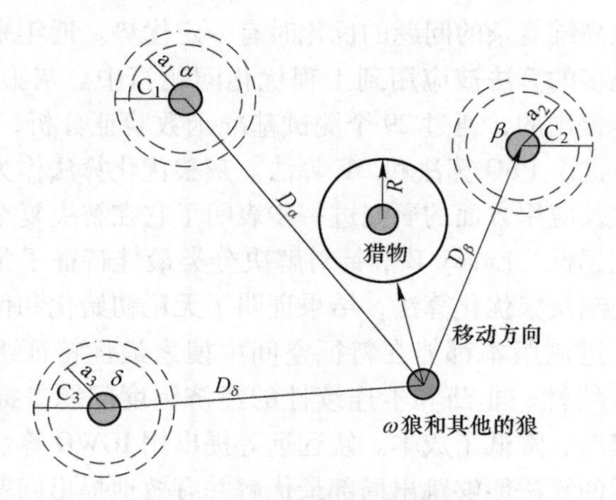

图 10-3　灰狼位置更新示意图

$A_i^d \mid C_i^d X_p^d(t) - X_i^d(t) \mid$ 为狼群对猎物的包围步长；$A_i^d$ 为收敛系数，用来平衡全局搜索和局部搜索；$C_i^d$ 为自然界的影响作用。$A_i^d$ 和 $C_i^d$ 的表示分别为

$$A_i^d = 2a \cdot \text{rand}_1 - a \tag{10-12}$$

$$C_i^d = 2 \cdot \text{rand}_2 \tag{10-13}$$

式中，$\text{rand}_1$、$\text{rand}_2$ 为［0，1］之间的随机变量；$a$ 为收敛因子，随着迭代次数的增加，从 2~0 线性递减，递减方式如下：

$$a = 2 - 2 \cdot t/t_{\max} \tag{10-14}$$

式中，$t_{\max}$ 为最大迭代次数。

灰狼群体是根据前三个最优解的位置来更新各自的位置，更新公式如下：

$$\begin{cases} X_{i,\alpha}^d(t+1) = X_\alpha^d(t) - A_{i,1}^d \mid C_{i,1}^d X_\alpha^d(t) - X_i^d(t) \mid \\ X_{i,\beta}^d(t+1) = X_\beta^d(t) - A_{i,2}^d \mid C_{i,2}^d X_\beta^d(t) - X_i^d(t) \mid \\ X_{i,\delta}^d(t+1) = X_\delta^d(t) - A_{i,3}^d \mid C_{i,3}^d X_\delta^d(t) - X_i^d(t) \mid \end{cases} \tag{10-15}$$

$$X_i^d(t+1) = \frac{X_{i,\alpha}^d(t+1) + X_{i,\beta}^d(t+1) + X_{i,\delta}^d(t+1)}{3} \tag{10-16}$$

GWO 算法的基本步骤为：

第 1 步：设置种群规模 N、维数 $d$、最大迭代次数 $t_{\max}$ 以及 $A$、$C$、$a$ 值。

第 2 步：初始化种群个体，随机产生种群个体 $\{x_i,\ i = 1,\ 2,\ \cdots,\ N\}$。

第 3 步：计算初始种群中各个灰狼个体的适应度值，并将其按适应度值从大到小进行排序，选出前三个解，即为 $x_\alpha$，$x_\beta$，$x_\delta$。

第 4 步：利用更新公式，计算其余灰狼与灰狼 $\alpha$，$\beta$，$\delta$ 的距离，确定移动方向，对其余灰狼进行位置更新。

第 5 步：根据新的种群位置以及适应度函数，重新计算每个个体的适应度值并进行排序，更新 $\alpha$，$\beta$，$\delta$ 对应的位置信息。

第 6 步：判断是否达到最大迭代次数 $t_{max}$ ，若达到则输出 $x_\alpha$ ，算法结束；否则返回到第 4 步。

### 10.3.2 粒子群优化算法

粒子群优化算法（PSO）是一种模拟鸟类种群的智能优化算法，它主要是利用种群在觅食过程中的整体协作寻得最优解。在基本的粒子群优化过程中，所有的粒子组成一个种群，每个粒子位置代表解空间中的一个解，且有对应的位置和速度。在寻优的过程中，首先，在搜索空间初始化种群，根据适应度函数计算得到初始种群中每个个体的适应度值，则第一代的个体历史最佳值就是最初的适应度值，从求得的适应度值中找出最优的个体作为第一代全局最优解；其次，根据个体经验和种群的经验来更改粒子原有的位置和速度，并判断当前位置的优劣，从而能够找到粒子和种群的最佳位置。

假设在 $d$ 维解空间中，种群中有 $n$ 个粒子。在 $t$ 时刻第 $i$ 个粒子的位置为：$X_i(t) = (x_{i1}(t), \cdots, x_{id}(t))$；对应该粒子的速度向量为：$V_i(t) = (v_{i1}(t), \cdots, v_{id}(t))$ , $i = 1, \cdots, n$ 。第 $i$ 个粒子 $t$ 代适应度最好的位置（即个体当代极值）记作 $P_i(t) = (p_{i1}(t), \cdots, p_{id}(t))$ ，种群经历的最好位置记作 $P_g(t) = (p_{g1}(t), \cdots, p_{gd}(t))$ 。式（10-17）和式（10-18）是粒子群种群迭代公式，在 $t$+1 时刻，第 $i$ 个粒子利用这两个式子更新自己的速度和位置，$1 \leqslant i \leqslant n$ , $1 \leqslant d \leqslant D$ 。

$$v_{id}(t + 1) = \omega \cdot v_{id}(t) + c_1 \cdot r_1 \cdot (p_{id}(t) - x_{id}(t)) + c_2 \cdot r_2 \cdot (p_{gd}(t) - x_{id}(t)) \tag{10-17}$$

$$x_{id}(t + 1) = x_{id}(t) + v_{id}(t + 1) \tag{10-18}$$

式中，$c_1$ 和 $c_2$ 为学习因子；$r_1$ 和 $r_2$ 为（0，1）内的随机数；$\omega$ 为惯性权重，能够有效地权衡种群全局搜索和局部搜索，通常 $\omega$ 取值较大时能够改善种群的全局搜索能力，$\omega$ 取值较小比较适合种群的局部搜索。为了更好地权衡局部搜索以及全局搜索的能力，因此对 $\omega$ 进行改进，采用动态递减的惯性权重系数，递减公式如下：

$$\omega = \frac{t_{max} - t}{t_{max}} \times (\omega_{ini} - \omega_{fin}) + \omega_{fin} \tag{10-19}$$

式中，$\omega_{ini}$ 为迭代开始时的惯性权重；$\omega_{fin}$ 为迭代次数达到最大时的惯性权重值；$t$ 为当前迭代次数；$t_{max}$ 为最大迭代次数。

由相关文献可知，$\omega_{fin} = 0.4$，$\omega_{ini} = 0.9$ 时，粒子群优化算法的性能相对较好，在初期，惯性权重比较大可以增强算法的全局搜索的能力，随着迭代次数的增加，惯性权重逐渐减小，可以增强局部搜索的能力，这样能够有效地权衡局部以及整体的搜索。

粒子群算法在优化的过程中，能够根据自身和群体的经验进行寻优，具有自我学习和群体学习的能力，这样就能采用并行搜索的方式，提高全局搜索能力的同时提高计算速度。

### 10.3.3　融合粒子群算法的灰狼算法

灰狼算法原理简单，易于实现，参数设置简单；但与其他的以种群迭代的智能算法相似，灰狼算法有自身的缺点。基本 GWO 算法的缺点有以下几个方面：

（1）种群的多样性差。其更新方式是根据种群之间的协作迭代完成的，算法的寻优结果对于初始种群的多样性有较大的依赖性，在基本的 GWO 算法中，初始种群的随机产生无法保证种群较好的多样性，影响后续解的质量。

（2）后期的收敛速度慢。因为灰狼算法的搜索主要是依靠与 $\alpha$，$\beta$ 和 $\delta$ 的距离来判断与最优个体之间的距离，并不是并行搜索，这就导致算法后期的收敛速度较慢。

（3）容易陷入局部最优。灰狼算法有自己独特的搜索机制，利用自身 $\alpha$ 来平衡勘探和全局搜索的能力。在迭代的过程中，个体向前三个解逐步靠近，但是 $\alpha$ 并不一定达到最优解的效果，灰狼算法可能陷入局部最优。为了改善算法的寻优性能，很多研究对初始化种群、防止局部最优和调整参数等方面做了相应改进。

针对 GWO 算法的缺点，受 PSO 算法的启发，将 GWO、PSO 两者的优势融合，提出了混合灰狼优化算法。

#### 10.3.3.1　反向学习生成初始种群

基本的灰狼算法采用随机生成初始种群的方法，初始种群的多样性不足，会影响种群的优化效率和结果。为了提高种群的多样性，采用反向学习策略来生成初始种群。利用对立学习的策略初始化灰狼算法的种群，其步骤为：

（1）首先根据对灰狼个体的编码，在定义域限定的搜索范围内，随机初始化 $N$ 个灰狼个体的位置 $X_i^d$，作为初始种群的 $P_1$。

（2）找到个体的反向点，根据初始种群 $P_1$ 来生成反向种群 $P_2$。反向点的定义规则为：假设在 $d$ 维空间中，$P_1 = (x_1,\ x_2,\ \cdots,\ x_d)$，$x_i \in [a_i,\ b_i]$，$i = 1,\ 2,\ \cdots,\ d$，则反向点为 $P_2 = (x_1',\ x_2',\ \cdots,\ x_d')$，其中 $x_i' = a_i + b_i - x_i$。

（3）合并种群 $P_1$ 和 $P_2$，对新的种群按照适应度值进行升序排序，为保证每一代种群的数量一致，选取前 $N$ 个个体作为新的初始种群。

（4）将最终的种群作为初始种群应用到优化算法之中。

在三维空间下，设置种群的大小为 30，个体的大小空间为［0，10］，在三维空间下，将随机初始化生成的种群与反向学习策略的搜索空间中遍历的位置图进行对比，如图 10-4 所示。从对比图中可以看出，引入反向学习策略后初始点及反向点扩大了种群的搜索空间，同时使得空间遍布更加均匀。反向学习策略在初始点及反向点中寻找相对较好的前 $N$ 个个体作为初始种群，更好地利用了搜索空间，提高了解的质量并加速了种群的迭代，提高了最优解的概率。

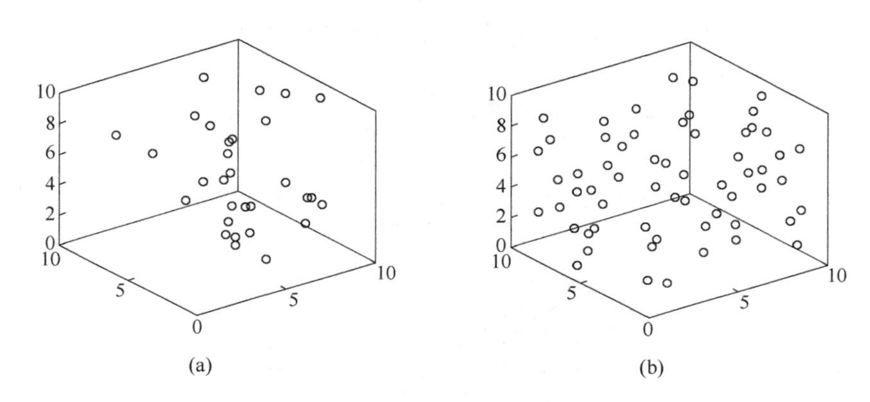


图 10-4　初始种群生成对比图

（a）随机生成策略；（b）反向对立学习策略

### 10.3.3.2　收敛因子调整

对于种群迭代的优化算法而言，一般会存在全局和局部搜索两种搜索模式，好的全局搜索能够保证种群的多样性，避免陷入局部最优；局部精确搜索可以加快算法的收敛速度。灰狼算法的全局搜索和局部搜索之间的有力协调是保证算法寻优性能的关键。算法中的收敛系数 $|A|$ 与算法的全局搜索和局部搜索能力有很大的关系，若 $|A| \geqslant 1$，搜索代理远离猎物，灰狼群体进行全局搜索，群体开发，扩大自己的包围圈，寻找更好的猎物；$|A| \leqslant 1$ 时，群体进行局部探索，灰狼群体缩小自己的包围范围，追捕攻击猎物。

在算法迭代的整个过程中，$a$ 的值影响着整个算法局部探索及全局开发的能力，较大的 $a$ 会使得个体的搜索步长增大，这时候就有较好的探索能力，能够很好地避免算法在迭代初期出现早熟收敛；随着迭代的增加，较小的 $a$ 值使得群体集中在某个区域搜索，开发能力较强，加快收敛速度。由式（10-14）及式（10-12）可知，$A$ 随收敛因子 $a$ 的变化而进行变化，$a$ 又是进行线性递减。但是在算法的实际搜索过程中，收敛因子 $a$ 的线性递减方式不能体现在优化过程之中。所以对收敛策略进行改进，采用非线性变化更新方式：

$$a_2(t) = a_{\text{ini}} - (a_{\text{ini}} - a_{\text{fin}}) \cdot (t/t_{\max})^2 \tag{10-20}$$

式中，$a_{ini}$ 和 $a_{fin}$ 为收敛因子的初始值和终止值；$t_{max}$ 为最大迭代次数。将非线性因子 $a_2(t)$ 与常用的 $a$ 的更新公式（10-21）、式（10-22）、式（10-23）以及基本 GWO 算法中的收敛系数更新公式（10-14）进行对比，设置最大迭代次数为 100，非线性调整前后的 $a$ 变化趋势对比图如图 10-5 所示，其中 $a_1$ 由基本 GWO 算法更新公式（10-14）所得。

$$a_3(t) = a_{ini} - (a_{ini} - a_{fin}) \cdot \log[(e-1) \cdot (t/t_{max})^2 + 1] \tag{10-21}$$

$$a_4(t) = a_{ini} - a_{ini} \cdot \left(\frac{1}{e-1} \cdot e^{\frac{t}{t_{max}}} - 1\right) \tag{10-22}$$

$$a_5(t) = a_{ini} - a_{ini} \cdot \log\left[\frac{t}{t_{max}} \cdot (e-1) + 1\right] \tag{10-23}$$

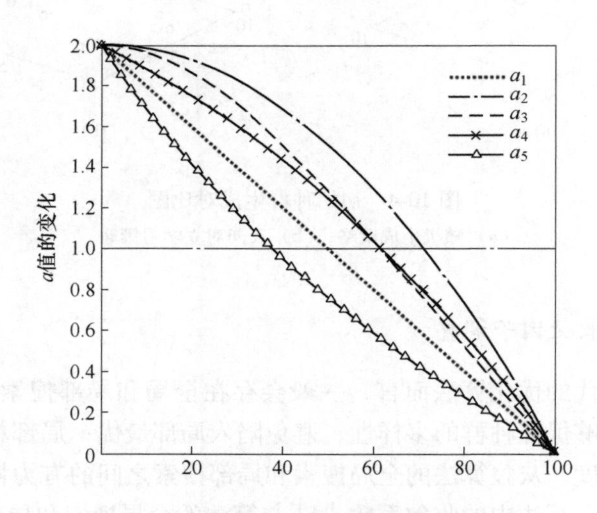


图 10-5 改进前后收敛因子 $a$ 的变化趋势

全局和局部搜索之间的过渡是由 $a$ 和 $A$ 的值控制的，由图 10-5 可知，采用式（10-14）线性递减策略，在迭代的过程中，局部搜索和全局搜索的时间各占 50%；使用式（10-20）递减策略，局部搜索和全局搜索分别约占 71% 和 29%。相比于另外几种非线性递减方式，式（10-20）递减策略的全局搜索能力较强，可以更好地利用种群空间，避免过度的局部搜索，提高最优解的可能性及求解效率。将收敛因子作非线性变化，会更好地平衡算法的局部和全局的搜索能力。

#### 10.3.3.3 融合 PSO 的混合灰狼算法

在标准的灰狼算法中，由式（10-16）可知，灰狼算法的群体搜索过程

只根据 $\alpha$、$\beta$ 和 $\delta$ 前三个个体的位置信息分享给下一代，在迭代的过程中 $\alpha$ 狼位置信息是当代全局最佳个体，群体搜索并没有实现并行搜索机制，所以容易陷入局部最优。另外，和其他元启发式算法一样，灰狼算法在初始种群以后的每一代更新的过程中，不管是寻找猎物还是攻击猎物的过程，都是由 $\alpha$、$\beta$、$\delta$ 三个个体带领着整个种群朝最优解方向移动，但是在寻优过程中对最优解没有记忆功能，忽略了灰狼个体及群体之间的信息交流，使得寻优能力受到限制。

受 PSO 算法寻优策略的启发，在灰狼算法迭代的过程中引入粒子群迭代的思想，提出融合 PSO 算法的混合灰狼优化算法（HPGWO）。

在种群粒子进行更新时引入自我学习和群体学习策略，避免灰狼算法陷入局部最优。对 $\alpha$ 狼的位置进行跟踪，视 $\alpha$ 狼的位置为全局最佳位置，更新公式如下：

$$X_i^d(t+1) = w \cdot \frac{X_{i,\alpha}^d(t) + X_{i,\beta}^d(t) + X_{i,\delta}^d(t)}{3} + c_1 \cdot r_3 \cdot (X_{ipbest} - X_i^d(t)) + c_2 \cdot r_4 \cdot (X_{i,\alpha}^d(t) - X_i^d(t)) \tag{10-24}$$

式中，$w$ 为惯性权重；$r_3$、$r_4$ 为［0，1］的随机变量；$c_1$ 为自我学习因子，$c_2$ 为群体学习因子，$c_1$ 和 $c_2$ 均为［0，1］之间的随机数；$X_{ipbest}$ 为第 $i$ 个个体所经历过的最佳位置，在寻优的过程中，通过自我学习记忆遍历过的最优解，这样就能避免盲目的搜索，提高寻优效率。

HPGWO 算法相对于基本的灰狼算法的变化，主要体现在种群迭代过程中的更新方式上，从式（10-24）的位置更新方程可以看出，与原位置更新方程相比，式（10-24）主要做了以下 3 处改进：

（1）等式右边的第一部分在全局三个最优解的基础之上引入惯性权重 $w$，进一步加快收敛速度；

（2）等式右边的第二部分为自我学习，主要是引入了个体自身的历史最优信息，以加强算法的寻优能力并加快收敛速度；

（3）等式右边第三部分采取向群体学习策略，以 $\alpha$ 狼的位置为全局最优位置作为引导搜索，从而增强种群的全局搜索能力。

$c_1$ 和 $c_2$ 两个学习因子主要协调群体和个体记忆对 GWO 算法搜索的影响，通过记忆个体历史最优解及群体最优解能够有效地平衡算法的全局和局部搜索性能。HPGWO 算法迭代流程图如图 10-6 所示。

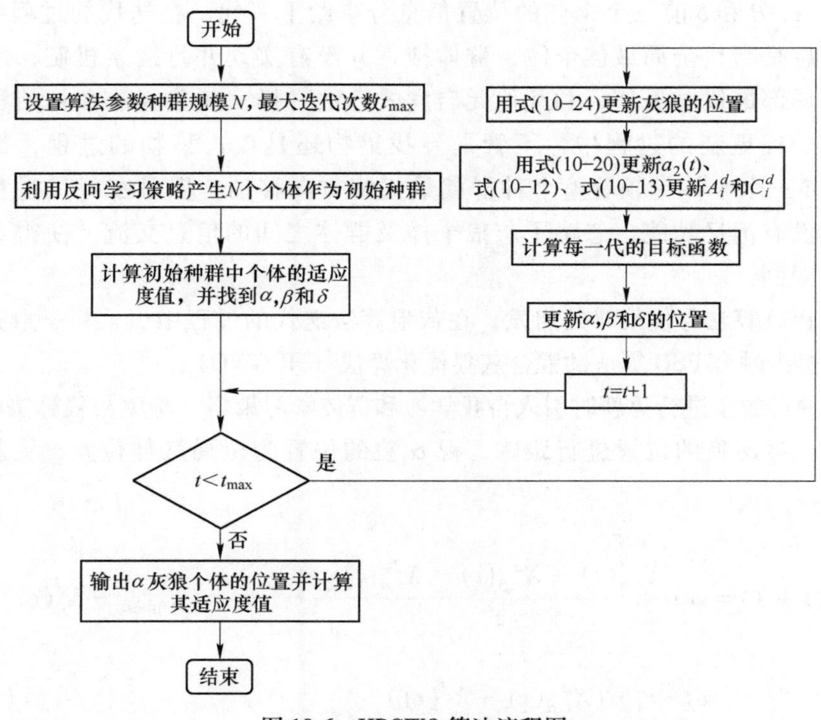


图 10-6　HPGWO 算法流程图

## 10.4　多金属多目标配矿优化案例

本节以国内某矿山的生产数据为例进行配矿方案优化，将优化后的配矿方案与矿山当时的实际方案进行对比分析。

### 10.4.1　基础数据

数据来源于该露天矿智能管控系统，以该矿 8 个小时的生产作业计划为研究对象，该工作时间段内有 17 个出矿点和 3 个破碎站同时作业，生产钼、钨、铜三种矿石。在数据库中提取 2019 年 11 月 25 日 16 点班制的实际生产数据，其中包括采运设备的运行数据、各采矿点供矿品位及氧化率等数据。

在该矿的生产过程中，每个采运设备上安装有智能 GPS 车载终端以及部署车辆信息采集卡，装载点到卸载点的距离信息根据经纬度信息计算而得，如表 10-2 所示。

该矿有地质品位数据库，在生产作业时段内，根据各台铲车的 GPS 终端设备，确定各铲位的具体位置。各装载点的回采率、氧化率以及供矿品位等数据如

表 10-3 所示。各受矿点的品位及氧化率目标如表 10-4 所示。

**表 10-2 出矿点到破碎站的距离（km）**

| 序号 | 出矿点编号 | 1 号破碎站 | 2 号破碎站 | 3 号破碎站 |
|---|---|---|---|---|
| Ⅰ采区 | 191245-13 | 0.34 | 1.80 | 1.18 |
| | 191246-10 | 1.38 | 0.65 | 2.11 |
| | 191258-16 | 0.5 | 1.10 | 1.82 |
| | 191270-12 | 0.78 | 1.03 | 1.18 |
| | 191270-14 | 0.65 | 1.35 | 2.21 |
| | 191294-33 | 0.63 | 1.23 | 1.82 |
| | 191306-43 | 0.33 | 0.90 | 2.08 |
| | 191306-48 | 0.65 | 1.20 | 1.99 |
| Ⅱ采区 | 191330-04 | 0.60 | 1.10 | 1.85 |
| | 191330-22 | 0.70 | 1.30 | 1.50 |
| | 191330-44 | 0.65 | 0.90 | 1.02 |
| | 161294-13 | 0.596 | 1.50 | 0.50 |
| | 191354-14 | 1.02 | 0.95 | 0.35 |
| Ⅲ采区 | 191318-37 | 0.85 | 1.47 | 0.45 |
| | 191318-35 | 0.60 | 1.60 | 1.89 |
| | 191342-30 | 1.675 | 2.05 | 2.65 |
| | 191354-25 | 1.79 | 1.98 | 2.55 |

**表 10-3 各个出矿点的生产计划技术指标**

| 序号 | 出矿点编号 | 回采率/% | 氧化率 | 供矿品位 | | |
|---|---|---|---|---|---|---|
| | | | | 钼 | 钨 | 铜 |
| Ⅰ采区 | 191245-13 | 96.50 | 0.10 | 0.105 | 0.085 | 0.010 |
| | 191246-10 | 96.80 | 0.15 | 0.142 | 0.245 | 0.027 |
| | 191258-16 | 97.65 | 0.15 | 0.101 | 0.215 | 0.005 |
| | 191270-12 | 97.80 | 0.17 | 0.111 | 0.190 | 0.003 |
| | 191270-14 | 95.80 | 0.15 | 0.074 | 0.160 | 0.033 |
| | 191294-33 | 97.50 | 0.26 | 0.070 | 0.160 | 0.010 |
| | 191306-43 | 97.65 | 0.18 | 0.070 | 0.160 | 0.010 |
| | 191306-48 | 97.10 | 0.10 | 0.064 | 0.082 | 0.008 |

续表 10-3

| 序号 | 出矿点编号 | 回采率/% | 氧化率 | 供矿品位 | | |
|---|---|---|---|---|---|---|
| | | | | 钼 | 钨 | 铜 |
| Ⅱ采区 | 191330-04 | 97.85 | 0.10 | 0.110 | 0.090 | 0.022 |
| | 191330-22 | 97.86 | 0.10 | 0.103 | 0.050 | 0.011 |
| | 191330-44 | 97.79 | 0.06 | 0.140 | 0.060 | 0.010 |
| | 161294-13 | 95.50 | 0.06 | 0.100 | 0.060 | 0.010 |
| | 191354-14 | 96.21 | 0.10 | 0.082 | 0.045 | 0.008 |
| Ⅲ采区 | 191318-37 | 97.95 | 0.08 | 0.170 | 0.170 | 0.040 |
| | 191318-35 | 96.50 | 0.18 | 0.073 | 0.068 | 0.005 |
| | 191342-30 | 96.83 | 0.10 | 0.123 | 0.078 | 0.007 |
| | 191354-25 | 97.12 | 0.09 | 0.080 | 0.050 | 0.005 |

**表 10-4 受矿点品位及氧化率目标**

| | 破碎站 1 | 破碎站 2 | 破碎站 3 |
|---|---|---|---|
| 钼 | 0.017 | 0.096 | 0.108 |
| 钨 | 0.149 | 0.067 | 0.15 |
| 铜 | 0.016 | 0.008 | 0.015 |
| 氧化率 | 0.142 | 0.138 | 0.138 |

在配矿过程中涉及铲—运—卸作业流程，设备的能力及匹配情况会对配矿计划的实施产生约束作用，挖掘机和破碎机的型号及技术参数如表 10-5 和表 10-6 所示。

**表 10-5 挖掘机参数**

| 设备名称 | 型 号 | 长×宽×高 /mm×mm×mm | 铲斗容积 /$m^3$ | 工作质量 /kg | 工作效率 /$t \cdot h^{-1}$ |
|---|---|---|---|---|---|
| 单斗挖掘机 | XG836 | 11.2×3.3×3.2 | 1.8 | 33800 | 650 |

**表 10-6 破碎机参数**

| 设备名称 | 型 号 | 给料口宽度 /mm | 设备总重/t | 生产能力 /$t \cdot h^{-1}$ |
|---|---|---|---|---|
| 液压旋回破碎机 | PXZ1200/160 | 1200 | 215.0 | 1250~1480 |

在运输作业流程中使用自卸式矿用卡车，卡车的实际载重量依据数据库过磅数据具体分析得来。以单辆卡车为例，提取卡车存入数据库中的载重信息，取平均值得到该卡车的实际载重量；以此类推得到每台卡车的实际载重量，进而求其

平均值，得出卡车的平均实际载重量约48t，如表10-7所示。根据现场数据进行模拟，从出矿点到卸矿点重载情况下的单次运输费用为30元/km（合0.625元/(t · km)），从卸矿点到出矿点空载情况下的油耗较少，单次运输费用为20元/km。假设车辆一直处于正常工作状态（即不考虑车辆发生故障），每辆卡车完成一个运输循环的单位运距运输费用为50元/km。

**表10-7 卡车参数表**

| 设备名称 | 设备型号 | 载重量/t | 单位运距运输费用/元 · $km^{-1}$ |
|---|---|---|---|
| 矿用汽车（自卸式） | TR50 | 48 | 50 |

### 10.4.2 配矿结果分析

采用上述智能优化算法对配矿方案进行优化，并将优化前后的结果进行对比分析。表10-8为该矿当时实际执行的配矿计划，表10-9为优化后的配矿计划。将优化后各个出矿点回采矿量分布与优化前进行对比，如图10-7所示。

**表10-8 矿山实际配矿计划**

| 序号 | 出矿点编号 | 破碎站1号矿量/t | 破碎站2号矿量/t | 破碎站3号矿量/t | 出矿点出矿总量/t |
|---|---|---|---|---|---|
| Ⅰ采区 | 191245-13 | 0 | 1500 | 0 | 1500 |
| | 191246-10 | 1200 | 0 | 1200 | 2400 |
| | 191258-16 | 1300 | 0 | 700 | 2000 |
| | 191270-12 | 700 | 0 | 700 | 1400 |
| | 191270-14 | 1200 | 0 | 600 | 1800 |
| | 191294-33 | 600 | 0 | 600 | 1200 |
| | 191306-43 | 600 | 0 | 600 | 1200 |
| | 191306-48 | 600 | 0 | 600 | 1200 |
| Ⅱ采区 | 191330-04 | 0 | 1200 | 0 | 1200 |
| | 191330-22 | 0 | 1400 | 0 | 1400 |
| | 191330-44 | 700 | 0 | 700 | 1400 |
| | 161294-13 | 0 | 1100 | 0 | 1100 |
| | 191354-14 | 1200 | 0 | 600 | 1800 |
| Ⅲ采区 | 191318-37 | 1100 | 0 | 700 | 1800 |
| | 191318-35 | 0 | 1250 | 0 | 1250 |
| | 191342-30 | 700 | 0 | 700 | 1400 |
| | 191354-25 | 0 | 1250 | 0 | 1250 |

表 10-9　优化后的配矿计划

| 序号 | 出矿点编号 | 破碎站 1 号矿量/t | 破碎站 2 号矿量/t | 破碎站 3 号矿量/t | 出矿点出矿总量/t |
|---|---|---|---|---|---|
| Ⅰ采区 | 191245-13 | 231 | 244 | 545 | 1020 |
| | 191246-10 | 579 | 258 | 1241 | 2077 |
| | 191258-16 | 555 | 259 | 1559 | 2374 |
| | 191270-12 | 708 | 397 | 941 | 2046 |
| | 191270-14 | 565 | 214 | 776 | 1555 |
| | 191294-33 | 265 | 530 | 631 | 1426 |
| | 191306-43 | 468 | 357 | 633 | 1458 |
| | 191306-48 | 255 | 610 | 292 | 1157 |
| Ⅱ采区 | 191330-04 | 301 | 935 | 601 | 1837 |
| | 191330-22 | 255 | 1107 | 346 | 1708 |
| | 191330-44 | 276 | 1112 | 222 | 1611 |
| | 161294-13 | 275 | 608 | 180 | 1062 |
| | 191354-14 | 411 | 134 | 550 | 1096 |
| Ⅲ采区 | 191318-37 | 968 | 229 | 1481 | 2678 |
| | 191318-35 | 282 | 381 | 375 | 1038 |
| | 191342-30 | 254 | 294 | 684 | 1232 |
| | 191354-25 | 254 | 774 | 148 | 1176 |

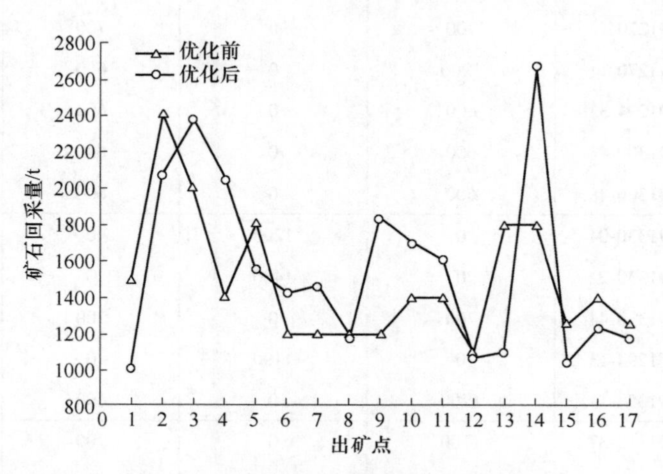


图 10-7　优化前后各个出矿点回采量

计划期的实际矿石产量为 25300t，优化后的矿石产量为 26551t。在用算法优化的过程中，往往会比计划期的采掘量要高，更加符合矿山实际作业的要求。这主要是由于在优化的过程中采用惩罚函数对约束条件进行处理以及模型中品位偏差的约束的影响。回采一定量的低品位矿石，增加了资源的利用率，同时也验证了模型的优越性。在被采资源一定的情况下，通过精细化排产能够提高矿产资源的利用率，提高矿山的经济效益。

从矿石运输成本看，虽然优化后的配矿方案在产量上比实际执行的方案有所增加，但运输功却较小（运输功降低了4.63%，见表10-10）。运输功是生产成本的另一种表述形式，运输功越小代表生产成本越低，优化后的矿石运输总成本降低了5.81%，单位运输成本降低了10.1%。对于多出矿点多受矿点的露天矿而言，运输成本占露天矿的生产成本比例较大，达到40%~60%。在本次配矿方案中，优化后多采区协同开采的生产成本降低，实现了矿山降低生产成本的计划目标。

**表10-10 优化前后的运输功对比**

| | 优化前 | 优化后 |
|---|---|---|
| 到破碎站1号运输功/t·km | 8384.5 | 9020.7 |
| 到破碎站2号运输功/t·km | 9970.0 | 10488.5 |
| 到破碎站3号运输功/t·km | 12578.9 | 9993.1 |
| 总计/t·km | 30933.4 | 29502.4 |

表10-11为优化后各破碎站的三种矿石的品位与目标品位的对比。可以看出：配矿后破碎站三种金属的品位变化，除3号破碎站的钨矿石的品位比目标品位低，其余均达到目标品位，且有所提高；各破碎站的三种矿石品位均在品位约束范围内（钼：0.05~0.15，钨：0.07~0.17，铜：0.005~0.019）；品位波动为3.38%，提高了矿石质量的稳定性，满足矿山的生产目标。从影响后续生产的氧化率看，1号、2号和3号破碎站配矿后的氧化率分别为12.56%、12.39%和13.38%，均小于其限定指标，为后续的选矿工作奠定基础。这表明所建立的配矿模型符合矿山的实际生产，提高了矿石质量的稳定性。

**表10-11 优化配矿后的矿石质量**

| 破碎站 | 金属类型 | 目标品位 | 优化后品位 |
|---|---|---|---|
| 破碎站1号 | 钼 | 0.107 | 0.110 |
| | 钨 | 0.149 | 0.149 |
| | 铜 | 0.016 | 0.016 |
| 破碎站2号 | 钼 | 0.096 | 0.102 |
| | 钨 | 0.095 | 0.097 |
| | 铜 | 0.008 | 0.012 |

续表 10-11

| 破碎站 | 金属类型 | 目标品位 | 优化后品位 |
|---|---|---|---|
| 破碎站 3 号 | 钼 | 0.108 | 0.108 |
| | 钨 | 0.150 | 0.138 |
| | 铜 | 0.015 | 0.016 |

矿石回采率是资源利用程度的体现，影响矿山的服务年限和经济效益。优化后综合回采率为 97.25%（在 96.5%~97.5%范围内），比优化前提升了 0.18 个百分点。

挖掘机的工作效率为 650t/h，单台挖掘机能够满足配矿计划中一个班次单出矿点的最高出矿量，所以每个出矿点只安排一台挖机。矿卡载重为 48t，在运输作业的过程中，根据每个出矿点到指定卸矿点的矿石量，合理分配每个出矿点到卸矿点车辆运输次数。采运设备的分配如表 10-12 所示。

**表 10-12　设备分配情况**

| 出矿点 | 卸载点 1 号车次 | 卸载点 2 号车次 | 卸载点 3 号车次 | 挖掘机数量 |
|---|---|---|---|---|
| 1330 配矿厂 | 5 | 5 | 11 | 1 |
| 191246-10 | 12 | 5 | 26 | 1 |
| 191258-16 | 12 | 5 | 32 | 1 |
| 191270-12 | 15 | 8 | 20 | 1 |
| 191270-14 | 12 | 4 | 16 | 1 |
| 191294-33 | 6 | 11 | 13 | 1 |
| 191306-43 | 10 | 7 | 13 | 1 |
| 191306-48 | 5 | 13 | 6 | 1 |
| 191330-04 | 6 | 19 | 13 | 1 |
| 191330-22 | 5 | 23 | 7 | 1 |
| 191330-44 | 6 | 23 | 5 | 1 |
| 161294-13 | 6 | 13 | 4 | 1 |
| 191354-14 | 9 | 3 | 11 | 1 |
| 191318-371 | 20 | 5 | 31 | 1 |
| 191330-35 | 6 | 8 | 8 | 1 |
| 191342-30 | 5 | 6 | 14 | 1 |
| 191354-25 | 5 | 16 | 3 | 1 |

上述结果表明，优化后的配矿计划是合理的，且与优化前的配矿计划相比，提高了矿产资源的综合利用率，提升了矿石质量的稳定性，降低了矿石运输成本。这一应用案例验证了所建模型符合矿山生产实际，满足矿山的配矿要求，提出的求解算法具有有效性和实用性。

# 11 卡车调度优化

露天矿运输费用是整个矿山生产成本的最重要组成部分，通常占生产总成本的50%~65%。卡车作为露天矿的主要运输工具，在露天矿开采过程中具有重要地位。因此，通过合理优化卡车的调度，可以提高铲装与运输作业效率，降低生产成本。

## 11.1 卡车调度问题概述

露天矿生产作业是以采掘为基础、运输为纽带，集采、运、卸为一体的生产活动，其中矿岩的运输是连接这一系列生产活动的关键环节。露天矿卡车是矿岩运输的核心，对于矿山生产经营至关重要，高效合理的卡车调度方案有利于节约运输成本，提高矿山企业的经济效益。

露天矿卡车调度就是依据生产作业任务，利用开采作业过程中的各种设备（如卡车、电铲、破碎站等）的位置及状态等信息，对卡车进行动态调度，将开采作业中产生的矿石和废石从采掘点运送至破碎站和排土场的过程。卡车调度优化，就是在露天矿生产计划一定的条件下，在给定的生产设备和开采环境等的约束下，通过合理规划运输路径，减少卡车和挖掘机的总排队和等待时间，提高采运设备的综合利用率，从而减少人员和采运设备资源的投入，达到矿山降本增效的目的。

露天矿卡车调度优化问题主要有三个方面的内容，即最短路径问题、车流规划问题、实时调度问题。三部分之间相互作用，最佳路径是卡车调度的基础，车流分配是卡车调度的核心，实时调度是卡车调度的实现。

（1）最短路径问题。最短路径通常指的是带权图上的最短路径。从网络模型的角度看，求最短路径就是在指定网络中的两节点间找出一条阻碍强度最小的路径。根据对阻碍强度的不同定义，最短路径可以指一般意义上的距离最短，也可以引申到其他的量度，如时间、费用、油耗等，相应地，最短路径问题就成为最短时间路径问题、最低费用路径问题等。目前的路径优化算法已经成熟，主要包括传统的精确算法，如 Dijkstra 算法、Floyd 算法等，以及近些年发展起来的启发式算法，如禁忌搜索算法、遗传算法、蚁群算法、模拟退火算法、粒子群算法等[152]。

（2）车流规划问题。车流规划是指在满足运输量、剥采比、车流连续性等约束条件下，通过数学规划，对装载点和卸载点之间的车流进行优化分配，规划结果用于指导卡车调度系统的实时调度。装载点与卸载点之间的车流规划问题受多方面因素影响，求解的目标和需要满足的约束条件有所差异。因此，车流规划模型也有多种，且不同模型间的区别较大，常见的有线性规划模型、整数规划模型、多目标规划模型等。对于单目标的车流规划模型，通常采用单纯形法、Lingo 软件求解；而对于多目标车流规划模型，传统的多目标优化方法求解此类组合优化的 NP-hard 问题存在一定的局限性，如：受人为影响因素较大，缺乏客观性；求解精度不高；对问题本身要求严格，不具有通用性；耗时较长等[153]。因此，目前对于此类组合优化的问题，尤其是调度问题，多数学者选择多目标智能优化算法进行求解。得益于此类智能算法的良好性能，多目标智能优化算法在卡车调度优化问题的求解中得到了广泛的应用，常见的有：多目标遗传算法（NSGA-Ⅱ和 NSGA-Ⅲ）、基于分解的多目标算法（MOEA/D）、多目标粒子群算法（MOPSO）等。

（3）实时调度问题。实时调度是指遵循一定的调度准则和车流规划安排，根据矿山开采现场实时的设备运行状况为卡车分配任务，对卡车进行实时调度，以完成既定的工作计划。在实时调度方面，常用的调度准则有两大类：一是提高电铲、卡车的效率；二是尽可能实现车流规划的结果。对于第一类准则，常用的方法包括最早装车法、最大卡车法、最大电铲法、最小饱和度法等；第二类则包括两阶段算法、非线性整数规划算法、比率法等[156]。但是，不论哪一种准则，其目的都是及时调配卡车，实现设备利用率最高、铲装运输成本最低或矿石产量最大等既定目标。

## 11.2　多目标车流规划调度模型

### 11.2.1　模型选择

露天矿卡车调度问题是一个典型的组合优化问题，与一般的物流卡车调度问题不同，它具有一定的随机性。当前国内外露天矿卡车调度模型多数仍为单一目标模型，只有少数学者转向了多目标模型。表 11-1 所示为近 10 年相关重点文献中的调度模型总结。

**表 11-1　露天矿卡车调度模型总结**

| 序号 | 模 型 内 容 | 模型类型 | 求解方法 | 时间 |
| --- | --- | --- | --- | --- |
| 1 | 目标：产量最大化、总运量最小化；<br>约束：卸载点产量需求、装载点矿石及岩石量、运输次数、品位要求 | 多目标 | Lingo 软件 | 2015[145] |

续表 11-1

| 序号 | 模 型 内 容 | 模型类型 | 求解方法 | 时间 |
|---|---|---|---|---|
| 2 | 目标：产量最大化；<br>约束：不确定装载点/卸载点的生产能力、装载及卸载时间、卡车重载及空车运行时间、固定配车、一个卸装点/卸载点只允许一辆车装/卸 | 单目标 | 单目标优化算法 | 2012[156] |
| 3 | 目标：产量最大化；<br>约束：固定配车、装载点及卸载点的产量计划及能力、卡车运载能力、车流连续性 | 单目标 | Lingo 软件 | 2016[157] |
| 4 | 目标：产量最大化；<br>约束：装载点及卸载点的产量计划及能力、卡车数量、品位要求 | 单目标 | Lingo 软件 | 2017[158] |
| 5 | 目标：能源消耗最小化；<br>约束：装载点及卸载点的产量计划及生产能力、运输次数、车流及时间连续性、装载及卸载时间、卡车重载及空车运行时间、固定配车、一个装载点/卸载点只允许一辆车装/卸 | 单目标 | 单目标优化算法 | 2017[159] |
| 6 | 目标：运输成本最小化、卡车排队时间最小化、品位偏差最小化；<br>约束：装载点生产能力、卸载点的产量计划及生产能力、品位限制、运输次数 | 多目标 | 多目标优化算法 | 2019[155] |
| 7 | 目标：运输成本最小化、卡车排队时间最小化、品位偏差最小化；<br>约束：装载点生产能力、卸载点的产量计划及生产能力、品位限制、油箱油量、运输次数 | 多目标 | 多目标优化算法 | 2020[154] |
| 8 | 目标：综合成本最小化（运输、维修、油耗、碳排放及卡车固定成本）；<br>约束：装载点生产能力、卸载点产量需求、卡车容量、卡车工作时间、运输次数 | 单目标 | 单目标优化算法 | 2020[160] |
| 9 | 目标：运输成本最小化、卡车排队时间最小化、品位偏差最小化；<br>约束：装载点生产能力、卸载点的产量计划及生产能力、品位限制、油箱油量、运输次数 | 多目标 | 多目标优化算法 | 2020[161] |

可见，不同的模型有不同的优化目标，所考虑的约束条件也有差异。当卡车的数目以及工作时间一定时，露天矿企业在卡车调度中追求的目标，一般都是在保证矿石品质和产量的前提下，以最低的成本获取最大的收益，而运输成本和卡

车闲置时间是影响采运系统生产成本的主要因素。因此，我们选择了以卡车总运输成本最小化、卡车总闲置时间最小化和矿石品位偏差最小化为目标的多目标调度优化模型。

### 11.2.2　模型假设

为表述方便，表 11-2 列出了模型中所使用的符号的含义。

**表 11-2　符号定义**

| 符号 | 意 义 说 明 |
|---|---|
| $i$ | 装载点索引号，表示第 $i$ 个装载点（即挖掘机位置），$i = 1, 2, \cdots, I$ |
| $j$ | 卸载点索引号，表示第 $j$ 个卸载点（即破碎站位置），$j = 1, 2, \cdots, J$ |
| $r$ | 卡车的索引号，表示第 $r$ 辆卡车，$r = 1, 2, \cdots, R$ |
| $x_{rij}$ | 第 $r$ 辆卡车从装载点 $i$ 去往卸载点 $j$ 的次数 |
| $x_{rji}$ | 第 $r$ 辆卡车从卸载点 $j$ 去往装载点 $i$ 的次数 |
| $d_{ij}$ | 装载点 $i$ 到卸载点 $j$ 的最佳距离 |
| $d_{jO}$ | 从卸载点 $j$ 到加油点 $O$ 的最佳距离 |
| $d_{Oi}$ | 从加油点 $O$ 到装载点 $i$ 的最佳距离 |
| $C_r$ | 第 $r$ 辆卡车的装载量 |
| $C_{r1}$ | 第 $r$ 辆卡车重载时的单位距离成本 |
| $C_{r2}$ | 第 $r$ 辆卡车空载时的单位距离成本 |
| $C_{r3}$ | 第 $r$ 辆卡车单位时间内的磨损成本（维修费用） |
| $E_{r1}$ | 第 $r$ 辆卡车重载时的单位距离油耗 |
| $E_{r2}$ | 第 $r$ 辆卡车空载时的单位距离油耗 |
| $E$ | 卡车的油箱容量 |
| $K$ | 卡车的最小剩余油量 |
| $g_i$ | 装载点 $i$ 的最大生产能力（一个班次内） |
| $f_j$ | 卸载点 $j$ 的最小生产需求（一个班次内） |
| $q_j$ | 卸载点 $j$ 的最大生产能力（一个班次内） |
| $e$ | 矿石品位的最低限制 |
| $\alpha_i$ | 装载点 $i$ 的矿石品位 |
| $\beta$ | 矿石品位允许偏差 |
| $G_j$ | 卸载点 $j$ 的目标品位 |
| $B_{ci}$ | 一个班次内装载点 $i$ 的最大装载次数 |

续表 11-2

| 符号 | 意 义 说 明 |
| --- | --- |
| $S_f$ | 卡车重载时的平均行驶速度 |
| $S_n$ | 卡车空载时的平均行驶速度 |
| $T_1$ | 一个班次的工作时间 |
| $T_O$ | 卡车加油的平均用时 |
| $T_c$ | 卡车的检查时间 |
| $T_z$ | 卡车装载的平均用时 |
| $T_q$ | 卡车卸载的平均用时 |
| $K_{rjO}$ | 卡车 $r$ 从卸载点 $j$ 到加油点 $O$ 的运行次数 |
| $K_{rOi}$ | 卡车 $r$ 从加油点 $O$ 到装载点 $i$ 的运行次数 |

构建模型用到如下假设：

（1）卡车在每个班次（单次优化时间段）开始前都是满油状态，并且当卡车前去加油时为空载状态；

（2）不考虑路况、天气等外部因素对卡车行驶的影响，空载平均车速 $S_n$ 和重载平均车速 $S_f$ 为常数，重载和空载的油耗有较大差异；

（3）卡车可以在一个班次内装载废石或矿石，但不能混合装载，卡车的装载量与卡车容量相等，不得超载，并在卸载点将废石或矿石完全卸载；

（4）卡车在运输作业中只能在装载点和卸载点之间运行，但当卡车在卸载点油箱剩余油量小于 $K$ 时，必须到加油点加油，且只有一个加油点；

（5）卡车可以去往任何需求未饱和的卸载点，且任何一个装载点到卸载点的行驶路径和行驶距离都是已知的，且为当前最佳路径，其路径长度为 $d_{ij}$；

（6）一个班次的工作时间 $T_1 = 8\text{h}$。每个班次的最后 20min 为卡车检查时间；

（7）在一个班次内，挖掘机和卸载点的位置不会改变；

（8）卡车可以提前退出调度系统；

（9）同一班次的卡车同时启动，而且在这一时段内卡车不会突然停止工作；

（10）卡车在行驶过程中与排队等候时的磨损相同，即单位时间内的磨损成本相同。

### 11.2.3　模型建立

卡车车流规划调度优化模型由目标函数和约束条件组成。

#### 11.2.3.1　目标函数

卡车调度的目标包括卡车总运输成本最小化、卡车总闲置时间最小化和矿石品位偏差最小化。模型目标函数为：

$$F(S) = \{F_1(S),\ F_2(S),\ F_3(S)\} \tag{11-1}$$

（1）卡车总运输成本最小化目标 $F_1(S)$。卡车运输成本由三部分组成：卡车重载从装载点到卸载点的运行成本，空载从卸载点到装载点或来往加油点的运行成本，以及卡车的维修成本。所以，卡车总运输成本最小化的函数表达为：

$$F_1(S) = \min \sum_{r=1}^{R} \Big[ \sum_{i=1}^{I} \sum_{j=1}^{I} d_{ij} C_{r1} x_{rij} + \sum_{i=1}^{I} \sum_{j=1}^{J} d_{ij} C_{r2} x_{rji} + \sum_{j=1}^{J} K_{rjO} d_{jO} C_{r2} + \sum_{i=1}^{I} K_{rOi} d_{Oi} C_{r2} + (T_1 - T_c) C_{r3} \Big] \tag{11-2}$$

（2）卡车总闲置时间最小化目标 $F_2(S)$。一辆卡车的闲置时间是班次的工作时间扣除必要的行驶、装载、卸载、加油和检查等时间后的差额。所以，卡车总闲置时间最小化的函数表达为：

$$F_2(S) = \min \sum_{r=1}^{R} \left[ T_1 - \sum_{i=1}^{I} \sum_{j=1}^{J} \left( \frac{d_{ij}}{S_f} + T_z \right) x_{rij} - \sum_{i=1}^{I} \sum_{j=1}^{J} \left( \frac{d_{ij}}{S_n} + T_q \right) x_{rji} - \sum_{j=1}^{J} \frac{d_{jO}}{S_n} K_{rjO} - \sum_{i=1}^{I} \frac{d_{Oi}}{S_n} K_{rOi} - \sum_{i=1}^{I} T_O K_{rOi} - T_c \right] \tag{11-3}$$

（3）矿石品位偏差最小化目标 $F_3(S)$。每个卸载点都有其最低矿石品位限制，这种限制将体现在约束条件中。目标函数是所有卸载点处的矿石品位与其目标品位之间的平均品位偏差最小：

$$F_3(S) = \min \frac{\sum_{j=1}^{J} \sum_{r=1}^{R} \sum_{i=1}^{I} \left| (\alpha_i - G_j) \cdot C_r x_{rij} \right|}{\sum_{r=1}^{R} \sum_{j=1}^{J} \sum_{i=1}^{I} C_r x_{rij}} \tag{11-4}$$

#### 11.2.3.2　约束条件

模型中考虑了以下八个约束条件。

（1）卸载点生产能力约束。运往每个卸载点的矿石总量不得超过该卸载点的最大生产能力 $q_j$：

$$g_1(x) = q_j - \sum_{r=1}^{R} \sum_{i=1}^{I} C_r x_{rij} \geqslant 0 \quad 对于 j = 1,\ 2,\ \cdots,\ J \tag{11-5}$$

（2）卸载点产量计划约束。每个卸载点卸载的矿石总量要满足该卸载点的

生产计划最小需求 $f_j$：

$$g_2(x)=\sum_{r=1}^{R}\sum_{i=1}^{I}C_r x_{rij}-f_j\geqslant 0\quad 对于 j=1,\ 2\ ,\ \cdots,\ J \tag{11-6}$$

（3）装载点生产能力约束。每个装载点装载的矿石总量不得超过该装载点的最大生产能力 $g_i$：

$$g_3(x)=g_i-\sum_{r=1}^{R}\sum_{j=1}^{J}C_r x_{rij}\geqslant 0\quad 对于 i=1,\ 2\ ,\ \cdots,\ I \tag{11-7}$$

（4）卸载点的矿石品位约束。每个卸载点卸载的矿石品位与限制品位 $e$ 之间的偏差不得超过最大品位偏差 $\beta$：

$$g_4(x)=\beta-\left|\frac{\sum_{r=1}^{R}\sum_{i=1}^{I}C_r x_{rij}\cdot\alpha_i}{\sum_{r=1}^{R}\sum_{i=1}^{I}C_r x_{rij}}-e\right|\geqslant 0\quad 对于 j=1,\ 2\ ,\ \cdots,\ J \tag{11-8}$$

（5）车流连续性约束。每个装/卸载点的出入车流量必须相等：

$$\sum_{r=1}^{R}\sum_{i=1}^{I}x_{rij}-\sum_{r=1}^{R}\sum_{i=1}^{I}x_{rji}=0\quad 对于 j=1,\ 2\ ,\ \cdots,\ J \tag{11-9}$$

$$\sum_{r=1}^{R}\sum_{j=1}^{J}x_{rji}-\sum_{r=1}^{R}\sum_{j=1}^{J}x_{rij}=0\quad 对于 i=1,\ 2\ ,\ \cdots,\ I \tag{11-10}$$

（6）剩余油量约束。每辆卡车的剩余油量降到最低值 $K$ 时，必须到加油点加油。这一约束对于无人驾驶卡车尤为重要，由于无人驾驶卡车在行驶过程中没有司机能够随时关注剩余油量，所以需要监控其剩余油量，并留有足够油量去加油。

$$g_5(x)=E-\left(\sum_{i=1}^{I}\sum_{j=1}^{J}d_{ij}E_{r1}x_{rij}+\sum_{i=1}^{I}\sum_{j=1}^{J}d_{ij}E_{r2}x_{rji}\right)-K\geqslant 0\quad 对于 r=\ 1,\ 2\ ,\ \cdots,\ R \tag{11-11}$$

最小剩余油量 $K$ = 卸载点到装载点最大用油量+装载点到卸载点最大用油量+卸载点到加油点 $O$ 的最大用油量。

（7）装载点的装车次数约束。为了保证每个装载点的出矿均匀，在一个班次内每个装载点的装车次数不得大于 $B_{ci}$：

$$g_6(x)=B_{ci}-\sum_{r=1}^{R}\sum_{j=1}^{J}x_{rij}>0\quad 对于 i=1,\ 2\ ,\ \cdots,\ I \tag{11-12}$$

（8）卡车运输次数约束。卡车运输的次数必须为正整数，且矿石和废石装载点的重车必须分别前往矿石和废石卸载点卸载，而卸载点的空车可以前往任何装载点。对于矿岩混合运输的车流规划调度问题，设 $I$ 个装载点中前 $p$ 个为矿石装载点、后 $I-p$ 个为废石装载点，$J$ 个卸载点中前 $q$ 个为矿石卸载点、后 $J-q$ 个为排土场。

$$
\begin{cases}
x_{rij} \in \{0,\ 1,\ 2,\ \cdots\},\ x_{rji} \in \{0,\ 1,\ 2,\ \cdots\}, & i \in (0,\ p)\ 且\ j \in (0,\ q), \\
 & i \in (p+1,\ I)\ 且\ j \in (q+1,\ J) \\
x_{rij} = 0,\ x_{rji} \in \{0,\ 1,\ 2,\ \cdots\}, & 其他
\end{cases}
\tag{11-13}
$$

## 11.3 基于参考点的强约束支配车流规划调度算法

在上一节中，构建了露天矿卡车调度车流规划模型，该模型为多目标组合优化模型，且含有较多约束条件，最优解的搜索及可行域都较为复杂，因此需要为该模型设计专门的求解算法。本节首先介绍求解模型的基本流程，然后阐述所设计的求解算法的关键步骤。

### 11.3.1 求解动态车流规划调度模型的基本流程

露天矿卡车车流规划调度问题，就是要在实现矿山企业既定目标的情况下，为卡车规划行驶方案。该问题作为车辆调度问题中的一类，其解空间与一般车辆调度问题一样是离散的，而且随着节点数目的增加，问题的规模会以指数级的速度增长。经过前文对已有相关研究的总结可知，求解此类问题的方法主要为传统的精确求解方法和单一智能优化算法。与传统的精确求解相比，智能优化算法效率更高且能够提供较多的方案以供选择，但它们大多有早熟、难以跳出局部最优等缺点，因此，在求解此类多目标、多约束的组合优化问题时，容易出现无法找到满意解的情况；这种现象在其他工业生产组合优化问题中也普遍出现。因此多种算法混合的思想受到了普遍的关注。基于 Parato 支配关系的算法在多目标的目标空间具有较差的分布性和多样性，而非 Parato 支配关系的进化机制（即基于分解方法）在处理多目标优化问题方面已显示出较好的分布性和多样性，并且适合于不同特征的多目标优化问题。为此，针对露天矿卡车多目标车流规划调度模型的特点，本节结合 Parato 支配关系、基于分解的思想以及约束支配方法，设计了一种基于参考点的强约束支配车流规划调度算法（RPSC-NSGA-Ⅱ），以求解上一节中所建立的模型。

由于设计的新算法沿用了 NSGA-Ⅱ 的算法框架，因此本节首先对 NSGA-Ⅱ 的基本流程进行概述，然后给出求解露天矿动态车流规划调度模型的 RPSC-NSGA-Ⅱ 算法的基本流程。

#### 11.3.1.1 NSGA-Ⅱ 算法的基本流程

NSGA-Ⅱ 算法的基本步骤如下：

第 1 步：初始化设置。输入相关参数，目标数目为 $M$，种群大小 $N$，交叉概率 $p_c$，变异概率 $p_m$，最大迭代次数为 Maxgen，随机产生初始化种群 $P_t(t=0)$。

第 2 步：遗传操作产生新种群 $Q_t$。利用快速非支配排序计算 $P_t$的非支配等级，根据交叉、变异的概率选择父代中的个体进行遗传操作产生 $N$ 个子代个体，构成子代种群 $Q_t$。

第 3 步：合并种群，选择较优个体作为下一父代。将父代种群 $P_t$与子代种群 $Q_t$合并，形成种群 $R_t$，对种群 $R_t$（大小为 $2N$）进行快速非支配排序，并计算每个个体的拥挤度距离，采用二元锦标赛法从 $R_t$中选择较优（优先等级较高、拥挤度距离较大）的 $N$ 个个体进入下一代 $P_{t+1}$。

第 4 步：令 $t=t+1$，判断是否满足终止条件。若满足终止条件，则终止算法并输出结果，即优先等级为 $F_1$的种群个体；若未满足终止条件，则返回到第 2 步。

#### 11.3.1.2 动态车流规划调度模型的求解流程

根据上述内容，RPSC-NSGA-Ⅱ求解露天矿卡车车流规划调度初始状态下模型的基本流程如下：

第 1 步：初始化设置。输入相关参数，目标数目为 $M$，参考点数目 $H$（由 $p$ 值决定），种群大小 $N=H$，交叉概率 $p_c$，变异概率 $p_m$，最大迭代次数为 Maxgen，按照一定规则产生初始化种群 $P_t(t=0)$，计算个体的目标函数值 $F(x)$、约束违反度 $C_V$ 及收敛程度 $C_{ov}$。

第 2 步：遗传操作产生新种群 $Q_t$。根据交叉、变异的概率选择父代中的个体进行遗传操作产生 $N$ 个子代个体，构成子代种群 $Q_t$。然后，计算每个个体的目标函数值 $F(x)$、约束违反度 $C_V$ 及收敛程度 $C_{ov}$。将父代 $P_t$ 与子代 $Q_t$ 合并，形成新的种群 $R_t$，剔除其中相同的个体。

第 3 步：判断种群 $R_t$的大小。当 $|R_t|<3N/2$ 时，应当继续选择个体进行交叉、变异，直到 $|R_t|\geq 3N/2$。这是为了保证算法在进化过程中产生足够的新解，以便从中选择较优个体。

第 4 步：目标归一化并关联参考点。

（1）将种群 $R_t$中的个体进行目标归一化处理。找到种群 $R_t$的理想点 $z^{\text{ideal}}$ 和最劣点 $z^{\text{nadir}}$，将个体的目标值归一化。

（2）计算个体与各参考方向的夹角。将各参考点与原点连接，形成参考方向，然后计算个体与每个参考方向的夹角 $\theta$。

（3）关联参考点。根据夹角大小，找到与个体夹角最小的参考方向，将个体与该参考方向对应的参考点相关联。

第 5 步：RPSC 支配排序。计算个体所关联的参考点的密度 RPSetDensity$(x)$，根据 RPSC 支配关系对所有的个体进行排序并分层，以得到每个个体的优先等级。

第 6 步：环境选择。采用二元锦标赛法从 $R_t$ 中选择较优（优先等级较高、拥挤度距离较大）的 $N$ 个个体进入下一代 $P_{t+1}$。

第 7 步：令 $t = t + 1$，判断是否满足终止条件。若满足终止条件，则终止算法并输出结果，即优先等级为 $F_1$ 的种群个体；若未满足终止条件，则返回到第 2 步。

图 11-1 所示是求解露天矿卡车动态车流规划调度模型的流程图。

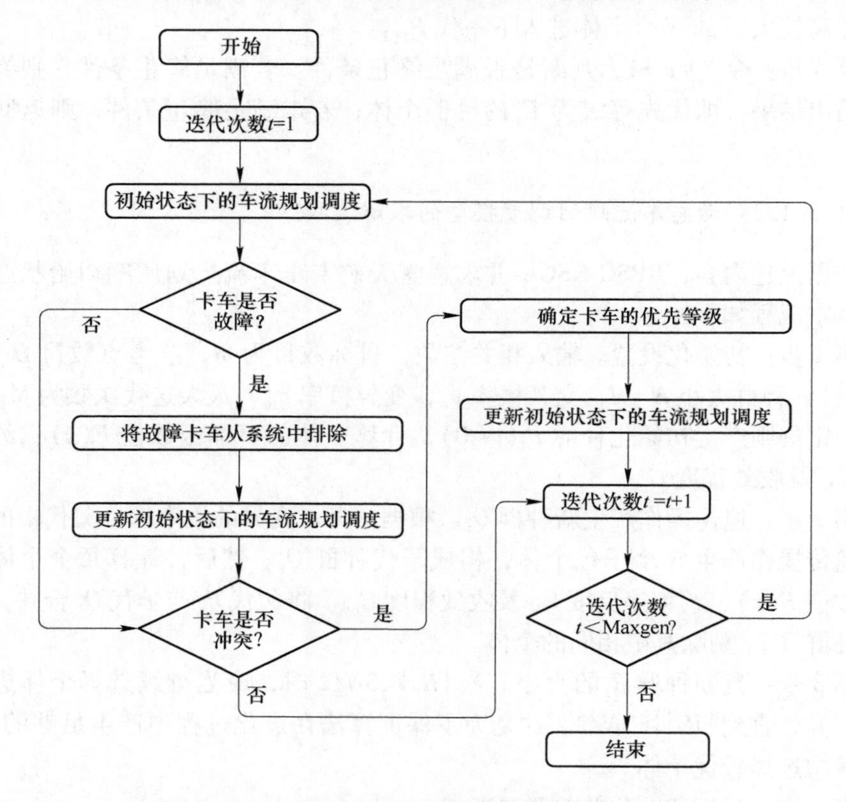


图 11-1　露天矿卡车动态车流规划调度模型的求解流程图

### 11.3.2　基于参考点的强约束支配车流规划调度算法

上一小节给出了求解模型的基本流程，本小节详细介绍基于参考点的强约束支配车流规划调度算法（RPSC-NSGA-Ⅱ）的主要步骤，包括问题的编码与解码、初始解的生产、参考点生成、目标归一化与参考点关联、遗传操作设计、RPSC 支配排序等。

#### 11.3.2.1 问题编码与解码

问题的编码与解码是智能优化算法求解各类不同优化问题的重点，不同的问题有不同的编码方式。针对前述优化模型，确定求解算法采用字符编码。设露天矿的矿石装载点集合为［$A$，$B$，$C$，$D$，$E$，$F$］、破碎站集合为［$a$，$b$，$c$］，那么，算法求得的当前状态下的5辆卡车的调度方案就可以表示为式（11-14）。其中“→”的数目表示卡车重载和空载的总运输次数，矩阵的每一行对应一辆卡车的运行路线。

$$\boldsymbol{x} = \begin{bmatrix} B \to c \to A \to b \to C \to b \to B \to c \\ C \to b \to E \to c \to A \to c \to a \\ E \to c \to C \to a \to D \to b \to A \to a \\ F \to b \to C \to b \to B \to a \to F \to b \\ D \to a \to A \to c \to F \to c \to E \to a \end{bmatrix} \tag{11-14}$$

#### 11.3.2.2 初始种群的产生方式

对于露天矿卡车车流规划调度问题，若随机生成初始种群，则可能出现不合理的情况。例如，卡车运行路线的各节点之间（如 $A \to B$）不能连通，因此，种群初始化方式为：

第1步：确定方案中各卡车运行路线的起始点，并将其编码为方案 $x$ 的第一个位置。

第2步：从起始点开始，从与起始点的相连通的集合中随机选择一个点作为第二个位置。

第3步：重复第2步，确定该方案中各卡车运行路线的其余编码，直到形成一条完整卡车运行路线的编码。

#### 11.3.2.3 参考点生成

在11.2节中建立的模型有3个目标函数。因此，直接采用系统方法生成一组参考点，记作RPSet。参考点数量用求组合的方法计算：

$$H = \binom{M + p - 1}{p} \tag{11-15}$$

为了增强该算法的适用性，当目标函数数目继续增加时，应采用双层的方式生成参考点。这是因为采用系统方法，只有当 $p \geqslant M$ 时，才能在目标空间内部生成参考点，而根据参考点的计算方法计算得出的参考点数目会很大。例如，$M=8$，则 $p \geqslant 8$，取最小值8，则 $H=5040$。这意味着种群数目也是5040，这将极度占用计算资源。因此，当 $M \geqslant 3$ 时，采用双层的方法生成参考点。图11-2

以 $M = 3$ 为例展示了参考点生成的方式，图 11-2（a）为采用系统方法生成参考点（$p = 3$）；图 11-2（b）为采用双层方法生成参考点（外层 $p = 2$，内层 $p = 1$）。

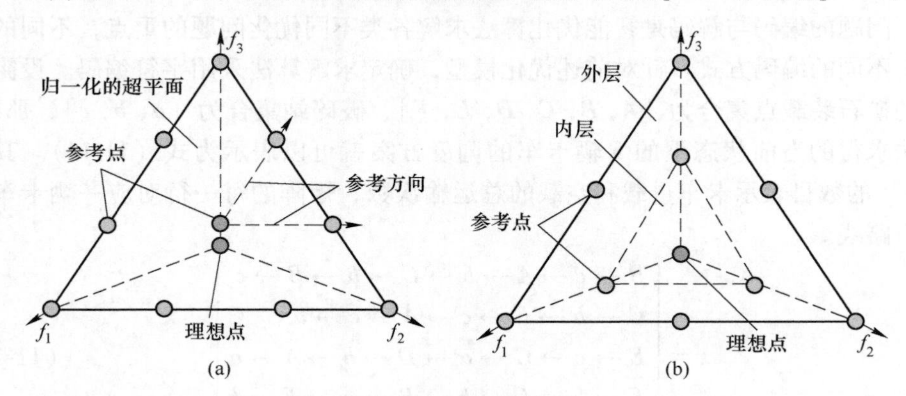


图 11-2　参考点生成

（a）系统方法；（b）双层方法

11.3.2.4　目标归一化与参考点关联

为了比较个体，每个个体的目标函数值都必须根据当前种群中的理想点和最劣点进行归一化处理。为方便起见，在该算法中，个体的目标值被归一化到范围［0，1］内。归一化公式如下：

$$\tilde{f}_i(x) = \frac{f_i(x) - z^{\text{ideal}}(i)}{z^{\text{nadir}}(i) - z^{\text{ideal}}(i)} \quad i = 1,\ 2,\ \cdots,\ M \tag{11-16}$$

$$\theta_i = \langle \hat{F}(x),\ r_i \rangle \quad i = 1,\ 2,\ \cdots,\ H \tag{11-17}$$

另外，在这个算法中，种群中每一个个体都需要与之最近的参考点相互关联，具体步骤为：

第 1 步：将参考点与原点连接，生成其对应的参考方向。

第 2 步：计算候选解与每个参考方向之间的夹角（记为 $\theta$），计算方法见式(11-17)，其中参考点 $r_i \in \text{RPSet}$。

第 3 步：将个体分配到其最近的参考方向，即将候选解和与之夹角最小的参考点相关联。

11.3.2.5　遗传操作

遗传操作是遗传算法产生新个体进化的核心，而在车流规划调度此类离散型问题中，遗传操作也是产生新解的主要方法之一。RPSC-NSGA-Ⅱ沿用了 NSGA-Ⅱ的算法框架，因此选择遗传操作以产生新解，包括多点交叉、单点变异两种算子。

（1）交叉算子。以交叉概率 $p_c$ 随机从当前种群中选取一部分的个体作为父代，然后将父代个体两两进行多点交叉，得到两个新的个体。由于多点交叉操作之后可能会产生非法个体（即不能连通的解），因此，需要判断交叉点位处的节点与前后的节点是否能够连通。如果产生的子代个体无法连通，那么需要在子代个体两个无法连通的节点之间增加可以连通的节点，以此来保证所产生的新解的存在具有合法性。图 11-3 所示是多点交叉示意图。

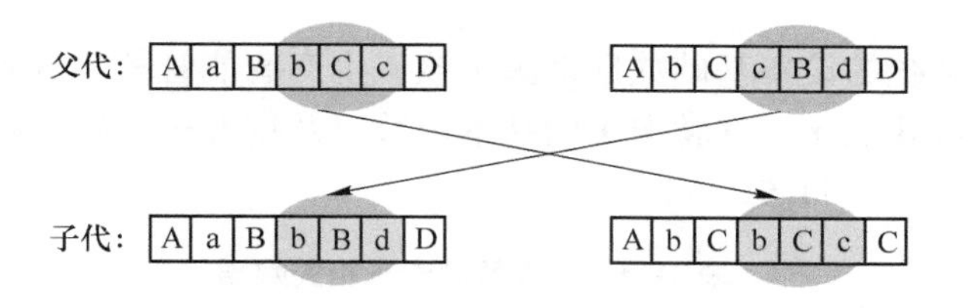


图 11-3 交叉操作

（2）变异算子。以变异概率 $p_m$ 随机从当前种群中选取一部分的个体作为父代，对其执行单点变异操作。具体操作方式为：保持起始节点不变，在被选择的个体中随机选择某一点位作为变异点位，判断前后两个点位对应的节点之间有无其他可连通的节点，如果存在其他可以连通的节点，那么就将变异点位对应的节点替换为其他可以连通的节点。变异过程如图 11-4 所示。

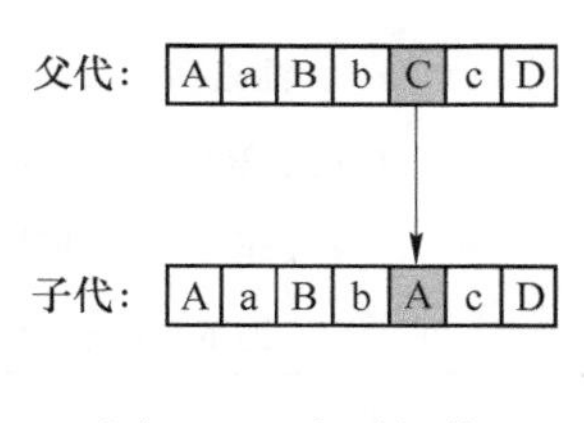


图 11-4 变异操作

11.3.2.6 RPSC 支配排序

基于参考点的强约束支配关系（RPSC 支配关系）是 RPSC 支配排序的核心内容。RPSC 支配排序的原理与 NSGA-Ⅱ的快速非支配排序类似，它利用 RPSC 支配关系对父代和子代合并后的种群进行划分以得到优先等级不同的前沿面，然后根据初始设定的种群大小选择排序靠前的个体进入下一轮更新。与 NSGA-Ⅱ不同的是，RPSC 支配排序中 RPSC 支配关系利用了解的收敛程度（$C_{ov}$）、密度（RPSetDensity）及约束违反度（$C_V$）这三大信息来判断候选解之间的支配关系，因此能够获得比 Pareto 支配更多的前沿，并在 Pareto 等价解的区分上具有优势。此外，RPSC 支配排序还能够保护靠近可行区域的稀疏非可行解，维持所求得的 Pareto 解集收敛性与分布性之间的平衡，让最终求得的解尽可能地靠近真实前沿面且分布均匀。为了有利于下一代，RPSC 支配排序所获得的最优先层级中的极值解的 RPSetDensit 应设为零。这是因为这些极值解在一定程度上有助于指导种群的进化。

## 11.4 多目标车流规划调度优化案例

本节以河南省某大型露天矿山为例，应用上述模型和算法对无人驾驶卡车的车流规划调度进行优化。

### 11.4.1 基础数据

该矿采运系统的设备基础数据来源于该矿生产智能管控集成系统，在云平台的数据库中直接获取无人驾驶卡车的基本参数以及挖掘机、破碎机等设备的理论参数，见表11-3~表11-5。

表11-3 无人驾驶卡车相关数据

| 参　数 | 数　据 |
|---|---|
| 长×宽×高/m×m×m | 6.2×3.5×1.5 |
| 容量/t | 50 |
| 自重/t | 22.5 |
| 油箱容量/L | 400 |
| 单位耗油量/L·(t·km)$^{-1}$ | 0.088 |
| 重车速度/km·h$^{-1}$ | 15 |
| 空车速度/km·h$^{-1}$ | 20 |

表11-4 挖掘机相关数据

| 设备名称 | 铲斗容积/m$^3$ | 工作质量/kg | 工作效率/t·h$^{-1}$ |
|---|---|---|---|
| 液压式挖掘机 | 3 | 3000 | 325 |

表11-5 破碎机相关数据

| 设备名称 | 给料口宽度/mm | 设备总重/t | 生产能力/t·h$^{-1}$ |
|---|---|---|---|
| 液压式旋回破碎机 | 1200 | 215 | 1250~1480 |

矿山各装载点的矿石品位和矿石量由矿山现场提供，如表11-6所示。另外，根据矿山矿石品位限制的历史数据，该矿山的最低品位限制为0.090%。

表11-6 各装载点的矿石量和品位

| | 装载点*A* | 装载点*B* | 装载点*C* | 装载点*D* | 装载点*E* | 装载点*F* |
|---|---|---|---|---|---|---|
| 品位/% | 0.147 | 0.131 | 0.119 | 0.139 | 0.13 | 0.121 |
| 矿石量/t | $0.61\times10^4$ | $0.49\times10^4$ | $0.72\times10^4$ | $0.53\times10^4$ | $0.65\times10^4$ | $0.58\times10^4$ |

无人驾驶卡车的成本主要包括能耗和维修成本，且卡车在空载和重载时的能

量消耗量有较大差异。根据现场工作人员从历史数据中得到的经验值拟定：重载时平均运行成本为 32 元/km，空载时平均运行成本为 24 元/km，包含检查费用的平均维修费用为 2 元/h。

### 11.4.2 相关参数设置

各个装载点、卸载点及加油点之间的距离如表 11-7 所示。

**表 11-7 装载点、卸载点、加油点之间的距离**（km）

| 平均距离 | 破碎站 *a* | 破碎站 *b* | 破碎站 *c* | 加油点 *O* |
|---|---|---|---|---|
| 装载点 *A* | 2.473 | 3.771 | 2.541 | 2.321 |
| 装载点 *B* | 1.509 | 2.559 | 2.119 | 3.021 |
| 装载点 *C* | 1.832 | 2.801 | 2.201 | 1.977 |
| 装载点 *D* | 0.908 | 1.079 | 1.759 | 3.212 |
| 装载点 *E* | 1.621 | 2.931 | 1.641 | 2.440 |
| 装载点 *F* | 1.517 | 2.209 | 1.449 | 2.301 |
| 加油点 *O* | 1.970 | 2.860 | 2.120 | 0 |

无人驾驶卡车的实际载重量、速度与油耗如表 11-8 所示。基于对历史数据的统计分析，卡车的平均装车时间设定为 5min、平均卸载时间设定为 3min。

**表 11-8 无人驾驶卡车相关参数**

| 参　　数 | 数　　值 |
|---|---|
| 实际载重量/t | 48 |
| 空载速度/$km \cdot h^{-1}$ | 19.4 |
| 重载速度/$km \cdot h^{-1}$ | 15.7 |
| 空载单位油耗/$L \cdot km^{-1}$ | 1.74 |
| 重载单位油耗/$L \cdot km^{-1}$ | 6.18 |

考虑到矿石存储、破碎机的工作效率及损害等因素，确定各破碎站的最大生产能力为 1 万~1.4 万吨/班，矿石品位要求为 0.125%。破碎机的班生产需求如表 11-9 所示。

**表 11-9 各卸载点的生产需求**（万吨）

| | 破碎站 *a* | 破碎站 *b* | 破碎站 *c* |
|---|---|---|---|
| 矿石量 | 0.30 | 0.30 | 0.25 |

综上，各项参数设置如表 11-10 所示。

**表 11-10 相关参数取值**

| 参数 | 含义及取值 |
|---|---|
| $M$ | 目标数目，3 个 |
| $N=H$ | 种群数目与参考点数目相等，136 个 |
| Maxgen | 最大迭代次数，200 |
| $I$ | 装载点的数目，6 个 |
| $J$ | 卸载点的数目，3 个 |
| $R$ | 无人驾驶卡车的数目，20 辆 |
| $C$ | 无人驾驶卡车的装载能力，48t |
| $C_1$ | 无人驾驶卡车重载时的单位距离成本，32 元/km |
| $C_2$ | 无人驾驶卡车空载时的单位距离成本，24 元/km |
| $C_3$ | 无人驾驶卡车的单位时间磨损成本（维修费用），2 元/h |
| $E_1$ | 无人驾驶卡车重载时的单位距离油耗，6.18L/km |
| $E_2$ | 无人驾驶卡车空载时的单位距离油耗，1.74L/km |
| $E$ | 无人驾驶卡车的油箱容量，400L |
| $K$ | 最小剩余油量，20L |
| $f$ | 一个班次内，卸载点的最小生产需求，5000t |
| $q$ | 卸载点的最大生产能力，1 万吨 |
| $e$ | 最低矿石品位的限制，0.090% |
| $\beta$ | 矿石品位允许误差，0.005% |
| $G$ | 卸载点目标品位，0.125% |
| $S_f$ | 无人驾驶卡车重载时的平均行驶速度，15.7km/h |
| $S_n$ | 无人驾驶卡车空载时的平均行驶速度，19.4km/h |
| $T_1$ | 一个班次的工作时间，8h |
| $T_O$ | 无人驾驶卡车加油的平均用时，10min |
| $T_c$ | 无人驾驶卡车一个班次的检查时间，20min |
| $T_z$ | 无人驾驶卡车平均装载用时，5min |
| $T_q$ | 无人驾驶卡车平均卸载用时，3min |

### 11.4.3 优化结果

表 11-11 给出了本次车流规划调度优化结果中总运输成本、总闲置时间、品位偏差分别为最小时的各目标函数值。

**表 11-11　三种不同状态下的目标函数值**

| 目标函数 | 总运输成本/元 | 总闲置时间/h | 品位偏差 |
|---|---|---|---|
| 总运输成本最小 | 39532 | 35.2 | $1.4678\times10^{-5}$ |
| 总闲置时间最小 | 46450 | 13.1 | $2.6925\times10^{-5}$ |
| 品位偏差最小 | 41147 | 28.5 | $3.9628\times10^{-6}$ |

总运输成本最小时，20 辆无人驾驶卡车的运行路线如表 11-12 所示，其重载运输次数如表 11-13 所示。

**表 11-12　总运输成本最小时无人驾驶卡车运行路线**

| 车号 | 运行路线 |
|---|---|
| 1 | '*AaEcAaCbFcBcDbFcCaEaFaAcAcEaFbEaDcEaBaAaCaFa*' |
| 2 | '*aCaCbCbCaAcBbFbCcFbEcCaAbAaEbCaAaDbEcBbEbEbEcAa*' |
| 3 | '*BcAaCaCbFcDcCbDcBaBcDcFbAcEbAcEcCaCbDcDaAcFaDaCc*' |
| 4 | '*bAaBcEbDaDaCbEaBaFcDcEcDbEbCbDbFaCbCaDaDbFaBaD*' |
| 5 | '*CcFcAbAcFcAaDbDcFaEaFbCbEbDbDcDcBaDcDbCaEcAcF*' |
| 6 | '*cCbDaEcDaAaDbCaBaFbAcBcEcCcBbAcBaFaAbEbDcBbE*' |
| 7 | '*DbAbCcFaDaEcAcCaEbCcDbBbEcBaEbCcEcCaFcCcFcCaA*' |
| 8 | '*aBcCaAbCcFbFaAcEaFcFaCcEaBaDaEaDaFaEaBaBaFaF*' |
| 9 | '*EaBaBaCcCaFbBbFcFaDcDcAbFbFcDbEaCaEaBcFbBaFbDa*' |
| 10 | '*bCaDbFbEbFcAcFbFcBaAaDaDcAaDcCaAaBaBbCbBaEcA*' |
| 11 | '*FcCaDaFcFaFaBbAbAbCcCcFaCaBcCbDcFbDaCcFbAcBa*' |
| 12 | '*cCcDbDbDaFbEaFcEbDaDbFaBcAbBaFcEcBaFcCaAa*' |
| 13 | '*AbBcFaDcCcAbBcFcFcDaCcFcAcBcFcAbBaEaFaFc*' |
| 14 | '*aCaDbAcCaAaDbBbCcCcAaAaBaAbCbCaCbAbCcDaBcC*' |
| 15 | '*BcCcAcFcEaBaBaFcCcDbFaEbCaDaBaCcBaFcEcFa*' |
| 16 | '*bEbCaCbFcCbDcDbFbDcDbDbFaDbCbCbEaCaCbEc*' |
| 17 | '*CcDcBaEbBbAaEcCcDbFbDcCaDcEbCcAaAc*' |
| 18 | '*cDaCcFbFcAbBaFaEbAbCaBaAbBbFbFcAbEaBaA*' |
| 19 | '*DaCaAcAbBcBbFcCaEcEbEcBaAaFcBcBaEaFc*' |
| 20 | '*aDcBbEcDaBcCaFaBaDaBcCaEbCcFcAcDc*' |

**表 11-13　总运输成本最小时 20 辆卡车重载运输次数**

| | 装载点 $A$ | 装载点 $B$ | 装载点 $C$ | 装载点 $D$ | 装载点 $E$ | 装载点 $F$ |
|---|---|---|---|---|---|---|
| 破碎站 $a$ | 20 | 33 | 34 | 23 | 19 | 24 |
| 破碎站 $b$ | 19 | 13 | 20 | 24 | 19 | 20 |
| 破碎站 $c$ | 20 | 18 | 28 | 24 | 20 | 33 |

表 11-14 给出了 1 号无人驾驶卡车的运行时刻表，为了更加直观，绘出了其甘特图（见图 11-5）。

表 11-14　1 号无人驾驶卡车运行时刻表

| | | | | | | | |
|---|---|---|---|---|---|---|---|
| 8：05 | 9：02 | 10：07 | 11：06 | 12：08 | 13：03 | 14：03 | 15：08 |
| 8：14 | 9：09 | 10：10 | 11：09 | 12：11 | 13：08 | 14：06 | 15：13 |
| 8：17 | 9：14 | 10：14 | 11：14 | 12：18 | 13：17 | 14：14 | 15：20 |
| 8：24 | 9：25 | 10：19 | 11：19 | 12：23 | 13：20 | 14：17 | 15：23 |
| 8：29 | 9：30 | 10：23 | 11：25 | 12：33 | 13：28 | 14：23 | 15：28 |
| 8：36 | 9：34 | 10：26 | 11：28 | 12：36 | 13：33 | 14：28 | 15：33 |
| 8：39 | 9：37 | 10：34 | 11：34 | 12：43 | 13：37 | 14：34 | 15：37 |
| 8：44 | 9：45 | 10：39 | 11：39 | 12：48 | 13：40 | 14：37 | 15：40 |
| 8：49 | 9：50 | 10：44 | 11：44 | 12：55 | 13：43 | 14：43 | 15：60 |
| 8：59 | 9：54 | 10：47 | 11：47 | 12：58 | 13：48 | 14：48 | |
| | 9：59 | 10：54 | 11：54 | | 13：55 | 14：57 | |
| | | 10：59 | 11：59 | | 13：58 | | |

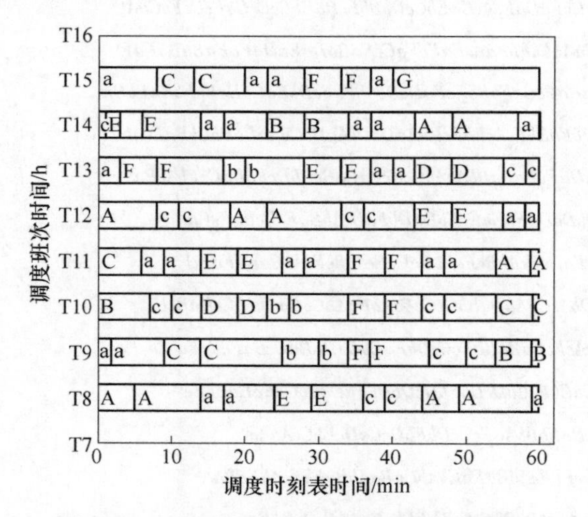


图 11-5　1 号无人驾驶卡车车流调度甘特图

图中，横坐标表示每个小时的 60min，纵坐标表示不同的小时，*a*、*b*、*c* 表示卸载点；*A*、*B*、*C*、*D*、*E*、*F* 表示装载点。第一个字母出现时表示装/卸载时间，第二个字母则表示卡车从该装/卸载点前往下一卸/装载点的行驶时间，*G* 表示检查时间。例如，1 号卡车从 T8 时刻（上午 8 时）开始，在装载点 *A* 用 5min 装满矿石后出发，经 9min 后到达卸载点 *a*，卸载矿石花费 3min，而后从卸载点 a

经 7min 后到达装载点 $E$，花费 5min 装载矿石后再次从 $E$ 出发到卸载点 $c$，以此类推。

由于优化模型是一个多目标模型，所以在求解模型的过程中可以得到一组互补支配的 Parato 最优解。这些解都符合模型中的约束条件且对应不同的目标函数值。因为模型中的三个目标在一定程度上是相互冲突的，故在实际应用中应根据实际需要以及决策者的偏好，在 Parato 最优解集中选择一个最合适的解作为最终的调度方案。图 11-6 给出了求解结果的 Parato 前沿面视图，其中（a）、（b）、（c）表示不同的侧面。表 11-15 给出了 Parato 前沿面上所有解在三个目标上的平均值。

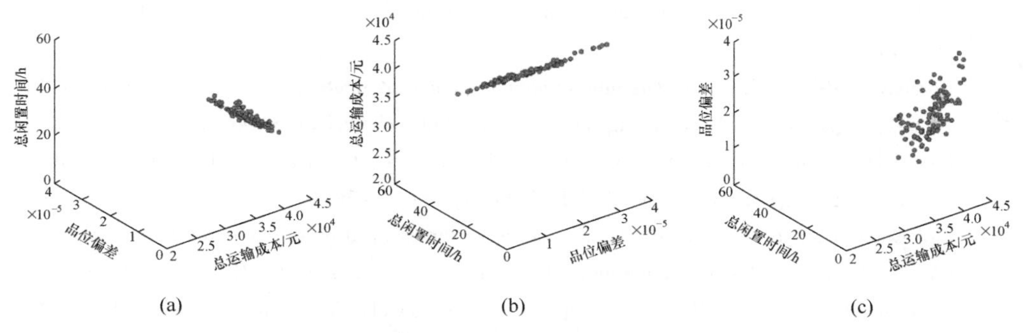


图 11-6 求解结果的最优 Parato 前沿视图

**表 11-15 Parato 前沿面上所有解在三个目标上的平均值**

| 目标函数 | Parato 前沿面上所有解的平均值 |
| --- | --- |
| 总运输成本/元 | 37647.89 |
| 总闲置时间/h | 22.437 |
| 品位偏差 | $3.0747\times10^{-5}$ |

# 参考文献


[1] Lemieux M J. 1979. Moving cone optimizing Algorithm [M]. Computer Methods for The 80's in the Mineral Industry. SME-AIME, USA: 329~345.

[2] Yamatomi J, Mogi G, Akaike A, Yamaguchi U. 1995. Selective extraction dynamic cone algorithm for three dimensional open pit designs [C]// Proceedings, 25th International Symposium on Application of Computers and Operations Research in the Mineral Industry (APCOM): 267~274.

[3] Marino J M, Slama J P. 1972. Ore reserve evaluation and open pit planning [C]// Proceedings, 10th APCOM: 139~144.

[4] Phillips D A. 1972. Optimum design of an open pit [C]// Proceedings, 10th APCOM: 145~147.

[5] Korobov S. 1974. Method for determining optimum open pit limits [R]. Rapport Technique ED 74-R-4, Department of Mineral Engineering, Ecole Polytechnical De Montreal, Canada.

[6] Lerchs H, Grossmann I F. 1965. Optimum design of open pit mines [J]. Canadian Institute of Mining, Metallurgy and Petroleum (CIM) Bulletin, 58: 47~54.

[7] Lipkewich M P, Borgman L. 1969. Two- and three-dimensional pit design optimization techniques [M]. A Decade of Digital Computing in the Mineral Industry, SME-AIME, USA: 505~523.

[8] Robinson R H, Prenn N B. 1972. An open pit design model [C]// Proceedings, 10th APCOM: 155~163.

[9] Chen T. 1976. 3-D pit design with variable wall slope capabilities [C]// Proceedings, 14th APCOM: 615~625.

[10] Zhao H, Kim Y C. 1992. A new optimum pit limit design algorithm [C]// Proceedings, 23rd APCOM: 423~434.

[11] Alford C G, Whittle J. 1986. Application of Lerchs-Grossmann pit optimization to the design of open pit mines [C]// Paper Presented at Large Open Pit Mining Conference. The Australian IMM/IE Newman Combined group.

[12] Whittle J. 1988. Beyond optimization in open pit design [C]// Paper Presented at The First Canadian Conference on Computer Applications in the Mineral Industry. Laval University, Quebec City, Canad: 7~9.

[13] Whittle. 2009. Whittle Consulting global optimization software [EB/OL]. Melbourne, Australia. http://www.whittleconsulting.com.au/.

[14] Maptek. 2009. Maptek software vulcan chronos [EB/OL]. Sydney, Australia. http://maptek.com/products/vulcan/scheduling/chronos_reserving_scheduling_module.html.

[15] Datamine. 2009. NPV scheduler [EB/OL]. Bedfordshire, UK. http://www.datamine.co.uk/products/PDF_Flyers/NPVScheduler4_LoRes_Sep07_LoRes_English.pdf.

[16] Johnson T B, Sharp W R. 1971. A Three-dimensional dynamic programming method for optimal ultimate open pit design [R]. Technical Report RI7553, Bureau of Mines, USA. 25p.

[17] Koenigsberg E. 1982. The optimum contours of an open pit mine: an application of dynamic programming [C]// Proceedings, 17th APCOM: 274~281.

[18] Wright E A. 1987. The use of dynamic programming for open pit mine design: some practical implications [J]. Mining Science and Technology, 4: 97~104.

[19] Johnson T B. 1968. Optimum open-pit mine production scheduling [D]. PhD Thesis, Operations Research Department, University of California, Berkeley, USA, 120p.

[20] Johnson T B, Barnes J. 1988. Application of maximal flow algorithm to ultimate pit design [M]. Engineering Design: Better Results through Operations Research Methods, Amsterdam, North Holland: 518~531.

[21] Giannini L M, Caccetta L, Kelsey P, et al. 1991. PITOPTIM: a new high speed network flow technique for optimum pit design facilitating rapid sensitivity analysis [C]// AusIMM Proceedings. 2: 57~62.

[22] Yegulalp T M, Arias J A. 1992. A fast algorithm to solve ultimate pit limit problem [C]// Proceedings, 23rd APCOM: 391~398.

[23] Yegulalp T M, et al. 1993. New development in ultimate pit limit problem solution methods [J]. Transactions of the American Society for Mining, Metallurgy and Exploration, Inc. 294: 1853~1857.

[24] Underwood R, Tolwinski B. 1998. A mathematical programming viewpoint for solving the ultimate pit problem [J]. European Journal of Operational Research, 107 (1) : 96~107.

[25] Hochbaum D S, Chen A. 2000. Performance analysis and best implementations of old and new algorithms for the open-pit mining problem [J]. Operations Research, 48 (6): 894~914.

[26] Huttagosol P, Cameron R. 1992. Computer design of ultimate pit limit by using transportation algorithm [C]// Proceedings, 23rd APCOM: 443~460.

[27] Frimpong S, Asa E, Szymanski, J. 2002. Intelligent modeling: Advances in open pit mine design and optimization research [J]. International Journal of Surface Mining, Reclamation and Environment, 16 (2): 134~143.

[28] Jalali S E, Ataee-pour M, Shahriar K. 2006, Pit limits optimization using a stochastic process [J]. CIM Magazine, 1 (6): 90~94.

[29] Pana M T, Carlson T R. 1966. A description of a computer technique used in mine planning of the Utah Mine of Kennecott Copper Corporation [C]// Proceedings, 6th APCOM.

[30] Belobraidich W, et al. 1979. Computer assisted long range mine planning practice at Ray Mine Division-Kennecott Copper Corporation [M]. Computer Methods for The 80's in the Mineral Industry. SME-AIME, USA: 349~357.

[31] Savage C J, Preller A H. 1986. Computerized mine planning system at Rio Tinto Minera, S. A. (Spain) [C]// Proceedings, 19th APCOM: 441~456.

[32] Journel A G. 1975. Convex analysis for mine scheduling [M]. Advanced Geostatistics in the Mining Industry. Reidel Publishing Co. Dordercht, Netherlands: 185~194.

[33] Francois-Bongarcon D M and Marechal A. 1976. A new method for open-pit design:

parameterizing of the final pit contour [C]// Proceedings, $14^{th}$ APCOM: 573~583.

[34] Francois-Bongarcon D M, Guibal D. 1982. Algorithm for parameterizing reserves under different geometrical constraints [C]// Proceedings, $17^{th}$ APCOM: 297~309.

[35] Dagdelen K, Francois-Bongarcon D M. 1982. Towards the complete double parameterization of recovered reserves in open pit mining [C]// Proceedings, $17^{th}$ APCOM: 288~296.

[36] Francois-Bongarcon D M, Guibal D. 1984. Parameterization of optimal designs of an open pit: beginning a new phase of research [J]. Transactions of the American Society for Mining, Metallurgy and Exploration, Inc. 274: 1801~1805.

[37] Coleou T. 1989. Technical parameterization of reserves for open pit design and mine planning [C]// Proceedings, $21^{st}$ APCOM: 485~494.

[38] Wang Q, Sevim H. 1995. Alternative to parameterization in finding a series of maximum-metal pits for production planning [J]. Mining Engineering, 47 (2): 178~182.

[39] Whittle J. 1998. Beyond optimization in open pit design [C]// Proceedings, The First Canadian Conference on Computer Applications in the Mineral Industry: 331~337.

[40] Ramazan S, Dagdelen K. 1998. A new push back design algorithm in open it mining [C]// Proceedings, $7^{th}$ International Symposium on Mine Planning and Equipment Selection (MPES): 119~124.

[41] Wang Q, Sevim H. 1993. Open pit production planning through pit-generation and pit-sequencing [J]. Transactions of the American Society for Mining, Metallurgy and Exploration, Inc. 294 (7): 1968~1972.

[42] Sevim H, Lei D. 1996. The problem of production planning in open pit mines [J]. Transactions of the Institution of Mining and Metallurgy, Section A, 105: A93~A98.

[43] Sevim H, Lei D. 1998. The problem of production planning in open pit mines [J]. Information Systems and Operations Research (INFOR), 36 (1-2): 1~12.

[44] Johnson T B. 1969. Optimum open-pit mine production scheduling [M]. A Decade of Digital Computing in the Mineral Industry, SME-AIME, USA: 539~562.

[45] Gangwar A. 1982. Use geostatistical ore block variances in production planning by integer programming [C]// Proceedings, $17^{th}$ APCOM: 443~459.

[46] Gershon M E. 1982. A linear programming approach to mine scheduling optimization [C]// Proceedings, $17^{th}$ APCOM: 483~493.

[47] Gershon M E. 1983. Mine scheduling optimization with mixed integer programming [J]. Mining Engineering, 35: 351~354.

[48] Gershon M E. 1983. Optimal mine production scheduling: evaluation of large scale mathematical programming approaches [J]. International Journal of Mining Engineering, 1: 315~329.

[49] Gershon M E. 1986. A blending-based approach to mine planning and production scheduling [C]// Proceedings, $19^{th}$ APCOM: 120~126.

[50] Hoerger S, Hoffman L, Seymour F. 1999. Mine planning at Newmont's Nevada operations [J]. Mining Engineering, 51 (10): 26~30.

[51] Caccetta L, Hill S. P. 2003. An application of branch and cut to open pit mine scheduling [J]. Journal of Global Optimization, 27 (2) : 349~365.

[52] Ramazan S, Dimitrakopoulos R. 2004. Recent applications of operations research and efficient MIP formulations in open pit mining [J]. Transactions of the American Society for Mining, Metallurgy and Exploration, Inc. 316: 73~78.

[53] Gholammejad J, Osanloo M. 2007. Using chance constrained binary integer programming in optimizing long term production scheduling for open pit mine design [J]. Transactions of the Institution of Mining and Metallurgy, Section A, 116 (2): A58~A66.

[54] Bley A, Boland N, Fricke C, et al. 2010. A strengthened formulation and cutting planes for the open pit mine production scheduling problem [J]. Computers & Operations Research, 37 (9): 1641~1647.

[55] Amaya J, Espinoza D, Goycoolea M, et al. 2010. Scalable approach to optimal block scheduling [C]//Proceedings, 34th APCOM, CIM, Vancouver, Canada: 567~571.

[56] Klingman D, Phillips N. 1988. Integer programming for optimal phosphate-mining strategies [J]. Journal of Operations Research Society, 39 (9): 805~810.

[57] Kim Y C, Cai W L. 1990. Long range mine sequencing with 0-1 programming [C]// Proceedings, 22nd APCOM, Berlin, Germany, 1: 131~145.

[58] Warton C. 2000. Add value to your mine through improved long term scheduling [C]// Paper Presented at Whittle North American Mine Planning Conference, Whittle, Colorado, USA.

[59] Ramazan S, Dagdelen K, Johnson T B. 2005. Fundamental tree algorithm in optimizing production scheduling for open pit mine design [J]. Transactions of Institute of Materials, Minerals and Mining and Australasian Institute of Mining and Metallurgy, Section A: Mining Technology, 114: A45~A54.

[60] Ramazan S. 2007. The new fundamental tree algorithm for production scheduling of open pit mines [J]. European Journal of Operational Research, 177: 1153~1166.

[61] Gleixner A M. 2008. Solving large-scale open pit mining production scheduling problems by integer programming [D]. MS thesis, Technische Universität Berlin, Berlin, Germany.

[62] Boland N, Dumitrescu I, Froyland G, et al. 2009. LP-based disaggregation approaches to solving the open pit mining production scheduling problem with block processing selectivity [J]. Computers & Operations Research, 36 (4): 1064~1089.

[63] Elkington T, Durham R. 2009. Open pit optimization - modeling time and opportunity costs [J]. Mining Technology, 118 (1): 25~32.

[64] Davis R E, Williams C E. 1973. Optimization procedures for open pit mine scheduling [C]// Proceedings, 11th ACOM, 1C: C1-C18.

[65] Williams C E. 1974. Computerized year-by-year open pit mine scheduling [J]. Transactions of the American Society for Mining, Metallurgy and Exploration, Inc. 256 (12): 309~316.

[66] Dagdelen K. 1985. Optimum multi period open pit mine production scheduling [D]. PhD Thesis, Colorado School of Mines, Golden, Colorado, USA: 325p.

[67] Dagdelen K, Johnson T B. 1986. Optimum open pit mine production scheduling by Lagrangian parameterization [C]// Proceedings, 19th APCOM, SME, Littleton, Colorado, USA: 127~139.

[68] Elevli B. 1988. Open pit mine production scheduling [D]. MS Thesis, Colorado School of Mines, Golden, Colorado, USA: 207p.

[69] Elevli B, et al. 1989. Single time period production scheduling of open pit mines [C]// Annual Meeting of The American Society for Mining, Metallurgy and Exploration, inc. Preprint 89~157.

[70] Caccetta L, Kelsey P, Giannini L M. 1998. Open pit mine production scheduling [C]// Basu A J, Stockton N, Spottiswood D Eds. Proceedings, 3rd Regional APCOM, Austral Institute of Mining and Metallurgy: 65~72.

[71] Akaike A, Dagdelen K. 1999. A strategic production scheduling method for an open pit mine [C]// Dardano C, Francisco M, Proud J. Eds. Proceedings, 28th APCOM, SME, Littleton, CO, USA: 729~738.

[72] Mogi G, Adachi T, Akaike A, et al. 2001. Optimum production scale and scheduling of open pit mines using revised 4D net work relaxation method [C]// Proceedings, 10th MPES: 337~344.

[73] Cai W. 2001. Design of open-pit phases with consideration of schedule constraints [C]// Xie H, Wang Y, Jiang Y. Eds. Proceedings, 29th APCOM, China University of Mining Technology, Beijing, China: 217~221.

[74] Kawahata K. 2006. A new algorithm to solve large scale mine production scheduling problems by using the Lagrangian relaxation method [D]. PhD Thesis, Colorado School of Mines, Golden, Colorado, USA.

[75] Roman R J. 1972. The use of dynamic programming for determining mine-mill production schedules [C]//Proceedings, 10th APCOM: 165~169.

[76] Dowd P A. 1976. Dynamic and stochastic programming to optimize cutoff grades and production rates [J]. Transactions of the Institution of Mining and Metallurgy, Section A, 85: A22~A29.

[77] Elbrond J, et al. 1982. Use of an Interactive dynamic programming system as an aid to mine evaluation [C]//Proceedings, 17th APCOM: 463~474.

[78] Lizotte Y and Elbrond J. 1982. Choice of mine-mill capacities and production schedules using open-ended dynamic programming [J]. CIM Bulletin, 75 (839): 154~163.

[79] Yun Q X, Yegulalp T M. 1982. Optimum scheduling of overburden removal in open pit mines [J]. CIM Bulletin, 75 (848): 80~83.

[80] Zhang Y G, et al. 1986. A new approach for production scheduling in open pit mines [C]// Proceedings, 19th APCOM: 71~78.

[81] Yun Q X, Zhang Y G. 1987. Optimization of stage-mining in large open-pit mines [C]// Proceedings, 13th World Mining Congress, 1: 237~244.

[82] Gershon M E and Murphy F. 1989. Optimizing single hole mine cuts by dynamic programming [J]. European Journal of Operational Research, 38 (1): 56~62.

[83] Wright E A. 1989. Dynamic programming in open pit mining sequencing, a case study [C]// Proceedings, $21^{st}$ APCOM: 415~421.

[84] Sevim H, Wang Q, DeTomi G. 1990. Economics of contracting overburden removal [C]// Proceedings, $22^{nd}$ APCOM, 1: 573~584.

[85] Onur A H, Dowd P A. 1993. Open-pit optimization—part 2: Production scheduling and inclusion of roadways [J]. Transactions of the Institution of Mining and Metallurgy, Section A, 102: A105~A113.

[86] Wang Q. 1996. Long-term open-pit production scheduling through dynamic phase-bench sequencing [J]. Transactions of the Institution of Mining and Metallurgy, Section A, 105: A99~A104.

[87] Gershon M E. 1987. An open-pit production scheduler: algorithm and implementation [J]. Mining Engineering, 39: 793~796.

[88] Gershon M E. 1987. Heuristic approaches for mine planning and production scheduling [J]. International Journal of Mining and Geological Engineering, 5: 1~13.

[89] Gershon M E, Kim J. 1989. Interactive production planning in a gold mine: approach and case study [C]//Annual Meeting of the American Society for Mining, Metallurgy and Exploration, Inc. Preprint 89~310.

[90] Fytas K, Hadjigeorgiou J, Collins J L. 1993. Production scheduling optimization in open pit mines [J]. International Journal of Surface Mining, Reclamation and Environment, 7 (1): 1~9.

[91] Denby B, Schofield D. 1994. Open-pit design and scheduling by use of genetic algorithms [J]. Transactions of the Institution of Mining and Metallurgy, Section A, 103: A21~A26.

[92] Denby B, Schofield D, Surme T. 1998. Genetic algorithms for flexible scheduling of open pit operations [C]//Proceedings, $27^{th}$ APCOM: 473~483.

[93] Samanta B, Bhattacherjee A, Ganguli R. 2005. A genetic algorithms approach for grade control planning in a bauxite deposit [C]//Ganguli R, Dessureault S, Kecojevic V, Dwyer J Eds. Proceedings, $32^{nd}$ APCOM, SME-AIME, Littleton, Colorado, USA: 337~342.

[94] Onurgil T, Çebi Y. 2005. Surface gravity vectors: an approach for open pit mine optimization [J]. Transactions of Institute of Materials, Minerals and Mining and Australasian Institute of Mining and Metallurgy, Section A: Mining Technology, 114: A185~A192.

[95] Zhang M. 2006. Combining genetic algorithms and topological sort to optimize open-pit mine plans [C]//Cardu M, Ciccu R, Lovera E, Michelotti E Eds. Proceedings, $15^{th}$ MPES, FIORDO S. r. l, Torino, Italy: 1234~1239.

[96] Ferland J A, Amaya J, Djuimo M S. 2007. Application of a particle swarm algorithm to the capacitated open pit mining problem [J]. Studies in Computational Intelligence, 76: 127~133.

[97] Roman R J. 1974. The role of time value of money in determining an open pit mining sequence and pit limits [C]// $12^{th}$ APCOM: 72~85.

[98] Dowd P A, Onur A H. 1992. Optimizing open pit design and sequencing [C] //Proceedings,

$23^{rd}$APCOM: 411~422.

[99] Tolwinski B, Underwood R. 1992. An algorithm to estimate the optimal evolution of an open pit mine [C]//Proceedings, $23^{rd}$APCOM: 399~409.

[100] Elevli B. 1995. Open pit mine design and extraction sequencing by use of OR and AI concepts [J]. International Journal of Surface Mining, Reclamation and Environment, 9 (4): 149~153.

[101] Tolwinski B, Underwood R. 1996. A scheduling algorithm for open pit mines [J]. IMA Journal of Mathematics Applied in Business and Industry, 7: 247~270.

[102] Denby B, Schofield D, Hunter G. 1996. Genetic algorithms for open pit scheduling - extension into 3-dimensions [C]// Proceedings, $5^{th}$ MPES, Sao Paulo, Brazil, A A Balkema, Rotterdam, Brookfield: 177~186.

[103] Erarslan K, Çelebi N. 2001. A simulative model for optimum open pit design [J]. CIM Bulletin, 94: 59~68.

[104] Dimitrakopoulos R, Martinez L, Ramazan S. 2007. A maximum upside / minimum downside approach to the traditional optimization of open pit mine design [J]. Journal of Mining Science, 43 (1): 73~82.

[105] Journel A G. 1996. Modeling uncertainty and spatial dependence: Stochastic imaging [J]. International Journal of Geographical Information Systems, 10: 517~522.

[106] Goovaerts P. 1997. Geostatistics for natural resources evaluation [M]. Oxford University Press.

[107] Dimitrakopoulos R. 1998. Conditional simulation algorithms for modeling orebody uncertainty in open pit optimization [J]. International Journal of Surface Mining, Reclamation and Environment, 12 (4): 173~179.

[108] Smith M, Dimitrakopoulos R. 1999. Influence of deposit uncertainty on mine production scheduling [J]. International Journal of Surface Mining, Reclamation and Environment, 13: 173~178.

[109] Dimitrakopoulos R, Farrelly C T, Godoy M C. 2002. Moving forward from traditional optimization: grade uncertainty and risk effects in open-pit design [J]. Transactions of the Institution of Mining and Metallurgy, Section A, 111: A82~A88.

[110] Dowd P A. 1994. Risk assessment in reserve estimation and open pit planning [J]. Transactions of the Institution of Mining and Metallurgy, Section A, 103: A148~A154.

[111] Godoy M C, Dimitrakopoulos R. 2004. Managing risk and waste mining in long-term production scheduling of open pit mines [J]. Transactions of the American Society for Mining, Metallurgy and Exploration, Inc. 316: 43~50.

[112] Dimitrakopoulos R, Ramazan S. 2004. Uncertainty based production scheduling in open pit mining [J]. Transactions of the American Society for Mining, Metallurgy and Exploration, Inc. 316: 106~112.

[113] Ramazan S, Dimitrakopoulos R. 2004. Traditional and new MIP models for production scheduling with in-situ grade variability [J]. International Journal of Surface Mining,

Reclamation and Environment, 18 (2): 85~98.

[114] Menabde M, Froyland G, Stone P, et al. 2004. Mining schedule optimization for conditionally simulated orebodies [C]//Proceedings, International Symposium on Orebody Modeling and Strategic Mine Planning: Uncertainty and Risk Management, Perth, Australia, The Australasian Institute of Mining and Metallurgy: 347~352.

[115] Askari-Nasab H. 2006. Intelligent 3D interactive open pit mine planning and optimization [D]. PhD Thesis, University of Alberta, Canada.

[116] Golamnejad J, Osanloo M, Karimi B. 2006. A chance-constrained programming approach for open pit long-term production scheduling in stochastic environments [J]. The Journal of the South African Institute of Mining and Metallurgy, 106: 105~114.

[117] Askari-Nasab H, Frimpong S, Szymanski J. 2007. Modeling open pit dynamics using discrete simulation [J]. International Journal of Surface Mining, Reclamation and Environment, 21 (1): 35~49.

[118] Gholamnejad J, Osanloo M. 2007. Using chance constrained binary integer programming in optimizing long term production scheduling for open pit mine design [J]. Transactions of Institute of Materials, Minerals and Mining and Australasian Institute of Mining and Metallurgy, Section A: Mining Technology, 116 (2): 58~66.

[119] Dimitrakopoulos R, Ramazan S. 2008. Stochastic integer programming for optimizing long term production schedules of open pit mines: methods, application and value of stochastic solutions [J]. Transactions ofInstitute of Materials, Minerals and Mining and Australasian Institute of Mining and Metallurgy, Section A: Mining Technology, 117 (4): 155~160.

[120] Boland N, Dumitrescu I, Froyland G. 2008. A multistage stochastic programming approach to open pit mine production scheduling with uncertain geology [EB/OL]. Working paper. Retrieved January 20, 2010. http: //www. optimization-online. org/DB _ FILE/2008/10/2123. pdf.

[121] Benndorf J, Dimitrakopoulos R. 2013. Stochastic long-term production scheduling of iron ore deposits: Integrating joint multi-element geological uncertainty [J]. Journal of Mining Science, 49 (1): 68~81.

[122] 邵良杉，赵琳琳，张艳菊，等. 2015. 基于结构元理论的露天煤矿采剥计划模型 [J]. 系统工程理论与实践，35 (12): 3251~3257.

[123] Lamghari A, Dimitrakopoulos R. 2016. Network-flow based algorithms for scheduling production in multi-processor open-pit mines accounting for metal uncertainty [J]. European Journal of Operational Research, 250 (1): 273~290.

[124] Kumral M. 2003. Application of chance-constrained programming based on multi-objective simulated annealing to solve a mineral blending problem [J]. Engineering Optimization, 35 (6): 661~673.

[125] 王策，董兆伟，孙立辉，等. 2019. 新型多目标遗传算法在烧结配矿中的应用 [J]. 智能计算机与应用，9 (3): 36~39, 44.

[126] 李志国，崔周全. 2013. 基于遗传算法的多目标优化配矿［J］. 广西大学学报（自然科学版），38（5）：1230~1238.

[127] Chakraborty A，Chakraborty M. 2012. Multi criteria genetic algorithm for optimal blending of coal［J］. OPSEARCH，49（4）：386~399.

[128] Shishvan M S，Sattarvand J. 2015. Long term production planning of open pit mines by ant colony optimization［J］. European Journal of Operational Research，240（3）：825~836.

[129] 顾清华，孟倩倩，卢才武，等. 2019. 露天矿多目标配矿模型与优化算法研究［J］. 矿业研究与开发，39（2）：16~21.

[130] 李宁，叶海旺，吴浩，等. 2017. 基于混合粒子群优化算法的矿山生产配矿［J］. 矿冶工程，37（5）：126~130.

[131] Asif K，Christian N D. 2014. Production Scheduling of Open Pit Mines Using Particle Swarm Optimization Algorithm［J］. Advances in Operations Research，1~9.

[132] 武文越，宿海芬. 2015. Dijkstra 算法在露天矿运输中的应用［J］. 现代矿业，31（9）：14~15，25.

[133] Park B，Choi Y，Park H-S. 2014. Optimal routes analysis of vehicles for auxiliary operations in open-pit mines using a heuristic algorithm for the traveling salesman problem［J］. Tunnel and Underground Space，24（1）：11~20.

[134] Souza F R，Câmara T R，Torres V F N，et al. 2019. Mine fleet cost evaluation-Dijkstra's optimized path［J］. REM-International Engineering Journal，72（2）：321~328.

[135] 米宏军，卢才武，冯治东. 2012. Floyd 最短路径算法在汝阳露天矿选厂选址中的应用［J］. 选煤技术，（3）：86~89.

[136] 孙小荣，刘茂华，孙秀波，等. 2007. 露天矿车辆导航中改进的路径优化算法［J］. 矿山测量，（3）：38~39，42.

[137] 肖英才. 2015. A* 算法在露天矿运输道路最优路线的应用［J］. 中国钼业，39（1）：20~22.

[138] 姜宁. 2014. 基于遗传算法的露天矿道路路径优化研究［D］. 阜新：辽宁工程技术大学.

[139] Liu K，Zhang M. 2016. Path planning based on simulated annealing ant colony algorithm［C］// International Symposium on Computational Intelligence and Design，IEEE：461~466.

[140] 孙臣良，刘静. 2011. 露天矿运输道路网络的建立及其路径优化［J］. 科技导报，29（30）：47~51.

[141] 陈应显，韩明峰. 2011. 改进粒子群算法的露天矿路径优化研究［J］. 微电子学与计算机，28（11）：61~64.

[142] 彭程，薛伟宁，黄轶. 2018. 露天矿运输问题的模拟退火优化［J］. 中国矿业，27（4）：138~141.

[143] Najor J，Hagan P C. 2007. Improvements in truck and shovel scheduling based on capacity constraint modeling［J］. Australasian Institute of Mining and Metallurgy Publication Series，（8）：87~91.

[144] Lijun Zhang，Xiaohua Xia. 2015. An Integer Programming Approach for Truck-Shovel

Dispatching Problem in Open-Pit Mines [J]. Energy Procedia, 75: 1779~1784.

[145] Chang Y, Ren H, Wang S. 2015. Modelling and optimizing an open-pit truck scheduling problem [J]. Discrete Dynamics in Nature and Society, 1~8.

[146] Upadhyay S P, Askari-Nasab H. 2016. Truck-shovel allocation optimisation: a goal programming approach [J]. Mining Technology, 125 (2): 82~92.

[147] Mohtasham M, Mirzaei Nasirabad H, Mahmoodi Markid A. 2017. Development of a goal programming model for optimization of truck allocation in open pit mines [J]. Journal of Mining and Environment, 8 (3): 359~371.

[148] 赵同谦，欧阳志云，郑华，等. 2004. 中国森林生态系统服务功能及其价值评价 [J]. 自然资源学报，19 (4): 480~491.

[149] 赵同谦，欧阳志云，贾良清，等. 2004. 中国草地生态系统服务功能间接价值评价 [J]. 生态学报，24 (6) : 1101~1110

[150] 田莹，仲维清. 2016. 全生命周期视角下矿山设备资源多目标优化配置研究 [J]. 煤炭经济研究，36 (1): 47~50.

[151] 王振军，张幼蒂，才庆祥. 2004. 露天矿智能运输系统的研究 [J]. 化工矿物与加工，(3): 26~28.

[152] 王海梅. 2008. 基于 GIS 的最优路径算法研究与实现 [D]. 南京：南京理工大学.

[153] 张敏. 2007. 金属露天矿卡车生产调度系统研究 [D]. 西安：西安建筑科技大学.

[154] 莫明慧. 2020. 露天矿无人驾驶卡车多目标车流分配调度算法及应用 [D]. 西安：西安建筑科技大学.

[155] 张明. 2019. 基于多目标遗传算法的露天矿卡车调度优化研究 [D]. 西安：西安建筑科技大学.

[156] 刘浩洋，嵇启春，许苗苗，等. 2012. 露天矿生产车辆调度的优化选择 [J]. 采矿技术，12 (6): 63~65.

[157] 孙效玉，田凤亮，张航，等. 2016. 兼顾固定配车需要的露天矿车流规划模型 [J]. 煤炭学报，41 (S2): 583~588.

[158] 孙效玉，赵松松，刘恒，等. 2017. 露天矿车流路网均衡分配模型 [J]. 煤炭学报，42 (6): 1607~1613.

[159] Patterson S R, Kozan E, Hyland P. 2017. Energy efficient scheduling of open-pit coal mine trucks [J]. European Journal of Operational Research, 262 (2): 759~770.

[160] 张媛. 2020. 综合成本最小的露天矿卡车低碳调度优化研究 [D]. 西安：西安建筑科技大学.

[161] Zhang S, Lu C, Jiang S, et al. 2020. An unmanned intelligent transportation scheduling system for open-pit mine vehicles based on 5G and big data [J]. IEEE Access, (8): 1~17.

[162] Mirjalili S, Mirjalili S M, Lewis A. Grey Wolf Optimizer [J]. Advances in Engineering Software, 2014, 69 (3): 46~61.

[163] Eberhart R, Kennedy J. 1995. A new optimizer using particle swarm theory [C] //MHS'95. Proceedings of the Sixth International Symposium on Micro Machine and Human Science. IEEE.

[164] 龙文，伍铁斌. 2017. 协调探索和开发能力的改进灰狼优化算法 [J]. 控制与决策，32 (10)：1749~1757.

[165] 龙文，赵东泉，徐松金，等. 2015. 求解约束优化问题的改进灰狼优化算法 [J]. 计算机应用，35 (9)：2590~2595.

[166] Tizhoosh H R. 2005. Opposition-Based Learning：A New Scheme for Machine Intelligence [C]. International Conference on Computational Intelligence for Modelling，Control & Automation，& International Conference on Intelligent Agents，Web Technologies & Internet Commerce.

[167] Intergovernmental Panel on Climate Change (IPCC). 2013. Climate Change 2013：The Physical Science Basis [M]. Cambridge University Press，New York. Chapter 8，Anthropogenic and Natural Radiative Forcing：659~740.

[168] 刘洋. 2019. 基于块体模型的金属矿山温室气体排放核算模型及其应用 [D]. 沈阳：东北大学.

[169] 中国生态环境部. 2018. 2017 年度减排项目中国区域电网基准线排放因子. www.huanjing100. com.

[170] 葛继稳，蔡庆华，刘建康. 2006. 水域生态系统中生物多样性经济价值评估的一个新方法 [J]. 水生生物学报，30 (1)：126~128.

[171] 张颖. 1997. 中国林地价值评价研究综述 [J]. 林业经济，1：69~74.

[172] 蔡细平，郑四渭，姬亚岚，等. 2004. 生态公益林项目评价中的林地资源经济价值核算 [J]. 北京林业大学学报，26 (4)：76~80.

[173] 谢高地，张钇锂，鲁春霞，等. 2001. 中国自然草地生态系统服务价值 [J]. 自然资源学报，16 (1)：47~53.

[174] 于格，鲁春霞，谢高地. 2005. 草地生态系统服务功能的研究进展 [J]. 资源科学，27 (6)：172~179.

[175] 柳碧晗，郭继勋. 2005. 吉林省西部草地生态系统服务价值评估 [J]. 中国草地，27 (1)：12~16，21.

[176] 刘起. 1999. 中国草地资源生态经济价值的探讨 [J]. 四川草原，(4)：1~4.

[177] 闵庆文，刘寿东，杨霞. 2004. 内蒙古典型草原生态系统服务功能价值评估研究 [J]. 草地学报，12 (3)：165~169.

[178] Stephen C. Farber，Robert Costanza ，Matthew A. Wilson. 2002. Economic and ecological concepts for valuing ecosystem services [J]. Ecological Economics，41：375~392.

[179] Rendu J M. 1981 An introduction to geostatistical method of mineral evaluation [M]. South African Institute of Mining and Metallurgy，Johannesburg.

[180] 顾晓薇，任凤玉，战凯. 2021. 采矿学 [M]. 3 版. 北京：冶金工业出版社.